消防技能训练

唐 云◎主 编
余海洋 吴传嵩◎副主编

化学工业出版社
·北京·

本书按照消防工作和消防队伍人才培养的需要，立足教学实际，在总结消防工作的经验、吸取国内外灭火技术最新成果的基础上编写而成，内容包括个人防护装备训练，铺设水带训练，基本结绳法，登高训练，消防车操训练，绳索救助训练，破拆训练，侦检，堵漏训练，警戒、洗消，输转训练等。书中内容理论与实际紧密结合，注重学生的专业理论水平和消防业务技能的提高。

本书适用于消防指挥专业人才培养教学需要，也可供基层消防干部和企事业单位专职消防人员的培训以及广大消防人员自学使用。

图书在版编目（CIP）数据

消防技能训练/唐云主编. —北京：化学工业出版社，2018.8（2025.3重印）
ISBN 978-7-122-32482-5

Ⅰ.①消… Ⅱ.①唐… Ⅲ.①消防-训练-教材
Ⅳ.①TU998.1

中国版本图书馆CIP数据核字（2018）第136532号

责任编辑：韩庆利　　文字编辑：张绪瑞
责任校对：吴　静　　装帧设计：刘丽华

出版发行：化学工业出版社（北京市东城区青年湖南街13号　邮政编码100011）
印　　装：大厂回族自治县聚鑫印刷有限责任公司
787mm×1092mm　1/16　印张21½　字数540千字　2025年3月北京第1版第11次印刷

购书咨询：010-64518888　　售后服务：010-64518899
网　　址：http://www.cip.com.cn
凡购买本书，如有缺损质量问题，本社销售中心负责调换。

定　　价：58.00元

前 言

教材建设是院校建设的一项基础性、长期性工作。配套、适用、体系化的专业教材，不但能满足教学发展的需要，还对深化教学改革、提高人才培养质量起着极其重要的作用。近年来，学校党委和各级领导十分重视教材建设，专门成立了教材编审委员会，加强学校教材建设工作的领导，保证教材编写质量。根据学校《2016版人才培养方案》，学校组织相关教师对原有教材进行修编，并在全国范围内聘请了多名专家和教授分别对教材编写情况进行审查。

本次教材修编工作，认真贯彻“教为战”的办学思想，紧贴当前消防工作和消防队伍人才培养的新需要，立足教学实际，注重学科专业体系化建设，贴近基层，总结消防工作的经验，吸取国内外灭火技术最新成果；教材结构安排和编写体例紧紧围绕基础理论知识学习和消防队伍实际运用，着重提高学生的专业理论水平和消防业务技能。教材内容包括个人防护装备训练，铺设水带训练，基本结绳法，登高训练，消防车操训练，绳索救助训练，破拆训练，侦检，堵漏训练，警戒、洗消、输转训练等。本教材适用于消防指挥专业人才培养教学需要，也可供基层消防干部和企事业单位专职消防人员的培训以及广大消防人员自学使用。

《消防技能训练》由唐云担任主编，余海洋、吴传嵩担任副主编，负责全书体系设计，内容界定，张志田负责全书审稿。具体的编写分工如下：第一章，何平；第二章，陈志玮；第三章，吴传嵩、唐云；第四章，余海洋；第五章，李建才；第六章，唐云、吴传嵩；第七章，何平、余海洋；第八章，张志田；第九章，尹柏翔；第十章，尹柏翔。

鉴于我们学识水平和实践经验有限，本书难免存在疏漏和不妥之处，敬请读者和同行批评指正。

编 者

目 录

第六章　消防车操训练

第七章　绳索救助训练

第八章　破 拆 训 练

第九章　侦检、堵漏训练

第十章　警戒、洗消、输转训练

参 考 文 献

第一章 训练工作概述

灭火救援业务训练，是指消防人员为适应灭火救援工作需要而进行的相关业务训练活动的总称。灭火救援业务训练作为消防队伍的一项经常性工作，既是提高其灭火救援作战能力的根本途径，也是履行其职能，圆满完成执勤和灭火救援任务的重要保证。

灭火救援业务训练的内容包括体能训练、心理训练、现场急救训练、技术训练和战术训练。技术训练和战术训练是整个灭火救援技术训练的核心，体能训练是技术训练和战术训练的基础。通过灭火救援业务训练，使消防人员掌握灭火救援理论知识、消防器材装备性能，操作程序、要领和战术战法，以便在灭火救援战斗中准确、快速、灵活地运用，提高消防队伍的灭火救援能力。

随着社会经济的快速发展，科学技术的不断进步，促进了灭火救援业务训练工作的综合发展，先进的灭火救援器材装备正在逐步装备消防队伍，为消防队伍应对各种火灾，提高扑救各类火灾和救援的能力创造了良好的物质条件。认真开展灭火救援技术训练，熟练地掌握和运用消防器材装备，才能发挥消防器材装备应有的效能，以适应快速扑救各类火灾和救援工作的需要。消防器材装备有其固有的性能和操作要求，装备决定技术，技术决定战术，装备和技术水平的高低影响消防官兵的心理素质和精神面貌，决定整体作战能力，决定灭火作战方式，决定战术方法，直接影响作战结果，反映抵御各种灾害的能力。

消防官兵是消防器材装备的操纵者，只有通过科学和严格的训练，才能正确掌握其性能，并在各种恶劣条件下熟练地使用它。只有实现人与装备的最佳结合，才能充分发挥装备的最大性能。只有从实际出发，科学、系统、严格地进行技术训练，才能缩短操场训练与火场实际需要之间的距离，为灭火救援战斗打下坚实的基础。

第一节　训练的基本原则

【学习目标】

熟悉训练的基本原则。

训练的基本原则，是依据训练的基本规律，在总结训练工作实践经验而形成的指导性原则。认真贯彻训练的基本原则，对于科学正规施训，有效地组织训练活动，恰当地选择训练内容，正确地确定训练方法，增强训练的针对性和有效性，提高训练质量，具有重要而现实的作用。

一、训战一致

训战一致原则，是针对现代灭火救援的特点和要求、紧密结合辖区保卫对象和现有装备，贴近实战，做到“仗怎么打，兵就怎么练”，提高部队作战能力。

训战一致原则是灭火救援业务训练工作的基本要求。训练中，应区分层次，科学确定各类消防人员的训练内容、方法和标准；坚持以提高战斗力为标准，在近似实战的情况下开展训练，努力提高训练质量；克服训练与实战脱节，消除练为看和消极保安全的思想，以提高消防队伍的作战能力。

二、按纲施训

按纲施训原则，是指按照《公安消防部队灭火救援业务训练大纲》（试行）规定的训练内容，组织开展全面、系统、严格、正规的训练活动。训练中，应结合消防人员岗位、装备配置等情况，以及辖区灭火救援任务的需求，严密制定训练计划，科学安排训练的内容和时间，坚持分类施训，从难从严要求，克服组训工作的盲目性和随意性，确保训练工作的正规有序。

三、质量效益

质量效益原则，是指在确保训练成效的前提下，通过各项训练工作的协调发展，提高训练质量，实现最佳训练效果。保证质量既是训练工作的本质要求，也是训练工作成效的集中体现。训练中，应加强对训练物资的使用和管理，向科学管理要效益；应优化和统筹规划训练过程，用较少的投入获得最大训练效能；应在提高消防人员素质上多下工夫，通过加强训练管理，实现人与装备的最佳组合。

四、科技兴训

科技兴训原则，是指运用先进的科学技术，拓展训练工作的理念和发展方向，不断改进训练的组训方法，提高训练质量和效果，促进消防队伍战斗力的生成。科技兴训，需要有创新精神，要结合新装备、新技术的发展以及实战需要，不断探索、总结、丰富和发展训练的新方法、新技术和新手段，实现消防人员与装备的最佳组合，确保训练与灭火救援需要相适应。

第二节　训练的组织形式与方法

【学习目标】

1. 掌握训练的组织形式；
2. 掌握训练的组织方法。

灭火救援业务训练的组织形式、方法与要求，主要是根据训练的基本规律、训练对象的实际情况以及训练设施的配套等情况而确定的。

一、组织形式

训练的组织形式，是指业务训练活动的组织方式，简称组训形式。它主要依据训练的基本规律、训练大纲、训练对象的实际情况及训练设施而定。科学的组训形式对提高训练效益和部队战斗力，调动受训人员积极性，增强训练针对性，有着十分重要的作用。基本的组训形式主要有以下四种。

（一）按建制训练

按建制训练，是指以建制单位为基本训练单位组织实施训练的一种组训形式，这是消防队伍最常用的组训形式。

采用这种组训形式，对于提高训练的质量具有重要作用。一是训练组织系统层次清晰，隶属关系明确，责任清楚，便于各级指挥员按级任教；二是指挥员可以全面熟悉部属，进行有效的管理教育，培养作风纪律，做到训管一致；三是便于以老带新，互帮互学，增强队伍的集体观念；四是有利于提高和增强指挥员组织指挥能力、谋略水平和部（分）队的协同作战能力。

（二）按对象分训

按对象分训，是指对消防人员进行编组，按各自的训练内容，组织不同进度训练的一种组训形式。

按对象分训，通常在共同和专业基础训练阶段进行。

采用这种组训形式，可以避免训练内容上的重复，增强训练的针对性，调动受训者的积极性，便于新消防员打牢基础，老消防员拓展训练内容。组训时，应针对受训人员的岗位特点和本单位的实际，明确分工，周密组织，科学安排。

（三）按专业分训

按专业分训，是指按专业性质进行集中编组训练的一种组训形式，通常用于专业技术基础训练。

采用这种组训形式，应根据消防人员的不同专业、人员编制数量、技术难度、训练保障要求高、训练组织与实施较复杂的特点，采取专业集中、区分层次的方法进行，按专业施训时，要注重专长任教，以提高训练质量。

（四）基地训练

基地训练，是指在拥有专设的训练、管理机构，完善的训练、生活保障设施，能显示复杂作战环境，模拟灾情性质的综合训练场进行训练的一种形式。它是今后部队训练发展的方向，适用于专业技术训练和部（分）队战术训练。

基地训练，通常以轮训的形式分期分批进行，部队在组织灭火救援课题的实兵演练时，应充分利用训练基地进行多课题、多力量、大难度的连贯演练，使部队尤其是各级指挥员，在演练中练指挥、练谋略、练协同，促使战法研究成果转化为部队的实际作战能力。

上述各种组训形式，有其利亦有其弊，在训练实践中，要依据各部队的实际情况灵活运用，以保证训练达到预期目的。

二、组训方法

训练的组织方法即组训方法，是指在训练过程中为达到训练目的所采用的主要手段和方式。认真研究训练方法，并在训练中灵活运用，是提高训练质量的客观要求。

（一）常用授课方法

训练的常用授课方法，是指教练员（组训者）向受训者传授知识、技能时采取的方法。

1. 讲授法

讲授法是教练员通过生动明确的语言，系统而有重点地向受训者传授教材上的内容及有关知识的方法，是理论教学的主要方法之一。

其特点是概括性强、运用广泛、受教学条件限制条件小，最能发挥教练员的主导作用，既可讲授教材上的内容，也可讲个人对教学内容学习研究的心得体会作为对教材的补充，还可介绍与所教内容有关的学术思想及其发展趋势，供受训者分辨思考。

讲授法一般包括讲述、讲解等方式。

讲述是教练员向受训者系统生动地叙述教材内容和事实材料或描绘所讲对象，主要用以传授感性知识。如讲述一个战例的具体经过、主要经验、教训等。根据需要可灵活选用直叙式、倒叙式等。

讲解是教练员说明、解释或论证教材内容的方法。主要用于传授理性知识、揭示事物的本质和规律等。根据实际需要，可灵活选用启发式和学导式等。

运用讲授法的基本要求：

（1）全面讲授，突出重点。教练员应根据教学目的、课题特点和受训者认识的一般规律，按照教案的顺序进行讲授，做到既要突出重点、难点，又要照顾到训练内容的系统性、连贯性；既要有高度的科学性，又有鲜明的思想性。讲解的观点要正确，论据要充分，举例要恰当，做到由浅入深，由易到难，由具体到抽象。便于领会、理解和掌握。

（2）层次分明，逻辑性强。层次分明，就是把课题内容按其内在逻辑关系分成若干个部分，把每个部分分成几个观点，再把每个观点分成若干层意思，层层阐述，循序渐进。逻辑性强，就是讲授的内容前后连贯，左右照应，部分和整体有机结合，概念明确，判断推理恰当，结论正确，做到有条有理，使受训者知道是什么，为什么，怎么办，符合认识规律。

（3）语言精练，表达准确。能用一句话讲清的不用两句，尽量避免不必要的重复。不讲废话、空话、套话，不带口头话。讲话快慢要适度，有节奏，语调要高低起伏，抑扬顿挫，吐字要清晰明快。需要受训者记录的句子，可慢讲或重复原句，不要用其他无关紧要的话来陪衬。要尽量用普通话讲授，准确运用专业术语，比喻要恰如其分，表述要形象生动，以姿态助说话，做到语言规范化，讲授通俗化，表达形象化。

（4）讲究方法，注重实效。讲授时，不仅考虑到使受训者用视觉、听觉接受知识，而且还要给受训者留下“疑点”启发其思考，激励其思维活动；不仅要注重讲授的清晰明白，而且要善于运用电教器材、实物、模型和图表等，把抽象的理论具体化、形象化、引起受训者的兴趣，集中其注意力，提高讲授效果。

（5）提纲挈领，善于归纳。每个问题，每个观点，都要在讲深讲透的基础上，提炼归纳，画龙点睛。归纳问题做到：“准”，不令人费解或误解；“短”，把讲授的主要内容和重点，归纳成几句话，几个字，便于记录和记忆；“实”，内容要实实在在，不要一味追求“顺口”。

（6）观察神态，掌握心理。要善于“察言观色”，掌握受训者的心理活动。根据其表情、神态变化，适时调整讲课速度，变更方法，吸引其沿着教练员的思路走，倾注全力听课。

2. 演示法

演示法，是教练员通过展示实物、教具、示范性实验、示范动作等，以显示真实的或模拟的各种现象和过程，使受训者从观察中获得感性知识，正确领会概念。是一种运用较为广泛的教学方法。

演示一般分为实物和模拟演示、图像演示、动作演示等。

演示法的特点是直观性强，能形象地表达抽象的问题，验证讲解的内容，展示事物的发展过程及联系，使受训者得到具体、生动、真实、鲜明的印象，能充分发挥受训者视、听、嗅、触多种感官的作用，多渠道地获取信息；能够引起受训者学习兴趣，集中注意力，激发思维，发挥其观察力和形象思维能力。

运用演示法的基本要求：

（1）目的明确，充分准备。演示的内容和材料要符合教学的要求，不能单纯地为直观而直观。上课前要根据课题内容和受训者的实际，正确确定演示的类型，选择好演示的教具、器材，熟练掌握演示方法。

（2）注重演示效果。演示要符合受训者的认识规律，尽可能使其看清演示的全貌和发展变化活动的过程，获得深刻的感性认识。

（3）演示与提问、讲授相结合。演示过程中，要适时运用讲授和提问引导受训者细心观察演示的主要特征和重要内容，要深刻地感知演示内容，防止“喧宾夺主”，把注意力分散到细枝末节上。演示要注意小结，做出明确结论。

（4）注意演示安全。使用爆炸性、危险性实物演示时，必须严格按照规程操作，严防事故发生。

3. 示教作业

示教作业，是对教学方法的研究和示范，是提高教练员组织实施训练能力的一种教学活动，是培训教练员的有效方法。

通过示教作业，能统一教学思想、内容和方法，明确教学重点，提高受训者独立组织教学的能力。主要用于动作操练和班（组）战术训练的教学准备，受训者为班长，通常在训练之前或训练预备期进行，由中队组织，中队长亲自任教，也可指定有专长的警官任教。

示教作业方法：“讲、做、研、练”有机结合，突出教学方法的研究与传授，着力提高班长会讲、会做、会教思想政治工作的能力。

示教作业步骤：理论提示、教学示范、体会练习、抽测检查、讨论研究、归纳小结。

示教作业要求：准备充分，目的明确，内容安排科学，方法灵活，手段多样，使受训者把看、听、思、练有机结合起来，以提高教练员的组训能力。

4. 示范作业

示范作业是以标准的动作和科学的训练方法，供受训者观摩、仿效的教学活动，目的是使观摩者学习示范课目的动作和训练方法。

示范作业通常在训练实施前进行，单兵训练课题和班战术训练课题示范作业，一般由中队长组织实施。示范作业一般选择新的、难度较大的或重点课目进行。示范作业，既可以教学方法为主，动作为辅；也可以动作为主，教学方法为辅。作业时，组织者首先应向学员宣布示范课目、目的、内容和要求；示范作业过程中视情况进行必要的提示说明；作业结束后，进行作业讲评。

（二）常用训练方法

技术训练方法主要是指掌握装备、器材使用以及其他专门技术的方式方法。训练中，方法得当，就能以较少投入、较短的时间，取得较高的训练效益。技术训练是战术训练的基础，属基础训练范畴。其基本训练方法有：

（1）体会练习：是受训者按照教练员讲解的动作要领自行琢磨体会的练习方法。通常用于单兵动作或器材操作课训练。

体会练习虽然有利于充分发挥受训者的主观能动性，但需要教练员加强指导，根据受训者的心理特点和认识活动的规律，引导其按照由易到难、由简到繁、由慢到快的步骤，认真体会，及时发现受训者在体会练习中出现的问题，帮助其按正确要领进行练习。通常对个别性的问题进行个别指导，普遍性的问题则应集体纠正，必要时再次讲做示范动作。纠正问题时尽可能用启发诱导或正误对比法，以使受训者既知道错在哪里，又知道如何改正。此外，组织体会练习时间一般不宜过长，应适时地根据受训者练习热情和体会效果，及时改变练习方法，以免发生前紧后松或形成痼癖毛病的现象。

（2）模仿练习：是受训者仿效教练员的动作进行的练习方法。通常是对动作难度大、器材操作要求高的练习。其基本形式是在教练员带领下，教练员做一个动作，受训者跟着做一个动作。目的是使受训者准确地练习教练员的示范动作，打牢正确动作基础，防止形成错误和痼癖动作。

模仿练习时，教练员应重点辅导受训者如何准确地掌握动作要领，如果动作过程比较复杂，应将其分解成若干个动作单元，先分解练习，后连贯练习。同时，还应督促受训者自我检查，在比较中掌握正确的动作要领。

（3）分解练习：是把完整的动作按其动作环节分成几个步骤进行练习的方法。此方法能较好地体现循序渐进的原则，减少受训者初学的困难，便于进行完整动作练习。这种方法多用于较复杂的动作。

（4）连贯练习：是受训者经过分解练习，基本掌握了各部分动作要领后，对整体动作进行连接贯通练习的方法。目的在于使受训者建立正确完整动作概念，从而快、准、好地掌握完整动作。

（5）单个教练：是指教练员对单个受训者进行训练的一种教学活动。目的在于增强训练指导的针对性，使受训者正确掌握动作要领，及时纠正错误动作。单个教练时教练员与受训者直接接触，有利于教练员检查受训者对所学技能掌握的程度，因人施教，改进训练方法。单个教练通常用于单兵动作课的训练，要求教练员要精讲理论及要领，多练动作，发现问题，及时纠正，使受训者尽快掌握动作要领。

（6）分组练习：是将受训者分成若干人一个小组，并指定技术好的一名为小组长进行教练的一种练习方法。它便于受训者相互观摩、相互促进、相互纠正动作。

分组练习可采取小组长下口令，小组一起练或采取流水作业等方法，也可以采取单人出入列练。分组练习前，教练员要划分小组，指定小组长，明确练习步骤、方法和要求，区分器材和场地；练习中，根据训练内容的特点和训练情况及时纠正练习中存在的问题，表扬先进，推广训练经验。编组时，要注意把基础好与差，反应快与慢的受训者进行混合编组，以便教练员对基础较差的实施重点教学。

（7）集体练习：是指教练员组织受训者一起进行练习的一种方法。通常在受训者能独立操作或需要受训者集体操作和行动时，由教练员或班长下达口令，组织集体练习，检查受训者对技能掌握的程度，培养锻炼集体协调一致的动作。

（8）评比竞赛：是训练中开展的比、学、赶、超活动。目的在于调动受训者训练积极性，活跃练兵气氛，促进训练落实。评比竞赛，通常在一个阶段或课时、一个课目或内容训练结束时进行，评比要做到公平竞争，鼓励先进、促进后进。

（三）训练的组织要求

为确保受训人员在有限的时间内学到更多的知识与技能，达到训练目的，必须根据训练内容、目的和对象等情况，正确地选择和灵活地运用训练方法。

1. 与训练目的相适应

训练目的是训练的出发点和归宿点，训练目的的不同必然导致训练方法的不同。例如日常训练，其目的是为了提高部队的战斗力，为执勤做好准备，在训练的方法上则要注重科学、灵活、高效。如技术训练，目的是掌握操作技能，为战术训练打下基础。因此，训练的方法主要是采用示范法、作业法。而战术训练，目的是提高指挥员的组织能力和部队的整体作战能力，训练方法则主要运用演习法等。

2. 与训练内容相适应

训练方法的实质是以一定的方式、方法使受训者掌握既定的训练内容，它是直接为训练内容服务的，因此强调训练方法必须与内容相适应，是选择和确定训练方法的基本原则。比如各类器材装备性能教学，就不宜选择作业法，必须运用讲授法、演示法，方能使受训者认识规律，掌握原理。而器材装备操作训练，则必须采取练习法实施训练，才能使受训者在教练员的讲做示范中把握动作要领，在组织练习中掌握动作，形成技能。

3. 与训练对象相适应

业务训练总是以受训者的思想观念、行为动机、知识结构、个性特征为前提，任何好的训练方法都必须通过受训对象才能产生效果。不同的训练对象，对训练方法有着不同的要求。训练方法只有与训练对象相适应，才能提高训练质量，保证训练效果。

4. 与训练设施相适应

训练设施是训练方法的物质基础。有什么样的训练设施就有什么的训练方法，目前各地训练设施还存在一定的差距。因此，采用训练方法时，还必须根据现有的训练设施、器材等条件，做到需要和可能统一，在条件许可的范围内，尽量选择最能发挥教学效益的方法施训。

第三节　训练的手段

【学习目标】

熟悉训练的手段。

训练手段，是指为达到一定的训练目的，运用训练设施和器材实施训练的具体方法。训练手段是构成训练活动的基本因素之一。正确运用训练手段，对提高训练质量和效益有着重要意义。

一、利用现有装备训练

利用现有装备训练是消防队伍训练的基本手段，与其他训练手段相比具有实装化、规范化、统一化的特点，能使受训者真正熟悉器材装备的性能，使训练与实战相一致，利于提高部队的作战技能。因此必须重视利用现有器材装备进行训练。

利用现有装备训练应注意以下三个问题：

（1）要立足利用现有器材装备，有什么装备训练什么项目，充分发挥和挖掘现有器材装备的作用和潜力；

(2) 掌握器材装备的技术性能、操作方法和用途，并注重新配装备的操作训练，掌握新技术，使之尽快形成战斗力；

(3) 要加强对现有装备器材的管理，建立健全各种制度，提高现有装备器材的使用率。

二、利用建（构）筑物训练

消防安全重点单位建（构）筑物，通常是指责任区内高层建筑、地下工程、化工装置、储油气罐等等。利用消防安全重点单位建（构）筑物进行实地演练，是消防队伍常用的有效训练手段。

利用消防安全重点单位建（构）筑物进行实地演练，具有情况真实、贴近实战的特点，可与责任区情况熟悉、执勤战斗预案制定与修改、对建筑消防设施的监督管理以及灭火实战结合起来。对落实战斗准备、进行战法研究以及促进防、消工作的结合有着重要作用。

利用消防安全重点单位建（构）筑物进行训练时应注意以下四个问题：

(1) 在演练前要熟悉执勤战斗预案的内容，组织者要对灾情假设进行介绍；

(2) 演练时要充分利用建筑消防设施，必要时设置灾情的多种变化，以训练受训人员的应变能力；

(3) 演练后要结合战法研究及时总结经验，并视情修改执勤战斗预案；

(4) 提前与消防安全重点单位取得联系，使之协助配合，并落实训练安全措施，确保安全。

三、利用模拟设施训练

（一）模拟设施、器材训练的特点

模拟设施、器材训练，是指能比较逼真地模仿作战现场环境、作战对象、作战过程和作战装备的设施、器材的方法。

模拟设施、器材训练，可为部队进行战术和技术训练提供贴近实战的仿真训练条件，具有情况逼真、安全可靠、节省训练时间、节约训练经费、减少实装损耗、不受天气限制等特点。能够拓宽训练途径，提高训练效益，缩短训练与实战的距离，实现训与战的高度统一。

（二）模拟训练的方法

模拟训练方法是用各种技术模拟器材，模仿器材装备的工作原理和战术技术性能，代替实际装备进行操作训练的方法。运用模拟器材教学的方法有三种：一是把模拟训练作为理论学习到实装练习的重要步骤，以便通过一段时间的模拟训练，帮助受训者从理论学习到实装演练的过渡；二是用模拟器材代替实装训练，即通过模拟手段完成教学、训练，熟悉掌握全过程；三是将模拟训练与实装器材练习穿插进行，采取在模拟器材上多练习，在实装实车上精练的方法。

（三）组织模拟训练要求

(1) 在训练准备上，要充分周密。在训练前，教练员必须熟悉模拟器材的性能、原理、操作规程、使用方法和操作要领，掌握模拟各种情况的显示时机和模拟器材各系统部件的完好程度，进行试模训练。安排好参训人员的编组练习顺序和轮换练习的时间等，保证训练有条不紊地进行。

(2) 在组织技术模拟训练时，要合理运用模拟手段，科学地安排训练内容，把手段和内容有机地结合起来，根据各课题的教学目的、重点和难点，选择适当的使用时机和方法。

四、利用电教设备训练

电化教学训练，是运用储存、传输、调节和显现信息的电子设备器材进行的教学训练，以下简称电化教学。它是以电子技术为代表的现代技术与教学有机结合，通过多种多样的电教媒体显现教学内容，以其形象、生动、活泼的表现手法，吸引受训者的注意力，使其感知充分、理解容易、记忆牢固，达到优化教学过程的目的。

运用电化教学，可以节省师资力量，扩大教学规模，缩短教学时间，准确传授知识，有效地提高教学效果和质量。因此，在训练中必须重视电化教学手段的研究和运用。

（一）电化教学特点

（1）教学设备电器化。

（2）教材形声化。

（3）表现手段多样化。

（4）信息反馈及时化。

（二）电化教学设备

电化教学设备是电教工具的重要组成部分，根据教学过程中传递教学信息的不同姿态，可将电化教学设备分为幻灯设备、电声设备、形声设备和其他设备。

1. 幻灯设备

常用的幻灯设备有投影幻灯机、实物反射幻灯机、显微幻灯机、自动幻灯机。其特点是结构简单、操作方便、用途广泛、价格低廉。

2. 电声设备

电声设备是指以声音传递信息的电器设备，具备变换放大、记录、传输和重放音频信号的功能。在教学中使用较多的电声设备，有扩音机、录音机和无线话筒等。

3. 形声设备

形声设备是能够同时记录和重放视听信息的电器设备。它所记录的视听信息，便于向受训者同时呈现连续的活动的图像和声音。在教学中普遍采用的是电影和电视教学两种。

（三）电化教学教材

电化教学教材是按照课题教学目的和要求，用图像和声音表达教学内容，用电声、电话、电磁、电控等技术进行制作与重放的一种声像教材，是电化教学的重要组成部分。它是对其他教材的补充，但又不能代替其他教材。因此，必须正确处理它们之间的关系，充分发挥电化教学教材在教学中的积极作用，达到提高教学效果和质量的目的。

电化教学教材的种类，通常可分为幻灯教材、录音教材和电视教材三类。

幻灯教材是按照教学课程的目的和要求，利用幻灯设备呈现图像、表达教学内容的一种视觉教材。目前常用的幻灯教材主要是投影幻灯片、自动化幻灯片等。

录音教材是根据教学需要录制的听觉教材，按照信息载体不同，可分为唱片类、卡片类和磁带类。

视频教材是按照教学课题的目的和要求，用图像和声音来表达教学内容，用视频方法来进行录制和重放的一种新型的视听教材。

电视教材是按照教学课题的目的和要求，用电视图像和声音来表达教学内容，用录像方法来进行录制和重放的一种视听教材。

电教教材的制作是一项复杂而又精细的工作，其质量的好坏，直接影响着电教手段的发挥，关系到电化教学的效果。因此，在编制电化教材时，除必须遵循编写教材的一般原则外，还应力求符合科学性、教育性、艺术性和技术性的要求。

（四）多媒体教学

多媒体是文字、图形制品和声音、图画、视频的结合。

实现多媒体教学的基本条件如下。

(1) 硬件：一套多媒体教学设备（主要包括多媒体电脑服务器和多媒体电脑工作站及高性能网络等）。

(2) 软件：主要是指系统软件、网络软件、教学软件和多媒体创作软件。

(3) 其他：受训者必须具备基本的电脑操作技能。

（五）电化教学要求

1. 处理好目的与手段的关系

要从实现教学目的出发，考虑手段的选择和运用的时机、方式，防止图热闹，走过场，滥用电教工具，反而达不到教学目的。

2. 处理好传统手段与电教手段的关系

要根据教学的具体情况，综合运用各种手段，扬长避短，相互补充，以适应教学的要求。

3. 处理好方法与效果的关系

要从教学效果出发，根据授课的内容时间、范围，选择不同的电教工具和方法。

五、利用计算机网络训练

计算机网络训练，是利用计算机网络平台，各单位通过语音、数据及图像等信息实时传输进行训练的一种方法。计算机网络训练具有操作便捷、互动性强、自动化程度高等特点。能运用声、光、电、影等多媒体仿真技术虚拟灾害事故现场，可以随时监控各个作战推演室以及某个受训人员的指挥作业和训练进展情况，提供自动评判和专家人工评判相结合的综合集成分析决策机制，能调动受训人员训练的积极性，提高训练质量。

利用计算机网络开展训练时，一是要建立一个与实战衔接紧密的软件支持系统，以及一个计算机技术与灭火救援战术理论兼备的人员群体；二是指挥员必须学会运用定性分析和定量分析相结合的方法，实施指挥决策模拟训练；三是受训人员必须学会熟练操作各种训练软件，以完成拟文、标图和传达网络信息等工作。

六、技术训练手段的综合运用

技术训练手段的综合运用是由各种训练手段的特征和训练内容所决定的。“尺有所短，寸有所长”，任何一种训练手段，无论是传统的还是现代的。不管是“土”的还是“洋”的，都有其独特的优长，也各有其一定的局限性，处处适用能够包办一切的训练手段是没有的。比如电化教学，虽然形象直观，能充分调动受训者的积极性，提高教学效果，但受训者获得的只是感性的知识，不能完全成为技能，还必须利用器材装备进行实装训练，才能实现所获得感性知识的飞跃。又如计算机模拟训练，虽然较先进，但它毕竟要受经验数据、主观因素等影响，也并不能代替实装操作的训练。再如传统训练手段，尽管是运用器材装备进行训练，但它不易调动受训者的积极性，不利于发展受训者的智力，且费时耗物，必须以电化教学、模拟训练加以补充。因此在训练中必须根据训练的情况，综合运用各种手段，扬长避短，相互补充，才能适应训练的需要。

技术训练手段的综合运用，虽然强调的是多种手段结合使用，但并不是训练手段的滥用和复杂化，而是要从教学目的出发，从教学内容出发，从训练效果出发，并根据训练设施，科学、合理地综合运用。因此，在选择与运用各种训练手段时，要处理好以下三个关系。

一是处理好手段与内容的关系。训练手段的选择和运用必须服从训练内容的需要，使手段更好地为内容服务，不能单纯地追求形式上的手段多样，应能有效地阐明训练内容的科学性、系统性，挖掘教材的思想性，有利于受训者基本知识和技能的掌握，有利于理论联系实际，将受训者获得间接经验的途径和获得直接经验的途径有机结合，从而使其获得比较系统、完整的业务知识。比如给受训者讲解空气呼吸器时，就可以先借助电化教学手段，说明空气呼吸器的构造原理和各部件的性能及适用范围，在此基础上，再进行实际的练习。

二是处理好手段与效果的关系。各种训练手段运用是为了提高训练效果，并不是图形式、图花样、图好看。因此，各种训练手段的选择和运用，必须以提高训练效果为根本目的，使训练手段更好地为训练效果服务。

三是处理好手段与方法的关系。训练方法与训练手段是相互依赖、相互制约的关系，任何一种训练手段必须与训练方法有机结合，才能达到提高训练效果的目的。因此训练手段的选择和运用必须根据训练方法灵活运用，使手段更好地为方法服务，方法更好地适应手段的要求。比如进行消防业务理论教学时，应将讲授法与电教手段结合起来，电教手段弥补讲授的不足，讲授补充电教手段的缺陷，达到相互补充、相互促进，提高教学效果的目的。

第四节　训练的组织与实施

【学习目标】

1. 掌握训练计划的制定；
2. 掌握训练的组织与实施。

灭火救援业务技术训练，是指对消防队伍进行本职、本专业必备知识和技、战术的训练活动。是消防队伍的经常性工作，是提高消防队伍战斗力的根本途径，是履行消防队伍职能，圆满完成执勤任务的重要保证。因此，必须周密计划，充分准备，科学施训，提高训练质量。

一、训练计划

训练计划是具体组织、实施、协调、监督、控制、保障和考核训练的依据，也是组织实施训练的关键环节。因此，必须依据《公安消防部队灭火救援业务训练大纲》要求，结合本单位灭火救援任务、装备配置、场地条件和气候特点等实际情况，制定、审批、下达训练计划，使计划具有科学性、可行性。

训练计划一般分为综合训练计划和专项训练计划。

（一）综合训练计划

综合训练计划包括年度训练计划、季度（阶段）训练计划、月训练计划和周训练计划。

1. 年度训练计划

年度训练计划通常由上级机关，在上年度训练结束后，新年度开训前制定下达。主要明确所属单位的训练内容、时间分配、质量指标、措施与要求等。

年度训练计划一般采用文字形式或附图表形式进行表述。下属单位也可根据上级机关年度训练计划或指示，制定具体训练计划，采取文字或附图表形式进行表述。

年度训练计划应根据本单位确定的年度训练任务，以司令部为主，政治、后勤等机关协助制定，年度训练计划拟制后，应送本级领导审定，报上级备案。

2. 季度（阶段）、月训练计划

季度（阶段）、月训练计划通常由本单位根据需要以文字附表的形式制定。季度（阶段）、月训练计划，主要明确所属消防中队每月训练内容，时间分配、质量指标和基本要求、保障措施等。季度（阶段）、月训练计划应在消防支队领导的主持下，以战训部门为主，会同有关部门共同制定，本级主官审定，报上级备案。

3. 周训练计划

周训练计划通常由消防中队主官亲自制定。主要明确每日或每课的训练内容、方法、地点、组织者、训练重点及保障措施等。周训练计划一般采用周训练进度表的形式进行表述。

周训练计划，应依据上级的训练计划，结合本单位的实际进行拟制。拟制时，首先认真学习研究上级制定下达的季度（阶段）、月训练计划，明确当月的训练任务、重点、要求、场地区分、器材使用及调配等，其次排列出本月的训练课目或内容的先后顺序，并根据本中队训练水平区分每个训练课目、内容的占用时间，确定恰当的训练方法。最后根据本中队各类人员的训练基础、训练课目、训练重（难）点和场地、器材的保障程度及警官和骨干的任教能力，确定训练编组形式和方案，明确教学分工。按集中训练与分散训练相结合，理论学习与操作训练相结合，技术训练与战术训练相结合，昼间训练与夜间训练相结合的要求，将一周内的训练课目、内容逐日、逐小时地进行计划穿插匹配。训练计划一旦定稿必须严格执行，无特殊情况不得调整变动。

（二）专项训练计划

专项训练计划包括演习、竞赛、集训及其他专项训练活动的组织实施计划。通常由组织实施的单位、机关、部门在主管领导的指导下制定，主要明确专项训练活动的组织领导、目的、内容、人员、方法、时间、地点及保障措施等。演习计划通常报上级审批，其他专项计划一般由本级领导审定后报上级备案。

二、训练准备

训练准备是实施训练的基础和前提，无论是年度训练、月训练、周训练、日训练，还是具体课目、内容或某个层次的训练，就其准备工作而言，应重点做好思想准备、组织准备、物资准备和教学准备。

（一）思想准备

思想准备是指在训练前充分进行思想发动，发挥思想政治工作的保证作用，根据训练任

务和官兵的思想状况，搞好训练动员和思想教育，使其明确训练的目的、任务、要求和完成任务的措施、方法等，调动训练积极性。

训练动员包括年度开训动员、阶段训练动员和主要课目训练动员。训练动员时，应全面领会和理解年度训练任务，正确把握阶段训练及各课目训练的特点，分析影响训练的主、客观因素，针对已经出现或可能出现的问题，确立正确的训练指导思想，鼓舞士气，挖掘练兵的潜力。

思想教育包括基本理论教育和个别思想教育。基本理论教育主要是从理论与实践的结合上加强消防队伍职能教育、形势教育、任务教育，人与器材、训练与实战的关系，从而端正认识，提高训练自觉性。个别思想教育，主要是针对个别同志的具体思想问题，采取正确的方法，做好耐心细致的说服教育工作，使其积极参加训练，完成训练任务。

（二）组织准备

组织准备是指根据训练任务和警官、骨干的配备情况及其特点，调整训练的组织，区分教学任务，加强教学力量，确保训练效果。

1. 确定组训形式

业务训练应根据不同的训练阶段、不同的执勤任务、不同的训练内容，结合警官和骨干任教能力等实际情况灵活选择按建制训练、新老兵分训、按专业训练、基地训练等组训形式。组训形式，应本着提高训练质量，组织简便，有利于部队全面建设和提高训练质量的原则，结合本单位实际情况灵活确定。同时应加强领导，明确分工，实行责任制，对训练编组、课程设置、教学任务和力量分配等进行周密组织，科学安排。

2. 明确教学分工

业务训练，应坚持按级任教，专长任教，首长教部属，上级教下级的原则，根据警官和骨干的任教能力、组训形式、训练内容，合理区分教学任务、明确教学分工。

（三）物资准备

物资准备是指根据训练课目的需要，组织整修场地，准备器材装备，维修、订购、领取和配发器材、教材等，以保证训练的正常进行。

1. 整修设置训练场地

训练场地通常根据训练的实际需要和有关保障规定实施统一规划和建设，各级应根据训练进度的要求，适时调配训练场地，发挥效能，并根据业务训练内容的需要，结合部队年度训练任务，统筹规划，整修和设置训练场地，力求节省经费，做到一场多用。业务训练内容多，场地种类复杂，其具体设置条件应严格按有关规定和教材、规范要求执行。

2. 准备物资器材

组训者应根据训练及教学的实际需要，周密准备计划业务训练所需物资器材、教材，及时拟制和上报使用计划，领取分发训练物资和器材。对于不能满足上级的部分，应充分利用现有条件，或修废利旧，或革新改造，或订购必需器材和教材。物资器材准备就绪，应由专人负责，妥善保管。教练员应事先试用、检查教学器材，熟悉掌握操作程序和方法，以免临时发生故障，影响教学。

（四）教学准备

教学准备是业务训练准备的重点工作，应根据业务训练进度适时进行。主要内容包括教练员按分工进行备课，组织示教作业和示范作业，培养骨干人员。

1. **备课**

备课是教练员为实施教学而进行的准备活动，是上好课的前提。通常是在教练员领受教学任务后进行。主要应做好以下四个方面工作：

（1）学习大纲和训练教材。教练员领受教学任务后要认真学习训练大纲和教材的有关内容，明确课目、目的、内容、要求以及本课题在训练中的地位作用，弄清课目之间、内容之间的相互关系，以便更好地把握训练的重点、难点，合理安排授课内容。理论备课还应广泛阅读与教材内容相关的资料，扩大知识面，充实教材内容。实际操作课还应对各种示范动作进行反复练习，使自己的动作标准、规范。

（2）了解受训对象，选择训练方法。授课前，教练员必须了解受训对象的思想状况、文化基础、业务技术水平、身体素质、自学与理解能力、兴趣与爱好情况，并依此确定教学的重点和难点、深度和广度，区分教学时间。结合训练内容和保障情况，选择训练方法和手段，做到有的放矢，因人施教。了解的方法：可采取个别交谈、召开座谈会（训练准备会）、问卷调查、理论或操作（动作）测验等形式。了解受训对象要贯穿训练全过程，随时掌握受训对象的情况，及时采取措施，改进教学。

（3）编写教案。教案是教练员按训练课题和课时编写的具体教学实施方案，是教练员教学的基本依据。业务训练的所有课目都必须编写教案。教案的基本结构一般由作业（教学）提要和作业（教学）进程两部分组成。作业（教学）提要部分应写明训练（讲授）的课目、目的、训练问题（讲授内容）与重点、训练（教学）方法、作业地点、时间、要求、器材及勤务保障等。作业（教学）进程部分通常按作业（教学）实施、作业（教学）讲评的顺序编写。教案的格式根据教练员素质及课题的不同，灵活选用文字记述式、表格式，通常新课题或教练员缺乏经验，或对教学过程不够熟悉时，应编写出较为详细的文字记述式教案。

（4）试讲、试教。试讲是教练员在实际教学前练习教学的主要方法。通常在熟悉教案的基础上，结合各种教具器材，假设受训对象，按课目内容的顺序，先分段后全程反复练习。通过试讲，进一步熟悉所授课目的内容、教学方法、教学程序和教具的使用，提高“四会”能力。试教，目的在于检查教练员训练准备情况，以便发现问题，及时调整和改进教学。试教通常在上级组织下，按试教、评议、小结的步骤进行。

教练员备课除抓好以上四项工作外，还应根据训练内容、训练保障等情况的不同和需要，设置训练场地，准备教具和训练器材；培训示范、勤务分队（人员），以满足训练效果。

2. **组织示教作业**

组织示教作业是提高教练员组织实施训练能力的有效措施，也是组织教练员集体备课的活动。示教作业按作业准备、作业实施和作业讲评的程序进行。

示教作业前，组织者应认真熟悉大纲、教材，依据上级有关指示和规定，结合本分队的实际情况，确定示教内容，应尽量选择既是训练的重点、难点，又是本单位训练的薄弱环节，既能体现主要训练内容，又便于研究训练方法和手段的内容进行示教，以提高示教作业的效果；应选择作业场地，准备训练器材、确定示教作业的基本程序和方法，编写示教作业教案或作业指导方案，进行试讲、试教。使用勤务人员时，应事先进行培训。

示教作业可以按照训练课题逐个内容进行，也可以重点研练其中的一两个问题。具体实施应根据训练课题的难易程度和班长的素质灵活确定。

作业准备：首先清点人数，检查器材性能，整理装备装具，然后宣布示教的课目、目的、内容、方法、时间、要求，最后介绍场地设置等内容。

作业实施：通常按理论提示、教学示范、讨论研究、组织练习，归纳小结的步骤进行。

理论提示：针对示教内容，有重点地提示有关理论，目的是使班长明确有关理论。其内容通常包括班长组织训练的方法、步骤、要求等，方法可采用提问或讲解。

教学示范：示范时，要求讲解精练准确，示范标准、规范。

讨论研究：提示哪些理论内容，采取什么方法；组织练习采取什么方法，士兵在练习中易存在什么问题，原因何在，如何纠正等。

组织练习：组织练习时，教练员应认真检查辅导，发现和纠正问题，并根据各班士兵的特点及训练内容、场地特点，灵活地设置情况供班长处置，以全面提高班长会讲、会做、会教、会做思想工作的能力。

归纳小结：每个示教问题训练结束后，教练员都应进行小结，着重指出班长组织训练时应把握的重点，进一步拓宽班长的教学思想。

作业讲评：主要内容包括重述示教课目、目的、内容，讲评示教作业情况，着重总结组训方法。

3. 组织示范作业

示范作业通常在示教作业后由教练员组织实施，在进行新的难度较大的课目或重点课目（内容）前进行。作业时，依据需要可以侧重于教学和组训的示范。随着电化教学的逐步普及，示范作业也可利用电化教学的形式进行。示范作业通常全程连贯实施，也可分段实施。教练员在组织示范作业前应培训好示范分队（人员），示范作业时要严密组织，示范作业后要进行讲评。

第五节　训练实施的一般程序

【学习目标】

1. 掌握训练实施的程序；
2. 掌握训练实施的要求。

训练实施，是指经过充分的训练准备以后，按训练计划和课程安排，以一定的训练形式，在规定的时间内，将训练方案付诸实施的实践活动。训练实施是训练过程的中心环节，是实现训练目的的根本途径。

一、理论学习

理论学习通常在操作练习前进行，是技术训练的一个重要方面。通过理论授课，达到对技术训练项目的基本情况、操作程序、操作要求和火场运用等方面了解和认识的目的，以指导操作练习。采取讲解和自学相结合的方法实施，在自学的基础上讲重点、解疑点，在理论上讲清楚是什么、为什么、怎么办，做到语言精练，通俗易懂、形象直观、富有启发性。同时，对一些比较简单、便于掌握的理论通过自学来解决，以便有较多的时间保障重点，解决难点和用于实际操作练习。

1. 理论备课

理论备课是教练员授课前的必要活动，是讲好课的前提和基础。

2. 宣布课目

宣布课目就是部队业务主官根据全年理论学习计划与安排，对本讲课目、内容向受训者宣布，明确本课重点、难点和应注意的问题，讲清本课的作用，使受训者正确认识学习的意义，端正学习动机，增强学习主动性。

3. 阅读教材

阅读教材就是教练员开始讲课前，组织受训者对教材的预备性学习。目的是使受训者对所学课目有所了解，初步掌握教材的主要内容，明确重点，发现难点，提出疑点，为听课打下基础。可采用预习的方法组织进行。

4. 理论讲授

理论讲授是教练员通过语言向受训者传授知识和技术，是理论练习的中心环节。通常以直叙的方式实施，也可按提问的方式进行，讲解时应做到语言通俗、突出重点、方法灵活，要充分利用实物、图表、录像进行直观教学，此外，还应善于运用激疑、提问等方式，引导受训者积极思考，提高其注意力。

5. 作业考核

作业考核是搞好理论学习的重要环节，是受训者对所授理论进一步消化的过程，同时也是检查受训者在理论讲授环节是否有效的重要方法。可采用理论考试的方法进行。

二、训练实施的程序

操作练习是受训者在教练员的指导下，反复练习操作要领的过程，是受训者掌握战斗技能的基本途径，是训练的基本环节。

1. 课前准备

课前准备是指将受训者带到指定训练场所进行操作前的准备工作。其内容包括：

一是清点人数，检查着装和器材及安全措施，进行动作练习时，还应组织活动身体，但时间不宜长，一般为10分钟左右；

二是宣布课目、目的、内容、方法、时间，并根据训练内容、气候和受训者情况，有针对性地提出训练要求，室外训练时，还应介绍方位、环境等，如需要勤务人员配合时，应派出勤务人员；

三是检查与学习前课知识技能，巩固已学成果。

2. 训练实施

训练实施，通常按理论提示、讲解示范、组织练习、小结讲评的步骤实施。

（1）理论提示。即教练员针对训练内容，有重点地提示有关理论，目的是使受训者掌握理论，明确地位作用。通常可采取讲述、提问等方法进行。

（2）讲解示范。即讲解示范操作要领，是传授操作技能的重要环节。通常由教练员自己讲做，有时也可由预先培训好的示范人员讲做或由教练员讲解操作要领，由示范人员（分队）或基础好的士兵做动作。无论采用何种讲解示范方法，都应首先进行连贯动作的示范，以给受训者一个总的形象概念；然后再边讲解要领边示范操作，要领讲到哪里，动作示范到哪里。使讲解与示范融为一体，使受训者听懂看清；最后再进行一次操作的连贯示范，使受训者进一步加深动作的印象。

(3) 组织练习。即教练员在讲解示范后有计划、有步骤运用各种训练方法组织受训者进行的练习，是受训者获得知识、掌握技能的关键。因此，练习前，教练员要向受训者明确练习的步骤、方法和要求，为调动受训者的练兵积极性，提高训练效果，教练员根据不同的训练内容、不同的训练时节，灵活地采取不同的练习方法。

在练习中要认真检查，及时发现和纠正问题，指导受训者掌握正确的动作。发现问题的可采取目视检查、触摸检查、提问检查、询问检查和测试检查等。纠正问题的方法依据情况可采取对比纠正、诱导纠正、分解纠正等。纠正动作时，要注意先指出优点，后指出缺点，做到多鼓励、少批评，具体帮助受训者分析错在哪里，为什么错，应如何克服，使受训者愿意并自觉改正。组织协同练习时，要抓住重点，明确各号员的操作顺序，严密配合协作。

(4) 小结讲评。每次训练操作结束时，应根据操作情况进行扼要小结，讲评操作情况，指出存在的问题，明确努力方向。

3. 训练讲评

训练讲评是在一个课目训练结束时，教练员从理论到实践进行总结讲评，其目的在于深化训练内容，帮助受训人员加深记忆，评价训练情况，讲评训练中优缺点，表扬训练中的好人好事，指出存在的问题和努力方向。

三、训练实施的要求

训练实施中，要结合训练内容和受训人员的个体差异，提出具体训练要求，确保训练的质量和成效。

（一）突出重点

训练过程中，要按照训练内容的逻辑体系实施完整性训练，要抓住训练重点，突出训练各环节的主要方面，防止因训练的内容或时间平均分配，而影响训练效果。要按照训练计划，科学安排训练内容、时间和步骤，正确处理全面与重点的关系，严密组织实施，高质量、高效率地完成训练任务。

（二）民主教学

民主教学，是训练中对群众路线的具体运用，它表现为官兵互教、兵兵互教，调动教和学两者的积极性，促进教学相长，增强训练活力，提高训练效果。

在训练中，一是充分调动受训者的积极性，使主体作用与主导作用结合起来，使受训者真正认识训练的意义。同时要理直气壮地抓典型，表扬先进，以积极因素克服消极因素。二是充分发扬民主在上，应尊重群众的意见，发动群众献计献策，对于群众中有建设性、创造性的意见要主动吸收，以丰富训练内容；在组织上应选好骨干，必要时加以培养，发挥他们的助手作用；在方法上要灵活运用“官教兵、兵教官、兵教兵”和评比竞赛、互帮互学等传统练兵方法，坚持评教评学制度，及时总结经验，不断提高训练水平。

（三）因人施教

因人施教，要求从实际情况出发，处理好集体教练与个别教练，统一要求与发展个性的关系，有的放矢地组织训练。根据不同的对象，采取不同的训练方法，训练中注意抓住主体，熟悉受训人员的具体情况，针对个别差异，采取有效措施，调动其训练积极性，提高训练成效。

在训练中，一是抓住主体，熟悉受训者的具体情况。由于每个人的文化水平、业务基础、接受能力、学习等不同，带来的学习进展也不可能相同，所以训练中必须根据训练大纲的要求和大多数人的水平，设置训练内容，选用训练方法，使训练的深度立足大多数，使训练的主体得以正常发展。二是针对个别，采取有效措施。对学习尖子要积极扶植，加强辅导，增大训练的深度和难度，充分发挥他们的潜力；对基础较弱的受训者，要耐心帮助，多给他们锻炼的机会，让他们树立信心，刻苦学习，尽快跟上集体的步伐。

（四）启发诱导

训练的组织过程中，要善于提出问题，提出方向，引出思路，要给受训者留有独立思考的空间，不断提高其分析问题、解决问题的能力。

在训练中，一是精心设置一堂课。采取“教问学答”、“学问学答”等形式启发受训者深入思考，对所学知识达到融会贯通。二是充分利用形象教学。训练中尽可能地使用图表、实物、模型、实验、演示、示范和电化教学等形象化手段。三是让训练具有灵活性。

（五）精讲多练

精讲多练，就是在训练中组训者必须精讲多练，并处理好精讲与多练的关系，在精心备课的前提下，用较少的时间把问题讲深讲透，用较多的时间进行实际练习，讲练结合，以练为主，注重知识与技能的巩固，提高训练效果。

在训练中，一是处理好“少”与“多”的关系。精讲，就是以简明精练的语言，深入浅出、通俗易懂、准确生动地把问题讲深讲透，使受训者易学、易懂、易记、易用，尽可能地减少讲解的时间。多练，是指在精讲的基础上，充分让受训者多练习，以熟悉掌握所需的战斗技能。精讲是为了多练，多练就必须精讲。二是突出重点和难点。

（六）循序渐进

循序渐进，既是业务训练的基本规律，也是对业务训练过程的基本要求。它要求根据课题的逻辑系统和受训者的认识规律，按照由易到难、由浅入深的程序，有计划、有步骤地组织实施。

在训练中，一是训练计划要安排合理，一般按照先技术后战术、先理论后作业（操作、练习），先基础后应用的顺序合理计划。二是训练内容要连贯有序，注重各课题、各内容的前后连贯和新旧知识的联系，使已学过的知识成为学习新知识的基础。三是训练方法要层次分明，分步细训，要逐个动作地进行讲解、示范和练习，使受训者扎实地掌握知识和技能，绝不能赶，搞突击。

（七）保障安全

保障安全，就是在训练中要落实安全制度，采取切实可行的安全措施，防止训练事故的发生，训练前，要做好各项准备工作，训练过程中，要采取具体措施，落实安全责任，确保安全。

第六节　训练安全管理

【学习目标】

1. 熟悉训练前的安全工作；
2. 掌握训练中的安全工作；
3. 熟悉演习中的安全工作。

训练安全工作，包括训练前的安全工作、训练中的安全工作和演习中的安全工作。

一、训练前的安全工作

训练前应制定安全措施，进行安全教育，检查场地器材。受训人员的准备活动必须做到充分、规范。

1. 制定安全措施

安全措施，是指针对训练内容、方法、要求和各种不安全因素所采取的不同方法。制定安全措施时注意以下几点。

（1）符合受训人员情况　制定安全措施时，要综合考虑受训人员的年龄、健康程度、身体素质、训练水平、思想现状以及心理活动等情况，既要面对全体，又要照顾个别。

（2）充分考虑外界影响　制定安全措施，要全面考虑气候、场地、器材等因素对训练的影响。如训练场地的面积、平整程度，建筑物的布局、内部通道，风向、风力，器材装备的性能等。防止因某一环节的疏忽导致训练事故的发生。

（3）符合内容的要求　不同的训练内容有其特定安全要求和安全措施，因此在制定安全措施时，必须突出训练内容的特点，具有针对性。

2. 训练前安全教育

开展训练前的安全教育是增强安全意识、预防训练事故的基本方法之一。训练前的安全教育内容包括：

（1）安全意识教育　进行训练安全重要性的教育，使受训人员增强安全意识，要正确处理安全与训练的关系，纠正忽视安全训练的错误认识，确保训练安全。

（2）安全知识教育　根据训练内容开展安全知识教育，使受训人员明确训练的操作要领和安全注意事项。如着装要求、保护要求、行动要求等。特别在开展实地演练之前，要向全体受训人员介绍单位的安全规定和行动要求，防止因盲目行动引发事故。

（3）典型案例教育　借助典型案例总结分析，使受训人员注意容易引发事故的环节，积累安全经验，吸取事故教训，防止同类训练事故的发生。

3. 训练前安全检查

训练前安全检查，是对训练场地、训练器材、保护器具等的安全状况进行的检查。为了保证训练安全，在训练前必须作以下检查：

(1) 检查训练场地　检查训练场地是否符合安全规定，作业区域有无无关人员进入；场地内有无积水和碎石等杂物；是否根据训练内容划出清晰的场地标记；受训人员是否熟悉场地的地形地貌；复杂、危险区域是否做出警示标记等。

(2) 检查训练装备　检查训练装备是否符合安全规定，性能是否良好等。发现问题及时解决，无法解决的要调整训练内容。

(3) 检查个人防护　检查受训人员是否按规定着装，个人防护装具是否损坏。如头盔破损，安全带断裂，安全钩变形，安全绳老化等。必须时进行互查，消除事故隐患和不安全因素。

4. 训练前准备活动

准备活动，指训练前为使身体处于良好状态而进行的必要锻炼。参训前肌肉、韧带较僵直，关节不灵活，身体兴奋度较低，如果不活动开就进行剧烈活动，容易将肌肉拉伤。因此，准备活动要充分，既要有常规准备活动内容，又要有专项准备活动内容。开展训练前准备活动时应注意以下几点：

(1) 针对性　应根据训练课目、场地、器材、气候条件确定准备活动的内容，尽量使全身各主要关节、韧带和肌肉都得到活动，并应加强不发达肌肉的练习。

(2) 适应性　准备活动时间一般不少于15～20min，以身体感觉发热、略微出汗为宜。

二、训练中的安全工作

训练中要严格落实各项措施，遵守操作程序，合理掌握训练强度，加强保护和防护，避免事故的发生。

1. 干部到场，加强组织

开展训练时训练场地应有干部组织，落实各项安全制度，严格操场纪律，保证良好的训练秩序，帮助受训人员克服紧张和畏难心理，提高控制自己行为和情绪能力。训练结束后，干部要对训练安全工作进行讲评。

2. 科学训练，讲究方法

要遵循人体的生理活动规律，坚持科学指导训练。根据具体情况合理安排训练强度，安排好课间休息，严禁超强度训练；按照训练计划和步骤组织训练，先讲解后示范，先分解后连贯。首先向受训人员下达训练课目，讲解训练装备的技术性能、操作规程、操作要求和安全注意事项，并结合作业对象进行示范作业，然后指导受训人员进行训练。动作应由易到难，由简及繁，循序渐进，避免盲目蛮干。

3. 规范程序，加强保护

训练时，要严格按照项目操作规程进行操作。根据该训练课目的危险性和危险环节，落实保护措施。特别是组织登高训练和特种装备应用训练时，必须严格执行操作规程，全面落实保护措施。保护措施不到位不得进行操作。

保护与帮助是消防员训练中不可缺少的安全措施，也是受训人员应掌握的基本技能。保护主要有一般保护法和自我保护法。一般保护时，保护人员应靠近受训者容易发生失误的位置，利用绳索等工具，做好保护准备；必要时运用接、抱、拉、挡等方法，对受训人员进行保护。自我保护时，受训者一般采取顺势屈臂、团身、滚动和下蹲的方法，以减免冲击和碰砸。帮助主要有直接帮助法和间接帮助法，直接帮助用于出现险情时，采取拉、托、顶、送、挡等方法化解危险；间接帮助用于训练难度大的动作时，采取语言、哨音、击掌等方法，使受训人员掌握正确的用力时间和节奏，明确身体在空间的方位，帮助受训人员尽快掌握动作要领，避免事故发生。

4. 根据情况，采取措施

根据训练场地、内容、环境、气候等不同，应认真研究动作要领，了解容易发生事故的环节，采取相应的安全措施。

（1）在登高训练前，要对训练和保护器材进行严格检查，负责保护的人员要尽职尽责，措施到位；使用举高车时，要注意防止高空障碍物，因地面承重过大而发生塌陷。

（2）开展烟热适应训练时，要严密组织，保证设施的控制系统完整好用；掌握受训人员身体状况，一般三人一组分组受训；详细登记进入训练空间的人员、进入时间和装备（如空气呼吸器）性能等情况；落实专人负责监控，一旦发生险情，及时排除。

（3）开展水上训练时，要切实做好各种防护措施。设立救生员，救生员要认真负责，注意观察受训人员的情况，随时做好救助准备。

（4）训练中发现不安全因素，应及时制止，并立即纠正。出现危险征兆时，应及时采取补救措施。

（5）受训人员情绪不稳定或者身体不适时，严禁参加训练。

（6）夏季炎热，训练持续时间不宜过长，一般应比正常训练时间缩短15%～20%。训练宜安排在室内或阴凉通风处进行，户外训练时要避免头部暴晒。在出汗较多、身体缺水情况下，宜饮用含盐的饮料，及时补充水和盐分，防止中暑。

（7）冬季寒冷，户外训练应按规定穿戴防寒服装和用具，衣服、鞋袜要保暖、适体、干燥。训练时间不宜过长，防止冻伤。

三、演习中的安全工作

实战演习，是通过人工手段模拟高温、浓烟、倒塌、腐蚀、毒气等灾害场景，在假设的灾害事故现场，展开灭火、救生、堵漏、破拆、救援等技战术演练活动。实战演习是接近实战的合成训练，必须严格落实各项安全措施。

1. 明确分工，落实责任

演习前应按照演习方案，结合演习的场地、演练课目、模拟的灾害事故场景、参加演习的人员和装备等情况，明确导演组、烟火组、安全检查组、灭火救援组、通信组等组织和具体人员的任务分工以及车辆、灭火剂使用等具体要求。落实演习目标单位的协同配合，发布演习通告，告知演习目标单位的所有员工，明确演习行动要求，并由单位安保部门配合做好安全工作。

2. 指定专人设置现场

指定有经验的人员负责灾害事故场景的模拟与恢复，保证现场设置满足模拟条件、符合安全要求，并采取措施保证现场设置过程的行动安全。现场设置情况应通告演习目标单位和参加演习的人员。

3. 全面组织安全检查

演习前，要对演习现场及用于演习的建筑、装置、车辆等安全性进行全面检查。主要内容是：建筑、车辆、管线、罐体等的结构是否安全；确定现场除了用于燃烧的木材、油品、发烟罐等物品外，有无其他可燃物品；建筑、装置通道上的障碍物以及可能发生高空坠落的物品是否清除；爆炸波及的范围内有无人员、车辆；消防水源是否好用；演习区域是否实施警戒等。

4. **加强现场监控**

演习开始前，应在现场合适的地点建立现场指挥部，以便全面观察灾害场景的模拟进程，对整个演习行动进行有效监控。现场安全员要时刻注意演习过程中的每个细节，对于在演习中出现的危险情况，要迅速做出应急处理，杜绝各种意外事故的发生。

5. **演习中的安全注意事项**

（1）深入危险部位侦查时，侦查人员不得少于 2 人。深入内部行动要携带导向绳、呼救器和对讲机等器材。进入复杂环境中执行任务的人员，要逐一登记进出时间。

（2）进入模拟有毒气体、高温、浓烟、倒塌环境中的人员，必须佩戴空（氧）气呼吸器，做好个人防护，并严格执行操作规程。

（3）在高空行动时，应小心谨慎，防止滑落。

（4）进入带电场所，要采取防触电保护措施。

（5）演习结束后，要对演习中的安全情况进行分析、讲评，查找事故隐患，提出有针对性的整改措施和要求。

（6）检查演习现场的水源、电源、气源，确保正常使用，恢复固定消防设施运行状态。清点人数，检查器材，返队后及时对车辆、装备进行保养，尽快恢复战备状态。

第七节　训练的考核与成绩评定

【学习目标】

1. 熟悉训练考核的组织程序；
2. 了解成绩评定的方法和标准。

训练考核与成绩评定，必须坚持公平公正、标准从严、全面衡量、以考促训的原则，目的是检验衡量各单位及消防人员的业务训练质量和水平，为加强训练指导和改进训练方法提供依据。

一、训练考核

训练考核，是指在规定的时间，按照规定的形式和方法，根据有关考核规定和成绩评定标准，对各单位和消防人员按训练大纲、计划规定内容的训练效果进行的考核。

1. **考核标准**

训练考核必须依据有关训练标准和规定进行考核。对综合应用性训练项目和训练创新项目，各单位可根据训练情况，制定具体的考核标准。考核标准的制定一定要详细具体，以便于统一尺度，实施公平、公正的考核。

2. **考核方法**

考核方法通常分为普考和抽考。普考是对训练对象、训练课目的全面考核；抽考是对训练对象、训练课目的抽样考核；普考由本级或上级业务部门组织，抽考由上级单位组织，合成训练成绩一般以普考成绩为准；上级单位对下级抽考的成绩应作为了解、分析和讲评下级训练情况的主要依据。

3. 考核准备

考核准备是根据考核目的、任务及分工，为保证训练考核顺利实施所做的各项准备工作。

主要包括建立考核组织，明确职责分工，确定考核内容，制定考核方案，拟定评定标准及细则，培训评判人员，做好各项考核保障工作等内容。

4. 考核要求

训练考核必须本着严格、公正的原则，要培训考核人员，统一标准，严格按照考核程序组织实施。单项课目普考成绩不及格者，必须在限定时间内复训、补训，并组织一次补考；补考成绩作为个人本课目最终成绩，不计入单位成绩。要建立单位和个人训练档案，考核成绩记入档案，并作为单位争先创优和个人立功受奖、晋升等方面的重要条件。

二、成绩评定

成绩评定是指对各单位和消防人员训练效果的综合评定，便于单位对个人、上级对下级单位训练情况的掌握，为合理制定训练计划提供依据。

（一）评定方法

训练成绩分为单课目训练和年度训练成绩。

1. 单课目训练成绩

单课目训练成绩包括个人单课目训练成绩、班组和单位合成训练成绩。单课目训练成绩的评定通常可采取两级制或四级制，两级制为合格和不合格，四级制为优秀、良好、及格和不及格。

2. 年度训练成绩

年度训练成绩包括个人年度训练成绩和单位年度训练成绩。个人年度训练成绩由个人所有的单课目训练成绩综合评定；单位年度训练成绩由本级年度指挥员训练成绩、本级年度合成训练成绩和本级年度消防人员训练成绩综合评定。年度训练成绩一般可采取四级制评定。

（二）评定标准

消防队伍已逐步建立和完善了以两级制为基础，两级制与四级制相结合的训练成绩评定标准。

1. 个人年度训练成绩评定标准

（1）两级制成绩评定标准

① 合格。训练课目成绩合格率不低于80%。

② 不合格。达不到合格标准。

（2）四级制成绩评定标准

① 优秀。所有训练课目成绩均为良好以上，其中优秀率不低于50%或所有训练课目成绩均为及格以上，其中优秀率不低于70%。

② 良好。所有训练课目成绩均为及格以上，其中优秀率不低于50%。

③ 及格。80%以上的训练课目成绩为及格以上，或50%以上的训练课目成绩为优良。

④ 不及格。达不到及格标准。

（3）综合成绩评定标准　个人单课目训练成绩既有两级制又有四级制评定的，先按两级制和四级制分别进行评定，再综合评定。

① 优秀。两项成绩均为优秀。

② 良好。两项成绩均为良好或一项成绩为优秀，一项成绩为及格以上。

③ 及格。两项成绩均为及格以上。

④ 不及格。达不到及格标准。

2. 单位年度训练成绩评定标准

（1）本级年度指挥员训练成绩综合评定标准

① 优秀。参加考核的指挥员年度成绩均为良好以上，其中优秀率不低于50%或年度成绩均为及格以上，其中优秀率不低于70%。

② 良好。参加考核的指挥员年度成绩及格率不低于80%，其中优秀率不低于50%。

③ 及格。参加考核的指挥员年度成绩及格率不低于70%。

④ 不及格。参加考核的指挥员年度成绩达不到及格标准。

（2）本级年度合成训练成绩综合评定标准

① 优秀。训练课目成绩合格率为100%。

② 良好。训练课目成绩合格率不低于80%。

③ 及格。训练课目成绩合格率不低于70%。

④ 不及格。训练课目成绩达不到及格标准。

（3）本级年度消防人员训练成绩综合评定标准

① 优秀。参加考核的消防人员训练成绩均为良好以上，其中优秀率不低于50%或所有参加考核的消防人员训练成绩年度成绩为及格以上，其中优秀率不低于70%。

② 良好。参加考核的消防人员训练成绩及格率不低于80%，其中优秀率不低于50%。

③ 及格。参加考核的消防人员训练成绩及格率不低于70%。

④ 不及格。参加考核的消防人员达不到及格标准。

（4）单位年度训练成绩综合评定标准

① 优秀。本级年度合成训练成绩为优秀，其他两项成绩为良好以上，或两项成绩为优秀，一项成绩为良好。

② 良好。本级年度合成训练成绩为优秀，其他两项成绩为及格以上，或两项成绩为良好以上，一项成绩为良好及格以上。

③ 及格。三项成绩均为及格以上，或本级年度合成训练成绩为良好以上，一项成绩为及格以上。

④ 不及格。达不到及格标准。

思考题

1. 训练的基本原则有哪些？如何贯彻执行训练的基本原则？
2. 训练的组织形式有哪些？如何运用训练组织形式？
3. 训练的组训方法有哪些？组训要求是什么？
4. 训练的手段有哪些？训练手段的综合运用应当处理好什么关系？
5. 训练综合计划有哪些？模拟制定一份中队周训练计划。
6. 训练实施的一般程序是什么？训练实施的要求是什么？
7. 如何做好训练的准备及安全管理工作？

第二章 个人防护装备训练

消防员防护装备是消防员在灭火救援作业或训练中，用于保护自身安全必须配备的安全防护装备，其品种、数量及技术性能直接关系到消防员进行消防作业时的人身安全和灭火作战能力的发挥。装备和特种防护装备，个人防护装备的训练，有助于消防员对装备性能参数的熟识，有助于消防员对装备的进一步了解，有助于提高消防员的装备利用率，达到人与装备的最佳结合，为消防员自身安全和灭火救援打下坚实的基础。目前，消防员防护装备按防护用途及功能设置，分为消防员防护服装、消防员防坠落装备、消防员呼吸保护装具、消防员水下保护装具、消防员呼救器具和定位器具等。

第一节 防护服类

【学习目标】

1. 了解个人防护装备中防护服的种类；
2. 熟练掌握防护服的穿着要求；
3. 能够掌握不同灾害现场穿着相应的防护服。

防护服是保护消防第一线的消防队员人身安全的重要装备品之一。又称防护工作服，消防战斗服等，其结构一般都具有高覆盖、高闭锁和便于工作的特点。通常防护服与防护装具（头盔、手套、靴子等）配合使用，共同组成消防员个人防护装备系统，统称为消防员防护服装。通过学习训练，使参训人员进一步了解个人防护装备中防护服的种类，以及各个种类的性能参数、适用场合和穿着。

一、灭火防护服

（一）主要用途

主要用于战斗员在日常灭火抢险救援作业（不包括具有化学危险品、毒气、病毒、核辐射等特殊环境）时的身体防护，它需与头盔、手套、消防靴配套使用。

（二）组成

灭火防护服由表面层、防水透气层、隔热层、舒适层4层组成。

防护服为分体式，上衣为宽体结构，下裤为背带式结构，颜色为藏蓝色，并设有明显反光标志带。

（三）操作规程（一）

训练目的：使战斗员学会在平地上正确穿着灭火防护服的方法。

场地器材：在平地上标出起点线，起点线前0.5m处标出器材线。灭火防护服在器材线前整齐摆放成一行，间距1m。服装叠放方法：插环式安全带（附有安全钩）折成双叠，横放在地面上，灭火战斗服上装正叠，尼龙搭扣对齐展平，沿两侧向背后折起，拦腰折成两叠，衣领翻向两侧，衣袖缩入肩部成圆筒状，平放在安全带上，头盔平放在上装上，帽徽朝向战斗员，盔顶朝上；下装套在消防靴上，放于上装后面，靴跟与器材线相齐（图 2.1）。

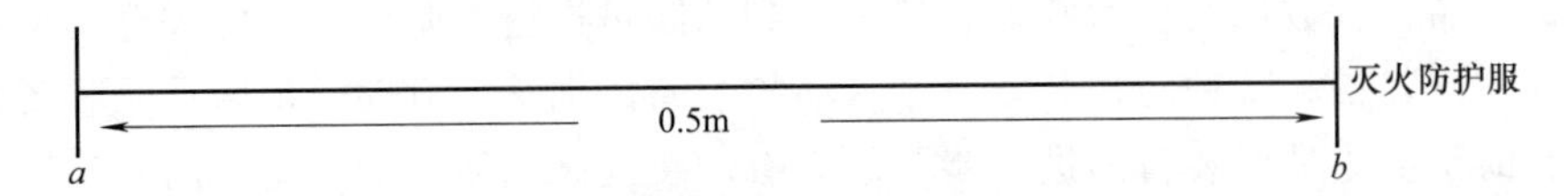

图 2.1　灭火防护服场地设置（一）

a—起点线；b—器材线

操作程序：

战斗班在起点线一侧 3m 处站成一列横队。

听到“第一名”的口令，第一名战斗员答“到”。

听到“出列”的口令，战斗员答“是”，并跑步至起点线处，成立正姿势。

听到“准备器材”的口令，战斗员答“是”，并迅速向前踢出一步，在器材线处，器材准备好后，返回起点线，成立正姿势，举手示意，喊“好”。

听到“预备”的口令，战斗员做好操作准备。

听到“开始”的口令，战斗员两脚跟相搓，踩下鞋后跟，右（左）脚向前两步，上体微向前倾，双手抓住右（左）靴上沿两侧，脱掉右（左）鞋，抬起右（左）脚，脚尖向下绷直，踏入靴内，按同样方法穿好左（右）靴，然后，双手抓住下装裤腰，向上提至腰间，双手掌心向上插入背带，将背带挎上双肩的同时，挺身起立（无背带下装裤，双手抓住下装裤腰，向上提至腰间的同时，挺身起立），扣好下装裤纽扣或粘好尼龙搭扣，系好裤带；右（左）膝着地，右（左）手掌心向下握住头盔顶部右（左）后侧，左（右）手掌心向上，手指伸入头盔帽檐下，中指勾住帽带，其余手指抓住头盔帽檐，双手配合将头盔戴好，帽带贴于下颚，并拉紧帽带双臂交叉，双手插入袖筒向外伸出，双臂将上衣由前方经头顶绕至身后，使其在身上完全展开后，双手向前稍向内穿好上衣，然后由上向下扣好纽扣或粘好尼龙搭扣或拉上拉链左（右）手抓住安全带插环和带尾，拿起安全带，绕至背后，一只手抓住安全带插环，另一只手抓住安全带带尾，协力将安全带拉直，双手合拢于腹前，将安全带带尾穿入插环，左（右）手将其按住，右（左）手向前方拉，拉紧安全带，将插钎插入金属扣眼内。前踢出一步，成立正姿势，举手示意，喊“好”。

听到“分解”的口令，战斗员迅速脱下灭火防护服放回原位，返回起点线，成立正姿势，举手示意，喊“好”。

听到“入列”的口令，战斗员答“是”，并跑步入列。

操作要求：

(1) 战斗员着装前，应着作训服（或运动服、衬衣），穿作训鞋，不戴帽子；

(2) 衣领平整，裤带系紧，前后衣襟在安全带下面，上、下装尼龙搭扣必须粘合、对齐；

(3) 双脚踏到靴底，安全带扎牢和带尾拉平，空隙不超过 5cm；

(4) 盔帽戴正，帽带贴于下颚，空隙不超过 1.5cm。

成绩评定：

(1) 计时从发令“开始”至战斗员完成全部操作任务，举手示意，喊“好”止。

优秀 15″；良好 18″；及格 20″。

(2) 有下列情况之一者不计成绩：

安全带插钎未插入金属扣眼内，尼龙搭扣粘合长度不足 2/3。

（3）有下列情况之一者加1″：

帽带未贴于下颚；衣领不平整；前后衣襟不在安全带下面；安全带带尾未拉平；裤带未系紧；一只脚未踏到靴底。

（四）操作规程（二）

训练目的：使战斗员学会正确穿着衣架上灭火防护服的方法。

场地器材：在平地上标出起点线，起点线前0.5m、0.8m处标出器材线和衣架线，在衣架线上放置排式衣架。服装叠放方法：插环式安全带（附有安全钩）折成双叠，横放在衣架平台上，头盔平放在安全带上，帽徽朝向战斗员，盔顶朝上，灭火防护服上装挂在衣架钩上，尼龙搭扣对齐展平下装套在消防靴上，放于器材线处，靴跟与器材线相齐（图2.2）。

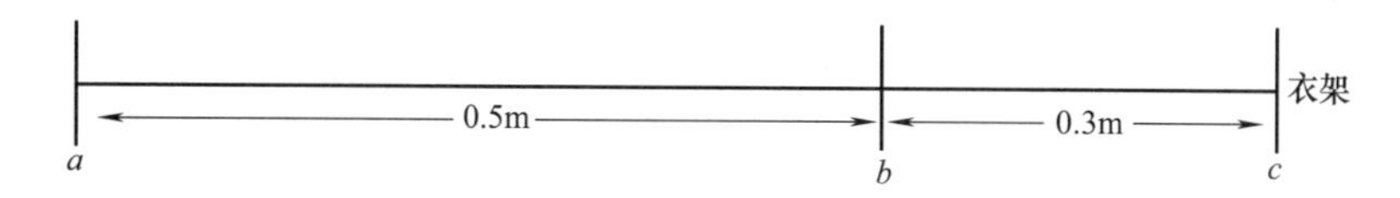

图2.2 灭火防护服场地设置（二）

a—起点线；*b*—器材线；*c*—衣架线

操作程序：

战斗班在起点线一侧3m处站成一列横队。

听到“第一名”的口令，第一名战斗员答“到”。

听到“出列”的口令，战斗员答“是”，并跑步至起点线处，成立正姿势。

听到“准备器材”的口令，战斗员答“是”，并迅速向前踢出一步，在器材线处，做好器材准备后，返回起点线，成立正姿势，举手示意，喊“好”。

听到“预备”的口令，战斗员做好操作准备。

听到“开始”的口令，战斗员两脚跟相搓，踩下鞋后跟，右（左）脚向前一步，上体微向前倾，双手抓住右（左）靴上沿两侧，脱掉右（左）鞋，抬起右（左）脚，脚尖向下绷直，踏入靴内，按同样方法穿好左（右）靴，然后，双手抓住下装裤腰，向上提至腰间，双手掌心向上插入背带，将背带挎上双肩的同时，挺身起立（无背带下装裤，双手抓住下装裤腰，向上提至腰间的同时，挺身起立），扣好下装裤纽扣或粘好尼龙搭扣，系好裤带；右（左）手掌心向下握住头盔顶部右（左）后侧，左（右）手掌心向上，手指伸入头盔帽檐下，中指钩住帽带，其余手指抓住头盔帽檐，双手配合将头盔戴好，帽带贴于下颚，并拉紧帽带；从衣架上取下上装，双手交叉沿袖筒伸入，双臂将上衣由前方经头顶绕至身后，使其在身上完全展开后，双手向前稍向内穿好上衣，然后由上向下扣好纽扣或粘好尼龙搭扣或拉上拉链左（右）手抓住安全带插环和带尾，拿起安全带，绕至背后，一只手抓住安全带插环，另一只手抓住安全带带尾，协力将安全带拉直，双手合拢于腹前，将安全带带尾穿入插环，左（右）手将其按住，右（左）手向前方拉，拉紧安全带，将插钎插入金属扣眼内。后退一步，成立正姿势，举手示意，喊“好”。

听到“分解”的口令，战斗员迅速脱下灭火防护服放回原位，返回起点线，成立正姿势，举手示意，喊“好”。

听到“入列”的口令，战斗员答“是”，并跑步入列。

操作要求：

（1）战斗员着装前，应着作训服（或运动服、衬衣），穿作训鞋，不戴帽子；

(2) 衣领平整，裤带系紧，前后衣襟在安全带下面，上、下装尼龙搭扣必须粘合、对齐；

(3) 双脚踏到靴底，安全带扎牢和带尾未拉平，空隙不超过 5cm；

(4) 盔帽戴正，帽带贴于下颚，空隙不超过 1.5cm。

成绩评定：

(1) 计时从发令“开始”至战斗员完成全部操作任务，举手示意，喊“好”止。

优秀 17″；良好 20″；及格 22″。

(2) 有下列情况之一者不计成绩：

安全带插钎未插入金属扣眼内；尼龙搭扣粘合或拉链合上的长度不足 2/3。

(3) 有下列情况之一者加 1″：

帽带未贴于下颚；圆衣领不平整；前后衣襟不在安全带下面；安全带带尾未拉平；圆裤带未系紧；一只脚未踏到靴底。

二、分体式消防隔热服

(一) 主要用途

它适用于战斗员在火场上靠近或接近高温区进行灭火战斗时穿着的一种防护服装。

(二) 组成

它由上衣、裤子、头罩(盔帽)、手套、隔热鞋套等组成。

(三) 操作规程

训练目的： 使战斗员学会原地着分体式消防隔热服的方法，掌握着装的要领。

场地器材： 在平地上标出起点线，起点线前 0.5m 处标出器材线。在器材线上放置一套分体式消防隔热服。服装叠放方法：下装折成三叠，下装的后侧与器材线相齐，消防靴放在下装前，手套放在消防靴前面，隔热服上装正叠，纽扣或尼龙搭扣或拉链对齐展平，沿两侧向背后折起，然后拦腰折成两叠，衣领翻向两侧，放于手套上面；盔帽(消防头盔放于隔热服盔帽内)放在上装前面，隔热靴套放在消防靴左侧(图 2.3)。

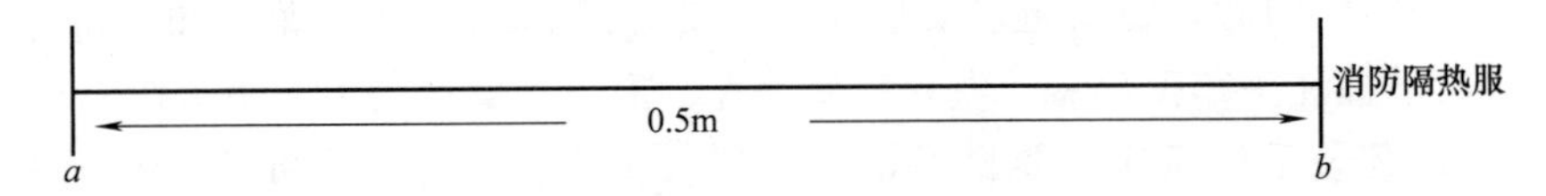

图 2.3 消防隔热服场地设置

a—起点线；b—器材线

操作程序：

战斗班在起点线一侧 3m 处站成一列横队。

听到“前两名”的口令，两名战斗员答“到”。

听到“出列”的口令，两名战斗员答“是”，并跑步至起点线处，成立正姿势。

听到“准备器材”的口令，两名战斗员答“是”，并迅速向前踢出一步，在器材线处，做好器材准备后，一起返回起点线，成立正姿势，举手示意，喊“好”。

听到“预备”的口令，两名战斗员做好操作准备。

听到“开始”的口令，两名战斗员迅速向前踢出一步，在器材线处，第一名战斗员迅速将隔热靴套套在消防靴上，第二名战斗员在第一名战斗员的配合下，穿好下装，搭上背带，脱掉作训鞋，穿上消防靴，穿好上装，戴好盔帽（拉紧头盔帽带），戴好手套，待第一名为第二名整理好服装后，两名战斗员一起成立正姿势，举手示意，喊“好”。

听到“分解”的口令，第一名战斗员协助第二名战斗员迅速脱下分体式消防隔热服放回原位，然后一起返回起点线，成立正姿势，举手示意，喊“好”。

听到“入列”的口令，两名战斗员答“是”，并跑步入列。

操作要求：

（1）战斗员应着作训服，穿作训鞋；

（2）着装时，背带松紧适中，双脚要踏到靴底，盔帽要戴正，上、下装的纽扣要完全扣齐。

成绩评定：

（1）计时从发令“开始”至战斗员完成全部操作任务，举手示意，喊“好”止合格30″。

（2）有下列情况之一者不计成绩：

尼龙搭扣未扣或粘合长度不到2/3；上装或下装纽扣未扣。

（3）有下列情况之一者加1″：

有一只脚未踏到靴底；盔帽未戴正。

三、一级化学防护服

（一）主要用途

一级化学防护服适用于战斗员进入化学危险物品或腐蚀性物品事故现场，以及有毒有害气体火灾或事故现场，寻找泄漏事故点，抢救遇难人员，进行灭火及抢险救援时穿着，能有效地保护战斗员的人身安全。

（二）组成

它由背囊（后面）、带大视窗的连体头罩、可更换式阻燃防化五指手套、耐刺穿耐电压靴、密封拉链、连体衣裤等组成。

（三）操作规程

训练目的：使战斗员学会原地着一级化学防护服的方法，掌握着装的要领。

场地器材：在平地上标出起点线，起点线前0.5m处标出器材线，在器材线处放置一级化学防护服（防化安全靴一双、防化手套一副）、一具空气呼吸器（图2.4）。

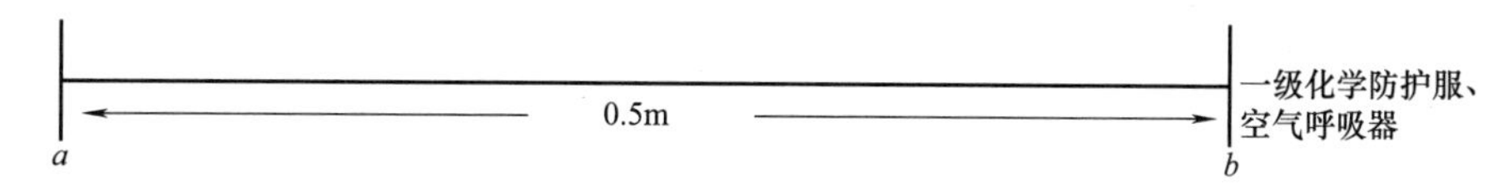

图2.4 一级化学防护服场地设置

a—起点线；b—器材线

操作程序：

战斗班在起点线一侧3m处站成一列横队。

听到“前两名”的口令，两名战斗员答“到”。

听到“出列”的口令，两名战斗员答“是”，并跑步至起点处，成立正姿势。

听到“准备器材”的口令，两名战斗员答“是”，并迅速向前踢出一步，在器材线处，做好器材准备后，一起返回起点线，成立正姿势，举手示意，喊“好”。

听到“预备”的口令，两名战斗员做好操作准备。

听到“开始”的口令，两名战斗员迅速向前踢出一步，在器材线处，第一名战斗员脱下鞋子，在第二名战斗员的协助下，依次穿防化安全靴，佩戴空气呼吸器，呼吸正常后，蹲下身体，两手插于袖筒内，迅速上提穿好防化服，第二名战斗员为第一名战斗员整理好防化服后，把封闭拉链拉起，粘牢粘带；然后第二名战斗员给第一名战斗员戴上防化手套，并将护腕压于一级化学防护服的第一层和第二层之间，在确认密封后，两名战斗员一起成立正姿势，举手示意，喊“好”。

听到“分解”的口令，第二名战斗员协助第一名战斗员迅速卸下空气呼吸器、脱下一级化学防护服放回原位，然后一起返回起点线，成立正姿势，举手示意，喊“好”。

听到“入列”的口令，两名战斗员答“是”，并跑步入列。

操作要求：

(1) 穿着时，必须把封闭拉链拉完，并粘好粘带；

(2) 防化服裤筒必须塞于安全靴内（防化服裤与安全靴连体的不考虑）。

成绩评定：

动作熟练，符合操作程序和要求的为合格，有违反操作要求之一的，为不合格，成绩为零分。

四、二级化学防护服

(一) 主要用途

二级化学防护服是消防员在处置挥发性固态、液态化学品事件中穿着的化学防护服装。它为消防员身处含飞溅液体和微粒的环境中提供最低保护等级，能防止液体渗透，但不能防止蒸汽或气体渗透。

(二) 组成

由防化靴、下装、上装（连带防化帽）、防化手套等组成。

(三) 操作规程

训练目的： 使战斗员学会原地着二级化学防护服的方法，掌握着装的要领。

场地器材： 在平地上标出起点线，起点线前0.5m处标出器材线。在器材线上放置二级化学防化服一套、空气呼吸器一具。服装叠放方法：将下装翻开露出防化靴靴筒，防化靴靴跟与器材线相齐；上装正叠，纽扣对齐展平，沿两侧向背后折起，然后拦腰折成两叠，衣领翻向两侧，防化帽翻到上装背面（压于上装下面），放于防化靴前面，防化手套放在上装一侧（图2.5）。

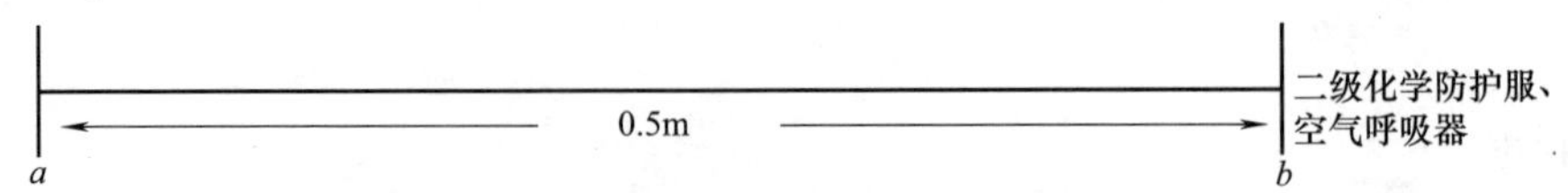

图2.5 二级化学防护服场地设置

a—起点线；b—器材线

操作程序：

战斗班在起点线一侧 3m 处站成一列横队。

听到“前两名”的口令，两名战斗员答“到”。

听到“出列”的口令，两名战斗员答“是”，并跑步至起点线处，成立正姿势。

听到“准备器材”的口令，两名战斗员答“是”，并迅速向前踢出一步，在器材线处，第一名战斗员检查轻型防化服，第二名战斗员检查空气呼吸器检查完毕达到要求，并整理好器材后，一起返回起点线，成立正姿势，举手示意，喊“好”

听到“预备”的口令，两名战斗员做好操作准备。

听到“开始”的口令，第一名战斗员迅速向前踢出一步，在器材线处协助第二名战斗员穿着防化服和佩戴好空气呼吸器；第二名战斗员按原地着灭火防护服的要求，脱下作训鞋（在第一名战斗员协助配合下），依次穿好下装、防化靴、上装，戴好防化帽（拉紧帽带）、佩戴好空气呼吸器、戴好防化手套，待第一名战斗员为第二名战斗员整理好服装和空气呼吸器后，两名战斗员一起成立正姿势，举手示意，喊“好”。

听到“分解”的口令，第一名战斗员协助第二名战斗员迅速卸下空气呼吸器，脱下防化服放回原位。然后一起返回起点线，成立正姿势，举手示意，喊“好”。

听到“入列”的口令，两名战斗员答“是”，并跑步入列。

操作要求：

（1）战斗员应着作训服，穿作训鞋；

（2）双脚要踏到靴底，上、下装和防化帽、防化手套穿戴整齐，纽扣要完全扣齐；

（3）空气呼吸器的佩戴符合第二章第二节“正压式消防空气呼吸器”操作规程的要求。

成绩评定：

动作熟练，符合操作程序和要求的为合格，有违反操作要求之一为不合格，成绩为零分。

五、防火防化服

（一）主要用途

它适用于战斗员进入化学危险物品或腐蚀性物品火灾或事故现场，寻火源或事故点，抢救遇难人员，进行灭火及抢险救援时穿着，能有效地保护战斗员的人身安全。

（二）组成

它由上衣、头罩、背带裤、手套、靴子等组成。

（三）操作规程

训练目的：使战斗员学会穿着防火防化服的方法，掌握着装的要领。

场地器材：在平地上标出起点线，起点线前 0.5m 处标出器材线。在器材线处放置一套防火防化服、一具空气呼吸器（图 2.6）。

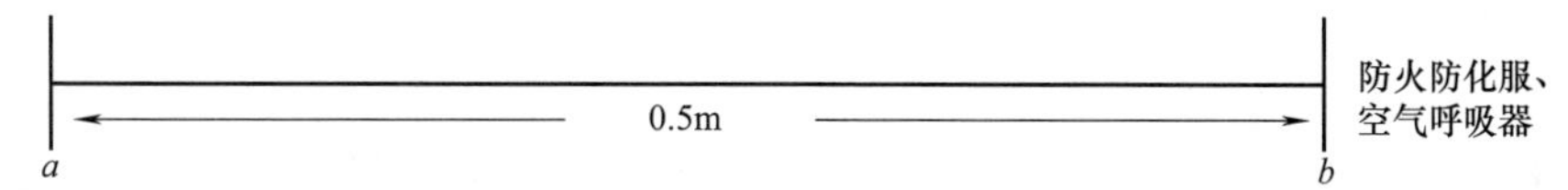

图 2.6 防火防化服场地设置

a—起点线；b—器材线

操作程序：

战斗班在起点线一侧3m处站成一列横队。

听到“前两名”的口令，两名战斗员答“到”。

听到“出列”的口令，两名战斗员答“是”，并跑步至起点线处，成立正姿势。

听到“准备器材”的口令，两名战斗员答“是”，并迅速向前踢出一步，在器材线处，第一名战斗员检查防火防化服，第二战斗员检查空气呼吸器，检查完毕达到要求，并整理好器材装备后，一起返回起点线，成立正姿势，举手示意，喊“好”。

听到“预备”的口令，两名战斗员做好操作准备。

听到“开始”的口令，两名战斗员迅速向前踢出一步，在器材线处，第二名战斗员脱下鞋子，穿好下装、搭上背带（将背带调整到合适位置），第一名战斗员把下装裤角的拉链拉开，协助第二名战斗员穿上安全靴，将拉链拉好，再协助第二名战斗员穿好上装，搭好搭扣（或拉好拉链），粘牢密封带，然后把空气呼吸器按照操作要求背好，戴上头盔（拉紧头盔帽带），粘好搭扣，戴好手套，在确认密封后，两名战斗员一起成立正姿势，举手示意，喊“好”。

听到“分解”的口令，第一名战斗员协助第二名战斗员迅速脱下防火防化服和空气呼吸器放回原位，然后一起返回起点线，成立正姿势，举手示意，喊“好”。

听到“入列”的口令，两名战斗员答“是”，并跑步入列。

操作要求：

（1）战斗员应着作训服，穿作训鞋；

（2）着装时，背带松紧适中，双脚要踏到靴底，盔帽要戴正；

（3）拉链要完全密封好或把搭扣完全粘牢，并且拉链两边要平行；

（4）手套连接记号要准确对准；

（5）供气连接阀连接牢固；

（6）操作时呼吸器压力不得小于25MPa。

成绩评定：

动作熟练，符合操作程序和要求的为合格，有违反操作要求之一的为不合格，成绩为零分。

六、消防员避火防护服

（一）主要用途

它适用于战斗员在短时间穿越火区或短时间进入火焰区进行灭火战斗和抢险救援时穿着，能有效地保护战斗员的人身安全。

（二）组成

它由上装、下装、靴子、手套、面罩等组成。

（三）操作规程

训练目的：使战斗员学会穿着消防员避火防护服的方法，掌握着装的要领。

场地器材：在平地上标出起点线，起点线前0.5m处标出器材线，在器材线处放置一套消防员避火防护服（消防头盔放于避火服面罩内）、一部空气呼吸器。消防员避火防护服叠放方法：下装套在安全靴上（有避火鞋的，操作前先将安全靴置入避火鞋内），安全靴后跟与器材线相齐，手套放在安全靴前面，纽扣（或搭扣）对齐展平，沿两侧向背后折起，然后拦腰折成两叠，衣领翻向两侧，手套、面盔帽（消防头盔放于避火服面罩内）放在上装前面（图 2.7）。

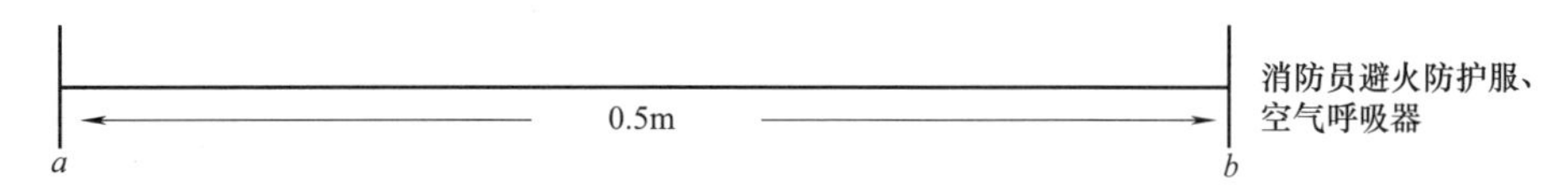

图 2.7　避火防护服场地设置

a—起点线；b—器材线

操作程序：

战斗班在起点线一侧 3m 处站成一列横队。

听到“前两名”的口令，两名战斗员答“到”。

听到“出列”的口令，两名战斗员答“是”，并跑步至起点线处，成立正姿势。

听到“准备器材”的口令，两名战斗员答“是”，并迅速向前踢出一步，在器材线处，第一名战斗员检查分体消防避火服，第二名战斗员检查空气呼吸器；检查完毕达到要求，并整理好器材后，一起返回起点线，成立正姿势，举手示意，喊“好”。

听到“预备”的口令，两名战斗员做好操作准备。

听到“开始”的口令，两名战斗员迅速向前踢出一步，在器材线处，第一名战斗员协助第二名战斗员穿着消防员避火防护服和佩戴好空气呼吸器；第二名战斗员按原地着灭火防护服的要求脱下鞋子，先穿上下装和靴子，系好背带（将背带调整到合适位置），拉紧裤带，第一名战斗员将下装裤角拉链拉好（裤角没有拉链的不考虑）或扎好裤口，第二名战斗员在第一名战斗员的协助下按照空气呼吸器佩戴操作要求背好空气呼吸器，打开气瓶阀，佩戴好面罩，然后穿好上装，搭好搭扣，粘牢密封带，将重叠部分盖严，再将钩扣扣牢，戴好手套，将手套护腕放在袖子里面，扎紧袖口戴上避火服面罩（拉紧消防头盔帽带），粘好搭扣，将腋下固定带固定好；第二名战斗员确认避火服密封、呼吸正常后，第一名战斗员给第二名战斗员整理好服装，然后两名战斗员一起成立正姿势，举手示意，喊“好”。

听到“分解”的口令，第一名战斗员协助第二名战斗员迅速脱消防员避火防护服、卸下空气呼吸器放回原位，然后一起返回起点线，成立正姿势，举手示意，喊“好”。

听到“入列”的口令后，两名战斗员答“是”，并跑步入列。

操作要求：

（1）战斗员应着作训服（或运动服、衬衣），穿作训鞋；

（2）着装时，背带松紧适中，双脚要踏到靴底，盔帽要戴正；

（3）拉链要完全密封好或把搭扣完全粘牢，拉链两边要平行，腋下固定带要固定好；

（4）手套护腕放在袖子里面，扎紧袖口；

（5）供气连接阀连接牢固；

（6）操作时呼吸器压力不得小于 25MPa。

成绩评定：

动作熟练，符合操作程序和要求的为合格，有违反操作要求之一的为不合格，成绩为零分。

七、重型消防避火服（连体）

（一）主要用途

它适用于战斗员在短时间穿越火区或短时间进入火焰区进行灭火战斗和抢险救援时穿着，能有效地保护战斗员的人身安全。

（二）组成

它由上下装靴子连套、手套、面罩等组成。

（三）操作规程

训练目的：使战斗员学会穿着连体消防避火服的方法，掌握着装的要领。

场地器材：在平地上标出起点线，起点线前0.5m处标出器材线，在器材线处放置一套避火服（消防头盔放于避火服面罩内）、一部空气呼吸器（图2.8）。

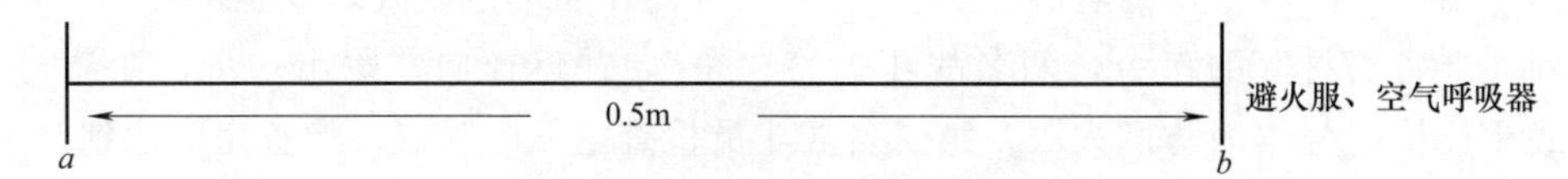

图2.8 重型消防避火服场地设置

a—起点线；b—器材线

连体消防避火服叠放方法：将上装半翻开，下装裤筒翻开漏出安全靴筒上沿，安全靴的后跟与器材线相齐，盔帽（消防头盔放于避火服面罩内）放在连体消防避火服前面。

操作程序：

战斗班在起点线一侧3m处站成一列横队。

听到“前两名”的口令，两名战斗员答“到”。

听到“出列”的口令，两名战斗员答“是”，并跑步至起点线处，成立正姿势。

听到“准备器材”的口令，两名战斗员答“是”，并迅速向前踢出一步，在器材线处，第一名战斗员检查连体消防避火服，第二名战斗员检查空气呼吸器，检查完毕达到要求，并整理好器材装备后，一起返回起点线，成立正姿势，举手示意，喊“好”。

听到“预备”的口令，两名战斗员做好操作准备。

听到“开始”的口令，两名战斗员迅速向前踢出一步，在器材线处，第二名战斗员迅速脱下鞋子，在第一名战斗员协助配合下，穿上靴子，然后按照空气呼吸器佩戴操作要求背好空气呼吸器，打开气瓶阀，佩戴好面罩呼吸正常后，左右手分别伸入袖筒和手套中，迅速上提，穿好下装和上装，拉上拉链，粘牢搭扣，将重叠部分盖严，将固定带固定好；戴上避火服面罩（拉紧消防头盔帽带）；第一名战斗员为第二名战斗员整理好连体消防避火服后，两名战斗员一起成立正姿势，举手示意，喊“好”。

听到“分解”的口令，第一名战斗员协助第二名战斗员迅速脱下连体消防避火服放回原位，然后一起返回起点线，成立正姿势，举手示意，喊“好”。

听到“入列”的口令，两名战斗员答“是”，并跑步入列。

操作要求：

(1) 战斗员应着作训服（或运动服、衬衣），穿作训鞋；

(2) 着装时，背带松紧适中，双脚要踏到靴底，盔帽要戴正；

（3）拉链要完全密封好，拉链两边要平行，腋下固定带要固定好；

（4）供气连接阀连接牢固；

（5）操作时呼吸器压力不得小于 25MPa。

成绩评定：

动作熟练，符合操作程序和要求的为合格，有违反操作要求之一的为不合格，成绩为零分。

八、防核防化服

（一）主要用途

它用于核放射、军事毒剂、生化毒剂和化学事故现场的人身安全防护。森林防火抗拉、抗有害射线等性能。

（二）组成

它由安全靴与下装连体、上装、防化防核服帽、防化手套等组成。

（三）操作规程

训练目的：使战斗员学会和掌握防核防化服的用途和穿着方法，提高战斗员在实际灾害现场的自我防护能力。

场地器材：在平地上标出起点线，起点线前 0.5m 处标出器材线，在器材线处放置一套防核防化服（防化安全靴一双、防化手套一副），一具过滤式面具。防核防化服叠放方法：将下装翻开，漏出安全靴筒上沿，安全靴的后跟与器材线相齐，上装正叠，纽扣对齐展平，沿两侧向背后折起，然后拦腰折成两叠，衣领翻向两侧，平放在下装前面，防核防化帽和手套放于上装一侧（图 2.9）。

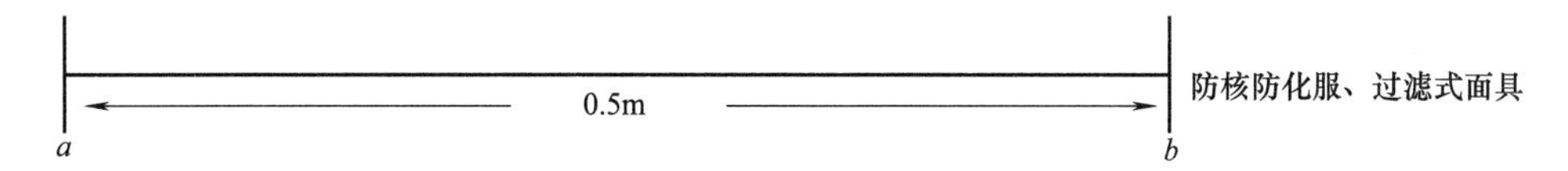

图 2.9　防核防化服场地设置

a—起点线；*b*—器材线

操作程序：

战斗班在起点线一侧 3m 处站成一列横队。

听到“前两名”的口令，两名战斗员答“到”。

听到“出列”的口令，两名战斗员答“是”，并跑步至起点线处，成立正姿势。

听到“准备器材”的口令，两名战斗员答“是”，并迅速向前踢出一步，在器材线处，第一名战斗员检查防核防化服，第二名战斗员检查过滤式面具，检查完毕达到要求，并整理好器材装备后，一起返回起点线，成立正姿势，举手示意，喊“好”。

听到“预备”的口令，两名战斗员做好操作准备。

听到“开始”的口令，两名战斗员迅速向前踢出一步，在器材线处，第一名战斗员迅速脱下鞋子，在第二名战斗员的协助下，穿上防核防化安全靴，将下装提起的同时，将背带搭于肩上，并调整至合适位置，调整好后将两手插入上装的袖衙内，两手举过头顶，将防核防化服的上装完全展开，双手向前稍向内穿好上衣和戴好防核防化帽，经整理后拉上拉链，粘牢粘带然后佩戴好过滤式面具，并将防核防化服帽檐的搭扣揿入面罩上檐的搭扣中，系好脸部的百搭扣后，戴上防化手套，并将手套的护腕塞于防核防化服的袖口内，在确认衣服连接处密封后，两名战斗员一起成立正姿势，举手示意，喊“好”。

听到“分解”的口令，第二名战斗员协助第一名战斗员迅速脱下防核防化服和过滤式面具放回原位，然后一起返回起点线，成立正姿势，举手示意，喊“好”。

听到“入列”的口令，两名战斗员答“是”，并跑步入列。

操作要求：

(1) 穿着时，必须把封闭拉链拉完，并粘上粘带；

(2) 防核防化手套护腕必须塞于防核防化服的袖口内；

(3) 防核防化服裤筒必须塞于安全靴内（防核防化服裤与安全靴连体的不考虑）。

成绩评定：

动作熟练，符合操作程序和要求的为合格，有违反操作要求之一的为不合格。

九、电绝缘服

（一）主要用途

它适用于战斗员在火场和其他事故现场中带电作业时穿着。

（二）组成

它由上衣、下裤、绝缘手套、绝缘靴、绝缘头盔等组成。

（三）操作规程

训练目的：使战斗员熟练掌握电绝缘服的用途和穿着方法。

场地器材：在平地上标出起点线，起点线前0.5m处标出器材线，在器材线处放置电绝缘服一套。电绝缘服叠放方法：电绝缘服下装套在绝缘靴上，靴跟与器材线相齐，绝缘手套平放在绝缘靴前面，上装正叠，尼龙搭扣（或纽扣）对齐展平，沿两侧向背后折起，拦腰折成两叠，衣领翻向两侧，平放在绝缘手套上面，绝缘头盔平放在上装上，帽徽朝向战斗员，盔顶朝上（图2.10）。

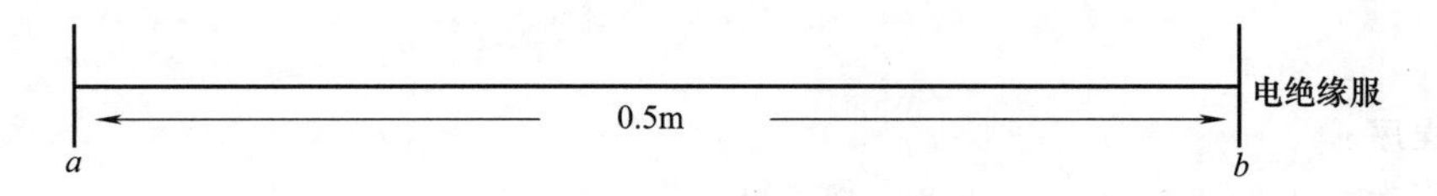

图2.10　电绝缘服场地设置

a—起点线；*b*—器材线

操作程序：

战斗班在起点线一侧3m处站成一列横队。

听到“第一名”的口令，第一名战斗员答“到”。

听到“出列”的口令，战斗员答“是”，并跑步至起点线处，成立正姿势。

听到“准备器材”的口令，战斗员答“是”，并迅速向前踢出一步，在器材线处，做好器材准备后，返回起点线，成立正姿势，举手示意，喊“好”。

听到“预备”的口令，战斗员做好操作准备。

听到“开始”的口令，战斗员两脚跟相搓，踩下鞋后跟，右（左）脚向前一步，上体微向前倾，双手抓住右（左）靴上沿两侧，脱掉右（左）鞋，抬起右（左）脚，脚尖向下绷直，踏入靴内，按同样方法穿好左（右）靴。然后，双手抓住下装裤腰，向上提至腰间，双手掌心向上插入背带，将背带挎上双肩的同时，挺身起立（无背带下装裤，双手抓住下装裤腰，向上提至腰间的同时，挺身起立），扣好下装裤纽扣、粘好尼龙搭扣，系好裤，右（左）膝着地，右（左）手掌心向下握住头盔右（左）后侧，左（右）手掌心向上，手指伸入头盔帽檐下，中指勾住帽带，其余手指抓住头盔帽檐，双手配合将头盔戴好，帽带贴于下颚，并拉紧帽带；双臂交叉，双手插入袖筒向外伸出，双臂将上衣由前方经头顶绕至身后，使其在身上完全展开后，扣好纽扣，粘好尼龙搭扣，前踢出一步，成立正后，双手向前稍向内穿好上衣，然后成立正姿势，举手示意，喊“好”。

听到“分解”的口令，战斗员迅速脱下电绝缘服放回原位，返回起点线，成立正姿势，举手示意，喊“好”。

听到“入列”的口令，战斗员答“是”，并跑步入列。

操作要求：

（1）战斗员着装前，应着作训服（或运动服、衬衣），穿作训鞋，不戴帽子；

（2）衣领平整，上、下装尼龙搭扣必须粘合、对齐，纽扣扣全；

（3）双脚踏到靴底；

（4）盔帽戴正，帽带贴于下颚，空隙不超过 1.5cm。

成绩评定：

动作熟练，符合操作程序和要求的为合格，有违反操作要求之一的为不合格，成绩为零分。

十、防蜂服

（一）主要用途

它适用于战斗员捣蜂巢时使用，能有效地保护战斗员的人身安全。

（二）组成

它由上衣、裤子、手套、靴子、面罩（为金属丝网）等组成。

（三）操作规程

训练目的：使战斗员熟练掌握防蜂服的用途和穿着方法

场地器材：在平地上标出起点线，距起点线前 0.5m 处标出器材线，在器材线处，置防蜂服一套（图 2.11)。

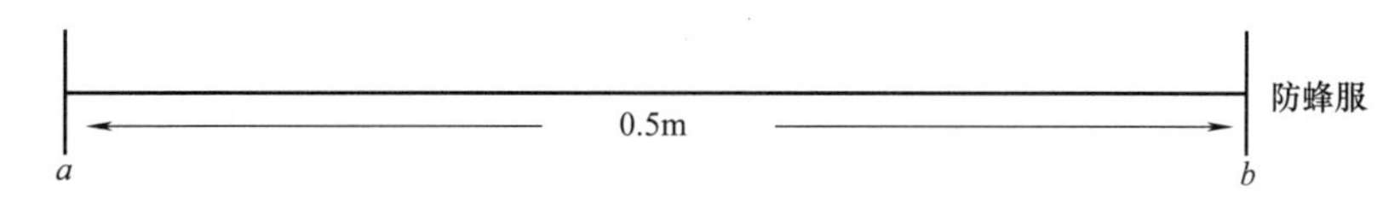

图 2.11 防蜂服场地设置

a—起点线；b—器材线

操作程序：

战斗班在起点线一侧 3m 处站成一列横队。

听到“前两名”的口令，两名战斗员答“到”。

听到“出列”的口令，两名战斗员答“是”，并跑步至起点线处，成立正姿势。

听到“准备器材”的口令，两名战斗员答“是”，并迅速向前踢出两步，在器材线处，准备好器材后，一起返回起点线，成立正姿势，举手示意，喊“好”。

听到“预备”的口令，两名战斗员做好操作准备。

听到“开始”的口令，两名战斗员迅速向前踢出一步，在器材线处，第一名战斗员迅速提起并展开防蜂服，第二名战斗员脱掉鞋子，自下而上穿好防蜂服并将手套戴好。第一名战斗员配合第二名拉上拉链、粘牢搭扣，并将防蜂帽给第二名战斗员穿戴好；第二名战斗员穿着完毕，向前踢出一步，与第一名战斗员一起成立正姿势，举手示意，喊“好”。

听到“分解”的口令，第一名战斗员协助第二名战斗员迅速脱下防蜂服放回原位，然后一起返回起点线，成立正姿势，举手示意，喊“好”。

听到“入列”的口令，两名战斗员答“是”，并跑步入列。

操作要求：

（1）战斗员着装前，应着作训服（或运动服、衬衣），穿作训鞋，不戴帽子；

（2）衣领平整，尼龙搭扣必须粘合、对齐；

（3）双脚踏到靴底，盔帽戴正。

成绩评定：

动作熟练，符合操作程序和要求的为合格，有违反操作要求之一的为不合格。

第二节　呼吸器类

【学习目标】

1. 学会正确使用呼吸器；
2. 掌握呼吸器具的性能参数；
3. 熟悉掌握呼吸器具训练的方法。

呼吸器，顾名思义，就是供消防员、作业人员或者救援人员在充满浓烟毒气、蒸汽或缺氧的恶劣环境下能安全作业的器具，保证救援人员能正常救援作业，是消防员的生命线。它有四种类型：正压式消防空气呼吸器、氧气呼吸器、移动供气源和强制送风呼吸器（过滤式防毒面罩）。通过学习，了解掌握四种呼吸器的性能参数，掌握它们的使用方法，能系统全面地掌握四种呼吸器的优缺点以及各自的使用场所。

一、正压式消防空气呼吸器

（一）主要用途

它主要用于战斗员在浓烟、缺氧或有毒事故现场作业时的呼吸防护。

（二）组成

它由高压气瓶、减压器、背托、腰带、肩带、中压软导管、快速接口、供给阀、全面罩、压力表、余气报警器等组成。

（三）交叉穿衣式佩戴操作规程

训练目的：使战斗员熟练掌握原地交叉穿衣式佩戴空气呼吸器的方法。

场地训练：在平地上标出起点线，起点线前0.5m处标出器材线。器材线上放置一张垫子，在垫子上放置空气呼吸器一具（气瓶朝下，背托朝上，气瓶阀手轮朝后，面罩放于背托上，面镜朝上）（图2.12）。

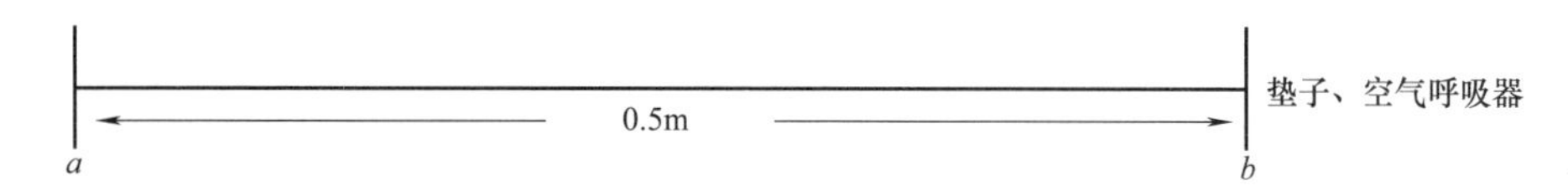

图2.12 消防空气呼吸器场地设置（一）

a—起点线；*b*—器材线

操作程序：

战斗员在起点线一侧3m处站成一列横队。

听到“第一名”的口令，第一名战斗员答“到”。

听到“出列”的口令，战斗员答“是”，并跑步至起点线处，成立正姿势。

听到“准备器材”的口令，战斗员答“是”，并迅速向前踢出一步，在器材线处检查调整空气呼吸器。

(1) 关闭空气供给阀开关，打开气瓶开关检查气压（气压不小于0.5MPa），然后关闭气瓶开关。

(2) 调整护带、腰带和面罩系带至合适长度。

(3) 开启空气供给阀，排出残留气体，然后放置好空气呼吸器，完毕后返回起点线，成立正姿势，举手示意，喊“好”。

听到“预备”的口令，战斗员做好操作准备。

听到“开始”的口令，战斗员左脚向前踢出一步，右膝跪地，将面罩放置一侧，然后左手伸进右侧肩带的同时，右手伸进左侧肩带，利用交叉穿衣式背上呼吸器，适当调整肩带的上下位置和松紧，直到感觉舒适为止，扣牢腰带；放松头盔帽带，将盔帽推至颈后，拿起面罩，由下而上或由上而下戴好面罩，调整面罩位置，收紧系带；然后用手按住面罩进气口，通过吸气检查面罩密封性（若密封性差将面罩系带收紧或重新戴面罩）。检查后，戴好面罩，开启气瓶开关，关闭供气阀开关，将供气阀接口与面罩接口吻合，然后右手握住面罩吸气口根部，左手把供气阀向里按（有的需沿顺时针方向旋转90°），当听到“咔嚓”声即安装完毕；深呼吸使空气供气阀启动，待呼吸正常后，戴上头盔，系好头盔帽带，确定佩戴舒适和呼吸正常后，手拿气压表，向前踢出一步成立正姿势，举手示意，喊“好”。

听到“收操”的口令，战斗员右脚后退一步，右膝跪地，放松头盔帽带，将头盔推至颈后，把面罩两条底带松开，再把面罩向上推举过头顶摘下，戴好头盔，关闭气瓶阀门，放开胸带和腰带，腰部稍向前挺，松开一个肩带，使另一个肩带从肩膀上滑下，把呼吸器转到身前取下并将呼吸器放在垫子上然后起身返回起点线，成立正姿势，举手示意，喊“好”。

听到“入列”的口令，战斗员答“是”，跑步入列。

（四）过肩式佩戴操作规程

训练目的：使战斗员学会原地过肩式佩戴和使用正压式空气呼吸器的方法。

场地器材：平地上标出起点线，起点线前0.5m处标出器材线。器材线上放置正压式空气呼吸器一具（背部朝上，顶部向后，面罩放于防尘袋内置于空气呼吸器上面，肩带向后平放于地）（图2.13）。

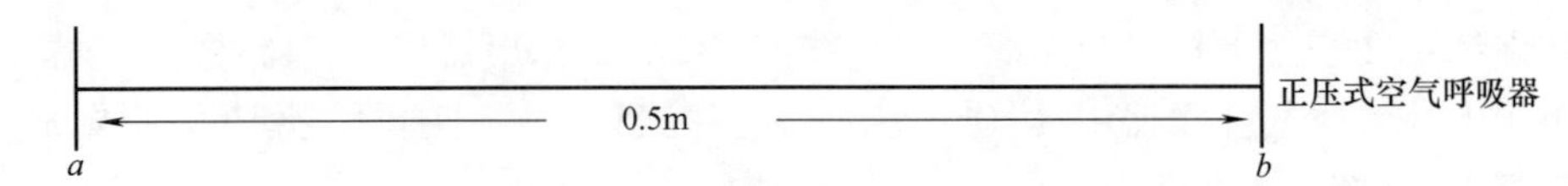

图2.13 消防空气呼吸器场地设置（二）

a—起点线；b—器材线

操作程序：

战斗班在起点线一侧3m处站成一列横队。

听到“第一名”的口令，第一名战斗员答“到”。

听到“出列”的口令，战斗员答“是”，并跑步至起点线处，成立正姿势。

听到“准备器材”的口令，战斗员答“是”，并迅速向前踢出一步，在器材线处，检查调整空气呼吸器。战斗员解下面罩防尘袋，开启气瓶开关，对空气呼吸器的气压、气密性、供气系统进行检查，达到要求后，关闭气瓶开关，然后放置好氧气呼吸器，完毕后返回起点线，成立正姿势，举手示意，喊“好”。

听到“预备”的口令，战斗员做好操作准备。

听到“开始”的口令，战斗员左脚向前踢出一步，右膝跪地，将面罩放置一侧，把呼吸器举过头顶，绕到背后，并使肩带滑到肩膀上，上身稍向前倾，背好呼吸器，两手向下拉住肩带调整端，身体直立，调整肩带的上下位置和松紧，直到感觉舒适为止，扣牢胸带和腰带；放松头盔帽带，将盔帽推至颈后，拿起面罩，在眼窗上涂防雾剂，将输出气软管与面罩连接，开启气瓶开关，双手手心向外，将面罩撑开，套进下颚，由下而上戴上面罩，调整好面罩位置，收紧系带戴上头盔，系好头盔帽带，确定佩戴舒适和呼吸正常后，手拿气压表，向前踢出一步，成立正姿势，举手示意，喊“好”。

听到“收操”的口令，战斗员右脚后退一步，右膝跪地，放松头盔帽带，将头盔推至颈后，把面罩两条底带松开，再把面罩向上推举过头顶摘下，戴好头盔，关闭氧气瓶阀门，放开胸带和腰带，腰部稍向前挺，松开一个肩带，使另一个肩带从肩膀上滑下，把呼吸器转到身前取下呼吸器放在垫子上然后起身返回起点线，成立正姿势，举手示意，喊“好”。

听到“入列”的口令，战斗员答“是”，并跑步入列。

操作要求：

（1）开启气瓶阀门应开足，以免影响供气量；

（2）检查时要认真细致；

（3）戴面罩时，不要用力过大，系带松紧应适度，做到不漏气；

（4）肩带、腰带长度要合适，空气呼吸器应紧贴身体；

（5）空气呼吸器使用中，要随时注意气压变化情况。

成绩评定：

佩戴方法正确、动作迅速、连贯评为合格；反之为不合格。

二、氧气呼吸器

（一）主要用途

它适用于战斗员在有毒有害气体环境中进行长时间灭火或者抢险救援，能够有效地保护战斗员的人身安全。

（二）组成

它由面罩、连接管、呼吸软管、过滤网、CO_2 吸收剂、气囊、排气阀、自动氧气补给阀、降温盒、定量氧气补给管、吸气软管、排水阀、氧气瓶、气瓶阀、减压阀等组成。

（三）交叉穿衣式佩戴操作规程

训练目的：使战斗员学会原地交叉穿衣式佩戴和使用正压式氧气呼吸器的方法。

场地器材：平地上标出起点线，起点线前 0.5m 处标出器材线。在器材线上放置正压式氧气呼吸器一具（把呼吸器背部朝上，顶部朝向前，面罩存放于防尘袋内置于氧气呼吸器背部上面，肩带向后平放于地）（图 2.14）。

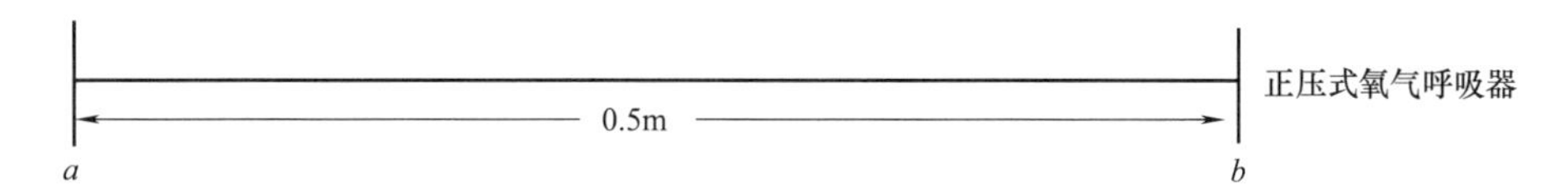

图 2.14 氧气呼吸器场地设置

a—起点线；b—器材线

操作程序：

战斗班在起点线一侧 3m 处站成一列横队。

听到“第一名”的口令，第一名战斗员答“到”。

听到“出列”的口令，战斗员答“是”，并跑步至起点线处，成立正姿势。

听到“准备器材”的口令，战斗员答“是”，并迅速向前踢出一步，在器材线处，检查调整氧气呼吸器，战斗员解下面罩防尘袋，开启气瓶开关，对氧气呼吸器的气压、气密性、供气系统进行检查，达到要求后，关闭气瓶开关，然后放置好氧气呼吸器，完毕后返回起点线，成立正姿势，举手示意，喊“好”。

听到“预备”的口令，战斗员做好操作准备。

听到“开始”的口令，战斗员左脚向前踢出一步，右膝跪地，将面罩放置一侧，然后左手伸进右侧肩带的同时，右手伸进左侧肩带，利用交叉穿衣式背好呼吸器，两手向下拉住肩带调整端，身体直立，调整肩带的上下位置和松紧，直到感觉舒适为止，扣牢胸带和腰带，放松头盔帽带，将盔帽推至颈后，拿起面罩，在眼窗上涂防雾剂，将输出气软管与面罩连接，开启气瓶开关，双手手心向外，将面罩撑开，套进下颚，由下而上戴好面罩，调整好面罩位置，收紧系带，戴上头盔，系好头盔帽带，确定佩戴舒适和呼吸正常后，手拿气压表，向前踢出一步，成立正姿势，举手示意，喊“好”。

听到“收操”的口令，战斗员右脚后退一步，右膝跪地，放松头盔帽带，将头盔推至颈后，把面罩两条底带松开，再把面罩向上推举过头顶摘下，戴好头盔，关闭氧气瓶阀门，松开胸带和腰带，腰部稍向前挺，松开一个肩带，使另一个肩带从肩膀上滑下，把呼吸器转到身前取下，呼吸器放在垫子上，然后起身返回起点线，成立正姿势，举手示意，喊“好”。

听到“入列”的口令，战斗员答“是”，跑步入列。

操作要求：

(1) 开启气瓶阀门应开足，以免影响供气量；

(2) 检查时要认真细致；

(3) 戴面罩时，不要用力过大，系带松紧应适度，做到不漏气；

(4) 肩带、腰带长度要合适，氧气呼吸器应紧贴身体；

(5) 氧气呼吸器使用中，要随时注意气压变化情况。

成绩评定：

佩戴方法正确、动作迅速、连贯评为合格；反之为不合格。

三、移动供气源

(一) 主要用途

它适用于战斗员在狭小空间和长时间作业时的呼吸保护。

(二) 组成

它由运载车、气瓶组、中压管线（30m）、呼吸面罩、Y形接口等组成。

(三) 操作规程

训练目的：使战斗员熟练掌握移动供气源的使用方法及操作动作要领。

场地器材：在平地上标出起点线，距起点线前1m、15m处分别标出器材线和终点线。在器材线上放置一套移动供气源（图2.15）。

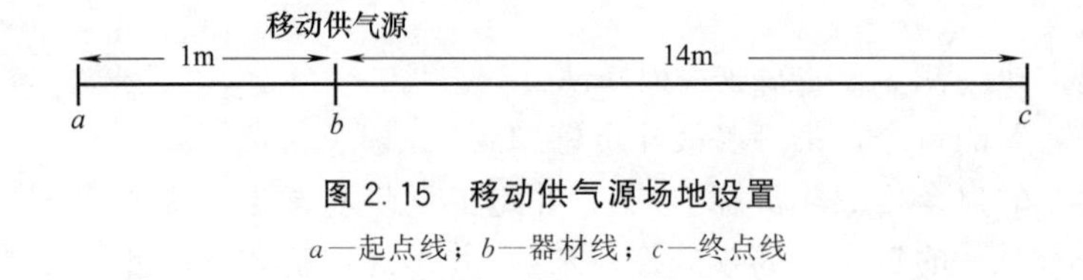

图2.15 移动供气源场地设置

a—起点线；b—器材线；c—终点线

操作程序：

战斗班在起点线一侧3m处站成一列横队。

听到“前三名”的口令，三名战斗员答“到”。

听到“出列”的口令，三名战斗员答“是”，并跑步至起点线处，成立正姿势。

听到“准备器材”的口令，三名战斗员答“是”，并迅速向前踢出一步，在器材线处，检查调整移动供气源：第一名战斗员从附件箱里取出供气阀、面罩；第二名战斗员从轮轴上拉出1m长输气软管与供气阀连接，把供气阀交给第一名战斗员，第一名战斗员把供气阀与面罩链接，关闭供气阀开关；第三名战斗员打开气瓶开关，对移动供源的气压、气密性、供气系统进行检查，达到要求后，关闭气瓶开关，打开供气阀开关放掉余气；分解器材放回原位，然后三名战斗员一起返回起点线，成立正姿势，举手示意，喊“好”。

听到“预备”的口令，三名战斗员做好操作准备。

听到“开始”的口令，三名战斗员迅速向前踢出一步，在器材线处，第一名战斗员从附件箱里取出供气阀、面罩，将面罩挂于脖子上，第二名战斗员从轮轴上拉出1m长输气软管供气阀连接，把供气阀交给第一名战斗员；第一名战斗员把供气阀上的输气管保护腰带系于腰部扎好，并向第三名战斗员发出打开气瓶开关的信号；第三名战斗员接到第一名战斗员的“打开气瓶开关”的信号后，打开气瓶开关；第一名战斗员关闭供气阀开关后，戴好面罩，两手把供气阀与面罩入气口连接，做两次深呼吸，确认呼吸畅通后，第二名战斗员按第一名战斗员的行进速度放出输气管线，待第一名战斗员到达15m终点线后，三名战斗员在各自位置一起面向指挥员（或计时员）成立正姿势，举手示意，喊“好”。

听到“收操”的口令，第一名战斗员把面罩系带松开，再把面罩向上推举过头顶摘下；第三名战斗员关闭气瓶阀门；第一名战斗员打开供气阀开关、放掉余气；第二名战斗员手摇输气软管轮轴上的手柄，收起输气软管；第一名战斗员把面罩和供气阀放进附件箱内，然后三名战斗员一起返回起点线，成立正姿势，举手示意喊“好”。

听到“入列”的口令、三名战斗员答“是”，并跑步入列。

操作要求：

（1）气瓶阀门开足后，返回一个丝，以免阀门处漏气；

（2）检查时要认真细致；

（3）戴面罩时，不要用力过大，系带松紧应适度，做到不漏气；

（4）在移动供气源使用过程中，要随时注意气压变化情况；

（5）将供气阀上的输气管保护腰带系于腰部扎好。

成绩评定：

操作方法正确、动作迅速、连贯评为合格；反之为不合格。

四、强制送风呼吸器

（一）主要用途

它适用于战斗员在开放空间有毒环境中作业时的呼吸保护。

（二）组成

它由电动鼓风机组、软管及面罩、过滤罐、电池、电池充电器、流量表等组成。

（三）操作规程

训练目的： 使战斗员学会原地佩戴和使用强制送风呼吸器的方法。

场地器材： 平地上标出起点线，起点线前0.5m处标出器材线。器材线上放置强制送风呼吸器一具（图2.16）。

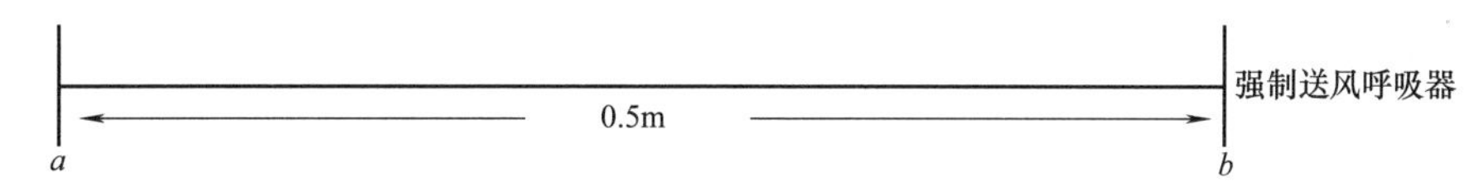

图2.16 强送风呼吸器场地设置

a—起点线；b—器材线

操作程序：

战斗班在起点线一侧3m处站成一列横队。

听到“第一名”的口令，第一名战斗员答“到”。

听到“出列”的口令，战斗员答“是”，并跑步至起点线处，成立正姿势。

听到“准备器材”的口令，战斗员答“是”，并迅速向前踢出一步，在器材线处，检查调整强制送风呼吸器，检查完毕达到要求，并整理好后，返回起点线，成立正姿势，举手示意，喊“好”。

听到“预备”的口令，战斗员做好操作准备。

听到“开始”的口令，战斗员左脚向前踢出一步，右膝跪地，将输气软管与面罩连接取出过滤罐，取掉过滤罐密闭条，打开送风进风口盖，将过滤罐连接到送风进风口上；把电池安装在送风呼吸器电池槽内，盖好盖子（将强制送风呼吸器背带挎在肩上，起身，整好背带长度），系好强制送风呼吸器腰带，打开电源，带好面罩，做两次深呼吸，确认呼吸畅通后，向前踢出一步，成立正姿势，举手示意，喊“好”。

听到“收操”的口令，战斗员关闭电源卸下强制送风呼吸器，恢复原状，放回器材线，然后返回起点线，成立正姿势，举手示意，喊“好”。

听到“入列”的口令，战斗员答“是”，并跑步入列。

操作要求：

（1）检查时要认真细致；

（2）戴面罩时，不要用力过大，系带松紧应适度，做到不漏气；

（3）背带、腰带长度要适中，使强制送风呼吸器紧贴身体；

（4）各连接处连接牢固。

成绩评定：

佩戴方法正确、动作迅速、连贯评为合格；反之为不合格。

第三节　呼救器类

【学习目标】

1. 学会呼救器的日常维护保养；
2. 能够正确熟练使用呼救器。

消防员呼救器兼有方位灯和呼救器两大功能，实现了一机两用。呼救器在超高响、超小体积、最轻质量的基础上，采用美国原装进口高强度透明防弹胶和HP超高亮、冷光源，大大提高了其方位警示效果，从而减轻了人员的佩戴重量，减少了维护保养的工作量。它由时钟计时器、微动传感器、预警和强警自动/手动控制器、声调变频电路、欠压警示电路组成。通过学习训练，掌握了解呼救器的各部件组成，会简单的维护保养，熟练使用方法。

一、消防员普通呼救器

（一）主要用途

它适用于战斗员在灾害事故现场呼救报警。

（二）组成

它由开关、指示灯、报警器、电池、夹扣等组成。

（三）操作规程

训练目的：使战斗员熟练掌握呼救器的使用方法。

场地器材：在训练塔正面15m处标出起点线，在起点线前1m处标出器材线，器材线上放置一只消防员呼救器（图2.17）。

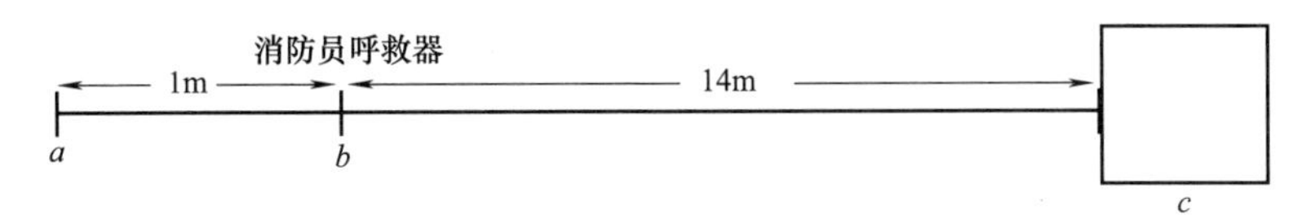

图2.17 呼救器场地设置

a—起点线；b—器材线；c—训练塔

操作程序：

战斗员在起点线一侧3m处站成一列横队。

听到“第一名”的口令，第一名战斗员答“到”。

听到“出列”的口令，战斗员答“是”，并跑步至起点线处，成立正姿势。

听到“准备器材”的口令，战斗员答“是”，并迅速向前踢出一步，在器材线处，检查消防呼救器（打开开关检查器材是否好用），检查完毕达到要求，并放置好呼救器后，返回起点线，成立正姿势，举手示意，喊“好”。

听到“预备”的口令，战斗员做好操作准备。

听到“开始”的口令，战斗员迅速向前踢出一步，在器材线处，拿起呼救器打开电源，当听到呼救器发出“嘟——嘟”的声音时，将呼救器挂在腰间跑到训练塔内指定位置后，佩戴者假设现场出现危急情况，手动打开呼救器“强制报警开关”，呼救器发出强报警声响和连续的LED灯频闪后，佩戴者按下呼救器“复位开关”或“手动开关”，强报警解除后，走到训练塔门口（或窗口），成立正姿势，举手示意，喊“好”。

听到“收操”的口令，战斗员迅速返回器材线，取下消防呼救器，关闭呼救器电源，放回器材线，然后返回起点线，成立正姿势，举手示意，喊“好”。

听到“入列”的口令，战斗员答“是”，并跑步入列。

操作要求：

(1) 检查时要认真细致；

(2) 打开呼救器电源，发出“嘟——嘟”的声音后，方可将呼救器挂在腰间跑到训练塔内指定位置；

(3) 呼救器挂在腰间要挂牢。

成绩评定：

操作方法正确、动作迅速、连贯评为合格；反之为不合格。

二、充电式方位灯呼救器

（一）主要用途

它适用于战斗员在灾害事故现场的定位和自救报警。

（二）组成

它由电源磁控开关、指示灯、报警器、充电电池、夹扣、充电器等组成。

（三）操作规程

训练目的：使战斗员学会和掌握消防呼救器的使用方法，提高战斗员在实际灾害现场的自救能力。

场地器材：在训练塔正面 15m 处标出起点线，在起点线前 1m 处标出器材线，在器材线上放置一只充电式方位灯呼救器（图 2.18）。

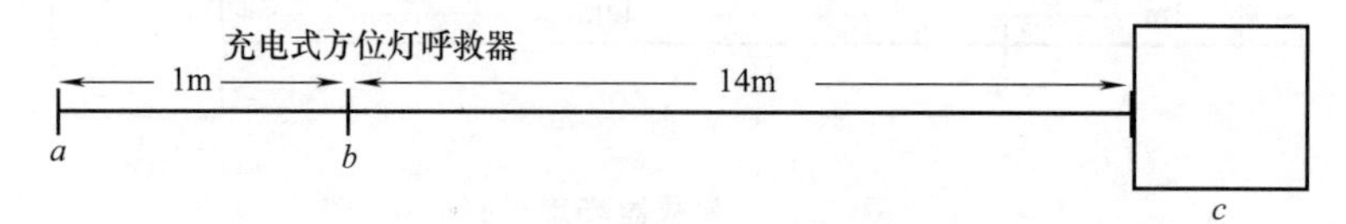

图 2.18　充电式方位灯呼救器场地设置

a—起点线；*b*—器材线；*c*—训练塔

操作程序：

战斗员在起点线一侧 3m 处站成一列横队。

听到“第一名”的口令，第一名战斗员答“到”。

听到“出列”的口令后，战斗员答“是”，并跑步至起点线处，成立正姿势。

听到“准备器材”的口令，战斗员答“是”，并迅速向前踢出一步，在器材线处，检查呼救器（打开开关检查器材是否好用），检查完毕达到要求，并放置好呼救器后，返回起点线，成立正姿势，举手示意，喊“好”。

听到“预备”的口令，战斗员做好操作准备。

听到“开始”的口令，战斗员迅速向前踢出一步，在器材线处，拿起呼救器打开电源。当听到呼救器发出“嘟——嘟”的声音时，将呼救器挂在腰间跑到训练塔内指定位置后，佩戴者假设现场出现危急情况，手动打开呼救器“强制报警”开关，呼救器发出强报警声响和连续的 LED 灯频闪后，佩戴者按下呼救器“复位开关”或“手动开关”。警报解除后，走到训练塔门口（或窗口），成立正姿势，举手示意，喊“好”。

听到“收操”的口令，战斗员迅速返回器材线，取下呼救器，关闭呼救器电源，放回器材线，然后返回起点线，成立正姿势，举手示意，喊“好”。

听到“入列”的口令，战斗员答“是”，并跑步入列。

操作要求：

（1）检查时要认真细致；

（2）打开呼救器电源，发出“嘟——嘟”的声音后，方可将呼救器挂在腰间跑到训练塔内指定位置；

（3）呼救器挂在腰间要挂牢。

成绩评定：

操作方法正确、动作迅速、连贯评为合格，反之为不合格。

三、数码方位灯呼救器

（一）主要用途

它适用于战斗员在灾害事故现场的定位和自救报警。

（二）组成

它由电源磁控开关、指示灯、报警器、电池、夹扣等组成。

（三）操作规程

训练目的：使战斗员学会和掌握数码方位灯呼救器的使用方法，提高战斗员在实际灾害现场的自救能力。

场地器材：在训练塔正面 15m 处标出起点线，在起点线前 1m 处标出器材线，在器材线上放置一只数码方位灯呼救器（图 2.19）。

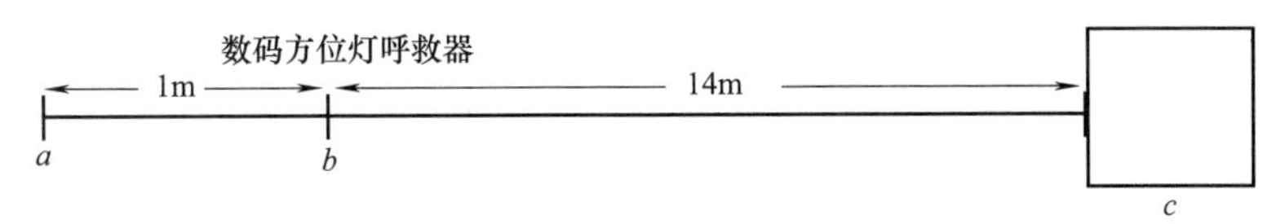

图 2.19 数码方位灯呼救器场地设置

a—起点线；b—器材线；c—训练塔

操作程序：

战斗员在起点线一侧 3m 处站成一列横队。

听到“第一名”的口令，第一名战斗员答“到”。

听到“出列”的口令，战斗员答“是”，并跑步至起点线处，成立正姿势。

听到“准备器材”的口令，战斗员答“是”，并迅速向前踢出一步，在器材线处，检查呼救器（打开开关检查器材是否好用），检查完毕达到要求，并放置好呼救器后，返回起点线，成立正姿势，举手示意，喊“好”。

听到“预备”的口令，战斗员做好操作准备。

听到“开始”的口令，战斗员迅速向前踢出一步，在器材线处，拿起呼救器打开电源，当听到呼救器发出“嘟——嘟”的声音时，将呼救器挂在腰间跑到训练塔内指定位置后，佩戴者假设现场出现危急情况，手动打开呼救器“强制报警”开关，呼救器发出强报警声响和连续的 LED 灯频闪后，佩戴者再按下呼救器“复位开关”，强报警解除后，走到训练塔门口（或窗口），成立正姿势，举手示意，喊“好”。

听到“收操”的口令，战斗员迅速返回器材线，取下消防呼救器，关闭呼救器电源，并放回器材线，然后返回起点线，成立正姿势，举手示意，喊“好”。

听到“入列”的口令，战斗员答“是”，并跑步入列。

操作要求：

（1）检查时要认真细致；

（2）呼救器打开电源，发出“嘟——嘟”的声音后，方可将呼救器挂在腰间，跑到训练塔内指定位置；

（3）呼救器挂在腰间要挂牢。

成绩评定：

操作方法正确、动作迅速、连贯评为合格；反之为不合格。

四、无线数字显示呼救器

（一）主要用途

它适用于战斗员在灾害事故现场的定位和自救报警。

（二）组成

它由电源磁控开关、指示灯、报警器、电池、夹扣等组成。

（三）操作规程

训练目的： 使战斗员学会和掌握无线数字显示呼救器的使用方法，提高战斗员在实际灾害现场的自救能力。

场地器材： 在训练塔正面15m处标出起点线，在起点线前1m处标出器材线，在器材线上放置两只无线数字显示呼救器（图2.20）。

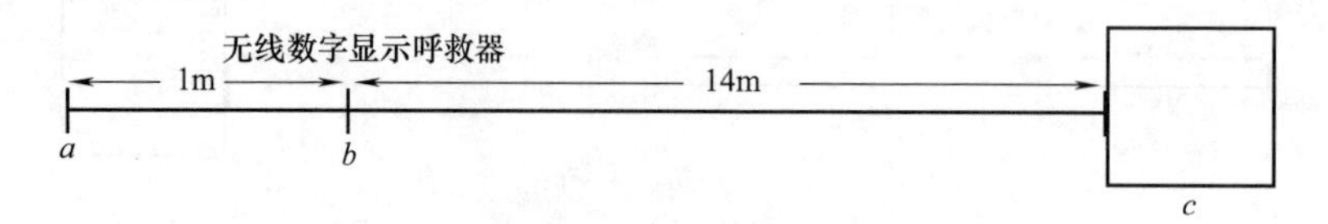

图2.20 无线数字显示呼救器场地设置

a—起点线；b—器材线；c—训练塔

操作程序：

战斗员在起点线一侧3m处站成一列横队。

听到“前两名”的口令，两名战斗员答“到”。

听到“出列”的口令，两名战斗员答“是”，并跑步至起点线处，成立正姿势。

听到“准备器材”的口令，两名战斗员答“是”，并迅速向前踢出一步，在器材线处，拿起呼救器，打开呼救器开关，使呼救器处于“自动工作状态”。第一名战斗员将自己的呼救器处于“强报警状态”，第一名战斗员的呼救器处于接收状态（自动工作状态），40″内第二名战斗员的呼救器显示第一名战斗员的呼救器编号，并发出“嘀”的警示声，之后第一名战斗员将自己的呼救器复位。检查完毕达到要求后，两名战斗员将呼救器放在器材线处，然后一起返回起点线，成立正姿势，举手示意，喊“好”。

听到“预备”的口令，两名战斗员做好操作准备。

听到“开始”的口令，两名战斗员迅速向前踢出一步，在器材线处，分别拿起呼救器打开电源，当听到呼救器发出“嘟——嘟”的声音时，将呼救器挂在腰间跑到训练塔内指定位置后，第一名战斗员假设现场出现危急情况，手动打开呼救器“强制报警”开关，呼救器发出强报警声响和连续的LED灯频闪及数字发射后，第二名战斗员的呼救器显示第一名战斗员的呼救器编号，之后第一名战斗员按下呼救器“复位开关”，强报警解除后，两名战斗员走到训练塔门口（或窗口），成立正姿势，举手示意，喊“好”。

听到“收操”的口令，两名战斗员迅速返回器材线，取下呼救器，关闭呼救器电源，放下呼救器，然后一起返回起点线，成立正姿势，举手示意，喊“好”。

听到“入列”的口令，两名战斗员答“是”，并跑步入列。

操作要求：

（1）检查时要认真细致；

（2）呼救器打开电源，发出“嘟——嘟”的声音后，方可将呼救器挂在腰间跑到训练塔内指定位置；

（3）呼救器挂在腰间要挂牢。

成绩评定：

操作方法正确、动作迅速、连贯评为合格；反之为不合格。

五、无线传输呼救器

（一）主要用途

它适用于战斗员在灾害事故现场的定位和自救报警。

（二）组成

它由电源磁控开关、指示灯、报警器、电池、夹扣等组成。

（三）操作规程

训练目的：使战斗员学会和掌握无线传输呼救器的使用方法，提高战斗员在实际灾害现场的自救能力。

场地器材：在训练塔正面15m处标出起点线，在起点线前1m处标出器材线，在器材线上放置一只接收机、一只无线传输呼救器和一本呼救器ID地址记录本、一支笔（图2.21）。

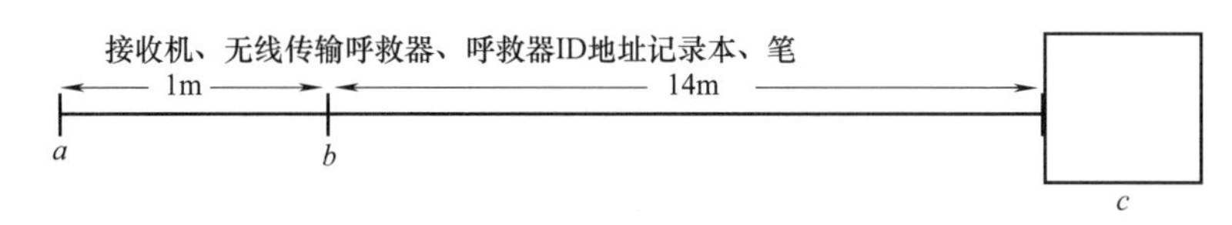

图2.21　无线传输呼救器场地设置

a—起点线；b—器材线；c—训练塔

操作程序：

战斗员在起点线一侧3m处站成一列横队。

听到“前三名”的口令，三名战斗员答“到”。

听到“出列”的口令，三名战斗员答“是”，并跑步至起点线处，成立正姿势。

听到“准备器材”的口令，三名战斗员答“是”，并迅速向前踢出一步，在器材线处，第一名战斗员充当指挥员，与第二、三名战斗员分别拿起接收机和呼救器打开接收机和呼救器电源开关，对声、光和无线呼救信号及发出警告信号逐个进行测试，测试正常后关闭电源开关，将接收机和呼救器放回器材线，然后一起返回起点线，成立正姿势，举手示意，喊“好”。

听到“预备”的口令，三名战斗员做好操作准备。

听到“开始”的口令，三名战斗员迅速向前踢出一步，在器材线处，分别拿起接收机和呼救器，消防指挥员（第一名战斗员）记录下第二、三名战斗员的呼救器ID地址，第二、三名战斗员打开接收机和呼救器电源，消防指挥员（第一名战斗员）手持接收机，第二、三名战斗员将呼救器挂在腰上跑到训练塔内指定位置后，第二名战斗员假设现场出现危急情况，手动打开呼救器“强制报警”开关，消防指挥员（第一名战斗员）接收到第二名战斗员呼救器发出的无线呼救信号后，消防指挥员（第一名战斗员）向第二名战斗员发出呼救器恢复“自动工作状态”的信号，第一名战斗员将自己的呼救器恢复到“自动工作状态”。消防指挥员（第一名战斗员）按下接收机指令开关，向第二、三名战斗员发出警告信号（紧急撤离危险场所），第二、三名战斗员接收到消防指挥员（第一名战斗员）发出的警告信号（紧急撤离危险场所）后，迅速由训练塔内指定位置跑到器材线处，消防指挥员（第一名战斗员）在呼救器ID地址记录本记录下第二、三名战斗员安全返回记录后，再按下接收机指令开关（指令取消）。最后三名战斗员在器材线处成立正姿势，举手示意，喊“好”。

听到“收操”的口令，三名战斗员分别关闭接收机和呼救器电源开关，并将其放置于器材线处，然后一起返回起点线，成立正姿势，举手示意，喊“好”。

听到“入列”的口令，三名战斗员答“是”，并跑步入列。

操作要求：

（1）检查时要认真细致；

（2）接收机和呼救器打开电源，确认其处于“自动工作状态”后，方可将呼救器挂在腰间跑到训练塔内指定位置；

（3）呼救器挂在腰间要挂牢。

成绩评定：

操作方法正确、动作迅速、连贯评为合格；反之为不合格。

六、无线语音呼救器

（一）主要用途

它适用于大面积区域消防抢险救援与森林抢险救援现场的通信和呼救报警。

（二）组成

它由电源磁控开关、指示灯、报警器、电池、夹扣等组成。

（三）操作规程

训练目的：使战斗员学会和掌握无线语音呼救器的使用方法，提高战斗员在实际灾害现场的自救能力。

场地器材：在训练塔正面15m处标出起点线，在起点线前1m处标出器材线，在器材线处放置一台对讲机和一只无线语音呼救器（图2.22）。

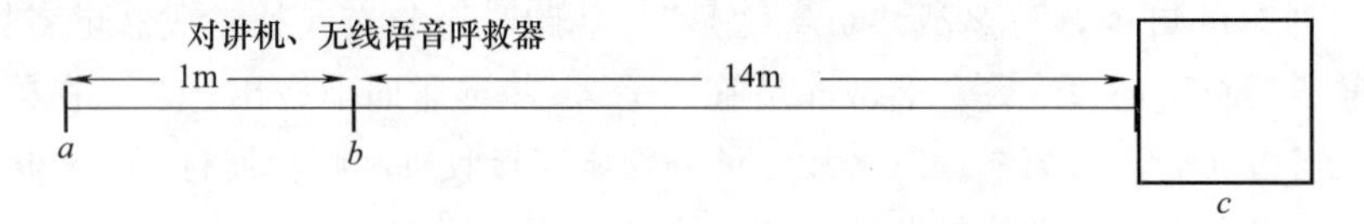

图2.22 无线语音呼救器场地设置

a—起点线；b—器材线；c—训练塔

操作程序：

战斗员在起点线一侧3m处站成一列横队。

听到“前两名”的口令，两名战斗员答“到”。

听到“出列”的口令，两名战斗员答“是”，并跑步至起点线处，成立正姿势。

听到“准备器材”的口令，两名战斗员答“是”，并迅速向前踢出一步，在器材线处，第一名战斗员充当指挥员，与第二名战斗员分别拿起对讲机和呼救器；打开对讲机和呼救器电源开关，对声、光和无线语音呼救信号逐个进行测试，测试正常后，关闭电源开关，将对讲机和呼救器放回器材线，然后一起返回起点线，成立正姿势，举手示意，喊“好”。

听到“预备”的口令，两名战斗员做好操作准备。

听到“开始”的口令，两名战斗员迅速向前踢出一步，在器材线处，第一名战斗员（充当消防指挥员）拿起一台对讲机，第二名战斗员拿起一台对讲机和一只呼救器，然后打开对讲机和呼救器电源，消防指挥员（第一名战斗员）手持对讲机，第二名战斗员将对讲机和呼救器挂在身上，跑到训练塔内指定位置后，假设现场出现危急情况，手动打开呼救器“强制报警”开关，消防指挥员（第一名战斗员）接收到第二名战斗员呼救器发出的无线语音呼救信号后，消防指挥员（第一名战斗员）通过对讲机向第二名战斗员发出呼救器恢复“自动工作状态”的信号，第二名战斗员将自己的呼救器恢复到“自动工作状态”后，走到训练塔门口（或窗口）处，成立正姿势，举手示意，喊“好”。

听到“收操”的口令，第二名战斗员迅速跑至器材线，取下对讲机和呼救器，与第一名战斗员一起关闭对讲机和呼救器电源，放回原位，然后一起返回起点线，成立正姿势，举手示意，喊“好”。

听到“入列”的口令，两名战斗员答“是”，并跑步入列。

操作要求：

(1) 检查时要认真细致；

(2) 呼救器打开电源，处于“自动工作状态”后，方可将呼救器挂在身上，跑到训练塔内指定位置；

(3) 呼救器挂在身上要挂牢。

成绩评定：

操作方法正确、动作迅速、连贯评为合格；反之为不合格。

七、微型方位灯呼救器

（一）主要用途

它适用于大面积区域消防抢险救援与森林抢险救援现场的通信和呼救报警。

（二）组成

它由电源磁控开关、指示灯、报警器、电池、夹扣等组成。

（三）操作规程

训练目的：使战斗员学会和掌握微型方位灯呼救器的使用方法，提高战斗员在实际灾害现场的自救能力。

场地器材：在训练塔正面15m处标出起点线，在起点线前1m处标出器材线，在器材线处放置一只微型方位灯呼救器（图2.23）。

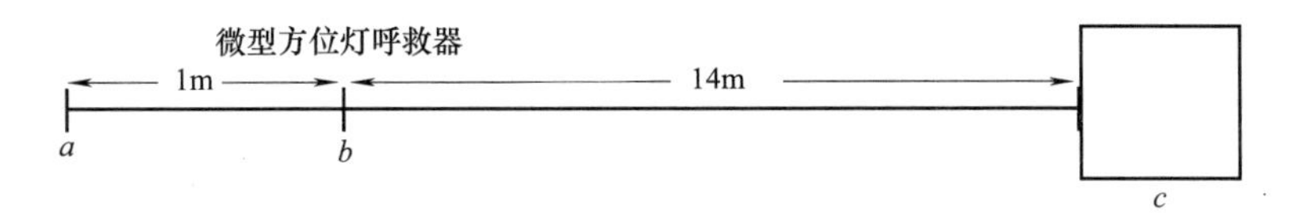

图2.23 微型方位灯呼救器场地设置

a—起点线；b—器材线；c—训练塔

操作程序：

战斗员在起点线一侧3m处站成一列横队。

听到“第一名”的口令，第一名战斗员答“到”。

听到“出列”的口令，战斗员答“是”，并跑步至起点线处，成立正姿势。

听到“准备器材”的口令，战斗员答“是”，并迅速向前踢出一步，在器材线处，检查呼救器（打开开关检查器材是否完整好用），检查完毕达到要求，并整理好器材后，返回起点线，成立正姿势，举手示意，喊“好”。

听到“预备”的口令，战斗员做好操作准备。

听到“开始”的口令，战斗员迅速向前踢出一步，在器材线处，拿起呼救器，打开电源，当确认呼救器处于“自动工作状态”时，将呼救器挂在安全带上，跑到训练塔内指定位置后，佩戴者假设现场出现危急情况，手动按一下呼救器左右两侧的强制报警开关，呼救器发出强报警声响和连续的LED灯频闪后，佩戴者再按一下两侧的强制报警开关，使呼救器回到“自动工作状态”后，走到训练塔门口（或窗口）处，成立正姿势，举手示意，喊“好”。

听到“收操”的口令，战斗员迅速跑到器材线，取下消防呼救器，关闭呼救器电源，放回原位，然后返回起点线，成立正姿势，举手示意，喊“好”。

听到“入列”的口令，战斗员答“是”，并跑步入列。

操作要求：

（1）检查时要认真细致；

（2）呼救器打开电源，处于“自动工作状态”后，方可将呼救器挂在身上，跑到训练塔内指定位置；

（3）呼救器挂在身上要挂牢。

成绩评定：

操作方法正确、动作迅速、连贯评为合格；反之为不合格。

八、多功能防爆呼救器

（一）主要用途

它适用于战斗员在易燃、易爆灾害现场呼救报警。

（二）组成

它由电源开关（责任安全扣）、指示灯、报警器、电池、夹扣等组成。

（三）操作规程

训练目的：使战斗员学会和掌握多功能防爆呼救器的使用方法，提高战斗员在实际灾害现场的自救能力。

场地器材：在训练塔正面15m处标出起点线，在起点线前1m处标出器材线，在器材线处放置两只多功能防爆呼救器（图2.24）。

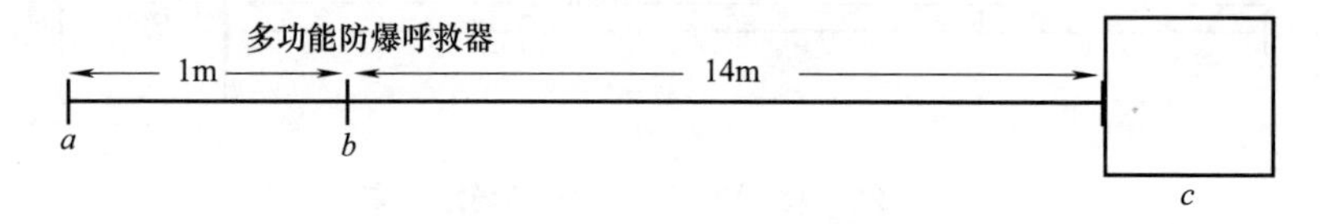

图2.24 多功能防爆呼救器场地设置

a—起点线；b—器材线；c—训练塔

操作程序：

战斗员在起点线一侧3m处站成一列横队。

听到“前两名”的口令，两名战斗员答“到”。

听到“出列”的口令，两名战斗员答“是”，并跑步至起点线处，成立正姿势。

听到“准备器材”的口令，两名战斗员答“是”，并迅速向前踢出一步，在器材线处，两名战斗员分别拿起呼救器，打开呼救器开关，使呼救器处于“自动工作状态”。第一名战斗员将自己的呼救器处于强制报警状态，第二名战斗员的呼救器（自动工作状态）显示第一名战斗员的呼救器编号后，第一名战斗员将自己的呼救器复位。检查完毕达到要求，并整理好器材后，两名战斗员一起返回起点线，成立正姿势，举手示意喊“好”。

听到“预备”的口令，两名战斗员做好操作准备。

听到“开始”的口令，两名战斗员迅速向前踢出一步，在器材线处分别拿起呼救器打开电源，当呼救器进入“自动工作状态”后，将呼救器挂在安全带上，一起跑到训练塔内指定位置；第一名战斗员假设现场出现危急情况，手动打开呼救器“强制报警”开关（呼救器发出强报警声响和连续的LED灯频闪及编号），第二名战斗员的呼救器显示出第一名战斗员的呼救器编号后，第一名战斗员按下呼救器“复位开关”，强报警解除后，两名战斗员走到训练塔门口（或窗口）处，成立正姿势，举手示意，喊“好”。

听到“收操”的口令，两名战斗员迅速返回器材线，取下消防呼救器，关闭呼救器电源，放回原位，然后一起返回起点线，成立正姿势，举手示意，喊“好”。

听到“入列”的口令，两名战斗员答“是”，并跑步入列。

操作要求：

(1) 检查时要认真细致；

(2) 打开呼救器电源，进入“自动工作状态”后，方可将呼救器挂在安全带上，跑到训练塔内指定位置；

(3) 呼救器挂在安全带上要挂牢。

成绩评定：

操作方法正确、动作迅速、连贯评为合格；反之为不合格。

思考题

1. 个人防护装备中防护服的种类有哪些？
2. 空气呼吸器佩戴的步骤及注意事项是什么？
3. 你认为未来呼救器的发展方向是怎么样的？

第三章 铺设水带训练

本章主要学习水带的基础用法、训练方法，实训实战中如何将水带快速、有效、准确、无误地连接。学员对水带训练的基本认识，熟练训练的快速操法，掌握指挥的必要因素，做到施训组训的业务能力，无论从义务兵、士官、学员到指挥员，作为消防员都必须熟练掌握和运用水带的操法，为实战出水灭火争取宝贵时间，这是打赢一场灭火战斗的重要因素。

第一节 平地铺设水带

【学习目标】

1. 了解水带、接口的基本参数和类型；
2. 训练实操并熟练掌握水带的训练操法；
3. 基本了解施训组训方法，能够组织训练、操法联用。

一、一人两盘65mm内扣水带连接操

训练目的：使战斗员学会两盘65mm内扣（卡式）水带铺设的方法，掌握铺设水带和连接接口的技能。

场地器材：在长37m、宽2.5m的平地上，标出起点线和终点线。在起点前1m、1.5m、8m、9m处分别标出器材线、分水器拖止线、水带甩开线、甩带线。器材线上放置水枪一支、65mm内扣（卡式）水带两盘、分水器一只（图3.1）。

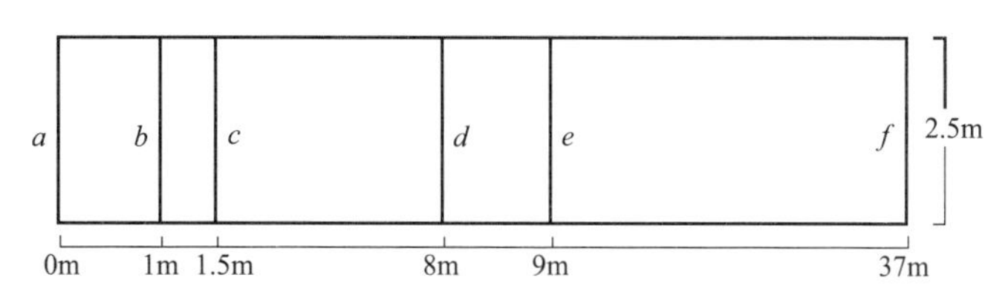

图3.1 一人两盘65mm内扣（卡式）水带连接操场地设置

a—起点线；b—器材线；c—分水器拖止线；d—水带甩开线；e—甩带线；f—终点线

操作程序：

战斗班在起点线一侧3m处站成一列横队。

听到“第一名出列”的口令，战斗员答“是”并行进至起点线成立正姿势。

听到“准备器材”的口令，战斗员检查器材，携带水枪，回原位站好。

听到“预备”的口令，战斗员做好操作准备。

听到“开始”的口令，战斗员迅速向前，手持水带，先甩开第一盘水带，一端接上分水器接口，另一端接上第二盘水带，然后行至甩带线甩开第二盘水带，连接好水枪，冲出终点线，举手示意喊“好”，成立射姿势。

听到“收操”的口令，战斗员收起器材，放回原处，成立正姿势。

听到“入列”的口令，战斗员跑步入列。

操作要求：

（1）水带不应出线、压线或扭卷360°；

（2）接口不得脱口或卡口，分水器不应拖出0.5m；

（3）必须在铺带线路内完成全部动作；

（4）训练前必须充分做好活动准备，并搞好安全防护工作，防止扭伤、摔伤。

成绩评定：

计时从发令“开始”至战斗员完成全部操作任务，冲出终点线，举手示意喊“好”为止。

内扣式标准，优秀：10″；良好：12″；及格：14″。

卡式（快速）标准，优秀：8″；良好：10″；及格：12″。

有下列情况之一者不计成绩：水带接口脱口、卡口；未接上水枪冲出终点线。

有下列情况之一者加1″：第一盘水带未到甩带线甩开；水带出线、压线，水带扭圈360°；分水器拖出0.5m。

二、一人三盘65mm内扣水带连接操

训练目的：使战斗员学会3盘65mm内扣（卡式）水带铺设方法，掌握甩带和连接接口的要领。

场地器材：在长55m、宽2.5m的平地上，标出起点线和终点线，在起点线前1m、1.5m、8m、13m、33m处，分别标出器材线、分水器拖止线、水带甩开线和甩带线。在器材线上放置水枪一支、65mm内扣（卡式）水带三盘、分水器一只（图3.2）。

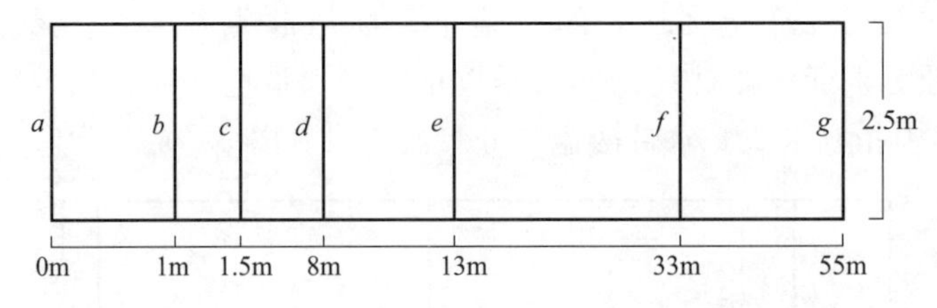

图3.2　一人三盘65mm内扣（卡式）水带连接操场地设置

a—起点线；b—器材线；c—分水器拖止线；d—水带甩开线；e—甩带线；f—甩带线；g—终点线

操作程序：

战斗班在起点线一侧3m处站成一列横队。

听到“第一名出列”的口令，战斗员行进至起点线成立正姿势站好。

听到“准备器材”的口令，战斗员检查器材，携带水枪，回原位站好。

听到“预备”的口令，战斗员做好操作准备。

听到“开始”的口令，战斗员迅速向前，先甩开第一盘水带，将一端接口连接在分水器上，另一端接口与第二盘水带连接，然后双手各持一盘水带，跑到13m甩带线处，甩开第二盘水带，并与第三盘水带连接，跑到33m甩带线处，甩开第三盘水带，连接上水枪，冲出终点线，举手示意喊“好”，成立射姿势。

听到“收操”的口令，战斗员收起器材，放在原位，成立正姿势。

听到“入列”的口令，战斗员跑步入列。

操作要求：

（1）水带不应出线、压线或扭圈360°；

（2）接口不得脱口或卡口，分水器不应拖出 0.5m；

（3）必须在铺带线路内完成全部动作；

（4）训练前必须充分做好活动准备，并搞好安全防护工作，防止扭伤、摔伤。

成绩评定：

计时从发令“开始”至战斗员完成全部操作任务，举手示意喊“好”为止。

内扣式标准，优秀：16″；良好：19″；及格：22″。

卡式（快速）标准，优秀：12″；良好：14″；及格：16″。

有下列情况之一者不计成绩：水带接口脱口、卡口；水带扭圈 720°。

有下列情况之一者加 1″：水带出线、压线；水带扭圈 360°；分水器拖出 0.5m。

三、一人五盘 65mm 内扣水带连接操

训练目的：使战斗员学会 5 盘 65mm 内扣水带铺设方法，掌握甩带和连接接口的要领。

场地器材：在长 95m、宽 25m 的平地上，标出起点线和终点线。在起点线前 1m、1.5m、8m、55m、95m，分别标出器材线、分水器拖止线、水带甩开线、甩带线、终点线。在器材线后 1m，放置分水器 1 只，立放双卷 65mm 水带 5 盘，水带接口必须放置在水带上，在终点线放置分水器 1 只（图 3.3）。

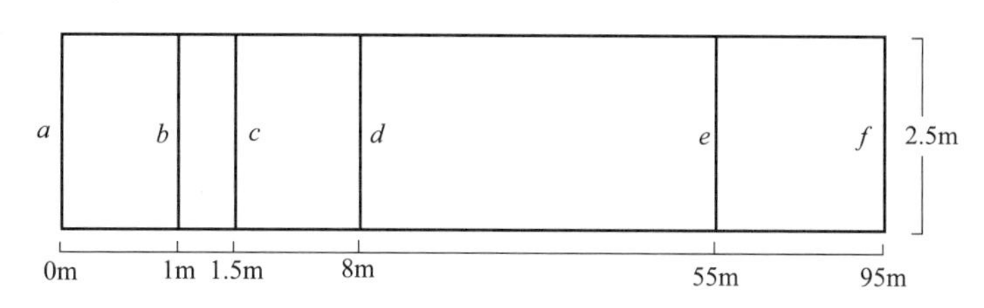

图 3.3　一人五盘 65mm 内扣水带连接操场地设置

a—起点线；*b*—器材线；*c*—分水器拖止线；*d*—水带甩开线；*e*—甩带线；*f*—终点线

操作程序：

参训人员着作训服全套，戴训练头盔、腰带。听到“开始”口令，参训人员甩开 1 带雄头并连接分水器，1 带雌头与 2 带相连；随后用 3 带雌头连接 4 带雄头，然后双手同时甩开 2 带、3 带，2 带雌头与 3 带雄头相连；最后携带 4 带和 5 带向前奔跑，跑至 55m 处甩开 4 带并用 4 带雌头连接 5 带雄头，跑至 75m 处甩开 5 带，跑至分水器处连接好水带，举手喊“好”完成操作过程。

操作要求：

（1）水带不应出线、压线或扭圈 360°；

（2）接口不得脱口或卡口，分水器不应拖出 0.5m；

（3）必须在铺带线路内完成全部动作；

（4）训练前必须充分做好活动准备，并搞好安全防护工作，防止扭伤、摔伤。

成绩评定：

计时从发令“开始”至战斗员完成全部操作任务，举手示意喊“好”为止。

优秀：27″；良好：30″；及格：33″。

（1）第一盘水带未达 8m 线成绩加 2″；其余水带不作要求，场地不设边线；

（2）计时从“开始”口令到操作人员喊“好”结束。

四、两人三盘 80mm 水带连接操

训练目的：使战斗员学会相互配合铺设三盘 80mm 干线水带的方法，掌握铺设与连接水带、分水器的操作要领。

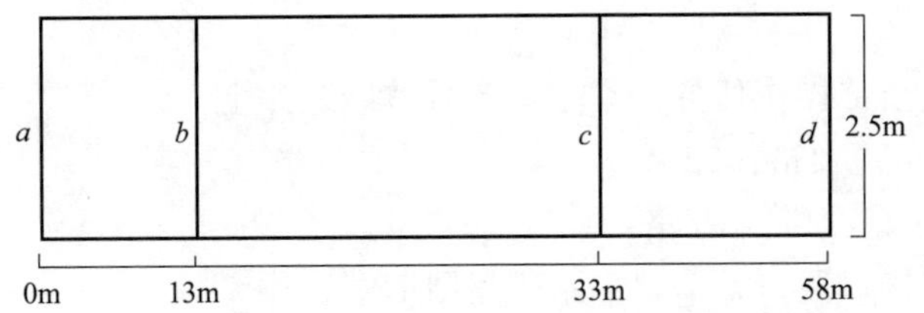

图 3.4　两人三盘 80mm 水带连接操场地设置

a—起点线；*b*，*c*—甩带线；*d*—终点线

场地器材：在长 58m、宽 2.5m 的平地上，标出起点线和终点线，在起点线前 13m、33m 处分别标出甩带线，在起点线上放置 80mm 干线水带三盘，分水器一只，终点线上放置分水器一只（图 3.4）。

操作程序：

战斗班在起点线一侧 3m 处站成一列横队。

听到“前两名出列”的口令，两名战斗员行进至起点线处成立正姿势。

听到“准备器材”的口令，战斗员检查准备器材。

听到“预备”的口令，战斗员做好操作准备。

听到“开始”的口令，第一名将一盘水带向前甩出，右手将一端接口与分水器连接，左手拿起另一端接口跑至 13m 处，右手拿起第二名放下的接口与第一盘水带接口相连接，然后至分水器处立正站好。第二名携第二、第三盘水带至 13m 处甩开第二盘水带，向前铺设，至 33m 处时，甩开第三盘水带并将第三盘水带接口与第二盘水带和分水器连接，然后举手示意喊“好”。

操作要求：

（1）水带不应出线、压线或扭圈 360°；

（2）接口不得脱口或卡口，分水器不应拖出 0.5m；

（3）必须在铺带线路内完成全部动作；

（4）训练前必须充分做好活动准备，并搞好安全防护工作，防止扭伤、摔伤。

成绩评定：

计时从发令“开始”至战斗员完成全部操作任务，第二名战斗员举手示意喊“好”为止。

优秀：24″；良好：27″；及格：30″。

有下列情况之一者不计成绩：水带、分水器接口脱口、卡口。

有下列情况之一者加 1″：水带扭圈 360°；水带出线、压线；未至甩带线甩开。

五、两人五盘 80mm 水带连接操

训练目的：使战斗员学会相互配合铺设五盘 80mm 干线水带的方法，掌握铺设与连接水带、分水器的操作要领。

场地器材：在长 98m、宽 2.5m 的平地上，标出起点线和终点线，在起点线前 55m 处标出甩带线，在起点线上放置 80mm 干线水带五盘，分水器一只，终点线上放置分水器一只（图 3.5）。

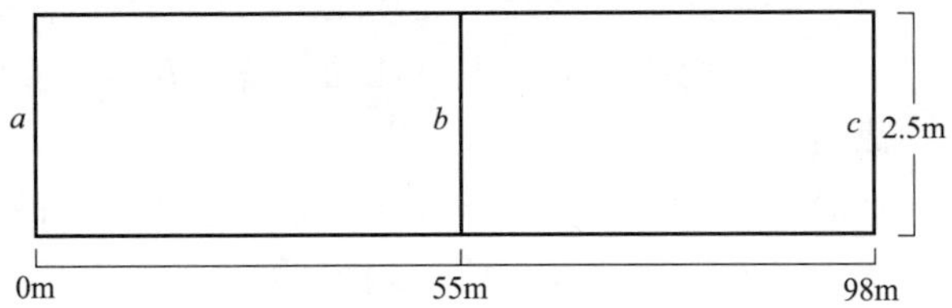

图 3.5　两人五盘 80mm 水带连接操场地设置

a—起点线；*b*—甩带线；*c*—终点线

操作程序：

战斗班在起点线一侧 3m 处站成一列横队。

听到“前两名出列”的口令，两名战斗员行进至起点线处成立正姿势。

听到“准备器材”的口令，战斗员检查器材，做好器材准备。

听到“预备”的口令，战斗员做好操作准备。

听到“开始”的口令，第一名战斗员携两盘水带迅速向终点线奔跑，跑到 55m 处放下其中一盘水带的一个接口，然后向前铺设两盘水带，最后一个接口连接在终点线的分水器上冲出终点线后喊“好”。第二名战斗员向前铺设三盘水带，第一盘水带的两个接口，一个接口接在起点线的分水器上，另一个接口接在第二盘水带接口上，然后在跑动过程中向前铺设两盘水带，最后一个接口连接在第一名战斗员放下的水带接口上，然后继续向终点线奔跑，冲出终点线后喊“好”。

操作要求：

（1）甩带必须在规定区域内进行，水带不应出线、压线或扭圈 360°；

（2）接口不得脱口或卡口，分水器不应拖出 0.5m；

（3）必须在铺带线路内完成全部动作；

（4）训练前必须充分做好活动准备，并搞好安全防护工作，防止扭伤、摔伤。

成绩评定：

计时从发令“开始”至战斗员完成全部操作任务，第二名战斗员举手示意喊“好”为止。

优秀：24″；良好：26″；及格：28″。

有下列情况之一者不计成绩：水带、分水器接口脱口。

有下列情况之一者加 1″：水带扭圈 360°；水带出线、压线；未至甩带线甩开。

六、三人五盘 80mm 水带连接操

训练目的：使战斗员学会相互配合铺设五盘水带的方法，掌握铺设水带和连接水带接口、分水器的动作要领。

场地器材：在长 98m、宽 2.5m 平地上，标出起点线和终点线，在起点线前 35m、55m、75m 处分别标出甩带线，起点线上放置 80mm 干线水带五盘（2×20m 折叠式一盘，卷筒式三盘）、分水器一只，终点线上放置分水器一只（图 3.6）。

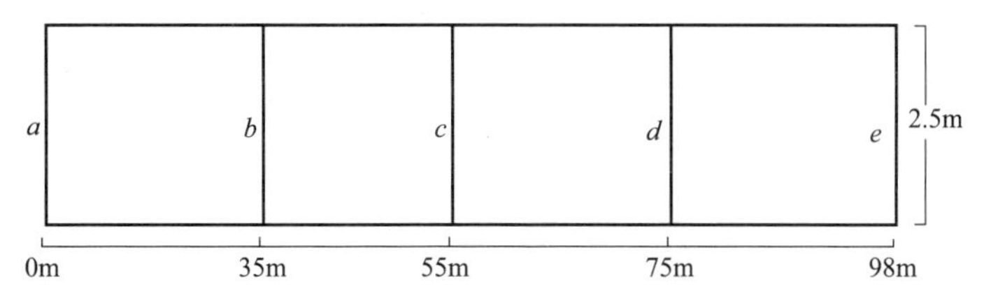

图 3.6　三人五盘 80mm 水带连接操场地设置

a—起点线；*b*、*c*、*d*—甩带线；*e*—终点线

操作程序：

战斗班在起点线一侧 3m 处站成一列横队。

听到“前三名出列”的口令，三名战斗员行进至起点线成立正姿势。

听到“准备器材”的口令，战斗员做好器材准备。

听到“预备”的口令，战斗员做好操作准备。

听到“开始”的口令，第一名将折叠式水带一端接口与分水器连接后铺设折叠式水带至35m处，与第二名放下的水带接口相连接，然后至分水器处成立正姿势；第二名携两盘水带至35m处，甩开右手一盘水带，握住上面一端接口至55m处甩开另一盘水带，将水带两端接口相连接，然后至75m处与第三名放下的水带接口相连接，轻放于地，至分水器处成立正姿势；第三名携一盘水带至75m处将其甩开，放下一端接口，握住上面一端接口铺设至分水器处，左手扶分水器，右手将水带接口与分水器相连接，面向起点线，举手示意喊“好”。

听到“收操”的口令，战斗员收起器材，放回原处，成立正姿势。

听到“入列”的口令，三名战斗员跑步入列。

操作要求：

(1) 甩带必须在规定区域内进行，不得偏离跑道；

(2) 水带不得扭圈，接口不得脱口；

(3) 训练前必须充分做好活动准备，并搞好安全防护工作，防止扭伤、摔伤。

成绩评定：

计时从发令“开始”至战斗员完成全部操作任务第三名举手示意喊“好”为止。

优秀：24″；良好：26″；及格：28″。

有下列情况之一者不计成绩：水带、分水器接口脱口、卡口。

有下列情况之一者加1″：水带扭圈360°；水带出线、压线；未至甩带线甩开。

七、三人七盘80mm水带连接

训练目的：使战斗员学会原地铺设三盘80mm、四盘65mm的方法。掌握铺设水带，连接水带、分水器、水枪的操作要领。

场地器材：在长137m、宽2.5m平地上，标出起点线和终点线，在起点线前55m、95m标出水带放置线（图3.7）。

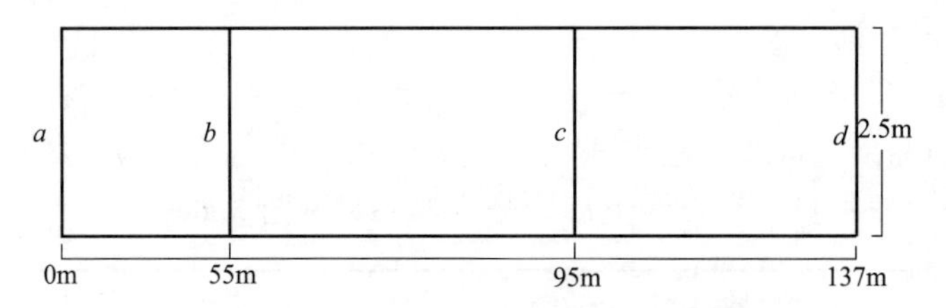

图3.7 三人七盘80mm水带连接操场地设置

a—起点线；*b*、*c*—水带放置线；*d*—终点线

操作程序：

战斗班在起点线一侧3m处站成一列横队。

听到“前三名出列”的口令，三名战斗员行进至起点线成立正姿势。

听到“准备器材”的口令，战斗员做好器材准备。

听到“预备——开始”的口令，第一名将折叠式水带与分水器连接后铺设折叠式水带至55m处，与第二名和第三名放下的水带接口相连接，然后跑至终点连接水枪转身面向起点，举手示意喊“好”。

听到“收操”的口令，战斗员收起器材，放回原处成立正姿势。

听到“入列”的口令，四名战斗员跑步入列。

操作要求：

(1) 甩带必须在规定区域内进行，不得偏离跑道；

(2) 水带不得扭圈，接口不得脱口。

成绩评定：

计时从发令“开始”至战斗员完成全部操作任务，第三名举手示意喊“好”为止。

优秀：33″；良好：36″；及格：39″。

有下列情况之一者不计成绩：水带、分水器接口脱口。

有下列情况之一者加1″：水带扭圈360°；水带出线、压线；未至甩带线甩开。

八、四人七盘80mm水带连接操

训练目的：使战斗员学会平地铺设七盘80mm干线水带的方法。掌握铺设水带，连接水带、分水器的操作要领。

场地器材：在长137m、宽2.5m平地上，标出起点线和终点线，在起点线前35m、55m、75m、95m、115m处分别标出甩带线。起点线上放置80mm水带七盘（2×20m折叠式一盘，卷筒式五盘）、分水器一只，终点线上放置分水器一只（图3.8）。

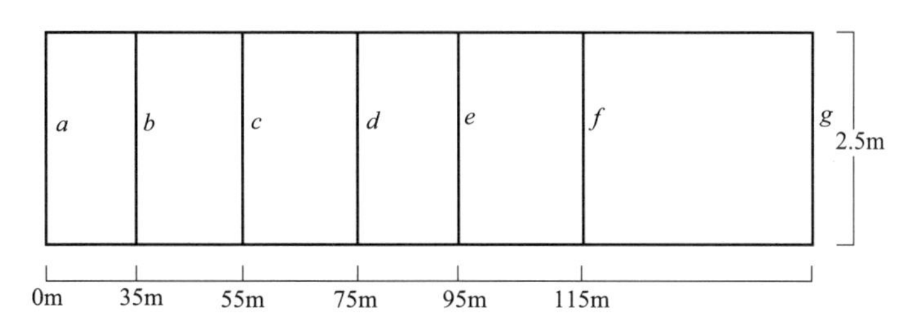

图3.8 四人七盘80mm水带连接操场地设置

a—起点线；*b*～*f*—甩带线；*g*—终点线

操作程序：

战斗班在起点线一侧3m处站成一列横队。

听到“前四名出列”的口令，四名战斗员行进至起点线成立正姿势站好。

听到“准备器材”的口令，战斗员做好器材准备。

听到“预备”的口令，战斗员做好操作准备。

听到“开始”的口令，第一名将折叠式水带与分水器连接后铺设折叠式水带至35m处，与第二名放下的水带接口相连接，然后至分水器处成立正姿势；第二名携两盘水带至35m，甩开右手一盘水带，握住上面一端接口，至55m处甩开另一盘水带，将两盘水带接口相连接，然后铺设至75m处与第三名放下的水带接口相连接，至分水器成立正姿势；第三名携两盘水带至75m处，甩开右手一盘水带，握起上面一端接口至95m处甩开另一盘水带，将两盘水带接口相连接，然后铺设至115m处与第四名放下的水带接口相连接，至分水器处成立正姿势；第四名携一盘水带至115m处将水带甩开，握一端接口铺设至分水器处，左手扶分水器，右手将水带接口与分水器相连接，面向起点，举手示意喊“好”。

听到“收操”的口令，战斗员收起器材，放回原处成立正姿势。

听到“入列”的口令，四名战斗员跑步入列。

操作要求：

（1）甩带必须在规定区域内进行，不得偏离跑道；

（2）水带不得扭圈，接口不得脱口、卡口；

（3）训练前必须充分做好活动准备，并搞好安全防护工作，防止扭伤、摔伤。

成绩评定：

计时从发令“开始”至战斗员完成全部操作任务，第四名举手示意喊“好”为止。

优秀：27″；良好：30″；及格：33″。

有下列情况之一者不计成绩：水带、分水器脱口、卡口；

有下列情况之一者加1″：水带扭圈360°；水带出线、压线；未至甩带线甩开。

九、分水器前水带延长操

训练目的：使战斗员学会在分水器前延长水带的方法。

场地器材：在30m长的平地上，标出起点线和终点线，起点线前10m、20m、30m处分别标出延长线、枪口线和终点线。起点线上放置分水器一只、65mm水带一盘，分水器前预先铺设一带一枪至枪口线（图3.9）。

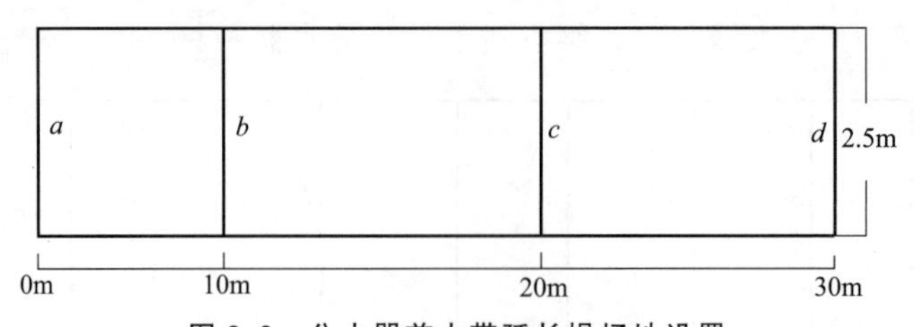

图3.9 分水器前水带延长操场地设置

a—起点线；b—延长线；c—枪口线；d—终点线

操作程序：

战斗班在起点线一侧3m处站成一列横队。

听到“前两名出列”的口令，两名战斗员行进至终点线成立正姿势。

听到“准备器材”的口令，第一名于起点线，第二名于枪口线做好器材准备。

听到“预备”的口令，战斗员做好操作准备。

听到“开始”的口令，第一名携水带向前甩开，然后右手扶住分水器，左手关闭分水器开关，拆下水带接口，将延长水带下面接口与分水器连接，另一端接口与原先的水带连接，同时喊“拖”；待接口拖至延长线处喊“好”，然后将水带轻放于地面，整理好水带，返回至分水器处开启分水器开关，冲出终点线协助第二名控制水枪；第二名听到第一名喊“拖”后，将水带向前拖，待第一名喊“好”后停止前进，成立射姿势。

听到“收操”的口令，战斗员收起器材，放回原处，成立正姿势。

听到“入列”的口令，2名战斗员跑步入列。

操作要求：

（1）铺设水带按要求实施，两盘水带不得重叠；

（2）水带、水枪接口处不得脱口、卡口；

（3）训练前必须充分做好活动准备，并搞好安全防护工作，防止扭伤、摔伤。

成绩评定：

计时从发令“开始”至战斗员完成全部操作任务，第一名冲出终点线为止。

优秀：20″；良好 22″；及格：24″。

有下列情况之一者不计成绩：水带、水枪接口脱口、卡口。

有下列情况之一者加 1″：两盘水带重叠；水带扭圈 360°；未整理水带。

十、水枪前水带延长操

训练目的： 使战斗员学会在水枪前延长水带，转移进攻阵地的方法。

场地器材： 在 38m 长的平地上，标出起点线和终点线，起点线前 20m 处标出枪口线。起点线上放置分水器一只、65mm 水带一盘，分水器前预先铺设一带一枪至枪口线（图 3.10）。

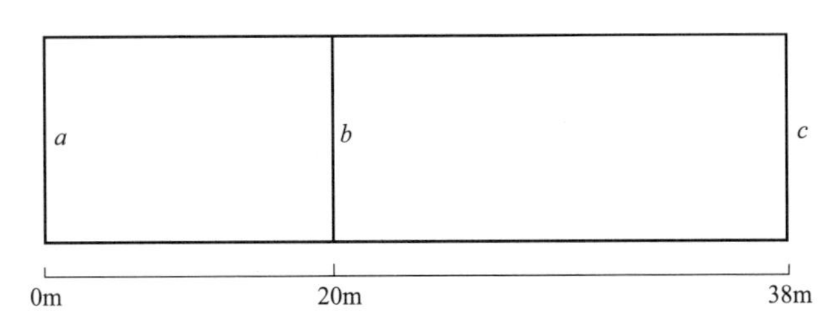

图 3.10 水枪前水带延长操场地设置

a—起点线；b—枪口线；c—终点线

操作程序：

战斗班在起点线一侧 3m 处站成一列横队。

听到"前两名出列"的口令，两名战斗员行进至起点线成立正姿势。

听到"准备器材"的口令，第一名于起点线，第二名于枪口线做好器材准备。

听到"预备"的口令，战斗员做好操作准备。

听到"开始"的口令，第一名关闭分水器；第二名卸下水枪，甩开备用水带，连接第 2 盘水带和水枪，跑至终点线成立射姿势示意供水；第一名打开分水器，举手喊"好"。

听到"收操"的口令，战斗员收起器材，放回原处，成立正姿势。

听到"入列"的口令，两名战斗员跑步入列。

操作要求：

（1）水带、水枪接口处不得脱口、卡口；

（2）喊口号要准确、明亮；

（3）训练前必须充分做好活动准备，并搞好安全防护工作，防止扭伤、摔伤。

成绩评定：

计时从发令"开始"至战斗员完成全部操作任务，第二名冲出终点线举手示意喊"好"为止。

优秀：17″；良好：19″；及格：21″。

有下列情况之一者不计成绩：水带接口脱口、卡口，水带扭圈 720°。

有下列情况之一者加 1″：呼喊口号错误，水带扭圈 360°。

十一、分水器前水带更换操

训练目的： 使战斗员学会分水器前更换支线水带的方法。

场地器材： 在 20m 长的平地上，标出起点线和终点线。起点线上放置分水器一只、65mm 水带一盘，分水器前预先铺设好一带一枪至 20m（图 3.11）。

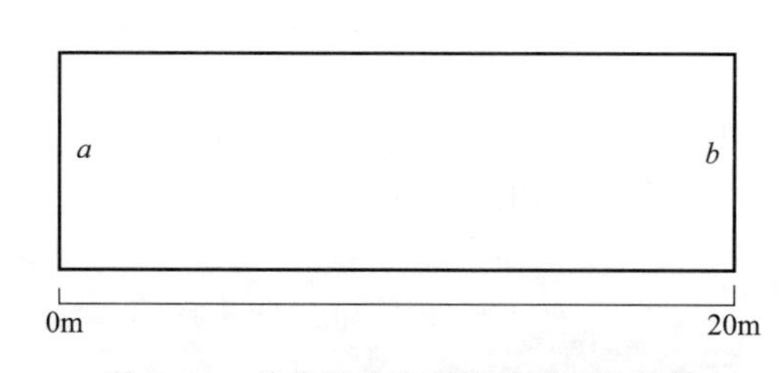

图 3.11 分水器前水带更换操场地设置

a—起点线；b—终点线

操作程序：

战斗班在起点线一侧 3m 处站成一列横队。

听到“前两名出列”的口令，两名战斗员行进至起点线成立正姿势。

听到“准备器材”的口令，第一名于起点线，第二名于水枪处做好器材准备。

听到“预备”的口令，战斗员做好操作准备。

听到“开始”的口令，第一名携水带向前甩开，右手扶分水器，左手关闭分水器开关，拆下水带接口，然后将更换水带的下面接口与分水器连接；取上面接口向前铺设的同时喊“水枪”，至终点线处将接口递给第二名，然后返回至分水器处，听到第二名喊“好”后，开启分水器开关，并成立正姿势；第二名听到第一名喊“水枪”，拆下水枪握于右手，左手将拆下的水带接口轻放于地面，接住第一名递交的水带接口，连接水枪，举手示意喊“好”，成立射姿势。

听到“收操”的口令，战斗员收起器材，放回原处，成立正姿势。

听到“入列”的口令，两名战斗员跑步入列。

操作要求：

（1）水带、水枪连接不得脱口、卡口；

（2）水带接口的递、接动作要正确、协调，呼喊要响亮；

（3）训练前必须充分做好活动准备，并搞好安全防护工作，防止扭伤、摔伤。

成绩评定：

计时从发令“开始”至战斗员完成全部操作任务，第二名举手示意喊“好”为止。

优秀：18″；良好：20″；及格：22″。

有下列情况之一者不计成绩：水枪、水带接口脱口、卡口。

有下列情况之一者加 1″：水带扭圈 360°；递、接水带动作不正确。

十二、更换干线水带与两盘水带连接操

训练目的：使战斗员学会干线水带更换及两带一枪铺设的方法。

场地器材：在长 100m 平地上，标出起点线和终点线，起点线前 20m、40m 处标出更换区，60m、73m 处分别标出分水器线、甩带线。起点线上放置 80mm 水带一盘，并预先铺设好 80mm 水带三盘，连接上分水器。分水器处放置 65mm 水带两盘、水枪一支（图 3.12）。

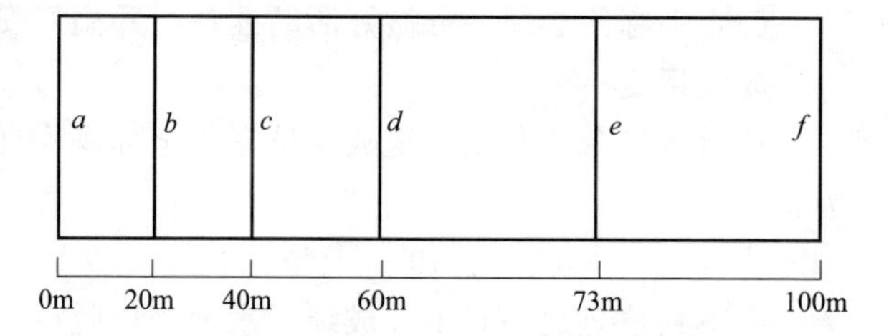

图 3.12 更换干线水带与两盘水带连接操场地设置

a—起点线；b，c—更换线；d—分水器线；e—甩带线；f—终点线

操作程序：

战斗班在起点线一侧 3m 处站成一列横队。

听到“第一名出列”的口令，战斗员行进至起点线成立正姿势。

听到“准备器材”的口令，战斗员做好器材准备。

听到“预备”的口令，战斗员做好操作准备。

听到“开始”的口令，战斗员携一盘80mm水带喊“关水”，然后至20m处将水带甩开，拆开被更换水带的接口，将更换水带与第一盘水带接口连接，握水带另一端接口铺设至40m处，拆下被更换水带的接口，将更换水带与第二盘水带连接；然后至分水器处，将水枪插于腰间或背在肩上，携一盘水带向前甩开，将水带下面的接口与分水器连接，右手握住另一接口，左手携另一盘水带，至甩带线甩开，将两盘水带接口连接，然后向前铺设，连接水枪，冲出终点线，举手示意喊“好”，成立射姿势。

听到“收操”的口令，战斗员收起器材，放回原处。

听到“入列”的口令，战斗员跑步入列。

操作要求：

（1）水带不得扭圈，连接处不得脱口、卡口；

（2）铺设水带必须按要求实施；

（3）训练前必须充分做好活动准备，并搞好安全防护工作，防止扭伤、摔伤。

成绩评定：

计时从发令“开始”至战斗员冲出终点线举手示意喊“好”为止。

优秀：28″；良好：30″；及格：32″。

有下列情况之一者不计成绩：水带、水枪接口脱口、卡口；水带扭圈720°。

有下列情况之一者加1″：水带扭圈360°；未至甩带线甩带。

十三、背负水带架铺设水带操

训练目的：使战斗员学会背负水带架铺设水带的方法。

场地器材：在长95m平地上，标出起点线和终点线。起点线上放置叠有5盘65mm水带的水带架一只、分水器一只，终点线上放置分水器一只（图3.13）。

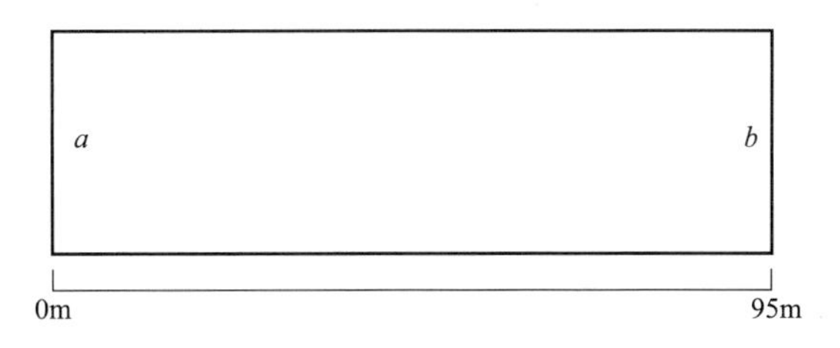

图3.13 背负水带架铺设水带操

a—起点线；*b*—终点线

操作程序：

战斗班在起点线一侧3m处站成一列横队。

听到“前两名出列”的口令，两名战斗员行进至起点线成立正姿势。

听到“准备器材”的口令，战斗员做好器材准备（第一名将叠有水带的水带架背好；第二名握住水带接口）。

听到“预备”的口令，战斗员做好操作准备。

听到“开始”的口令，第一名向前铺设水带，至终点线时放下水带架，将水带接口连接上分水器，然后举手示意喊“好”，第二名迅速将水带接口连接上起点线分水器。

听到“收操”的口令，战斗员收起器材，放回原处，成立正姿势。

听到“入列”的口令，两名战斗员跑步入列。

操作要求：

（1）水带折叠方法要正确；

（2）水带接口不得脱口、卡口；

（3）第二名不得故意用力拉水带；

（4）训练前必须充分做好活动准备，并搞好安全防护工作，防止扭伤、摔伤。

成绩评定：

计时从发令“开始”至战斗员完成全部操作任务，举手示意喊“好”为止。

优秀：36″；良好：38″；及格：40″。

有下列情况之一者不计成绩：水带接口脱口、卡口。

有下列情况之一者加1″：第二名故意用力拉水带；水带折叠方法不正确。

十四、百米水带铺设操

训练目的：通过训练，使参训人员掌握水带铺设的要领和规范要求，提升铺设水带的技能。

场地器材：

(1) 预设器材：两道分水器1个、四分水器1个，双卷立放的80mm水带3盘，双卷立放的65mm水带2盘。

(2) 携带器材：无后坐力水枪1支。

(3) 场地设置：在长98m、宽2.5m的场地一端标出起点线，在距起点线59m、98m处分别标出四分水器线和终点线（水枪线），起点线中间位置放置两道分水器一个，起点线前适当位置放置90mm水带3盘；四分水器线放置四分水器1个，四分水器前适当位置放置65mm水带2盘；场地宽边中心线两侧1.25m范围为操作区，距起点线13m、35m、72m分别标出甩带线，距起点线5m、65m处分别标出水带甩开线（图3.14）。

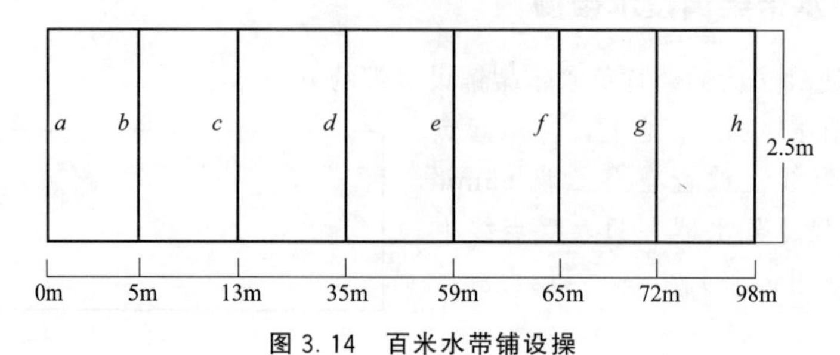

图3.14 百米水带铺设操

a—起点线；b，g—水带甩开线；c，d，f—甩带线；e—分水器线；h—终点线

操作程序：

参训人员在起点线一侧3m处站成一列横队。

听到“第一名出列”的口令，第一名参训人员答“是”，并跑至起点线面向指挥员成立正姿势。

听到“准备”的口令，第一名携带无后坐力水枪1把，做好操作准备。

听到“开始”的口令后，操作人员左右手分别抓住第一盘水带雄卡、雌卡将水带向前甩开，将水带雄卡连接二道分水器，取第二盘水带雄卡与第一盘水带雌卡连接，携带第二、三盘水带至13m，向前甩开第二盘水带，将第二盘水带与第三盘水带连接，至35m处向前甩开第三盘，至59m处连接四分水器，先铺设一盘65m水带分别连接四分水器和第二盘65m水带，携第二盘65m水带至72m处，向前甩开第二盘水带至终点线连接水枪后，喊“好”。

操作要求：

(1) 参训人员统一着07式夏季迷彩服，训练套鞋、腰带，戴好训练头盔，防护手套；

(2) 水带依次铺设，不得同时甩开水带，不到甩带线不得提前甩开水带；

（3）水带放置时应并排立放，不得倒地；

（4）第一盘干线水带、支线水带甩开时必须超过水带甩开线（干线距起点线 5m，支线距分水线 6m）。

成绩评定：

计时从发令“开始”至战斗员冲出终点线举手示意喊“好”为止。

优秀：50″；良好：60″；及格：70″。

有下列情况之一者不计成绩：水带、水枪接口脱口、卡口；水带扭圈 720°。

有下列情况之一者加 1″：水带扭圈 360°；未至甩带线甩带。

十五、铺设、分解水带操

训练目的：

通过训练，使参训人员掌握水带铺设与分解水带的要领和规范要求，掌握规范铺设水带与分解水带方法。

场地器材：

在平地上标出起点线、器材线、水枪放置线、水带展开线、水带放置线、终点线。在起点线上立放双卷 65mm 水带 2 盘，在 10m 器材线上放分水器 1 个，在 65m 器材放置线上并排横铺 65mm 水带 2 盘（图 3.15）。

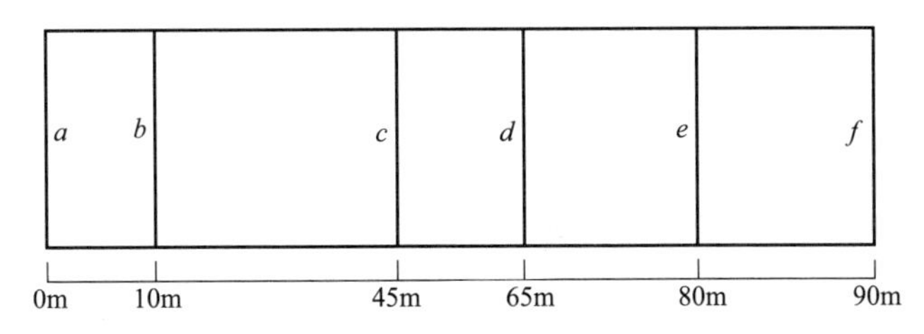

图 3.15 铺设、分解水带操

a—起点线；*b*—器材线；*c*—水枪放置线；*d*—水带展开线；*e*—水带放置线；*f*—终点线

操作程序：

参训人员在起点线一侧站成一列横队。

听到“第 1 名出列”的口令，参训人员答“是”，跑至起点线立正站好。

听到“开始”的口令后，参训人员携 2 盘水带跑至分水器处，将第 1 盘水带甩开，连接分水器，然后按两盘水带连接铺设的方法，打开第 2 盘水带，连接好水枪，将水枪放置在水枪放置线上。继续向前跑 20m，将已打开的 2 盘水带各自对折卷起，手持卷起的水带向前跑 10m，放在水带放置线上后，冲出终点线喊“好”。

操作要求：

（1）参训人员着全套灭火防护服（不戴手套），佩戴正压式空气呼吸器；

（2）收卷水带应双卷但不得折叠，且应进行整理，两接口相距 10～20cm；

（3）水带放置时应并排立放，不得倒地。

成绩评定：

计时从发令“开始”至战斗员冲出终点线举手示意喊“好”为止。

优秀：90″；良好：120″；及格：150″。

有下列情况之一者不计成绩：水带、水枪接口脱口、卡口；水带扭圈 720°。

十六、两人两枪协同作战操

训练目的：通过训练，使参训人员掌握两人两枪协同作战操的操作方法，培养参训人员协同作战能力。

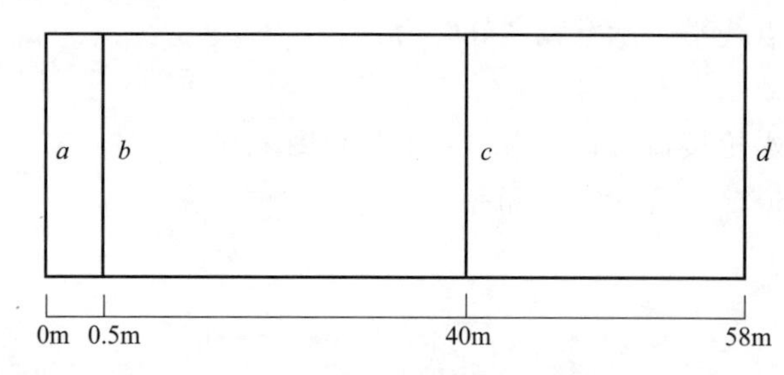

图 3.16 两人两枪协同作战操
a—起点线；b—器材线；c—分水器放置区；d—终点线

场地器材：1号员（80mm水带2盘，65mm水带1盘，水枪1把）、2号员（65mm水带1盘，两叉分水器1个，水枪1把）。场地：划分器材线和起点线，间隔0.5m。在40m处设置分水器放置区。58m处设置终点线（图3.16）。

操作程序：1号员在原地连接2盘80mm水带，并携带1盘65mm水带和1把水枪跑至分水器放置区用80mm水带接口连接分水器，并打开65mm水带分别连接分水器出水口和水枪跑至终点，举手示意操作完毕。2号员携带分水器跑至分水器放置区放好分水器，并打开65mm水带分别连接分水器和水枪跑至终点站，举手示意操作完毕。

操作要求：

（1）参训人员着全套灭火防护服（不戴手套），佩戴正压式空气呼吸器；

（2）水带接口不得脱口、卡口；

（3）训练前必须充分做好活动准备，并搞好安全防护工作，防止扭伤、摔伤。

成绩标准：

操作过程中如出现水带脱口情况则取消成绩。水枪没连接好跑至终点则取消成绩。操法完成以20″优秀，22″良好，24″合格的标准评判。

（注：操作完毕以最后一名跑至终点线举手示意为标准）

建议：如若考虑备用水带，操法可以增加一人携带两盘65mm水带紧跟第一个跑至终点线的号员跑至终点线，起辅助作用，不计入操法成绩。

十七、铺卷水带操

训练目的：通过训练，使参训人员掌握铺设和收卷水带的操作方法，培养参训人员基本作战能力。

场地器材：在长90m的平地上，标出起点线、终点线，距起点线10m、45m、65m、80m处分别标出器材放置线，在起点线后立放双卷65mm水带2盘，在10m器材线上停放水罐消防车1辆，车尾与放置线相齐，车头向前，在65m器材放置线上并排横铺65mm水带2盘，水带中部中心线与跑道中线相齐，间隔1m（图3.17）。

操作程序：消防员着灭火防护服全套（不含手套），佩戴空气呼吸器（不佩戴面罩，压力不得低于25MPa），携直流开关水枪1支，在起点线做好操作准备，身体任何部位不得与器材接触（以下所有项目相同），准备完毕后喊“好”。

听到“开始”的口令后，消防员携2盘水带跑至消防车出水口处，将第1盘水带甩开，连接消防车出水口（已用异径接口预先接好消防车出水口，器材箱门预先开启），然

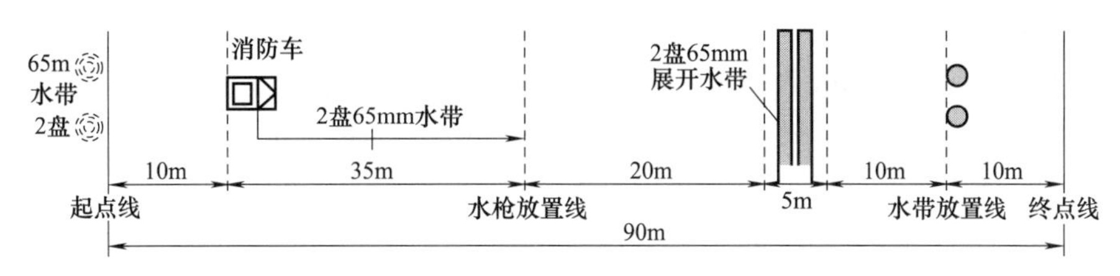

图 3.17 铺卷水带操场地设置

后按两盘水带连接铺设的方法，打开第 2 盘水带，连接好水枪，将水枪放置在水枪放置线上。继续向前跑 20m，将已打开的 2 盘水带各自对折（双卷，对折一次）卷起，手持卷起的水带向前跑 10m，放在水带放置线上后，冲出终点线喊“好”。

操作要求：

（1）应按两盘水带连接铺设方法连接水带，不得同时甩开水带；

（2）收卷水带应双卷，且应进行整理，两接口相距 10～20cm；

（3）水带放置时应并排立放，不得倒地。

成绩标准：

操作过程中如出现两盘水带连接时有脱口、卡口的，冲出水枪放置线后未连接上水枪的情况则取消成绩。操法完成以 80″优秀，90″良好，100″合格的标准评判。

第二节 越过障碍铺设水带

【学习目标】

1. 了解掌握障碍物的翻越方法；
2. 熟练操法，做到操作流畅，准确无误，时间达标；
3. 拓展和延伸操法，为实战中遇到困难能够快速解决和应对打基础。

一、横过铁路铺设水带操

训练目的：使战斗员学会在供水不间断情况下，将水带从铁路轨道下穿越的方法。

场地器材：在长 40m 的平地上，标出起点线和终点线，在起点线前 10～12m 处标出两条铁轨线，起点线上放置二道分水器一只、80mm 水带一盘、丁字镐、铁锹各一把；终点线放置分水器一只。同时预先铺设好两盘水带，分别连接二道分水器和终点线分水器，第一盘水带横卧在铁轨上，铁轨可用木棒等材料代替（图 3.18）。

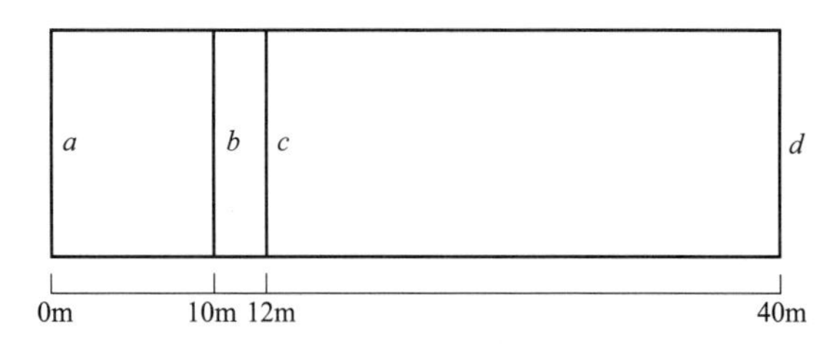

图 3.18 横过铁路铺设水带操场地设置

a—起点线；*b*，*c*—铁轨线；*d*—终点线

操作程序：

战斗班在起点线一侧3m处站成一列横队。

听到“前两名出列”的口令，前两名战斗员行进至起点线成立正姿势。

听到“准备器材”的口令，战斗员做好器材准备。

听到“预备”的口令，战斗员做好操作准备。

听到“开始”的口令，第一名携丁字镐和铁锹至铁轨处，将两铁轨下面石子耙开一个口（能穿越干线水带），然后协助第二名将水带从铁轨下穿过，再返回至二道分水器处听到第二名喊“关水”后，切换二道分水器，拆下水带接口，将更换水带接口与二道分水器连接，待听到“好”后，切换二道分水器向前方供水；第二名将水带甩开，一端接口放于二道分水器处，另一端接口铺设至铁轨处，待第一名耙开铁轨下的石子后，将水带从铁轨下穿过，再向前铺设水带，喊“关水”，拆下原先水带，将穿越铁路水带接口与第二盘水带接口连接，喊“好”，同时将横卧于铁轨上的水带收起。

听到“收操”的口令，战斗员收起器材，放回原处，成立正姿势。

听到“入列”的口令，两名战斗员跑步入列。

操作要求：

（1）穿越铁轨段水带要拉直，不得弯曲；

（2）穿越水带口子，应选择于两枕木间同一位置，口子处不得留有尖锐物；

（3）耙石子时人应站于铁轨两侧；

（4）口子大小要满足水带能顺利通过；

（5）训练时必须充分做好安全防护工作，严防训练事故的发生。

成绩评定：

计时从发令“开始”至战斗员完成全部操作任务，第二名喊“好”为止。

优秀：100″；良好：120″；及格：140″。

有下列情况之一者不计成绩：水带、分水器接口脱口、卡口；水带未从铁路下穿过。

有下列情况之一者加1″：水带未拉直；水带扭圈360°。

二、利用两节拉梯通过沟漕铺设水带操

训练目的：使战斗员学会利用两节拉梯搭桥通过沟漕铺设水带的方法。

场地器材：在长38m的平地上，标出起点线和终点线。起点线前16～20m处标出一沟漕。起点线上放置分水器一只、65mm水带两盘、水枪一只、14mm安全绳一根（长30m）、两节拉梯一部（图3.19）。

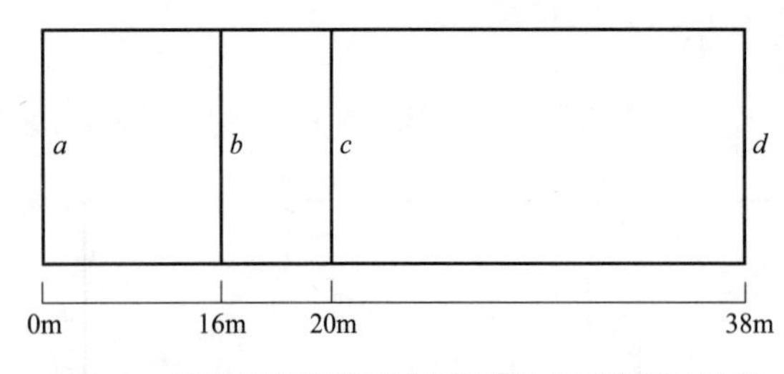

图3.19 利用两节拉梯通过沟漕铺设水带操场地设置

a—起点线；*b*，*c*—沟漕线；*d*—终点线

操作程序：

战斗班在起点线一侧3m处站成一列横队。

听到“前四名出列”的口令，前四名战斗员行进至起点线成立正姿势。

听到“准备器材”的口令，四名战斗员做好器材准备。

听到“预备”的口令，战斗员作好操作准备。

听到“开始”的口令，第一、二名将梯扛至沟漕边平放（外梯在下，内梯在上）。第一

名待第三名于梯首系好安全绳后，双手交替用力推右侧梯梁，使梯竖直，待内梯锁定后，拉右侧安全绳，使梯缓慢放下，直至梯子着地；第二名在梯脚处脚踏两只梯脚，双手交替拉梯档，使梯平稳竖直，待内侧锁定后绕至梯的另一侧，面向沟漕脚踏梯脚，双手交替拉梯档向下放梯，直至梯子着地；第三名取安全绳奔至梯首处，放开绳索，在梯首两端系上双套结后，双手交替用力推左侧梯梁，使梯竖直，待内梯锁定后拉左侧安全绳，使梯子缓慢放下；第四名按分水前无人协助铺设两带一枪，持枪通过梯桥冲出终点线，举手示意喊“好”，成立正姿势。

听到“收操”的口令，战斗员收起器材，放回原处，成立正姿势。

听到“入列”的口令，四名战斗员跑步入列。

操作要求：

(1) 梯子拉开后，内、外梯要用安全绳系牢，防止内梯滑出梯槽；

(2) 放梯时，动作要轻缓；

(3) 通过梯桥时用力要恰当；

(4) 过桥水带必须铺于梯上；

(5) 训练时必须充分做好安全防护工作，防止训练事故的发生。

成绩评定：

计时从发令“开始”至战斗员完成全部操作任务，第四名战斗员冲出终点线举手示意喊“好”为止。

优秀：45″；良好：55″；及格：65″。

有下列情况之一者不计成绩：水带、水枪接口脱口、卡口；梯首未系安全绳放梯；内梯滑出梯槽。

有下列情况之一者加1″：水带扭圈360°；弹簧钩未锁在第五档。

三、100m翻越板障操

训练目的：使战斗员学会翻越板障过独木桥铺设水带的方法和动作要领。

场地器材：在长100m的平地上，标出起点线和终点线。起点线上放置水枪一支，起点线前20m处横放2m板障一块，28m处放置65mm水带两盘，38m处设独木桥一座（独木桥长8m，桥面宽0.18m，桥面距地面1.2m，独木桥用三个支架固定；桥身两端的踏板长度为2m，宽度为0.25m，厚度为0.04m，在踏板上钉有5条宽0.05m、厚0.03m的横木，其中心距为0.35m），75m处设置分水器一只，出水口向前，88m处标出甩带线（图3.20）。

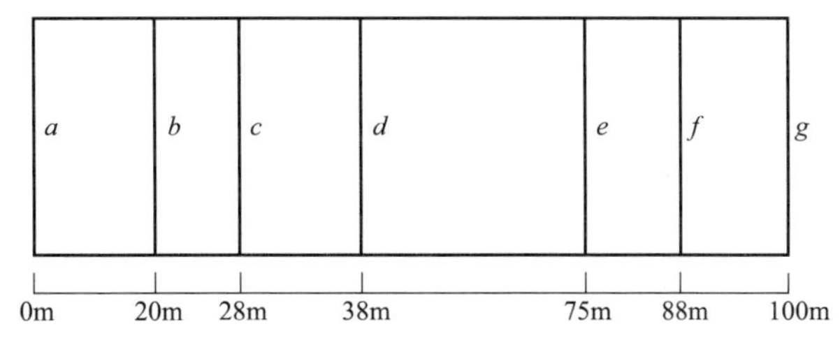

图3.20 100m翻越板障操场地设置

a—起点线；*b*—板障线；*c*—水带线；*d*—独木桥；*e*—分水器线；*f*—甩带线；*g*—终点线

操作程序：

战斗班在起点线一侧3m处站成一列横队。

听到“第一名出列”的口令，战斗员行进至起点线成立正姿势。

听到“准备器材”的口令，战斗员做好器材准备。

听到“预备”的口令，战斗员做好操作准备。

听到“开始”的口令，战斗员将水枪插于腰间（或背于肩上），向前奔跑，越过2m板障后继续向前至28m处，携两盘水带，至独木桥前踏板约1m处时，前脚借助后脚蹬力起跳将身体跃起，然后踩上桥面（战斗员也可以至独木桥前通过踏板快步蹬上桥面）以较小的步幅向前跑动，保持身体平衡。下桥时，脚蹬踏板控制身体平衡下到地面，前脚掌着地要缓冲。下桥后，奔至分水器处，将右手的水带甩开，一接口与分水器连接，右手持另一接口至甩带线后甩开左手一盘水带，一接口与第一盘水带连接，然后另一接口与水枪连接，冲出终点线举手示意喊“好”，成立射姿势。

听到“收操”的口令，战斗员收起器材，放回原处，成立正姿势。

听到“入列”的口令，战斗员跑步入列。

操作要求：

（1）战斗员翻越板障时不得将水枪掷过板障；

（2）从独木桥上跌至地面后，必须重新由前踏板通过独木桥；

（3）分水器、水带和水枪不得脱口、卡口；

（4）训练前必须充分做好活动准备，并搞好安全防护工作，严防训练事故的发生。

成绩评定：

计时从发令“开始”至战斗员完成全部操作任务，冲出终点线手示意喊“好”为止。

优秀：24″；良好：29″；及格：34″。

有下列情况之一者不计成绩：分水器、水带与水枪接口脱口、卡口；从独木桥上跌落未重新由前踏板越过独木桥，未翻越板障。

有下列情况之一者加1″：水带扭圈360°。

四、利用单杠梯过墙铺设水带操

训练目的：使战斗员学会利用单杠梯翻越障碍铺设水带的方法。

场地器材：选择一堵高2m的单墙（也可用2m板障代替），墙体中心线后15m处标出起点线，墙体前15m处标出终点线。起点线上放置分水器一只、65mm水带两盘、水枪一支、单杠梯一部，梯的一端与起点线相齐（图3.21）。

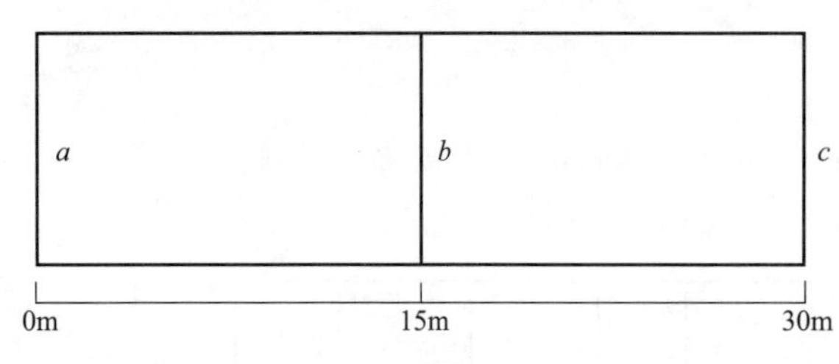

图3.21 利用单杠梯过墙铺设水带操场地设置

a—起点线；b—墙体线；c—终点线

操作程序：

战斗班在起点线一侧3m处站成一列横队。

听到“前两名出列”的口令，两名战斗员行进至起点线成立正姿势。

听到“准备器材”的口令，战斗员做好器材准备。

听到“预备”的口令，战斗员做好操作准备。

听到“开始”的口令，第一名携单杠梯至墙前将梯子展开，靠于墙上并作保护，待第二名攀登至梯顶后，沿梯子攀登至墙顶，并将单杠梯提起倒置架设于墙的另一侧，待第二名过墙后，随后过墙，至终点线，协助第二名掌握水枪；第二名将水枪插于腰间（或背于肩上），甩开一盘水带，一端接口与分水器相连，另一端接口与第二盘水带相连接，携第二盘水带至墙下，沿单杠梯上墙，将水带向墙的另一侧甩开，然后沿单杠梯下至墙的另一侧，接上水枪，冲出终点线举手示意喊“好”，成立射姿势。

听到“收操”的口令，战斗员收起器材，放回原处，成立正姿势。

听到“入列”的口令，两名战斗员跑步入列。

操作要求：

(1) 水带要完全甩开，不得扭圈；

(2) 梯子要竖牢扶稳；

(3) 训练前必须充分做好活动准备，并搞好安全防护工作，严防训练事故的发生。

成绩评定：

计时从发令“开始”至战斗员完成全部操作任务，第二名冲出点线举手示意喊“好”为止。

优秀：20″；良好：25″；及格：30″。

有下列情况之一者不计成绩：水带水枪接口脱口、卡口；水带扭圈 720°。

有下列情况之一者加 1″：在梯顶上未站于受力点；水带扭圈 360°。

五、利用单杠梯翻越板房铺设水带操

训练目的：使战斗员学会利用单杠梯翻越板房铺设水带的方法。

场地器材：设置一高 2m、宽 4m 的平顶板房，在板房前、后 15m、20m 处分别标出起点线和终点线。起点线上放置分水器一只、65mm 水带两盘、水枪一支、单杠梯一部，梯的前端与起点线相齐（图 3.22）。

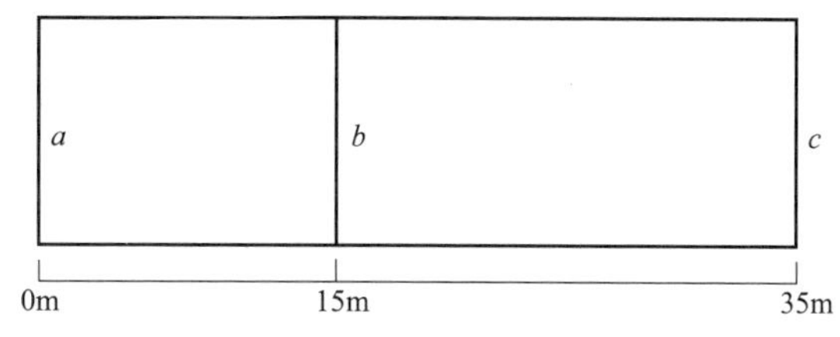

图 3.22 利用单杠梯翻越板房铺设水带操场地设置

a—起点线；*b*—板房线；*c*—终点线

操作程序：

战斗班在起点线一侧 3m 处站成一列横队。

听到“前三名出列”的口令，三名战斗员行进至起点线成立正姿势。

听到“准备器材”的口令，战斗员做好器材准备。

听到“预备”的口令，战斗员做好操作准备。

听到“开始”的口令，第一名携单杠梯至板房前，将单杠梯展开靠于板房后作好安全保护，第二名将水枪插于腰间（或背在肩上）携一盘水带，沿梯子攀登至板房屋面后向前甩开，水带一端接口与水枪连接，另一端接口留于屋面，待第三名将梯子架于板房另一侧后，持水枪沿梯下至地面冲出终点线，举手示意喊“好”，成立射姿势；第三名将一盘水带甩开，一端接口与分水器连接，持另一端接口沿梯至板房屋面，与第二名留下的水带接口连接，然后转身将单杠梯架设到板房屋的另一端，沿梯下至地面后作安全保护，待第二名战斗员下至地面后冲出终点线举手示意喊“好”，成立正姿势。

听到“收操”的口令，战斗员收起器材，放回原处，成立正姿势。

听到“入列”的口令，三名战斗员跑步入列。

操作要求：

(1) 水带要完全甩开，不得扭圈；

(2) 通过板房时，双脚应行走在受力木托梁上，前虚后实；

(3) 训练前必须充分做好活动准备，并搞好安全防护工作，严防训练事故的发生。

成绩评定：

计时从发令“开始”至战斗员完成全部操作任务，第二名冲出终点线举手示意喊“好”

为止。

优秀：23″；良好：25″；及格：27″。

有下列情况之一者不计成绩：水带、水枪接口脱口、卡口；水带扭圈720°。

有下列情况之一者加1″：在板房上行进未站在受力点上；水带扭圈360°。

六、利用两节拉梯过墙铺设水带操

训练目的：使战斗员学会使用两节拉梯翻越障碍铺设水带的方法。

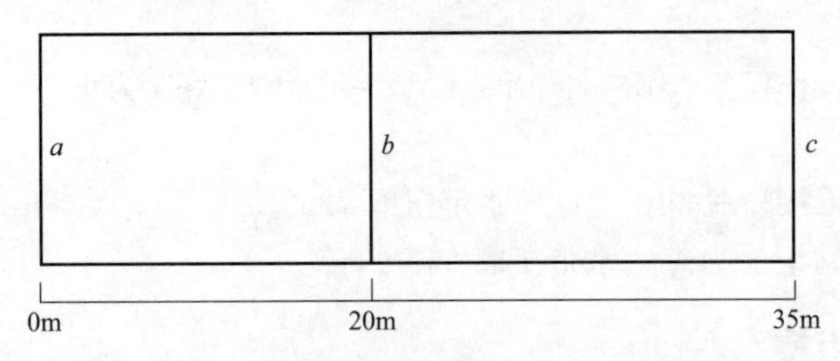

图3.23 利用两节拉梯过墙铺设水带操场地设置

a—起点线；b—墙体线；c—终点线

场地器材：选择一堵高2m的单墙，墙体后20m处标出起点线，墙体前15m处标出终点线。起点线上放置分水器一只、65mm水一盘、水枪一支、两节拉梯一部，梯脚与起点线相齐（图3.23）。

操作程序：

战斗班在起点线一侧3m处站成一列横队。

听到“前三名出列”的口令，三名战斗员行进至起点线成立正姿势。

听到“准备器材”的口令，战斗员做好器材准备。

听到“预备”的口令，战斗员做好操作准备。

听到“开始”的口令，第一、二名协力将梯扛至操作区，平放于地（内梯向上、外梯向下）。第一名卸下弹簧钩，从梯脚处拉出内梯，外梯竖靠于墙上，并作好安全保护，然后协助第二名将内梯翻越过墙，待第三名过墙后，随之沿梯过墙，至终点线成立正姿势；第二名拉出内梯后，将内梯竖靠于外梯左侧墙上（梯脚向上），然后向上攀登，骑坐于墙上（内外梯之间），将内梯拎起翻墙，竖于墙的另一侧，随后沿内梯下至地面，保护梯子，待第一名过墙后，至终点线成立正姿势；第三名按铺设两带一枪的要求，持枪沿梯过墙冲出终点线喊“好”，成立射姿势。

听到“收操”的口令，战斗员收起器材，放回原处，成立正姿势。

听到“入列”的口令，三名战斗员跑步入列。

操作要求：

（1）架梯操作时，要稳妥、牢靠；

（2）梯与梯之间要留有约一梯之宽的距离便于攀登操作；

（3）水带要完全甩开，不得扭圈；

（4）训练前必须充分做好活动准备，并搞好安全防护工作，严防训练事故的发生。

成绩评定：

计时从发令“开始”至战斗员完成全部操作任务，第三名冲出终点线喊“好”为止。

优秀：60″；良好：70″；及格：80″。

有下列情况之一者不计成绩：水带、水枪接口脱口、卡口；架梯位置不正确。

有下列情况之一者加1″：水带扭圈360°；水带未能完全甩开。

七、水带紧急下降逃生自救法

训练目的：通过实训，使学员掌握利用水带逃生脱险的方法。

场地器材：在训练场上标出起点线和操作区。操作区长10m，操作区内设训练塔1座，距训练塔3m设预先供水的分水器1只。在训练塔第3层窗口垂直向下铺设水带1盘，连接分水器和水枪，设辅助人员1名控制分水器（图3.24）。

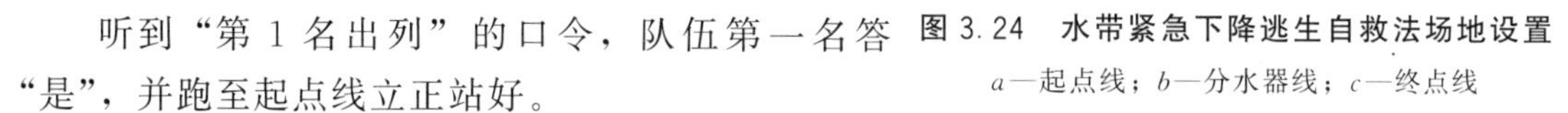

图3.24 水带紧急下降逃生自救法场地设置

a—起点线；b—分水器线；c—终点线

操作程序：

操作人员在起点线一侧3m站成一列横队。

听到“第1名出列”的口令，队伍第一名答“是”，并跑至起点线立正站好。

听到“准备”的口令，操作人员跑至第3层窗口，手持水枪呈射水姿势。

听到“开始”的口令，操作人员发出“关水”的指令，在辅助人员关闭分水器后，卸下水枪，固定水带于牢固处，骑坐于窗台，解开安全带，将水带置于身前并扎于安全带内，同时喊“开水”，辅助人员打开分水器开关，充实水柱，操作人员双手抓紧水带的同时，两脚夹住水带，缓慢滑至地面，同时辅助人员将水带接地处抬起，做好牵引缓冲。操作人员落地后举手示意喊“好”。

听到“收操”的口令，操作人员将器材复位。

听到“入列”的口令，操作人员跑步入列。

操作要求：

（1）操作人员按实战要求着装，做好个人防护；

（2）水带固定必须安全牢靠；

（3）操作时必须设安全绳保护；

（4）实战中只限于沿1盘水带下滑。

成绩评定：

计时从“开始”至操作人员喊“好”为止。

优秀：60″；良好：70″；及格：80″。

水带紧急下降逃生自救法考核标准见表3.1。

表3.1 水带紧急下降逃生自救法考核标准

操作步骤与要求			
序号	操作步骤	要求	
1	锚点制作	水带固定必须安全牢靠	
2	下降动作	将水带置于身前并扎于安全带内	
评判内容与标准			
序号	评判内容	标准	扣分
1	锚点制作	水带固定不牢固即为不合格	
2	下降动作	水带置于身前并扎于安全带内完成的扣15分	
备注	（1）80分（含）为合格。 （2）考核时间为1min、每超出10″扣5分。		

八、100m设障输送器材操

训练目的：通过训练，提高队员在复杂情况下输送器材的能力。

场地器材： 在训练场上标出起点线，距起点线100m处标出终点线。在起点线前20m处每间隔2m依次向前放置高90cm的障碍板5块，在50m处设置长20m的漫水区，漫水区内按每间隔1.5m处放置ϕ400mm的石墩13个，在水带线上放置65mm水带2盘（图3.25）。

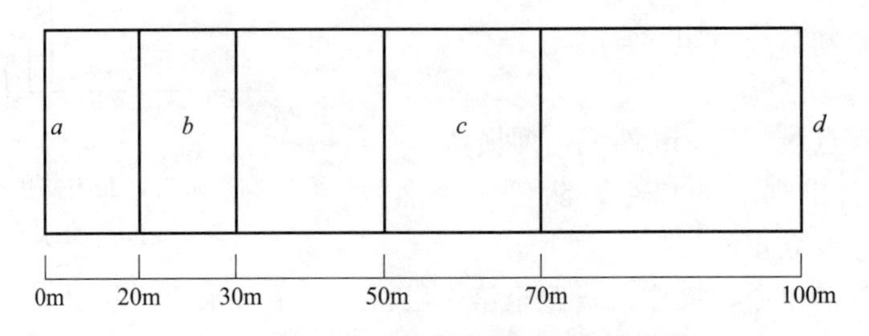

图3.25 100m设障输送器材操场地设置

a—起点线；*b*—板障区；*c*—漫水区；*d*—终点线

操作程序： 队员在起点线一侧3m处站成一列横队。

听到“第一名出列”的口令，队员答“是”，并跑至起点线成立正站好。

听到“准备”的口令，队员做好起跑准备。

听到“开始”的口令，队员依此跨过障碍板，通过漫水区石墩，冲出终点线喊“好”。

听到“收操”的口令，队员将器材复位。

听到“入列”的口令，队员跑步入列。

操作要求：

(1) 队员着灭火救援服，做好个人防护；

(2) 碍时器材不得离手。

成绩评定：

(1) 计时从“开始”至特勤队员冲出终点线喊“好”为止。

(2) 40″内按操作规程和要求完成的为合格。

九、100m独木桥穿越地笼操

训练目的： 通过训练，提高特勤队员在恶劣环境中负重行进、穿越的能力。

场地器材： 在训练场上标出起点线，距起点线100m处为终点线。在起点线上放置无齿锯1台，空气呼吸器1具，强光照明灯1具。距起点线45m处设10m长的标准独木桥1座，70m处设20m×1.2m×1.2m的地笼1个（图3.26）。

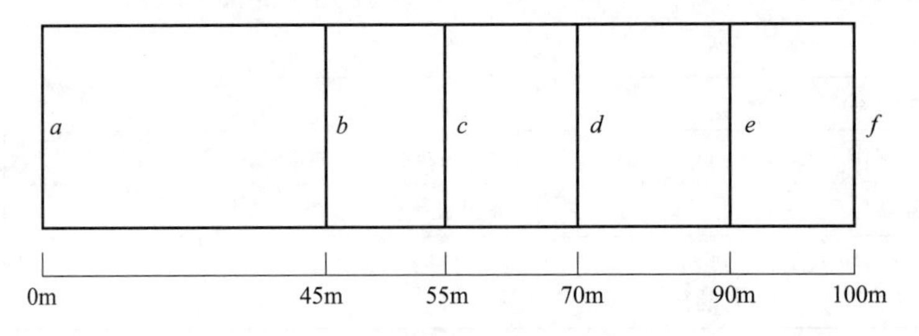

图3.26 100m独木桥穿越地笼操场地设置

a—起点线；*b*—独木桥起点；*c*—独木桥终点；*d*—地笼起点；*e*—地笼终点；*f*—终点线

操作程序： 特勤队员在起点线一侧3m处站成一列横队。

听到“第1名出列”的口令，特勤队员答“是”，并跑至起点线立正站好。

听到“准备”的口令，特勤队员佩戴空气呼吸器，携带强光照明灯和无齿锯，做好起跑准备。

听到“开始”的口令，特勤队员先后通过独木桥、地笼、冲出终点线喊“好”。

听到“收操”的口令，特勤队员将器材复位，

听到“入列”的口令，特勤队员跑步入列。

操作要求：

(1) 特勤队员着灭火战斗服，做好个人防护；

(2) 过独木桥时，应设人员保护。

成绩评定：

(1) 计时从“开始”至特勤队员冲出终点线喊“好”为止。

(2) 40s内按操作规程和要求完成的为合格。

第三节 楼层（高层）铺设水带

【教学目标】

1. 熟练掌握沿楼层铺设水带方法；
2. 了解多层、高层楼梯结构，判断水带长度；
3. 能够施训组训，分配号员分工作业。

一、沿楼梯铺设水带操

训练目的：使战斗员学会沿楼梯蜿蜒铺设两带一枪的方法。

场地器材：在训练塔前5m处标出起点线。起点线上放置分水器一只、65mm水带两盘、水枪一支（图3.27）。

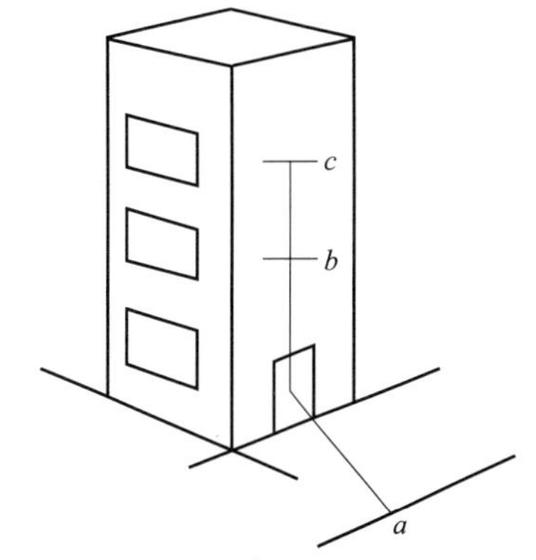

图3.27 沿楼梯铺设水带操场地设置

a—起点线；b—二楼；c—三楼终点

操作程序：

战斗班在起点线一侧3m处站成一列横队。

听到“前两名出列”的口令，两名战斗员行进至起点线成立正姿势。

听到“准备器材”的口令，战斗员做好器材准备。

听到“预备”的口令，战斗员做好操作准备。

听到“开始”的口令，第一名迅速将水枪插于腰间（或背在肩上），左手将水带一端接口交给第二名，右手甩开第一盘水带，并握住水带上面接口，左手携另一盘水带，沿楼梯蹬至二楼平台，并将水带甩开，连接水带两端接口，同时将另一接口与水枪连接，沿楼梯蹬至三楼，举右手喊“好”，成立射姿势；第二名将水带与分水器连接，听到第一名喊“好”后开启分水器阀门，负责供水。

听到“收操”的口令，战斗员收起器材，放回原处，成立正姿势。

听到“入列”的口令，两名战斗员跑步入列。

操作要求：

（1）水带连接处不得脱口、卡口；

（2）水带不得扭圈，楼梯转角处水带应有机动长度；

（3）甩第二盘水带必须在二楼平台，不得将水带甩出平台外；

（4）训练前必须充分做好活动准备，并搞好安全防护工作，防止扭伤、摔伤。

成绩评定：

计时从发令“开始”至战斗员完成全部操作任务，第一名喊“好”为止。

优秀：16″；良好：18″；及格：20″。

有下列情况之一者不计成绩：水带、水枪接口脱口、卡口。

有下列情况之一者加1″：水带甩出平台以外，水带扭圈720°。

二、沿6米拉梯铺设水带操

训练目的：使战斗员学会利用拉梯从外部登高进入室内铺设水带实施进攻的方法。

场地器材：在训练塔前长10m、宽2m的跑道上标出起点线。起点线前1m、1.5m处分别标出器材线和分水器拖止线。器材线上放分水器一只、65mm水带一盘、水枪一支、水带挂钩一个，训练塔前放置6米拉梯一部（架在二楼窗口）（图3.28）。

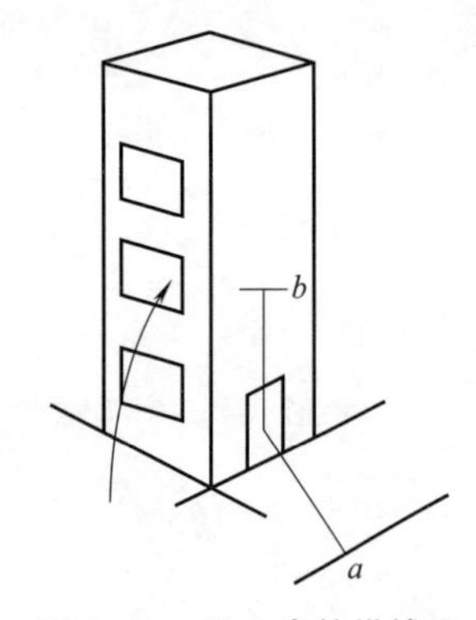

图3.28　沿6米拉梯铺设水带操场地设置

a—起点线；*b*—二楼终点

操作程序：

战斗班在起点线一侧3m处站成一列横队。

听到“前两名出列”的口令，两名战斗员行进至起点线成立正姿势。

听到“准备器材”的口令，战斗员做好器材准备。

听到“预备”的口令，战斗员做好操作准备。

听到“开始”的口令，第二名做好梯子保护，第一名携水带挂钩，甩开水带，连接上分水器和水枪接口，跑向拉梯，背上水枪、水带，并将水带挟于两腿之间蹬梯进入二层，提拉机动水带，吊好水带，用挂钩挂在梯蹬上，举手示意喊“好”。

听到“收操”的口令，战斗员收起器材，放回原处，成立正姿势。

听到“入列”的口令，两名战斗员跑步入列。

操作要求：

（1）铺设水带按“一人一盘水带连接”的操作要求实施；

（2）进入窗内要注意安全；

（3）水带必须用挂钩挂好，挂钩高度不低于拉梯第十档；

（4）训练前必须充分做好活动准备，并搞好安全防护工作，严防训练事故的发生。

成绩评定：

计时从发令“开始”至战斗员完成全部操作任务，举手示意喊“好”为止。

优秀：12″；良好：14″；及格：16″。

有下列情况之一者不计成绩：水带、水枪接口脱口、卡口；未用水带挂钩保护水带。

有下情况之一者加 2″：水带挂钩低于第十档；攀登时水带未挟于两腿之间。

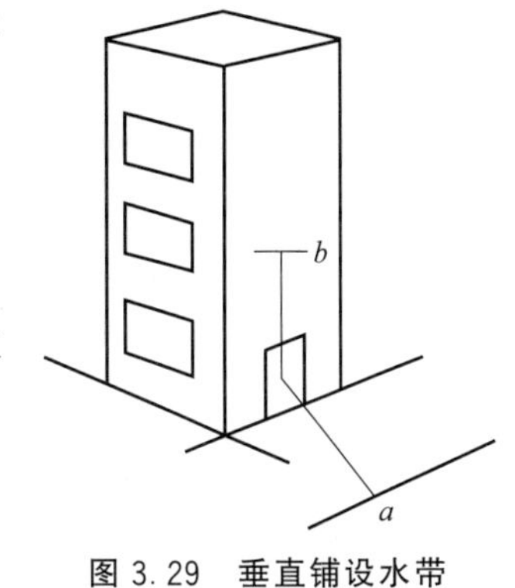

图 3.29 垂直铺设水带操场地设置
a—起点线；b—二楼终点

三、垂直铺设水带操

训练目的： 使战斗员学会登高垂直铺设水带的方法。

场地器材： 在训练塔前 10m 处标出起点线。起点线上放置分水器一只，65mm 水带一盘、水枪一支、水带挂钩一个（图 3.29）。

操作程序：

战斗班在起点线一侧 3m 处站成一列横队。

听到“前两名出列”的口令，两名战斗员行进至起点线成立正姿势。

听到“准备器材”的口令，战斗员做好器材准备。

听到“预备”的口令，战斗员做好操作准备。

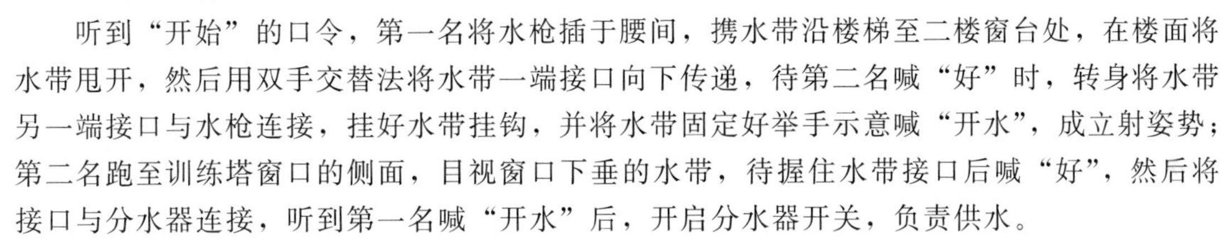

听到“开始”的口令，第一名将水枪插于腰间，携水带沿楼梯至二楼窗台处，在楼面将水带甩开，然后用双手交替法将水带一端接口向下传递，待第二名喊“好”时，转身将水带另一端接口与水枪连接，挂好水带挂钩，并将水带固定好举手示意喊“开水”，成立射姿势；第二名跑至训练塔窗口的侧面，目视窗口下垂的水带，待握住水带接口后喊“好”，然后将接口与分水器连接，听到第一名喊“开水”后，开启分水器开关，负责供水。

听到“收操”的口令，战斗员收起器材，放回原处，成立正姿势。

听到“入列”的口令，两名战斗员跑步入列。

操作要求：

（1）水带不得直接抛甩到窗外地面；

（2）向下传递水带必须双手交替，并有安全保护；

（3）水带挂钩必须固定在窗口处；

（4）训练前必须充分做好活动准备，并做好安全防护工作，严防训练事故的发生。

成绩评定：

计时从发令“开始”至战斗员完成全部操作任务，第一名举手示意喊“开水”为止。

优秀：15″；良好：17″；及格：19″。

有下列情况之一者不计成绩：水枪接口脱口、卡口；水带脱手掉至地面；水带挂钩未挂牢；未用两手交替法传送水带。

有下列情况者加 1″：楼层内机动水带接触地面。

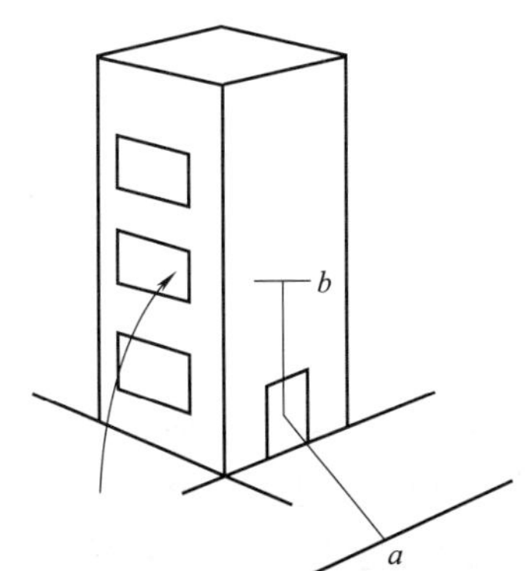

图 3.30 吊升水带操场地设置
a—起点线；b—二楼终点

四、吊升水带操

训练目的： 使战斗员学会利用安全绳吊升水带的方法。

场地器材： 在训练塔前 10m 处标出起点线，起点线上放置 65mm 水带一盘、水枪一支、安全绳一根、水带挂钩一个（图 3.30）。

操作程序：

战斗班在起点线一侧 3m 处站成一列横队。

听到“前两名出列”的口令，两名战斗员行进至起点线成立正姿势。

听到“准备器材”的口令，战斗员做好器材准备。

听到“预备”的口令，战斗员做好操作准备。

听到“开始”的口令，第一名将水带挂钩系于腰间，携安全绳沿楼梯蹬至二楼窗口，将安全绳一端从窗口传至地面。听到第二名喊“好”后，双手交替向上拉安全绳，将水枪拉至二楼窗口内，并用水带挂钩将水带固定在窗口，然后持水枪喊“好”，成立射姿势；第二名携水带向前甩开，将水带一端接口与分水器连接，右手携水枪，左手取另一端水带接口，至训练塔前连接水枪，接住第一名传至地面的安全绳，将水枪捆扎好后喊“好”，并整理水带，然后返回起点线，听到第一名喊“好”后，开启分水器开关，负责供水。

听到“收操”的口令，战斗员收起器材，放回原处，成立正姿势。

听到“入列”的口令，两名战斗员跑步入列。

操作要求：

(1) 水带、水枪连接处不得脱口、卡口；

(2) 水带必须用挂钩固定，以免供水时水带脱落；

(3) 窗口内水带必须留有余长，便于水枪手活动；

(4) 吊升时第二名战斗员应侧视，并注意安全；

(5) 训练前必须充分做好活动准备，并搞好安全防护工作，严防训练事故的发生。

成绩评定：

计时从发令“开始”至战斗员完成全部操作任务，第一名喊“好”为止。

优秀：30″；良好：32″；及格：34″。

有下列情况之一者不计成绩：水带、水枪接口脱口、卡口；未用水带挂钩固定。

有下列情况之一者加1″：机动水带少于1m。

五、垂直更换水带操

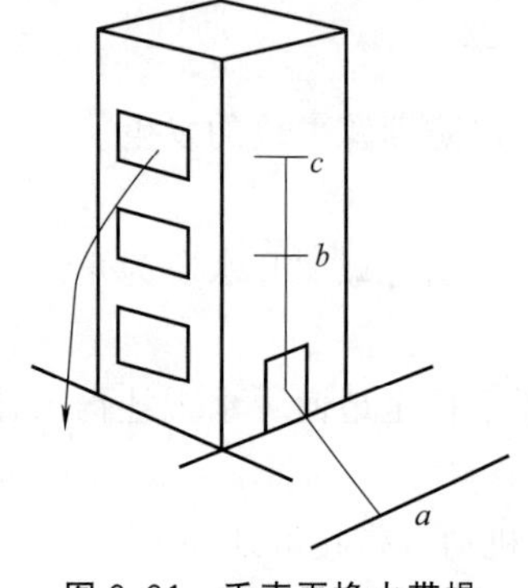

图3.31 垂直更换水带操场地设置

a—起点线；*b*—二楼；*c*—三楼终点

训练目的：使战斗员学会垂直更换水带的方法。

场地器材：在训练塔前10m处标出起点线。起点线上放置分水器一只，65mm水带一盘，四楼至地面预先垂直铺设两带一枪，水带与分水器预先连接，两盘水带的接口处用挂钩固定在三楼窗口。四楼设一名战斗员掌握水枪（图3.31）。

操作程序：

战斗班在起点线一侧3m处站成一列横队。

听到“前两名出列”的口令，两名战斗员行进至起点线成立正姿势。

听到“准备器材”的口令，战斗员做好器材准备。

听到“预备”的口令，战斗员做好操作准备。

听到“开始”的口令，第一名喊“关水”，然后携水带沿楼梯至三楼，在楼面将水带甩开，同时将预先铺设的水带接口拆开，取下挂钩，将水带接口拉进窗内踩于脚下将更换水带一端接口用双替法向下传递，听到第二名喊“好”后，将两盘水带相互连接，用挂钩固定好，举手示意喊“好”。同时将爆破水带全部拉入窗内，成立正姿势。第二名听到第一名喊“关水”后，迅速关闭分水器，拆下爆破水带，至塔基安全位置，接住下垂水带接口，连接分水器后喊“好”，当听到第一名喊“好”后，开启分水器，成立正姿势。

听到“收操”的口令，两名战斗员收起器材，放回原处，成立正姿势。

听到“入列”的口令，两名战斗员跑步入列。

操作要求：

（1）水带接口不得直接接触硬质地面，接口落地处应有软垫保护；

（2）水带连接处不得脱口、卡口；

（3）必须用挂钩将水带固定好；

（4）训练前必须充分做好活动准备，并搞好安全防护工作，严防训练事故的发生。

成绩评定：

计时从发令“开始”至战斗员完成全部操作任务，第一名举手示意喊“好”为止。

优秀：28″；良好：30″；及格：32″。

有下列情况之一者不计成绩：水带接口脱口、卡口。

有下列情况之一者加1″：水带未用水带挂钩固定；分水器阀门未开足。

六、高层分层铺设水带操

训练目的：使战斗员学会在高层建筑内分层垂直铺设水带的方法。

场地器材：选择大于50m的高层建筑一幢。其中3、9、15、18层应有阳台或窗口，距楼层正门10m处标出起点线。起点线上放置二道分水器一只、80mm水带五盘（一盘备用）、高层水带挂钩四个，18层楼面平台的适当位置设分水器一只，并用安全绳固定（图3.32）。

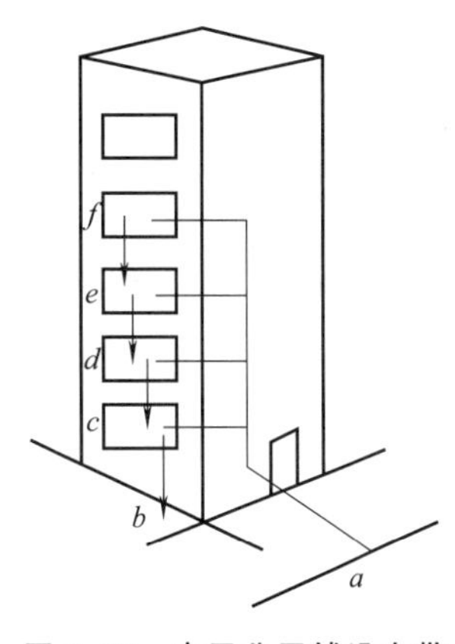

图3.32 高层分层铺设水带操场地设置

a—起点线；*b*—1层；*c*—3层；*d*—9层；*e*—15层；*f*—18层终点

操作程序：

战斗班在起点线一侧3m处站成一列横队。

听到“前五名出列”的口令，五名战斗员行进至起点线成立正姿势。

听到“准备器材”的口令，战斗员做好器材准备。

听到“预备”的口令，第一、四名携水带挂钩做好操作准备。

听到“开始”的口令，第一名携水带一盘沿楼梯至18层，将水带在楼面甩开，然后在阳台（窗口）处用双手交替法将水带一端接口向下传送至15层，另一端接口与分水器连接，并用挂钩将水带固定好，然后喊“好”，至分水器处待命；第二名携水带一盘沿楼梯至15层，将水带在楼面甩开，然后在阳台或窗口处用双手交替法将水带一接口向下传送至9层，另一接口与第一名垂下的水带连接，用挂钩将水带固定于阳台或窗口，至分水器处待命；第三名携水带一盘沿楼梯至9层，将水带在楼面甩开，然后在阳台或窗口处用双手交替法将水带一接口向下传送至3层，另一接口与第二名垂下的水带连接，用挂钩将水带固定于阳台或窗口，至分水器处待命；第四名携水带一盘沿楼梯至3层，将水带在楼面甩开，然后在阳台或窗口处用双手交替法将水带一接口向下传送至地面，另一接口与第三名垂下的水带连接，用挂钩将水带固定于阳台（或窗口）处，至分水器处待命；第五名于楼层墙基一侧，待第四名下垂水带着地后，将水带与二道分水器连接，接到供水口令后，负责向楼层供水。

听到“收操”的口令，战斗员收起器材，放回原处，成立正姿势。

听到“入列”的口令，五名战斗员跑步入列。

操作要求：

(1) 水带必须在预定登高楼层原地甩开后，用双手交替法向下传递；

(2) 水带接口处必须用高层水带挂钩固定保护；

(3) 分层登楼层次也可按3、9、15、21、27层的方法进行选择；

(4) 施放水带的阳台或窗口必须上下对应，在一条纵线上；

(5) 登高施放水带应避开电线等架空障碍物；

(6) 楼层墙基处应设置软垫物，以防水带下垂时接口损坏变形；

(7) 第五名接取下垂水带接口，必须在水带接口着地后进行，并注意各层战斗员施放水带的情况，以防水带脱手伤人；

(8) 供水时必须在指挥员下达命令后进行，不得盲目供水，以防水锤作用而损坏装备；

(9) 救灾时可利用楼内电梯登高；

(10) 训练前必须充分做好活动准备，并做好安全防护工作，严防训练事故的发生。

成绩评定：

计时从发令“开始”至战斗员完成全部操作任务，第一名喊“好”为止。

优秀：160″；良好：180″；及格：200″。

有下列情况之一者不计成绩：水带接口脱口、卡口，水带脱手掉至地面。

有下列情况之一者加1″：水带挂钩未能固定于接口和窗口（阳台）处。

七、高层传递铺设水带操

训练目的：使战斗员学会在高层建筑内一次传送铺设水带的方法。

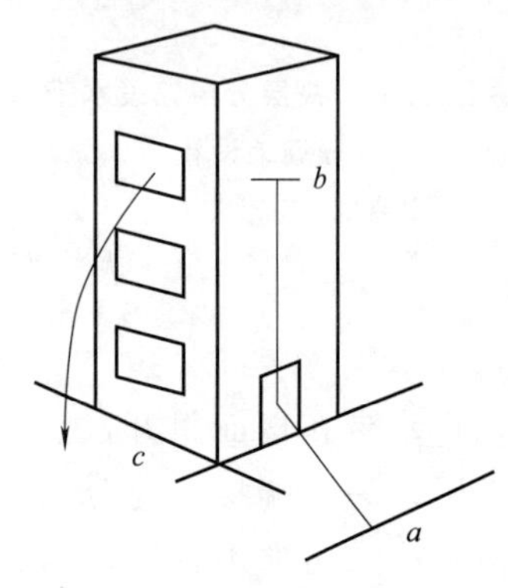

图3.33 高层传递铺设水带操场地设置

a—起点线；*b*—17层塔基；*c*—顶端

场地器材：选择大于50m的高层建筑一幢（50m或17层处有窗户或敞开阳台），距楼层正门5m处标出起点线。起点线上放置二道分水器一只、直径80mm水带五盘（一盘备用）、直径14mm（长30m）安全绳两根、直径22mm螺纹钢特制水带固定架一只、高层水带挂钩一根，17层楼面平台适当位置设分水器一只，并用安全绳固定（图3.33）。

操作程序：

战斗班在起点线一侧3m处站成一列横队。

听到“前五名出列”的口令，五名战斗员行进至起点线成立正姿势。

听到“准备器材”的口令，战斗员做好器材准备。

听到“预备”的口令，战斗员做好操作准备。

听到“开始”的口令，第一名背安全绳一根，携水带一盘，沿楼梯至17层，将水带甩开，并与第二、三名的水带相互连接，然后取下安全绳，与第三名的安全绳连接，并用安全绳一端在水带第二接口作固定，在窗口（或阳台）处负责传送水带，待水带传送完毕后，将安全绳固定于窗口或阳台，完毕后至分水器处待命；第二名将水带挂钩系于腰间，携水带一盘沿楼梯至17层，将水带甩开，与第一名的水带相互连接，协助第一、四名传送水带，并将上面一水带接口用高层水带挂钩固定于特制水带固定架上，与分水器处待命；第三名背安全绳一根，携水带一盘沿楼梯至17层，将水带甩开，与第一名的水带连接，待垂直铺设，三条水带全部铺设完喊“好”，在分水器处待命；第四名背特制水带固定架一只，携水带一盘沿楼梯至17层，在窗口（阳台）上设置好特制水带固定架，将水带甩开，与第三名的水带连接，将水带另一接口与分水器连接，协助第一、二名传送水带，完毕后至分水器处待命；第五名站在楼层墙基一侧，待下垂水带着地后，取水带接口与二道分水器连接，接到供水口令后，负责向楼层供水。

听到“收操”的口令，战斗员收起器材，放回原处，成立正姿势。

听到“入列”的口令，五名战斗员跑步入列。

操作要求：

（1）安全绳每根直径不得小于14mm，长度不得少于30m；

（2）安全绳向下传送时，根据风向情况选择合理位置；

（3）传送水带应避免电线等架空障碍物，可用引绳铺设水带；

（4）传送时，绳的上端必须作固定；

（5）水带应预先甩开，相互连接，并在各水带接口处用安全绳系牢，相互保护；

（6）第五名接取水带接口连接二道分水器时，必须在水带传送至地面并作固定后接取，切勿在水带传送时进行，以免在水带传送时脱口伤人；水带固定时，必须系于接口的受力部位；

（7）供水时必须在指挥员下达命令后进行，不得盲目供水，以防水锤作用而损坏装备；

（8）救灾时可利用楼内电梯登高；

（9）利用挂钩固定水带的方法，可以实施水带一次性吊升，但必须在安全绳下端悬挂适当重量物品，以免安全绳下放时被风吹偏；

（10）训练前必须充分做好活动准备，并做好安全防护工作，严防训练事故的发生。

成绩评定：

计时从发令“开始”至战斗员完成全部操作任务，第一名喊“好”为止。

优秀：200″；良好：220″；及格：240″。

有下列情况之一者不计成绩：水带接口脱口、卡口；水带脱手掉至地面；安全绳明显短于水带。

有下列情况之一者加1″：水带挂钩未能固定于接口处；接应水带接口未在水带传送至地面后。

八、高层铺设水带操

训练目的：通过训练，使指战员掌握高层建设火灾扑救水带铺设的方法和程序。

场地器材：在距离训练塔基20m处标出起点线（即终点线），起点线上停放水罐消防车1辆，出水口与起点线相齐；在起点线双卷立放直径80mm水带1盘和分水器1个；距塔基5m处标出器材线，器材线上双卷立放直径65mm水带4盘；距塔基4.5m处标出分水器拖止线；在训练塔10层2号窗口预设1根悬垂绳，末端距离地面10cm，另一端预先固定在指定位置，在窗台展平放置水带挂钩1个（不得预先固定）（图3.34）。

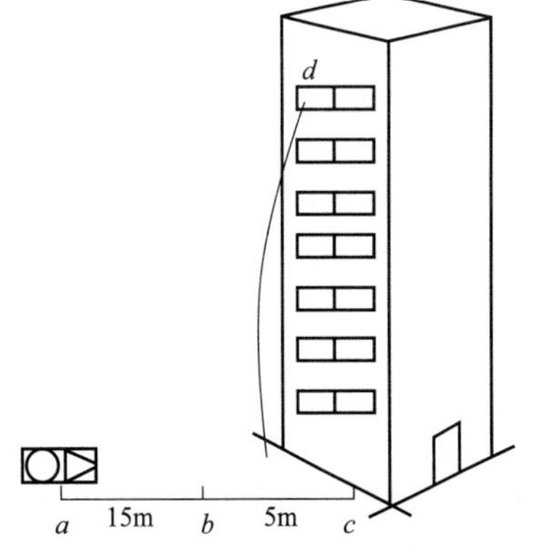

图3.34　高层铺设水带操场地设置

a—起点线；b—器材线；c—楼基；
d—10层2号窗口

操作程序：

指战员着灭火防护服全套（携带手套），佩戴空气呼吸器（不戴面罩），携带4.5m小绳1根（不得预先制作绳结），在起点线前做好操作准备。

听到“开始”的口令后，指战员甩开1盘80mm水带，一端连接消防车出水口，另一个端连接分水器，将分水器放至在器材线前；然后在器材线上按照一人两盘水带连接的方法，连接好2盘65mm水带，一端连接分水器，另一端用悬垂绳系牢（水带接口距地面不得超过50cm）；返回器材线，携带另2盘直径65mm水带沿楼梯登至训练塔10层，在室内甩开并连接好2盘65mm水带，一端用4.5m小绳固定在1号窗口的指定位置后，从1号窗口采用双手交替释放水带的方法，将另一端接口垂直放至地面；在2号窗口利用悬垂绳，将已连接好的水带提拉吊升至10层窗口，并用水带挂钩固定在指定位置；完成后，沿楼梯返回至地面，将从1号窗口垂直释放到地面的水带接口与分水器连接好后，冲过终点线喊“好”。

操作要求：

（1）安全绳每根直径不得小于14mm，长度不得少于30m；

（2）安全绳向下传送时，根据风向情况选择合理位置；

（3）传送水带应避免电线等架空障碍物，可用引绳铺设水带；

（4）传送时，绳的上端必须作固定；

（5）水带应预先甩开，相互连接，并在各水带接口处用安全绳系牢，相互保护；

（6）第五名接取水带接口连接二道分水器时，必须在水带传送至地面并作固定后接取，切勿在水带传送时进行，以免在水带传送时脱口伤人；水带固定时，必须系于接口的受力部位；

（7）供水时必须在指挥员下达命令后进行，不得盲目供水，以防水锤作用而损坏装备；

（8）救灾时可利用楼内电梯登高；

（9）利用挂钩固定水带的方法，可以实施水带一次性吊升，但必须在安全绳下端悬挂适当重量物品，以免安全绳下放时被风吹偏；

（10）训练前必须充分做好活动准备，并做好安全防护工作，严防训练事故的发生。

成绩评定：

计时从发出“开始”信号时，到所有操作完毕，冲过终点线喊“好”为止。

优秀：120″；良好：130″；及格：140″。

九、两带一枪沿楼梯铺设水带出水操

训练目的：使战斗员学会沿楼梯铺设水带后出水的方法，掌握其操作要领。

场地器材：在长30m、宽2.5m的平地上，标出起点线，2层右侧窗口下标出终点线，在起点线前（*ab*）10m、（*bc*）1.5m、（*cd*）6m处分别标出器材线、操作线、水带甩开线。器材线上放置直流水枪1支、双卷立放内扣式65mm水带2盘、墙式消火栓1个。水带和墙式消火栓接口与器材线相齐，水带接口必须在水带之上，水带朝向向前（图3.35）。

操作程序：战斗员在起点线一侧3m处站成一列横队。

听到“前两名”的口令，两名战斗员答“到”，听到“出列”的口令，答“是”，并跑至起点线处成立正姿势。

听到“准备器材”的口令，战斗员做好器材准备。

听到“预备”的口令，战斗员做好操作准备。

听到“开始”的口令，第1名跑至10m处提起其中一根支线水带向前抛甩开，拿起另一根水带至训练塔前连接第一根水带后沿楼梯铺设到第二层右侧窗口，连接水枪与水带，举右手示意，并喊“好”成立正射姿势。第2名跑至10m墙式消火栓处接第1名递交的支线水带接口与墙式消火栓接口连接，听到“开水”的口令开启墙式消火栓开关。

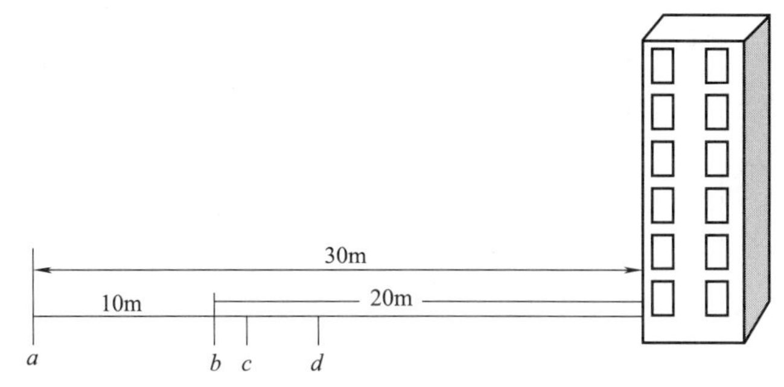

图3.35 两带一枪沿楼梯铺设水带出水操场地设置

a—起点线；b—器材线；c—操作线；d—水带甩开线

操作要求：

（1）水带铺设要平直，不得翻卷；

（2）水带各连接处不得脱落；

（3）水带抛甩时翻卷不得超过360°。

成绩评定：

计时从发令枪响开始到水枪口出水及水枪手过2层右侧窗台下终点线为止。

优秀：30″；良好：35″；及格：40″。

有下列情况之一者不计成绩：

（1）个人防护装备不齐全或擅自改动器材不符合标准要求；

（2）水带与墙式消火栓接口或水枪接口脱落；

（3）两带一枪未至2层右侧窗口下终点线，水枪未出水，水带接口与消火栓接口预先连接；

（4）第2名战斗员协助操作非指定动作；

（5）其他未按规程操作的。

有下列情况之一者加3″：

（1）未按要求佩戴头盔、腰带，着消防靴的各加3″；

（2）战斗衣、裤、靴卷叠的各加3″，操作过程中头盔或水枪掉落未纠正的各加3″，水带抛甩时翻卷超过360°；

（3）操作时第一根水带未抛甩或采用脚踢水带的各加3″，战斗员在器材线外抛甩水带；

（4）战斗员抛甩水带长未达到6m；

（5）战斗员抛甩水带宽超过2.5m，水带长度低于19.5m的加3″。

十、单兵控火救生操

训练目的：通过训练，使参训人员掌握单兵控火救生的方法。

场地器材：在距离训练塔32.5m处设置起点线，起点线上放置6米拉梯1架，垫子1张。在距离训练塔10m处设置器材线，放置分水器1个，65mm水带1盘，19mm水枪一把，水带挂钩1个。在训练塔二层设置60kg假人一具（图3.36）。

操作程序：战斗员在起点线准备，着全套灭火防护服，佩戴空气呼吸器。

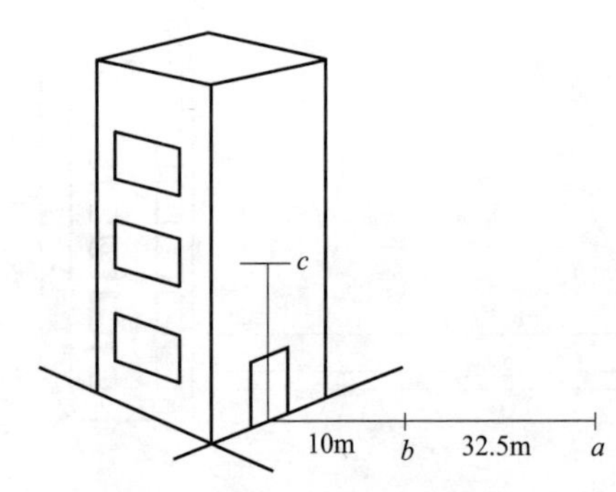

图 3.36 单兵控火救生操场地设置

a—起点线、终点线；b—器材线；c—二层

听到“准备器材”的口令，战斗员做好操作准备。听到“预备”的口令，战斗员做好操作准备。

听到“开始”的口令，战斗员携6米拉梯到训练塔架设拉梯至训练塔二层。架设完毕后，返回器材设置线，在设置线甩开65mm水带，连接分水器和水枪，携带水枪水带沿拉梯攀登至训练塔2层，并用水带挂钩固定。扛假人沿楼梯下至1层，返回起点线，将假人轻放于垫子上，喊“好”。

听到“收操”的口令，战斗员收起器材，放回原处，成立正姿势。

操作要求：

（1）必须按要求进行着装；

（2）6米拉梯必须架设稳固以后才能攀爬；

（3）水带不得扭圈，连接处不得卡口、脱口；

（4）沿拉梯铺设水带必须留有不少于1m的机动水带长度；

（5）假人必须轻拿轻放。

成绩评定：

计时从发出“开始”信号时，到所有操作完毕，冲过终点线喊“好”为止。

优秀：60″；良好：70″；及格：80″。

十一、单兵综合技能操

训练目的：使战斗员学会综合技能的操作要领。

场地器材：在训练塔前10m、20m处分别标出器材放置线、起点线。在起点线上并排纵放挂钩梯2具（从梯脚数起不超过第七档与起点线相齐、梯脚朝前），泡沫桶2只（16kg），在10m器材放置线上放置直流开关水枪1支，在训练塔下放置已预先连接的65mm水带2盘，距离塔基不超过5m，在训练塔三层窗台上放置水带挂钩1个（不得先行固定），救助绳1根（长20m、直径12mm），绳索一端系在三层指定处，另一端系在地面水带的带口上（图3.37）。

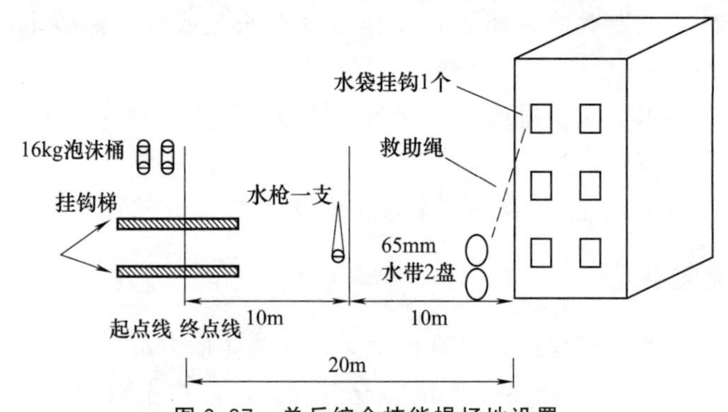

图 3.37 单兵综合技能操场地设置

操作程序：战斗员着灭火防护服全套，佩戴空气呼吸器（不佩戴面罩、压力不低于25MPa），在起点线做好操作准备。

听到“开始”的口令后，战斗员将挂钩梯分别挂至训练塔2层不同窗口，跑回起点线，携带2只泡沫桶，从训练塔内楼梯上至3层，将泡沫桶放置在指定位置。使用救助绳将第一盘水带一端拉至3层，挂好水带挂钩；再次提起泡沫桶，沿内楼梯下至地面放置在10m器材线指定位置，将水枪与水带相连，然后将水枪放置于10m器材线，冲出终点线喊“好”。

操作要求：

(1) 携带泡沫桶时，不得在地面拖拉；

(2) 泡沫桶应放在指定位置。

成绩评定：

计时从发出“开始”信号时，到战斗员躯干胸部冲出终点线喊“好”为止。

优秀：80″；良好：90″；及格：100″。

有下列情况之一者不计成绩：抛扔挂钩梯的；挂钩梯挂好后外露钩齿超过3个（含）的；水带挂钩未将水带固定好的；泡沫桶、水枪未越过器材线的；水枪连接后出现脱口、卡口的。

有下列情况之一者加5″：挂钩梯外露钩齿每超过1个，泡沫桶未放在指定位置。

有下列情况之一者加10″：携带泡沫桶时，在地面拖拉，同时拿2把挂钩梯跑动。

思考题

1. 水带、水枪、分水器有哪些型号？用途是什么？
2. 设计一个翻越障碍的操法，探讨实操可行性。
3. 高楼层水带铺设如何分配号员体力，平衡班组实力，快速完成铺设？

第四章
基本结绳法

- 第一节 绳索简介
- 第二节 绳结制作及应用
- 第三节 绳索的维护保养

由于许多救援是在高空进行，如果对于绳索技术欠缺，或在救援过程时麻痹大意，将加重对被救人员的伤害，同时使队员陷入危机，并可能产生二次伤害，救援行动也就不可能顺利进行。因此，消防员必须掌握绳索的性能，熟悉结绳方法，同时，掌握绳结应用，加强器材管理，保证在救助现场器材完整好用，使用自如。

绳结，泛指所有用来捆绑物件，连接两条或两条以上绳索的打结方法。制作绳结是进行绳索救援的最基本技能。通过绳结，可以实现救援主绳与锚点之间的连接、绳索之间的连接、救援人员（被救人员、担架等）与救援主绳的连接等等。适当地运用绳结，可以为救援人员和被救人员提供更安全的防护，进一步提升救援效率。

第一节 绳索简介

【学习目标】

1. 熟悉绳索材质；
2. 熟悉掌握动力绳、静力绳使用。

一、绳

（一）材质

1. 天然纤维

绳索是绳与索的合称。最早的绳子一般都是用天然纤维制作的，有以下几种常用的天然纤维。

（1）马尼拉麻，来自一种麻焦的茎，这种植物是香蕉近亲。早期的登山航海等活动都用此类绳索，1864 年英国登山俱乐部选定直径 10mm、每米质量为 75g 的马尼拉麻为登山首选用绳，强度几乎跟现在登山用绳的强度一样，而且遇水湿后会更结实。

（2）剑麻，主要用来制作价格便宜的绳子，它的强度比马尼拉麻低 20%，柔顺度也差一些。

（3）印度、意大利大麻纤维，这种天然纤维强度高，适用于航海。但要经过焦油处理才能保持其在海水中的耐久性，后来多转用马尼拉麻，但意大利麻一直是登山的常用绳材料。

（4）其他纤维，黄麻、槿麻、亚麻、椰壳纤维、棉花都可以制作绳索，但强度不高，不适合用做登山用绳。值得一提的是椰壳纤维是唯一一种可以在水上漂浮，并耐海水腐蚀的天然纤维。还有一种是天然橡胶，有着超强的延伸性（300%），所以应用作为减震绳非常合适，如蹦极绳。

2. 合成纤维

合成纤维的大量研发和应用，给绳索的制作以更多的选择，一批质优价廉的合成纤维材料逐渐取代传统天然纤维，目前主要应用的材料如下。

（1）尼龙（聚酰胺）。自从 1935 年杜邦公司卡罗瑟斯研究小组发明尼龙以后，因为它有着负重后的拉伸性能和很好的耐腐蚀性，很快就成为登山用绳的首选。现在尼龙已经开发出许许多多的种类，常用做登山的为尼龙绳，有很好的韧性、伸展性和弹性，因此非常适合做动力绳；尼龙绳熔点高，具有很小的伸展性，因此适合用做洞穴探险、救援和下降的静力绳。也是目前大多数使用的绳索材质。

(2) 聚酯纤维（涤纶），由英国科学家1941年研制成功，化学名：聚对苯二甲酸乙二醇酯。这种材料静态延伸很小，而且遇水后不失其强度（尼龙遇水强度会损失20%左右），所以非常适合做航海用绳，也大量地用在登山、洞穴探险的静力绳，超级抗紫外线和抗磨损，一般绳索的外面保护绳皮都是聚酯材料，里面的绳芯是尼龙材料。它的缺点是密度稍大，所以这种材料制作的绳子有点沉。

(3) 聚丙烯，1954年由意大利化学家发现，可从石油和天然气中提取，成本低廉，化学性质稳定，有很好的延伸性、强度，而且密度低，是最轻的绳索材料，所以可以漂浮在水上，适合做水上救援用绳及滑水的牵引绳，长时间放在水中不会吸收水分和损失强度。它的缺点是熔点低（165°），在93°时失去全部强度，抗磨损性一般，在－29℃以下使用也会失去强度，耐紫外线差一点。所以不适合用在高温、严寒、高摩擦的环境。不适合做静力绳。

(4) 聚乙烯，分高密度和低密度两种，低密度聚乙烯不适合做绳索。性质和聚丙烯相近，都属于聚烯烃的一类聚合物，都有很低的密度。由于质地光滑，打的绳结很容易脱开，它的熔点更低（140℃），工作温度65℃，所以不适合做一般的绳子。但是它在低温下的稳定性很好，在－73℃还能保持很好的柔软度，所以可以做雪橇的挽具。

(5) 芳纶（凯夫拉、特瓦龙），1964年杜邦公司研制成功，1975年凯夫拉开始应用到防弹衣，后来逐渐推广应用到其他产品中，用它制作的绳索质量和直径只有传统绳索的一半，而强度却一样，但是它的延伸能力和减震能力差，所以要加聚酯外套保护，防止紫外线和磨损，由于完全线性的分子结构，所以纵向强度高，而横向强度弱，导致抗磨损性能差，打绳结和弯曲后强度损失很大。所以不适合做户外用绳。现在新开发的泰克诺拉材料，已经解决这个问题，但是成本是普通绳索的三倍。

(6) 高模聚乙烯纤维（光谱纤维、迪尼玛），荷兰科学家通过熔解聚乙烯而产生出来的一种可以拉伸和被纺丝的胶体，用这种工艺生产出一种高模超高分子量的聚乙烯纤维，此种纤维同等质量比钢铁坚固10倍。优点是保留了聚乙烯的很多特性，还具有超强的抗磨损性，阳光下不会降解；呈现了体积小、强度高、质量小的特性。缺点是低熔点（147℃）、减震能力差、光滑表面，导致打的绳结容易松开，连接时一般用三渔人结或两端缝合使用。新一代的高模聚乙烯8mm编织绳，强度相当于18mm的尼龙绳，质量只有尼龙绳的一半。

（二）结构种类

1. 捻制结构

如常见的螺旋绳，是由三条或多条子绳捻成的。子绳是由子线搓合而成，而子线也是由多条植物纤维或化工纤维搓合而成。因此，此类的绳索被称为捻制绳。

这种结构下，绳子整体承受核心的拉力和冲坠的力量，具有很强的伸缩性，如消防螺旋救助绳延展性可达36%（图4.1）。

2. 芯鞘结构

当今用于救援的大多数绳子的结构是芯鞘结构（夹芯绳），这种结构是爱德瑞德公司在20世纪50年代提出的。这种结构下，绳芯负责承受核心的拉力和冲坠的力量，绳鞘提供一部分拉力，具有耐磨性以及不错的手感（图4.2）。

图 4.1

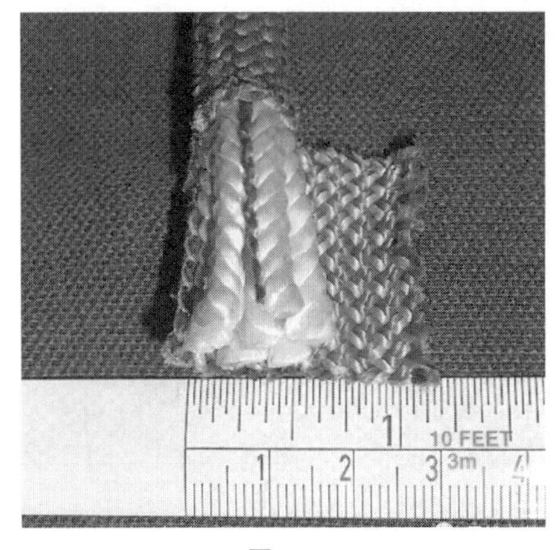

图 4.2

（三）延展性种类

目前救援用的绳子根据延展性可以分为动力绳和静力绳两种。

1. 动力绳

动力绳具有很强的伸缩性，在发生意外的情况下，可减小绳索对人员的冲击影响。

动力绳（夹芯绳）是双层结构，外层为保护层，内芯承受冲击力。一般动力绳多用于保护使用。

动力绳的直径一般在 10.5～11mm 之间，静态负载 80kg，延伸率可达到 12%。

2. 静力绳

静力绳是整个救援系统的核心，具有很小的伸缩性，在救援过程中，可避免因绳索的伸缩性对操作人员造成不利影响，因此在整个救援系统中作为主绳具有较强的稳定性。

静力绳在设计时不适用于动态负载，动态负载对静力绳是有风险的，在有动态负载时通常使用动力绳。

静力绳是双层结构，外层为保护层，内芯承受冲击力。一般静力绳多用于主绳使用。

静力绳的直径一般在 10.5～12mm 之间，静态负载 80kg，静力绳的延伸率小于 5%。

（四）安全绳

安全绳，在绳索救援过程中作为主绳和确保绳，需要承受系统负荷的重量（救援人员、被困人员、担架等救援器材及绳索、配件等的重量）以及在操作过程中因加速而产生的不可预知的力。

安全绳分为轻型安全绳和通用型安全绳。轻型安全绳的最低破断强度应不小于 20kN，仅适用于救援人员个人的技术下降或上升；通用型安全绳的最低破断强度不应小于 40kN，可承载两人，用于救援伤员或受困人员。

根据欧盟的标准，欧洲绳索救援一般采用的是直径 10.5～11mm 的通用型安全绳，并与欧洲标准体系的其他装备兼容使用。北美绳索救援则主要使用直径 12.7mm 的通用型安全绳，并与北美绳索救援系统的装备体系和救援技术自成体系。

（五）相关信息

使用夹芯绳工作之前，必须先了解这条绳的性质。制造商通常在绳头上标明以下信息。

（1）绳的属性：静力绳或动力绳。

（2）绳长：绳长必须长于救援区域锚点至地面的距离，并预留 3m 以上的余绳。

（3）直径：绳的直径。通常情况下同类夹芯绳的直径越大，设计负荷越大。

（4）出厂日期：强化尼龙会随时间老化，经常使用的救援绳，1 年以内必须淘汰。即使从未使用的绳索，在保存良好的情况下，出厂超过 10 年以上也应予以更换。

二、索

索，也称吊索，根据质地分为钢索与纤维索。以钢丝绳或纤维绳（扁带）为主体，头端制成挂环或加挂钢质挂钩（图 4.3），常用于锚点固定和辅助连接，在工业领域应用较为广泛，较少作为救援用途。

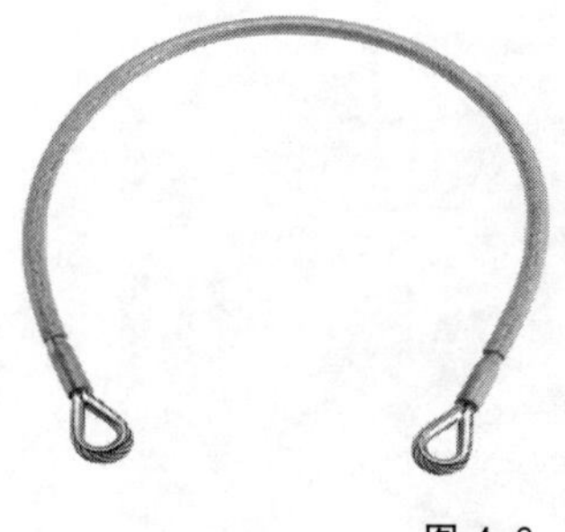
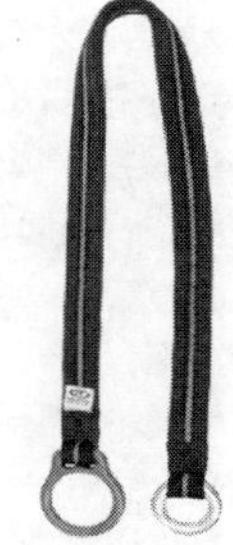

图 4.3

第二节　绳结制作及应用

【学习目标】

1. 熟练掌握基本结绳名称；
2. 熟练掌握基本结绳方法。

结绳法是构成绳索训练的基础。有效地使用绳索进行安全作业时，学习正确的绳索结法，掌握必要的使用方法是非常重要的。绳结使用是否得当，直接关系到人员的生命安全，因此，没有把握的绳结绝对不要使用。在训练中，尽量避免结法复杂，简单的结法只要满足作业的目的就可以了。

一、绳结的分类

使用的绳索对应连接的对象。以现场的需要，确定合理的连接方式。大致可分为以下几种。

（1）结节（系扣）。在绳索上打扣叫做结节。包括：单结、止结、半结、蝴蝶结、双股单结、8 字结、双股 8 字结、返穿 8 字结、腰结、双套腰结、三套腰结等。

（2）结着（捆绑）。将绳索的一端绑到固定物体上叫做结着。包括：卷结、双绕双结、锚结、交叉连接、捻结、纤绳连接、盘绕腰结、坐席悬垂等。

（3）接合（连接）。将绳索的两端或两根绳索连接在一起叫做接合。包括：双渔人结、双平结、双重连接、床单或毛毯连接等。

（4）特殊连接。特殊连接是一种应用的连接方法。包括活扣连接、节结、缚带连接等。

二、绳索训练

1. 结节（系扣）

（1）半结

训练目的： 使受训人员熟练掌握利用绳索结成半结的操作方法。

场地器材： 在平地上放置安全绳一根。

操作要领： 受训人员做好操作准备。听到“开始”的口令，受训人员将绳索作成绳圈，将绳的一端在结绳杆上作绳圈，然后将绳圈收紧，举手示意并喊“好”（图 4.4）。

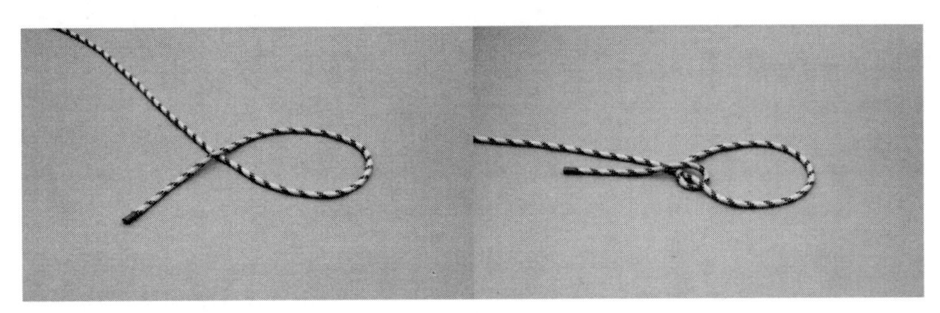

图 4.4

操作要求： 动作要正确、熟练；绳索末端长度要留有 20cm 以上；半结是用于连接物体和传递物体的一种结法，一般不能单独使用。

（2）单结

训练目的： 使受训人员熟练掌握利用绳索结成单结的操作方法。

场地器材： 在平地上放置安全绳一根。

操作要领： 受训人员做好操作准备。听到“开始”的口令，受训人员提起绳子一端作一绳圈，将绳头穿入圈内拉紧，举手示意并喊“好”（图 4.5）。

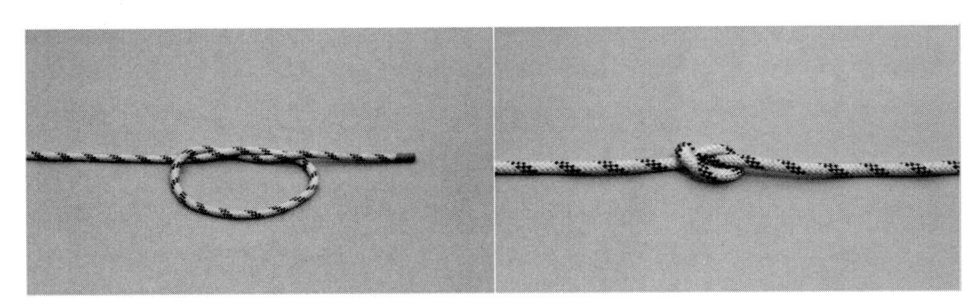

图 4.5

操作要求： 动作要正确、熟练；单结不易解开，常用于保护绳尾绳的固定，防止脱落。一般不单独使用。

（3）双股单结

训练目的： 使受训人员熟练掌握利用绳索制作绳圈的操作方法。

场地器材： 在平地上放置安全绳一根。

操作要领： 受训人员做好操作准备。听到“开始”的口令，受训人员拿起绳索对折成双股，然后做成绳圈，将双股绳索穿入绳圈内收紧，举手示意并喊“好”（图 4.6）。

操作要求： 动作要正确、熟练。主要用于在绳索中间制作绳圈的场合。

（4）止结

训练目的： 使受训人员熟练掌握利用绳索结成止结的操作方法。

场地器材： 在平地上放置安全绳一根。

操作要领： 受训人员做好操作准备。听到“开始”的口令，受训人员提起绳索一端作一

图 4.6

"8"字形环，将端头穿入绳圈内，然后将绳索收紧，举手示意并喊"好"（图 4.7）。

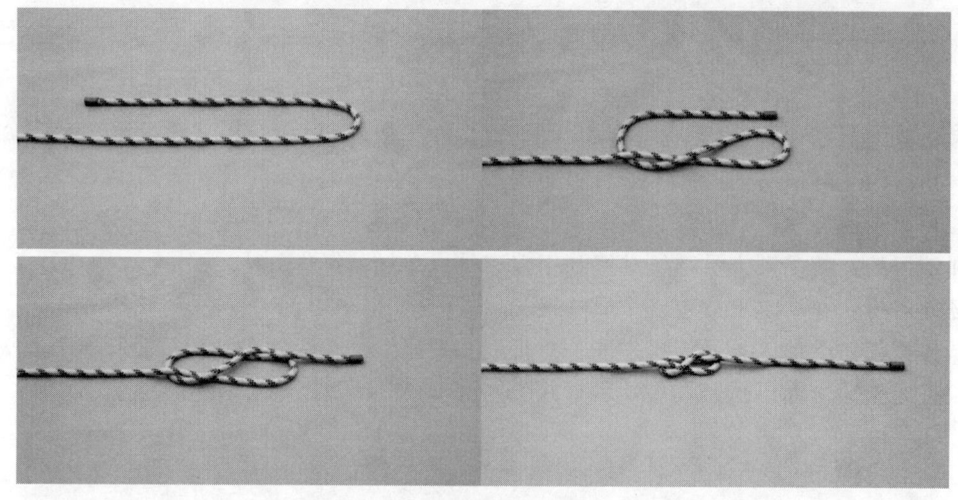

图 4.7

操作要求：动作要正确、熟练。比单结较容易解开。防止绳索从滑轮或空洞中脱落，以及绳索从切断的一端脱落，也可用在绳索打结时作防脱结使用。

（5）"8"字结

训练目的：使受训人员熟练掌握利用绳索结成"8"字结的操作方法。

场地器材：在平地上放置安全绳一根。

操作要领：受训人员做好操作准备。听到"开始"的口令，受训人员右手提起绳索，在端头约 1m 处做成绳圈，按顺时针将绳圈转半圈，然后左手将端头绳索对折后穿入绳圈内收紧，举手示意并喊"好"（图 4.8）。

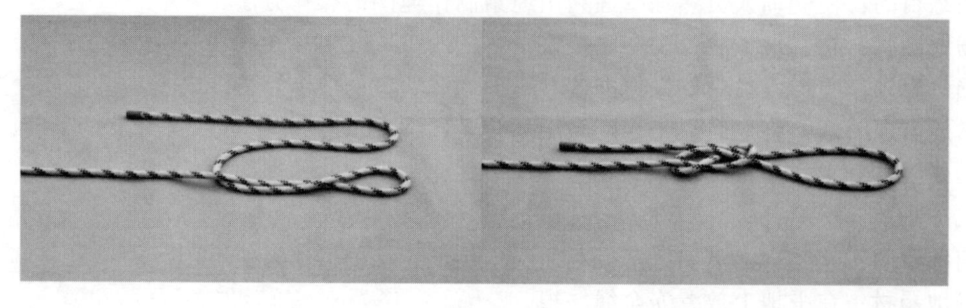

图 4.8

操作要求： 动作要正确、熟练。主要用于将绳索挂于树木或挂钩的场合。

（6）双股8字结

训练目的： 使受训人员熟练掌握利用绳索制作绳圈的操作方法。

场地器材： 在平地上放置安全绳一根。

操作要领： 受训人员做好操作准备。听到“开始”的口令，受训人员拿起绳索对折成双股，然后主绳一端反转360°做成绳圈，将双股绳索穿入绳圈内收紧，举手示意并喊“好”（图4.9）。

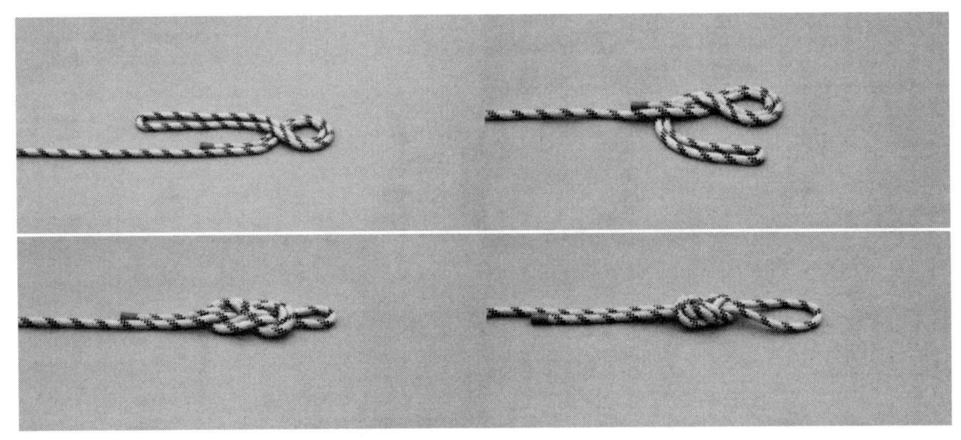

图4.9

操作要求： 动作要正确、熟练。双股8字结可以将绳索通过安全钩连接锚点，也可以将担架、救援人员或被救人员通过安全钩连接至主绳和保护绳。

（7）双套8字结

训练目的： 使受训人员熟练掌握利用绳索制作绳圈的操作方法。

场地器材： 在平地上放置安全绳一根。

操作要领： 受训人员做好操作准备。听到“开始”的口令，受训人员拿起绳索先打一个双股八字结，然后将绳头穿回；将穿回的绳头拉成圈，再从外边反套回，套过来以后再两侧拉紧，绳套留出适当长度，举手示意并喊“好”（图4.10）。

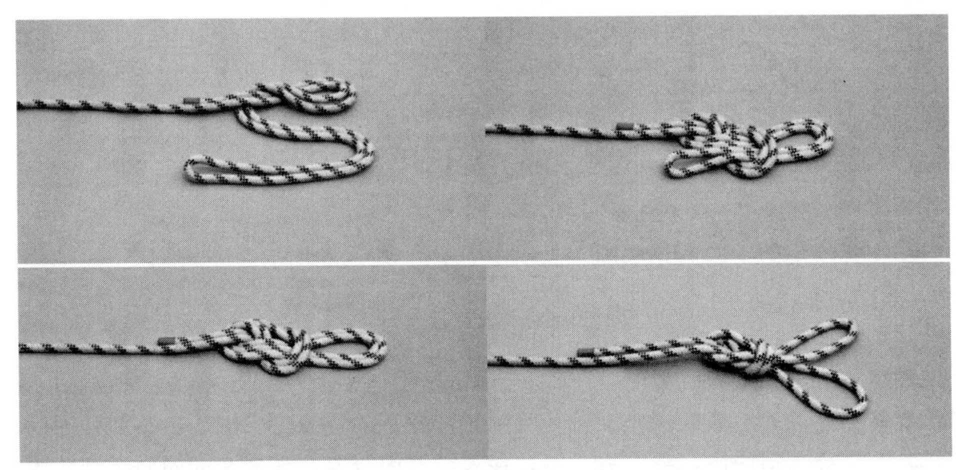

图4.10

操作要求：动作要正确、熟练。双套8字结可以将绳索通过安全钩连接锚点，制作锚点系统，也可以将担架、救援人员或被救人员通过安全钩连接至主绳和保护绳。

(8) 返穿8字结

训练目的：使受训人员熟练掌握利用绳索制作绳圈的操作方法。

场地器材：在平地上放置安全绳一根。

操作要领：受训人员做好操作准备。听到“开始”的口令，受训人员拿起绳索制作出止结，再顺着8字回绕，使得绳圈可以稳固地套在柱子上。举手示意并喊“好”(图4.11)。

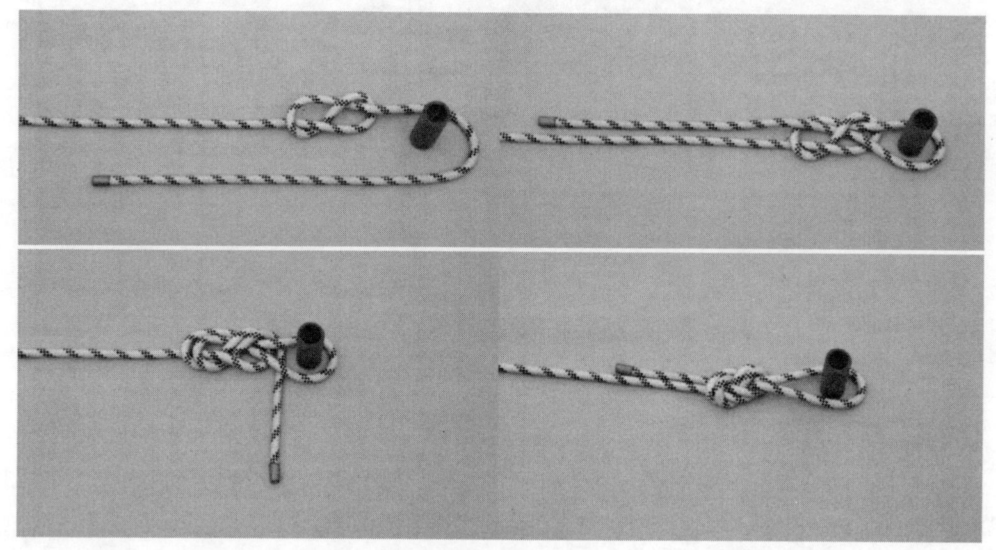

图4.11

操作要求：动作要正确、熟练。

返穿8字结可以围绕树木、岩石、汽车底盘等物体制作锚点系统，也可以连接安全吊带的挂点。

(9) 蝴蝶结

训练目的：使受训人员熟练掌握利用绳索结成蝴蝶结的操作方法。

场地器材：在平地上放置安全绳一根。

操作要领：受训人员做好操作准备。听到“开始”的口令，受训人员将绳索放在左手掌上，右手取绳索的下端，在左手环绕两圈，然后抽出第一圈穿入剩余的两股，拉住穿入的绳索并收紧，举手示意并喊“好”(图4.12)。

操作要求：动作要正确、熟练。

主要用于在绳索的中间制作绳圈，可作牵引或制作锚点系统（可三向受力）使用。

(10) 腰结

训练目的：使受训人员掌握利用绳索结成用于缚人或树木时的连接方法。

场地器材：在平地上放置安全绳一根。

操作要领：受训人员做好操作准备。听到“开始”的口令，受训人员拿起绳索的一端作一绳圈，将端头穿入绳圈内，绕向另一端，穿入绳圈内收紧，绳尾在绳圈做半结防脱。举手示意并喊“好”(图4.13)。

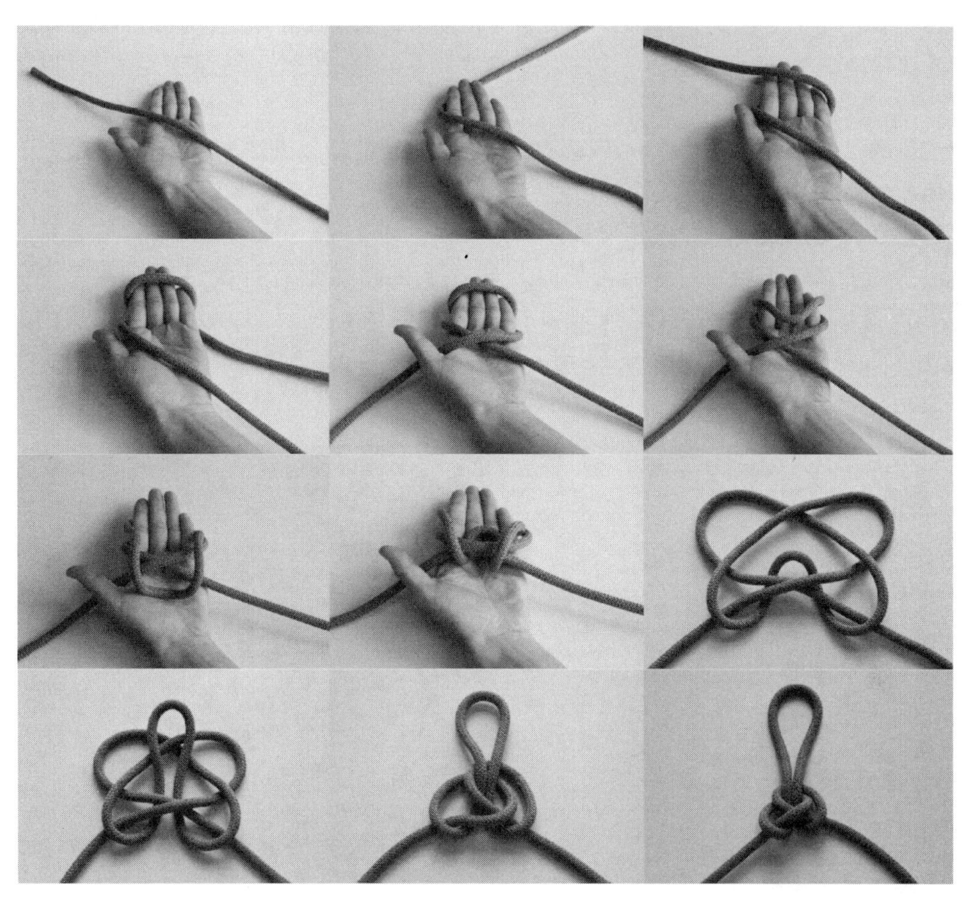

图 4.12

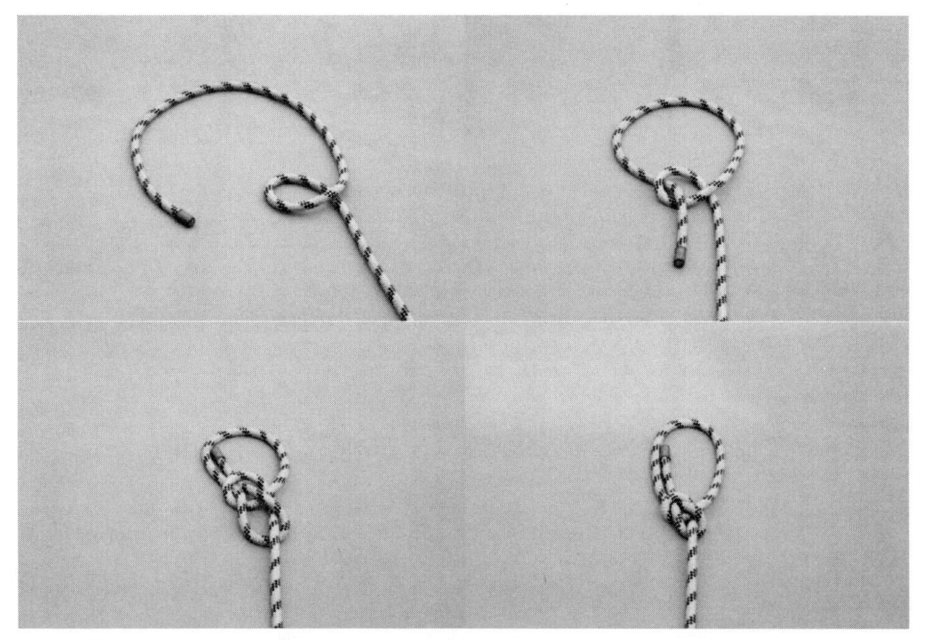

图 4.13

操作要求：动作要正确、熟练；绳圈端头长度要留有20cm以上。腰结可以将绳索通过安全钩连接锚点，也可以将担架、救援人员或被救人员通过安全钩连接至主绳和保护绳。

（11）双套腰结（椅子结）

训练目的：使受训人员掌握利用绳索结成双套腰结的操作方法和用途。

场地器材：在平地上放置安全绳一根。

操作要领：受训人员做好操作准备。

方法一：听到“开始”口令后，受训人员右手提起绳索对折成两股，左手穿入绳环中，张开虎口抓住绳索，成双层绳环，右手取双层绳环交叉处，左手由双层绳环、外穿入绳环中，抓住右手作的双股绳，然后双手收紧绳索，举手示意并喊“好”（图4.14）。

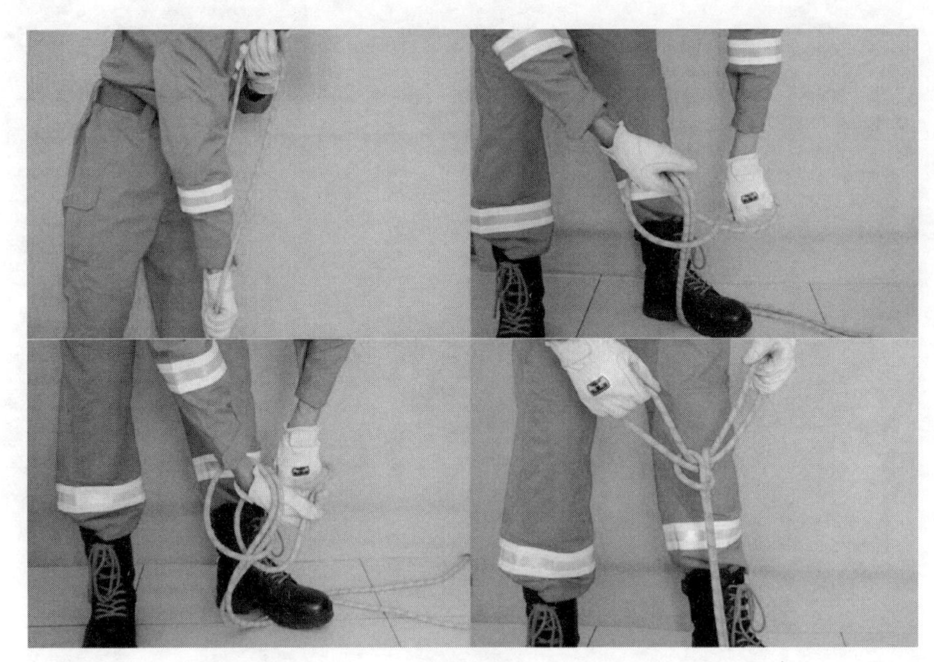

图4.14

方法二：听到“开始”口令后，受训人员提起绳索对折后，在靠近绳耳穿入绳圈，当穿入绳圈一段距离后，将绳耳分成单股，并向上翻起，一手握住两股绳索，另一手握住双股绳耳往相反方向收紧绳索，举手示意并喊“好”（图4.15）。

操作要求：动作要正确、熟练。主要用于在绳索的中间部位制作绳圈或是救出伤病员等场合。

（12）三套腰结

训练目的：使受训人员掌握利用绳索结成三套腰结的操作方法和用途。

场地器材：在平地上放置安全绳一根。

操作要领：受训人员做好操作准备。听到“开始”口令后，受训人员提起绳索对折后，在靠近绳耳端作一绳圈，然后将绳耳穿入绳圈，当穿入绳圈一端距离后，绕向另一端，再穿入绳圈内收紧绳索，举手示意并喊“好”（图4.16）。

操作要求：动作要正确、熟练。主要用于在绳索的中间部位制作绳圈或是救出伤病员等场合。

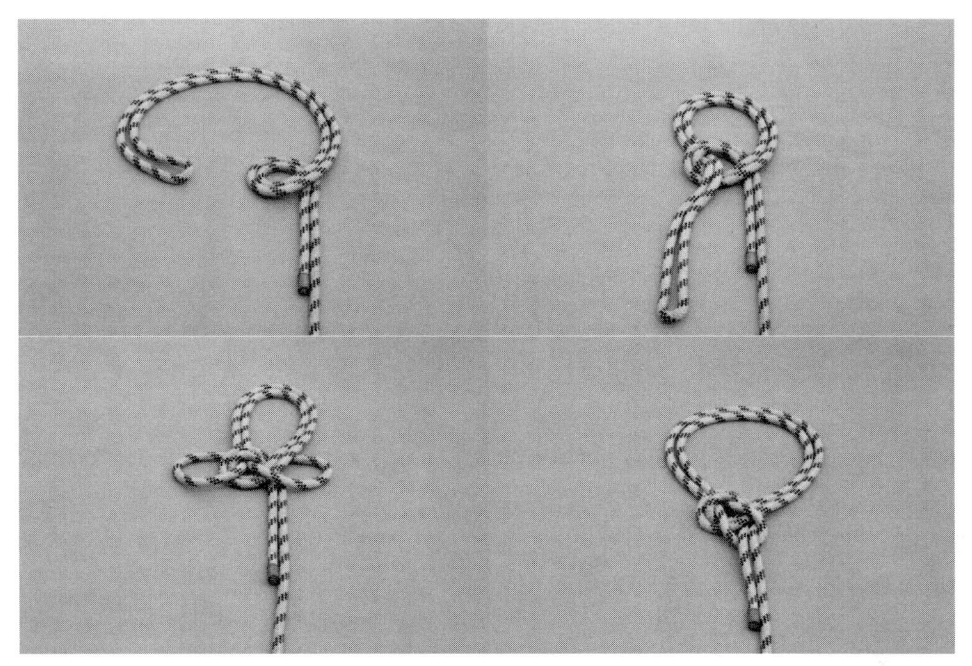

图 4.15

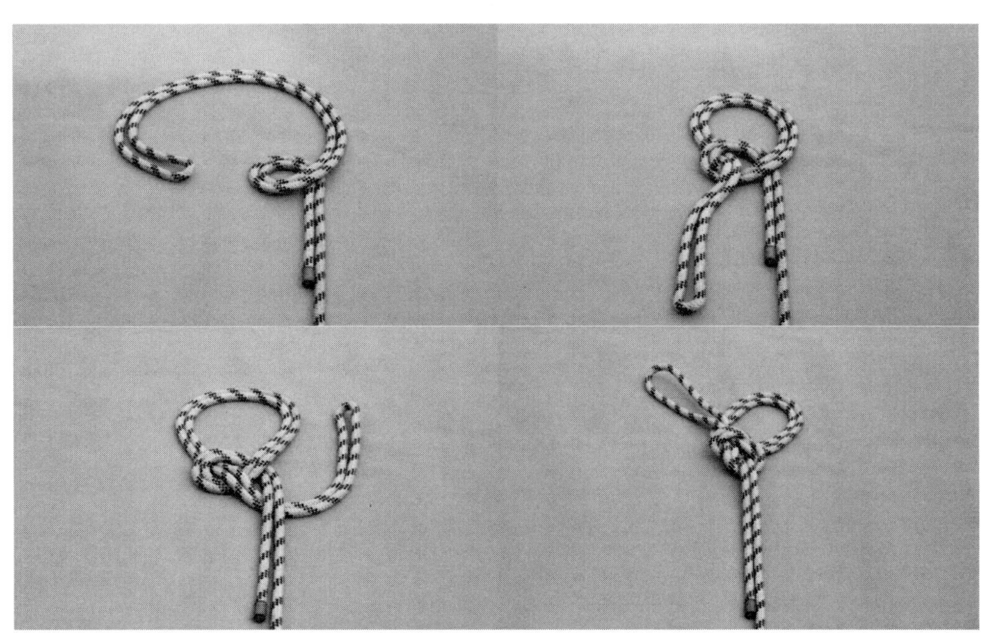

图 4.16

2. **结着**（捆绑结绳）

（1）卷结

训练目的：使受训人员掌握利用绳索结成用于捆绑物体或吊升器材时使用的连接方法。

场地器材：在平地上放置安全绳、结绳杆各一根。

操作要领：受训人员做好操作准备。听到“开始”口令，受训人员在绳索中间做成两个绳圈，并将两个绳圈重叠套入结绳杆，收紧结绳杆两侧绳索，举手示意并喊“好”

（图 4.17）。

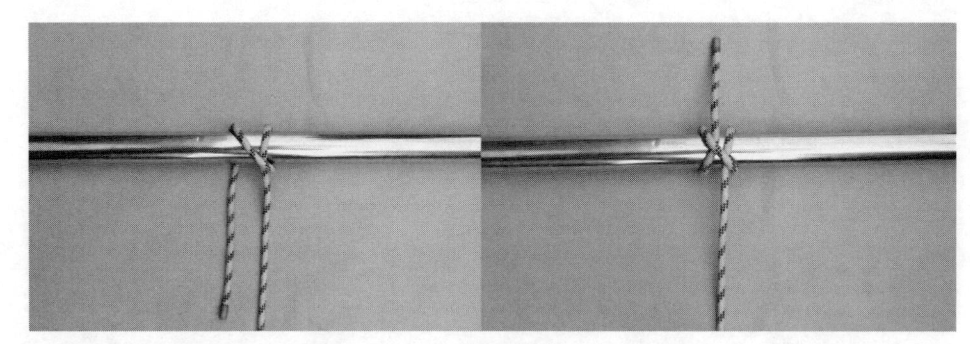

图 4.17

操作要求：动作要正确、熟练。

（2）双绕双结

训练目的：使受训人员掌握利用绳索结成可用于训练时锚点的连接方法。

场地器材：在平地上放置安全绳、结绳杆各一根。

操作要领：受训人员做好操作准备。听到“开始”的口令，受训人员将绳索在结绳杆上环绕两圈，然后将一端在另一端上打“8”字扣后收紧，举手示意并喊“好”（图 4.18）。

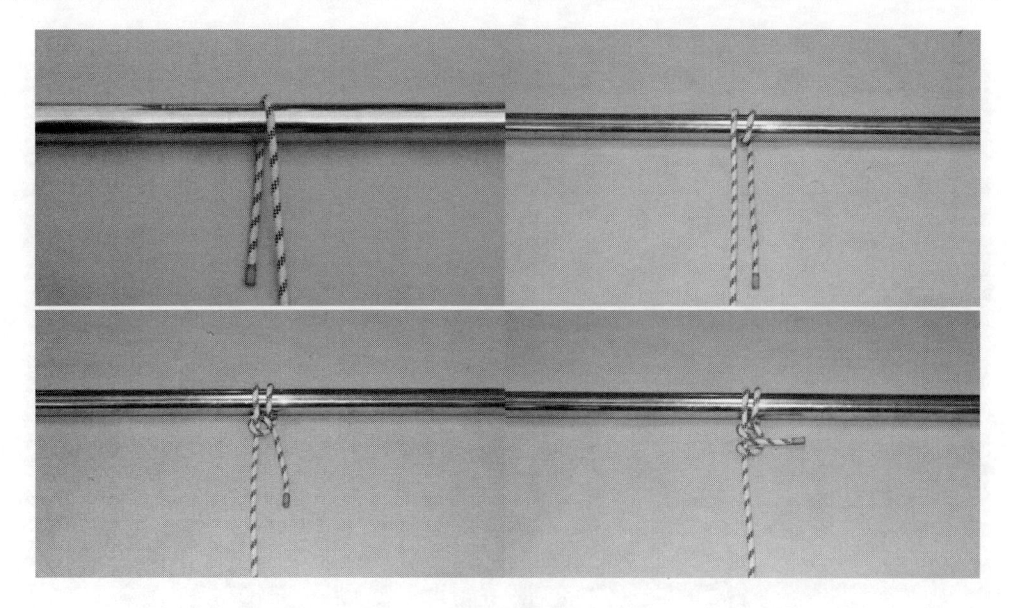

图 4.18

操作要求：动作要正确、熟练；结扣要牢固；绳索端头长度要留有 10cm 以上。

（3）捻结

训练目的：使受训人员掌握利用绳索结成捻结，可用于捆绑木材等场合的连接方法。

场地器材：在平地上放置安全绳、结绳杆各一根。

操作要领：受训人员做好操作准备。听到“开始”的口令，受训人员提起绳索的一端绕于结绳杆上，打成止结，将绳索的余长反复环绕于结绳杆的绳索上，举手示意并喊“好”（图 4.19）。

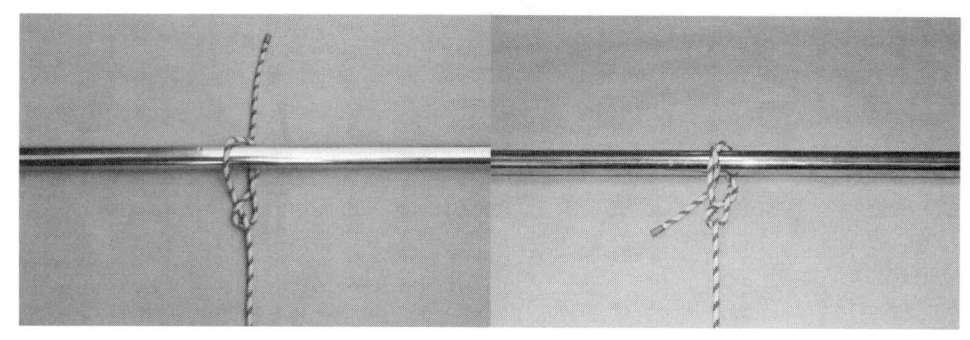

图 4.19

操作要求： 动作要正确、熟练；结扣要牢固；绳索端头长度不少于 20cm。

（4）交叉连结

训练目的： 使受训人员掌握利用绳索结成用于在光滑的平面上系绳索的连接方法。

场地器材： 在平地上放置安全绳、结绳杆各一根。

操作要领： 受训人员做好操作准备。听到“开始”的口令，受训人员提起绳索的一端在固定物上环绕一圈，使绳圈重叠，再将绳索绕一圈，并将绳头穿过圈内收紧，举手示意并喊“好”（图 4.20）。

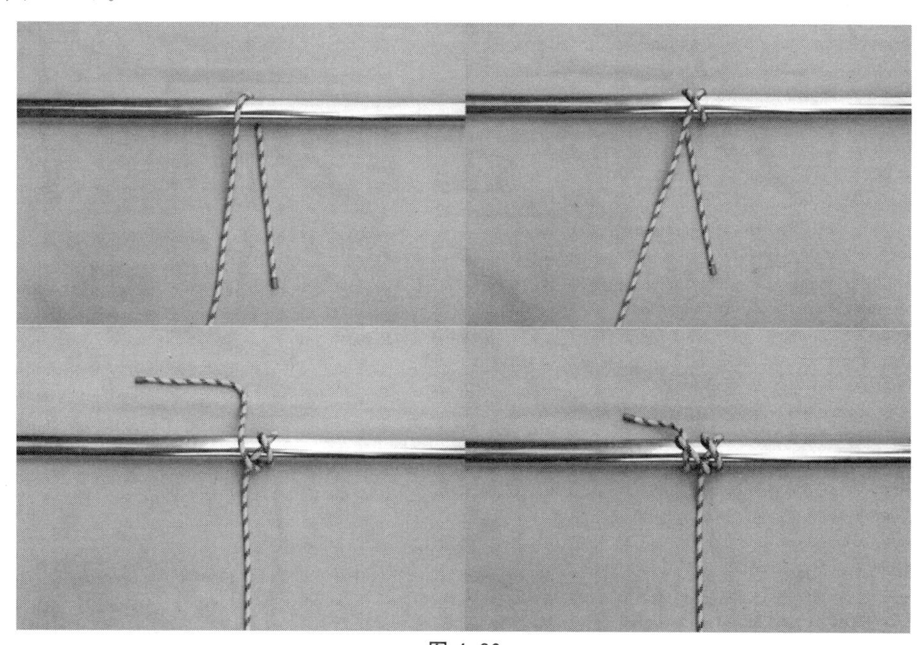

图 4.20

操作要求： 动作要正确、熟练；结扣要牢固；绳索端头长度要留有 20cm 以上。

（5）纤绳连结

训练目的： 使受训人员掌握利用绳索结成用于拖较长的圆柱体的连接方法。

场地器材： 在平地上放置安全绳、结绳杆各一根。

操作要领： 受训人员做好操作准备。听到“开始”的口令，受训人员提起绳索在接近圆木材的顶端打成半结，将绳索的余长打成捻结，举手示意并喊“好”（图 4.21）。

操作要求： 动作要正确、熟练；结扣要牢固；绳索端头长度要留有 20cm 以上。

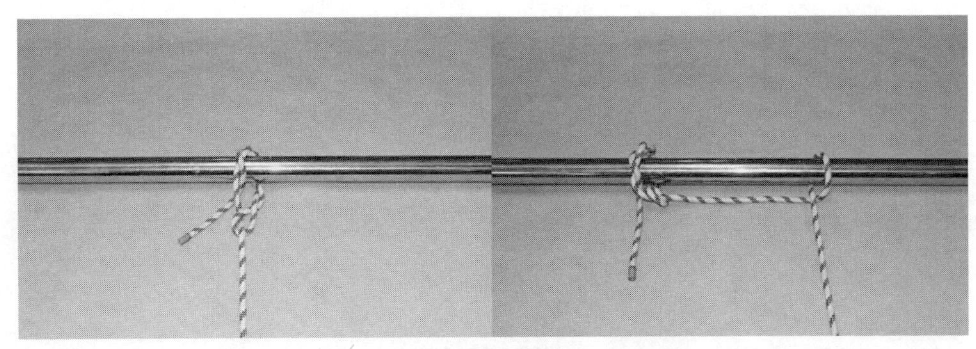

图 4.21

（6）锚结

训练目的：使受训人员掌握将绳索在小型锚上系结，或在水桶等上面系结的连接方法。

场地器材：在平地上放置安全绳、结绳杆各一根。

操作要领：受训人员做好操作准备。听到“开始”的口令，受训人员用左手握住长绳，用右手握住末端，在固定物上将绳的末端盘绕两次；将盘绕后的绳索末端从固定物上穿过，悬在左侧；将绳的末端（图 4.22）穿过，勒紧即可。

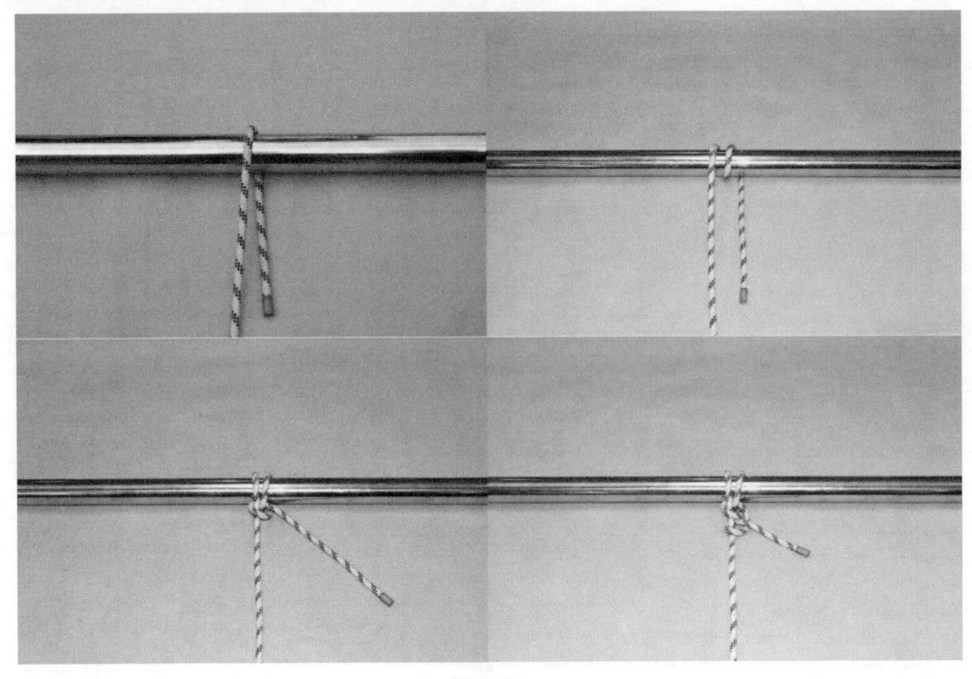

图 4.22

操作要求：动作要正确、熟练；结扣要牢固；绳索端头长度要留有 20cm 以上。

（7）盘绕腰结

训练目的：使受训人员掌握利用绳索在高空作业时结成盘绕腰结进行自我保护的连接方法。

场地器材：在平地上放置安全绳一根。

操作要领：受训人员做好操作准备。听到“开始”的口令，受训人员拿起绳索，一端搭在左肩上，双手提起绳索围腰绕三周，作一绳圈塞入腹前围腰绳内，然后取下左肩绳端穿入绳圈，经过下端绳索后再返回绳圈，最后将绳索从围腰绳外侧由下向上塞入并收紧，举手示意并喊“好”(图 4.23)。

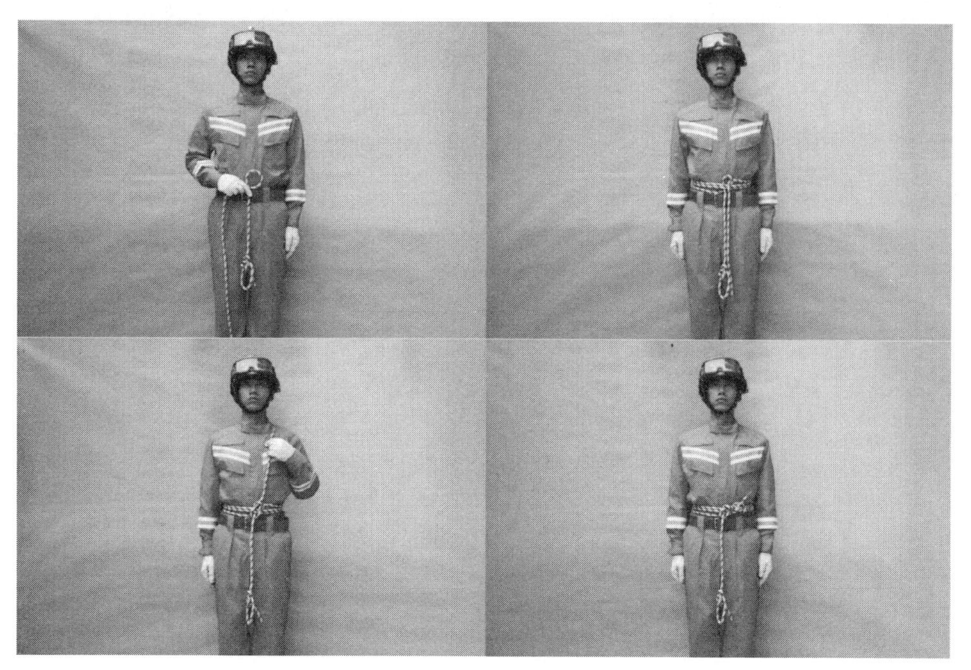

图 4.23

操作要求：动作要正确、熟练；绳结要牢固；绳索端头长度要留有 20cm 以上。

3. 连接结绳

(1) 双平结

训练目的：使受训人员熟练掌握将两根粗细相同的绳索进行连接成扣的操作方法。

场地器材：在平地上放置两根安全绳。

操作要领：受训人员做好操作准备。听到“开始”的口令，受训人员将两根安全绳的各一端弯折成两股，做成绳耳，将绳索穿入相对的绳耳内收紧，举手示意并喊“好”(图 4.24)。

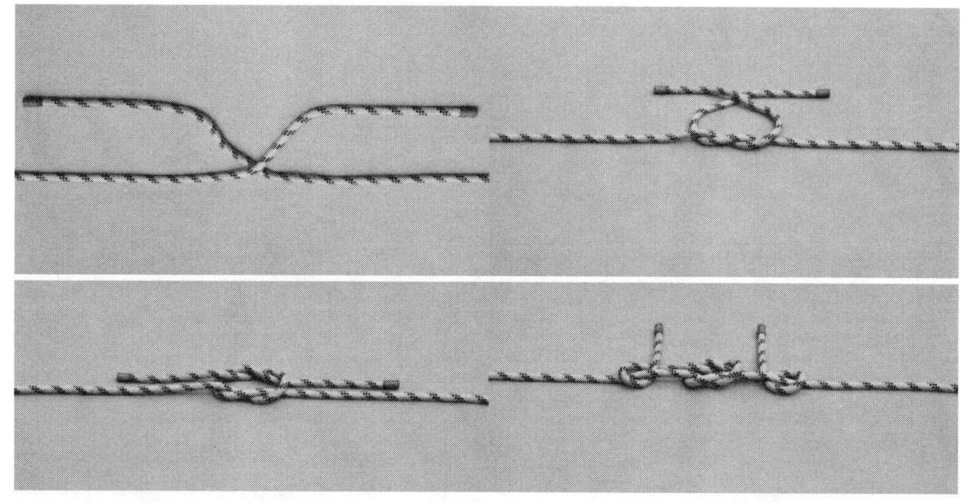

图 4.24

操作要求：动作要正确、熟练；结扣要牢固；绳索端头两端长度要留有 20cm 以上。

(2) 双重连结

训练目的： 使受训人员掌握在两根粗细不同或潮湿绳索之间结成连接扣的操作方法。

场地器材： 在平地上放置粗细不一样的两根安全绳。

操作要领： 受训人员做好操作准备，听到“开始”的口令，受训人员将一根安全绳的一端做成绳耳，并用手将绳索握紧，另一根绳索的一端穿过绳耳，并在绳耳内绕两圈，然后将绳索收紧，举手示意并喊“好”(图 4.25)。

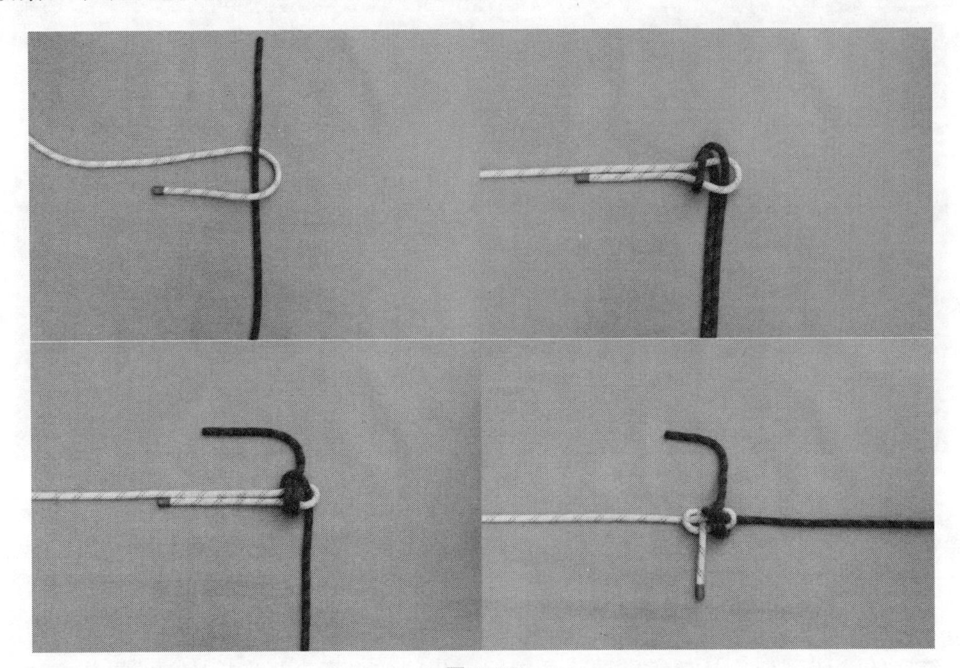

图 4.25

操作要求： 动作要正确、熟练。

(3) 双渔夫结

训练目的： 使受训人员熟练掌握将两根粗细相同的绳索进行连接成扣的操作方法。

场地器材： 在平地上放置两根安全绳。

操作要领： 受训人员做好操作准备。听到“开始”的口令，受训人员交叠两条主绳的绳端，各自以此绳端在另一条绳上回绕两圈，绳头端穿过各自的绳圈，束紧（图 4.26)。

图 4.26

操作要求： 动作要正确、熟练；结扣要牢固；绳索端头两端长度要留有15cm以上。

4. 特殊连接

（1）活扣连结（鸡爪扣结绳法）

训练目的： 使受训人员熟练掌握利用绳索结成活扣的操作方法。

场地器材： 在两物体之间，距地面1m高处系好安全绳一根，在系好的安全绳下放置一根安全绳或抛绳。

操作要领： 受训人员做好操作准备。听到“开始”的口令，受训人员将安全绳或抛绳对折成两股，将中央段绳耳放在另一根安全绳上，然后将两股安全绳或抛绳通过绳耳在另一根安全绳上环绕两周，手拉两股安全绳或抛绳将绳耳收紧，举手示意并喊“好”（图4.27）。

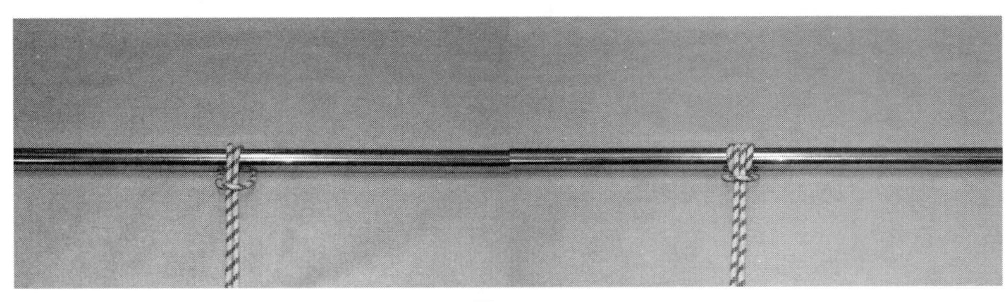

图 4.27

操作要求： 动作要正确、熟练。

（2）结节

训练目的： 使受训人员熟练掌握利用绳索结成结节扣的操作方法。

场地器材： 在平地上放置安全绳一根。

操作要领： 受训人员做好操作准备。

①方法一：单结节结，听到“开始”的口令，受训人员拿起绳索结成三个绳圈，然后将端头穿入绳圈内收紧，举手示意并喊“好”（图4.28）。

图 4.28

②方法二：止结节结，听到“开始”的口令，受训人员拿起绳索反转360°结成三个绳圈，然后将端头穿入绳圈内收紧，举手示意并喊“好”（图4.29）。

图 4.29

操作要求：动作要正确、熟练；结扣间距要在30～35cm之间；实际应用时按实际需要可结成若干个绳结。

（3）缚带连结

训练目的：使受训人员掌握利用绳索结成用于高空作业时保护人员或携带大量救助器材的连接方法。

场地器材：在平地上放置安全绳一根。

操作要领：受训人员做好操作准备。听到“开始”的口令，受训人员提起绳索两端打成双平结做成一个绳圈，并将两端的余长打成半结，将绳圈挂于右肩上，并绕于背部至左腋处，并于胸部处打成双平结，在双平结的余长上扣上安全钩，举手示意并喊“好”（图4.30）。

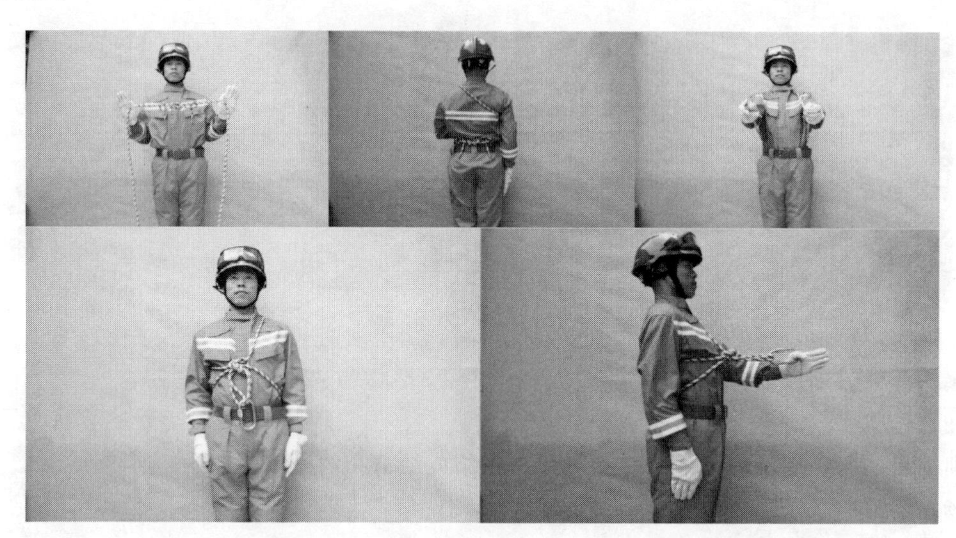

图4.30

操作要求：动作要正确、熟练。

（4）坐席连结

训练目的：使受训人员熟练掌握利用绳索结成坐席连结的操作方法。

场地器材：在平地上放置安全绳一根。

操作要领：受训人员做好操作准备。听到“开始”的口令，受训人员提起短绳从身后绕于腰部，将两端于前面，打成双平结，再将两端从裆部绕于身后，将绳头分别从后腰的短绳上方穿过结成半结，再将制动手上的绳头从小腹部的两根短绳之间穿过，在制动相反方向的腹部打成双平结，并打成半结固定，举手示意并喊“好”（图4.31）。

操作要求：动作要正确、熟练。

5. 身体结索

（1）双套腰结身体结索

训练目的：使受训人员掌握双套腰结身体结索的用途（进入洞坑、竖井等狭小的竖坑内救助人员的结索）和操作方法。

场地器材：在平地上放置安全绳一根。

操作要领：受训人员做好操作准备。听到“开始”的口令，受训人员提起绳索一端约6m处折成两折，于折弯的部位上打成双套腰结，将被救者的两脚分别套入两个绳圈内，用

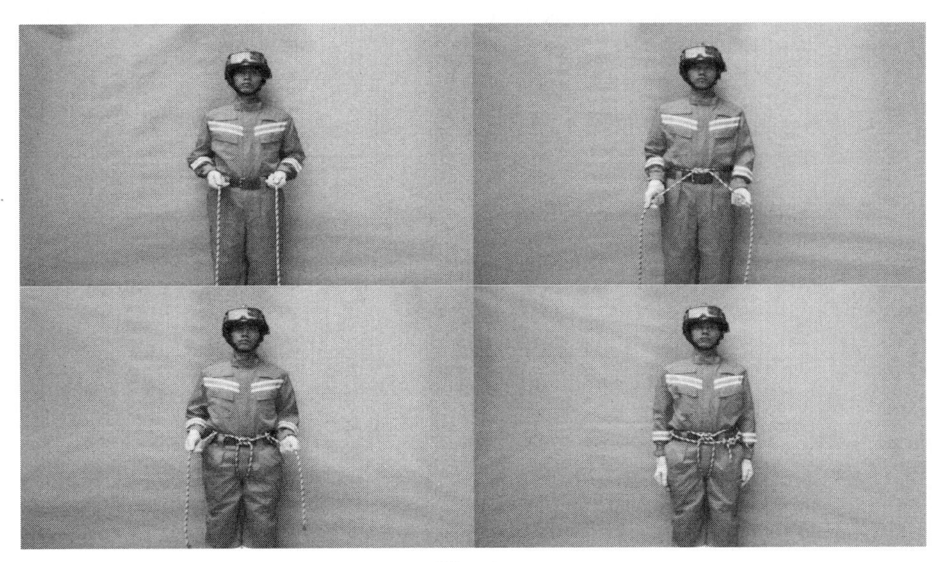

图 4.31

绳索短的一端于被救者的胸部绕一圈，并与长的一端打成双平结后，用半结加固，举手示意并喊“好”（图 4.32）。

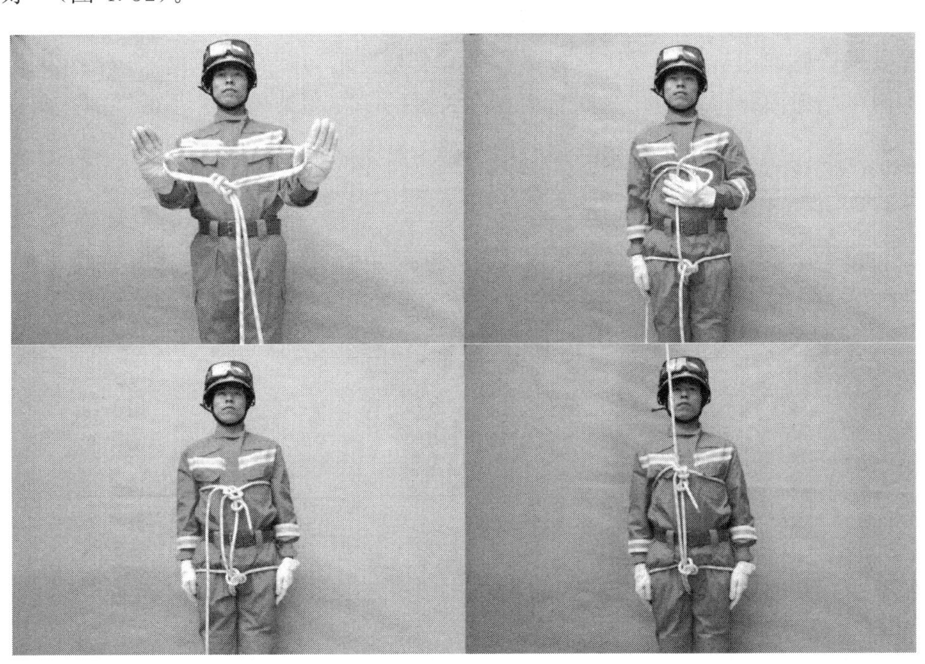

图 4.32

操作要求： 动作要正确、熟练。

（2）三套腰结身体结索

训练目的： 使受训人员掌握三套腰结身体结索的用途（在空间较大场所进行吊升或向下传送救助人员的结索）和操作方法。

场地器材： 在平地上放置安全绳一根。

操作要领： 受训人员做好操作准备。听到“开始”的口令，受训人员提起绳索一端约

8m处折成两折，于折弯的部位打成三套腰结，将被救者的上体及两膝弯曲的部位分别套入3个绳圈内，举手示意并喊“好”（图4.33）。

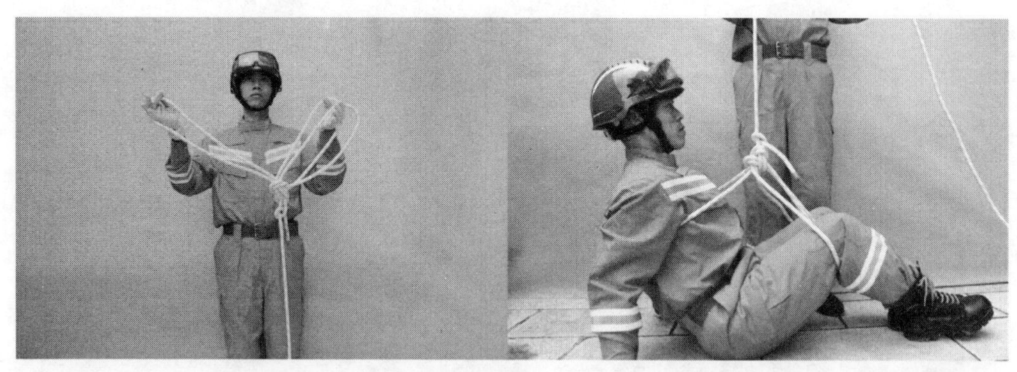

图4.33

操作要求： 动作要正确、熟练。

（3）卷结身体结索

训练目的： 使受训人员掌握卷结身体结索的用途（作为进入队员挺直进入狭小的横坑等场所时使用的安全绳结法）和操作方法。

场地器材： 在平地上放置安全绳一根。

操作要领： 受训人员做好操作准备。听到“开始”的口令，用短绳的两端在两脚上打成卷结，再用半结加固，将系的扣绕到后面；在长绳的一端用结做一个小的绳圈，将安全钩挂在绳圈上，然后，再将安全钩挂在拴着脚的短绳上。举手示意并喊“好”（图4.34）。

图4.34

操作要求： 动作要正确、熟练。

6. 器材绳索

（1）吊升水枪结绳法

训练目的： 使受训人员熟练掌握利用绳索吊升水枪的操作方法。

场地器材： 在平地上放置水枪一支、安全绳一根。

操作要领： 受训人员做好操作准备。听到“开始”的口令，受训人员用安全绳在水枪后部作一卷结和半结，并在水枪前部制作一个半结，然后将绳索收紧，举手示意并喊“好”（图4.35）。

操作要求： 动作要正确、熟练；捆绑要牢固。

（2）吊升水带和水枪结绳法

训练目的：使受训人员掌握利用绳索吊升水带和水枪的操作方法。

场地器材：在平地上铺设一盘水带并与水枪连接，水枪处放置安全绳一根。

操作要领：受训人员做好操作准备。听到“开始”的口令，受训人员将水带与水枪连接处向反方向弯折，先用绳索在水带上制作一个卷结，然后在水枪和水带上制作两个半结，将绳索收紧，举手示意并喊“好”(图 4.36)。

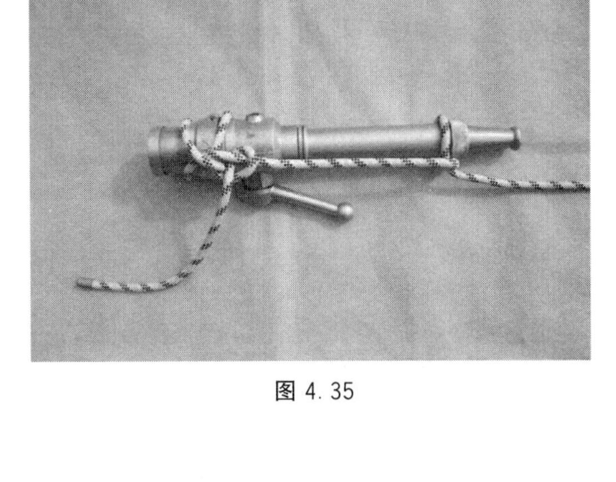

图 4.35

操作要求：动作要正确、熟练；捆绑要牢固。

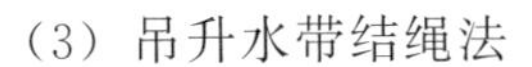

(3) 吊升水带结绳法

训练目的：使受训人员熟练掌握利用绳索吊升水带的操作方法。

场地器材：在平地上铺设一盘水带，在水带一端接口处放置安全绳一根及水带 3 盘。

操作要领：受训人员做好操作准备。

① 吊升铺设水带结绳法：听到“开始”的口令，受训人员用绳索在水带一端距接口约 30cm 处制作一卷结和半结，然后收紧绳索，举手示意并喊“好”(图 4.37)。

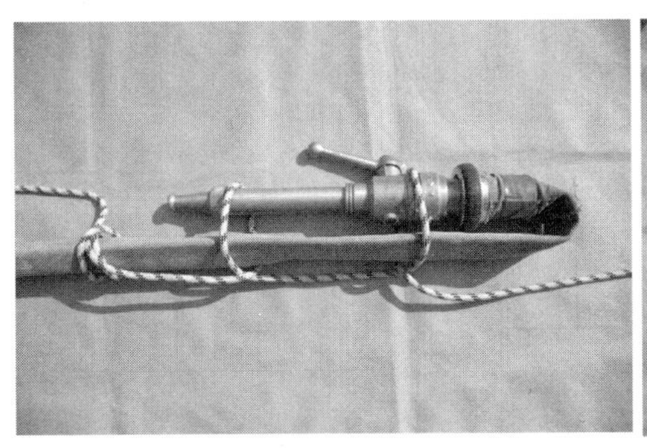

图 4.36

图 4.37

图 4.38

② 吊升 3 盘水带结绳法：听到“开始”的口令，受训人员将绳索沿水带环绕一周相交后沿水带下部环绕，然后在上部制作双平结，收紧绳索，举手示意并喊“好”(图 4.38)。

操作要求：动作要正确、熟练；捆绑要牢固。

(4) 吊升消防斧结绳法

训练目的：使受训人员掌握利用绳索吊升消防斧的操作方法。

场地器材：在平地上放置消防斧一把、安全绳一根。

操作要领：受训人员做好操作准备。

① 双环结吊升消防斧结绳法：听到“开始”的口令，受训人员将安全绳弯折成两股，用绳索的中央部分制作一个双环扣拴住斧头，然后在斧柄上制作一个半结收紧，一股作为吊升绳，另一股作引绳，举手示意并喊“好”（图 4.39）。

② 单股半结吊升消防斧结绳法：听到“开始”的口令，受训人员用单股绳索在斧柄上做两个半结，并将绳索拴住斧头收紧，上端作吊升绳，下端作引绳，举手示意并喊“好”（图 4.40）。

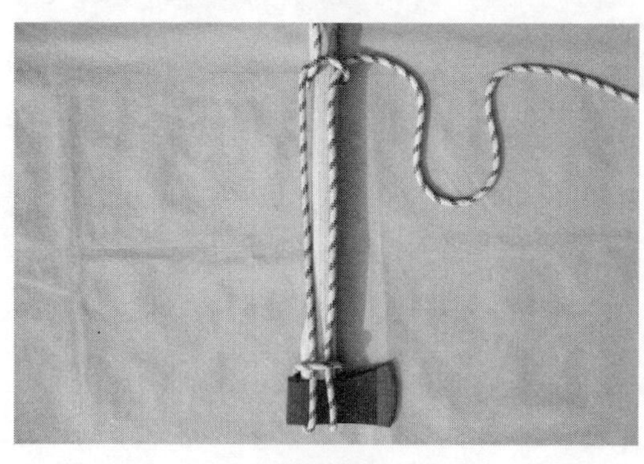

图 4.39

图 4.40

操作要求：动作要正确、熟练；捆绑要牢固。

（5）吊升绕钩结绳法

训练目的：使受训人员熟练掌握利用绳索吊升绕钩的操作方法。

场地器材：在平地上放置绕钩一把、安全绳一根。

操作要领：受训人员做好操作准备。听到“开始”的口令，受训人员用安全绳在绕钩的杆端做一卷结，然后在杆的中部和钩部各做一半结，将绳索收紧，举手示意并喊“好”（图 4.41）。

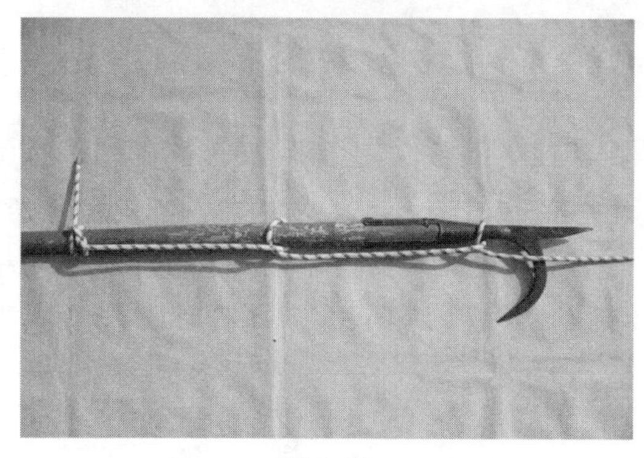

图 4.41

操作要求：动作要正确、熟练；捆扎要牢固。

（6）吊升气瓶结绳法

训练目的：使受训人员熟练掌握利用绳索吊升气瓶的操作方法。

场地要求：在平地上放置气瓶一个、安全绳一根。

操作要领：受训人员做好操作准备。听到“开始”的口令，受训人员用安全绳在瓶体下部做一卷结和半结，然后在瓶体颈部做一半结，将绳索收紧，举手示意并喊“好”（图 4.42）。

操作要求：动作要正确、熟练；捆扎气瓶要牢固。

7. 绳索卷法

（1）臂长卷绳法

训练目的：使受训人员熟练掌握绳索卷法的操作方法。

场地器材：在平地上放置安全绳一根。

操作要领：受训人员做好操作准备。

①听到“开始”的口令，受训人员右手提起绳索的绳头向左侧伸直，左手取绳索拉向左侧伸直后靠向左侧，将绳传递右手，使绳索成为环形，依次反复环绕完后，举手示意并喊“好”（图 4.43）。

② 听到“开始”的口令，受训人员左手提起绳索的绳头向左侧，两臂伸直取一展距离，绕至后颈，依次反复环绕后，举手示意并喊“好”（图 4.44）。

图 4.42

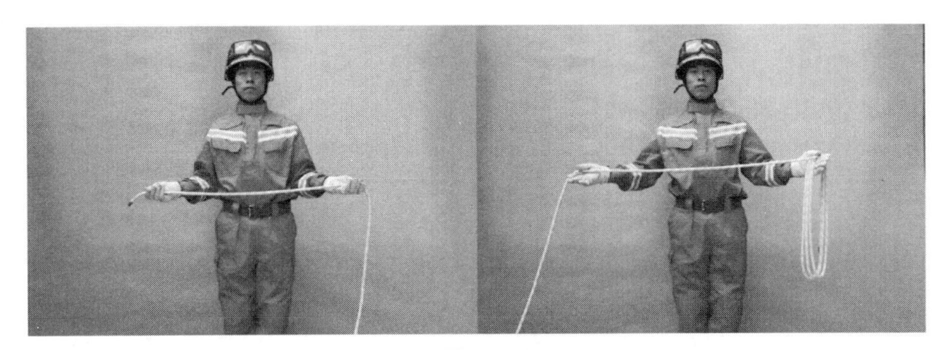

图 4.43

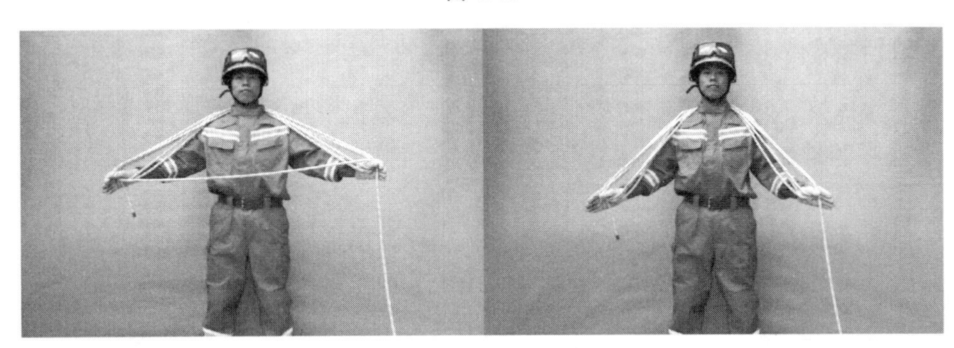

图 4.44

操作要求：动作要正确、熟练。

（2）紧急卷绳法

训练目的：使受训人员熟练掌握紧急情况下收卷绳索的操作方法。

场地器材：在平地上放置安全绳一根。

操作要领：受训人员做好操作准备。听到“开始”的口令，受训人员脚踩绳索的一端头，右手向上环绕绳索并将绳索递给左手，直至将绳索卷完，举手示意并喊“好”（图 4.45）。

操作要求：动作要熟练；绳圈大小要适中。

图 4.45

(3) 环绕收卷法

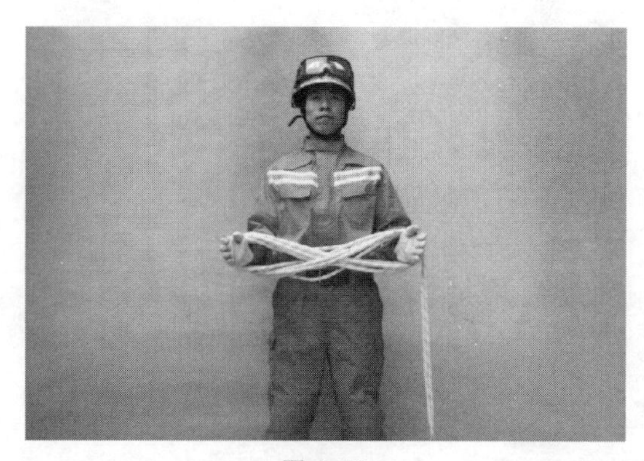

图 4.46

训练目的：使受训人员熟练掌握绳索环绕收卷的操作方法。

场地器材：在平地上放置安全绳一根。

操作要领：受训人员做好操作准备。听到“开始”的口令，受训人员右手张开，虎口向上握住始端，左手握住绳索来回环绕在右手掌和肘部上，当绳索即将绕完时，右手握绳圈取下绳索，并将始端绳索折成两股，接着将剩余的绳索绕在绳圈上，然后将末端穿入始端的绳圈内，拉紧绳索的始端，卡住绳索的末端，并将两端做连接扣，举手示意并喊“好”(图 4.46)。

操作要求：动作要正确、熟练。

第三节　绳索的维护保养

【学习目标】

1. 掌握装备的检查要领；
2. 掌握装备的维护及保养。

保养使用绳索对使用者而言是必要的，其所需注意的地方如下：制作各个绳索的使用日志，并仔细记录使用的状况及次数，使用达一定次数或年限，则必须汰旧换新。

一、装备的检查

在采购装备时应要求制造商必须提供装备检验、保养与维护的完整信息。使用者应当根据制造商提供的完整信息建立装备检验的详细流程，并记录装备检验结果。

对绳索装备进行三种类型的检验，以确定装备是否可以继续使用，或停止使用并报废，包括定期检验、使用前检验以及某些情况下的临时检验。如果相关装备在上述检验中出现任何故障，必须停止使用。

1. 定期检验

按照设定的检验流程确保装备在首次使用之前由具有相应资格的专业人员对装备进行全面检验，此后的每次检验间隔时间不得超过 6 个月。检验必须按照制造商的指导来实施。详细检验结果必须记录。

2. 使用前检验

使用前检验包括外观与触觉检验，在每天第一次使用前实施，并对每天的检验做正式的记录。

3. 临时检验

在恶劣条件下使用装备或发生意外安全事故后，必须进行临时检验。根据风险评估的结果，临时检验必须由具备相应资格的专业人员在适当的间隔时间内实施。临时检验的适当时间间隔可以通过以下因素来决定，即装备部件是否有高度的磨损与损耗或脏污，并记录临时检验的结果。

实施详细检验或临时检验的人员必须有废弃使用装备的决定权，并且有足够的资质，能够独立不失偏颇地做出客观决定。这些人员可以是救援人员，或者是专业的供应商、制造商或者装备技术专家。

二、维护保养

（1）务必养成使用前后检查绳索的习惯。

（2）了解绳索的安全使用极限。

（3）尽量避免弄脏绳索。

（4）避免绳索接触锐利的物品或岩面，必要时要使用垫物保护。

（5）不可踩踏绳索。

（6）正常使用时不要突然对绳索施加重力。

（7）尽量避免将绳索借来借去，如有则要了解绳索使用的情况。

（8）任何绳索使用后必须将所有的绳结全部解开。

（9）绳索与吊带等，应尽量避免紫外线照射及与油类、化学溶剂的接触。

（10）清洗时，可用清水（最高温度40℃），用肥皂或柔和的洗涤剂（pH值范围5.5～8.5）将泥沙洗净，然后再用冷水全面冲洗。

（11）潮湿的绳索使用后要阴干（避免在太阳下晒干）。

（12）绳索必须完全干燥后，才能收藏于清洁、阴凉、干燥的地方。

思考题

1. 绳子在制作完绳结后的工作极限负荷是否会发生变化？

2. 绳结多种多样，一般消防队伍基层人员学习绳结时多是老队员教授的快速打法，这样学习绳结是否正确，为什么？

第五章
登高训练

登高训练是指受训人员为熟练掌握各类攀登器材的用途及其操作要领和方法而开展的专项技术训练。消防登高器材主要包括各类消防梯、绳索和上升器等。本章主要提供了各类登高训练的基本程序和组训方法，供大家参考。

第一节　攀登器材简介

【学习目标】

1. 了解攀登器材的种类和性能参数；
2. 掌握攀登梯子器材的维护保养和注意事项。

绳索攀登和附属器材，在救助行动中，器材工具是不可缺少的，特别是现在的救助现场，其规模、内容都越来越呈复杂化和大型化，因此，器材变得越来越重要了。即使队员具备了高超和熟练的技术，但如果器材欠缺，或在使用时出现故障，将加重对待救人员的伤害，同时使队员陷入危机，并可能产生二次伤害，救助行动也就不可能顺利进行。因此，救助队员必须掌握器材的性能，熟悉操作要领，同时，加强管理，保证在救助现场器材完整好用，使用自如等。队员在进入、退出，抢救被困人员等各项救助作业中，绳索对运送各种器材，牵引、排除障碍物等用途非常广泛，在救助工具中，利用率最高。另外，许多场合不是单一使用绳索，大多时候与安全钩、滑轮等附属器具并用，使救助作业更加有效。

一、攀登器材的分类

（一）长绳

1. 绳索的种类

除了麻制的以外，还有尼龙、维尼龙、纱纶、聚丙烯等合成纤维制成的绳索。在用途上，绳索可分为粗细、长短等不同种类。

2. 选择绳索的条件

根据救援目标，在选择救助作业时使用的绳索时，应满足以下条件：①重量轻；②容易操作；③承载力大；④操作中对人体造成的痛苦小。

根据普通的救助作业需要，直径在12mm、长度在30～40m的绳索最为适宜。

3. 绳索的强度

绳索的强度依其性质、直径、新旧而异。日常使用的麻制绳张力大约是1500kg，同规格的尼龙绳其强度大约在2000kg左右。不过，从全面衡量，尼龙绳并非十全十美。

表5.1　麻制绳与尼龙绳的特性比较表

项目	重量	张力	弹性	摩擦力	吸水性
麻制品	重	小	小	强	多
尼龙制品	轻	大	大	弱	少

从表 5.1 来看，尼龙制品在耐摩擦方面劣于麻制品。

4. 使用时的注意事项

① 使用之前，一定要检查有无磨损和破损处。

② 不能用脚踩或者在地上拖拉绳索。

③ 不要让绳索长时间处于绷直状态。

④ 不要直接放在建筑物的棱角部位。

⑤ 有棱角部位要用垫护布保护绳索。

⑥ 尽可能不要连接使用。

⑦ 不要长时间在阳光下暴晒。

⑧ 新的麻绳，要在树木和木棒上捋一捋，变软后再使用。

另外要注意：

a. 细小的泥土进入绳股之间并造成磨损后，将缩短绳索的使用寿命；

b. 遇到棱角部位时，应用护布垫上；没有护布时，可用杂志等代替，然后再悬挂绳索（图 5.1）。

图 5.1　护布垫

（二）短绳

短绳主要用于队员制作悬垂下降的坐席，或在高空作业时进行自我保护。另外，在绳索过桥或是悬垂线的设定以及被救者的运送等方面，具有各种辅助的用途。

麻制品短绳，长度需要 4.5m，直径 12mm，或稍微细一些，但张力最低要在 300kg 以上。

短绳使用时的注意事项与绳索使用注意事项①～④相同。

二、附属器具

（一）安全钩

安全钩主要用于连接在安全绳的一端，保护自己的安全或者辅助绳索展开，代替滑轮缚着伤病人员以及其他物品。

1. 形状

安全钩是用软钢制成的长圆形的环，环上有锁链，可以开闭，为在轴上盘绕绳索提供了方便。

长径：10～12cm。

短径：5～6cm。

2. 种类（图 5.2）

① O 形钩。

② 变形 D 形钩。

③ D 形钩。

3. 强度

① O 形安全钩：最大载重量为 2700kg。

② 变形 D 形钩和 D 形钩附带安全环的安全钩：最大载重量为 2300kg。

4. **使用时的注意事项**

① 了解掌握正确的使用方法。

② 不要与高处或其他部位落下的物体造成直接冲撞。

③ 开闭部位不需要时，不要随意摆弄。

④ 挂过一次比较大的荷重物后，其强度会大大降低。

⑤ 使用时，认真系紧安全带。

5. **备注**

① 安全钩具有足够的荷载力，在使用方法上，不可错误操作。

② 安全钩的薄弱部位在开口处。

(a) (b) (c)

图 5.2 安全钩种类

（二）上升器

上升器是利用凸轮锁定绳索，使其在正常状态下，仅能在绳索向上运动，起到顺绳上攀和固定，保护空中作业者进行操作的一种防坠落装备。

1. **参数**

一般用镁铝合金制成，上升器中有倒齿，可以锁紧制动和打开。

长径：8～19cm。

短径：9～11.5cm。

2. **分类**

① 手式上升器［图 5.3（a）］。

② 胸式上升器［图 5.3（b）］。

③ 脚式上升器［图 5.3（c）］。

3. **强度**

① 手式上升器：最大载重量为 300kg。

② 胸式上升器：最大载重量为 400kg。

③ 脚式上升器：最大载重量为 360kg。

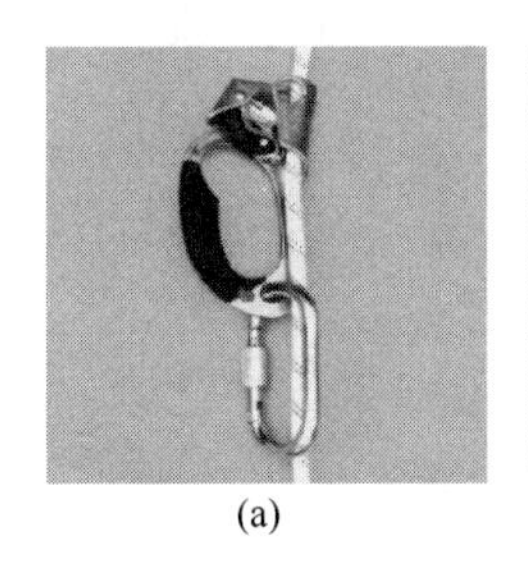
(a)

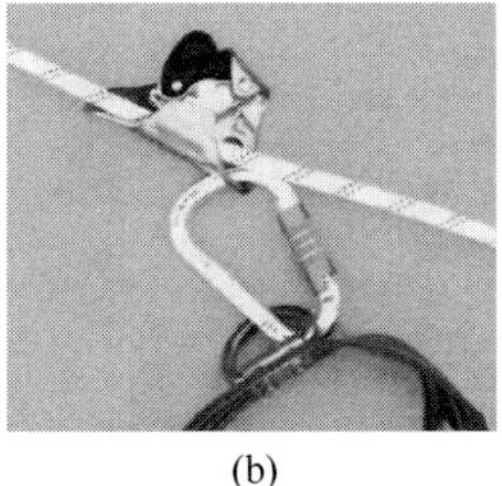
(b)

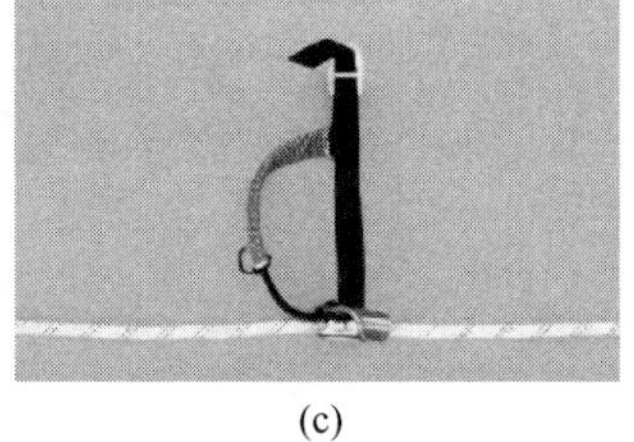
(c)

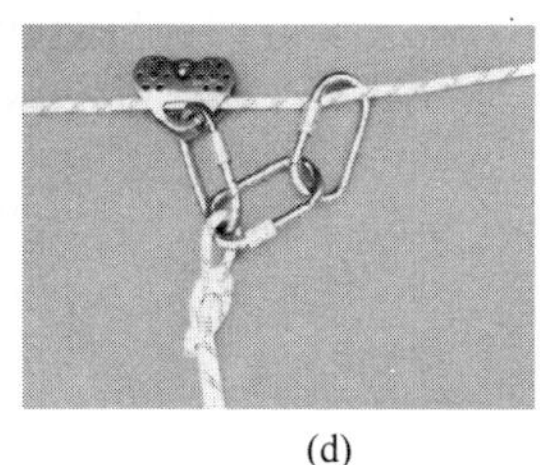
(d)

图 5.3 上升器与滑轮

4. **使用注意事项**

使用上升器时应尽量保持推进方向与绳索方向一致。在推进上升器时，应将绳索拉直。不要将上升器作为保护之间的连接，上升器受到冲击时，容易与绳索脱离。

使用上升器，应在上升器上端小孔上，装上一只铁锁，防止绳索在受不同方向力时上升器脱出。

在进行垂直上升活动时，手持上升器可配合扁带，绳子制作的脚踏来减轻体力消耗，保持身体平衡。

（三）滑轮［图 5.3（d）］

在顺利地运送被救人员作业中，滑轮是不可缺少的用具。这里介绍的滑轮属轻量型，与安全钩并用的滑轮，可荷重 2500kg。在使用滑轮运送人员时，为了安全大都用安全钩配合使用。

（四）皮手套

皮手套用于悬垂下降时的自我保护，防止手掌被损伤。

三、器具的检验

1. 检验的目的

器具决定着救助作业的效果，而且，与待救者及队员的生命息息相关。因此，在使用器具时，不仅要慎重操作，还要十分爱护器具，并做好平时的检验，即使有一点毛病也不能轻视，做到万无一失。平时，掌握器具的使用状态，经常对器具进行检查是非常重要的。

2. 检验要领

（1）绳索（长绳）

a. 绳索的单股（绳丝）是否断裂。

b. 有无异样的起毛和磨损。

c. 有无折痕和变形。

d. 有无附着泥土、油脂、药物等。

e. 整体的荷重情况。

（2）短绳

按照绳索的检验要领进行。

（3）安全钩

a. 开闭部位运转是否正常。

b. 锁链的强度是否过弱。

c. 开口部位的咬合是否正常。

d. 安全环是否正常。

e. 有无变形。

（4）滑轮

a. 滑轮转动是否正常。

b. 有无松动。

c. 各部位有无变形、裂缝、损伤。

（5）手套

a. 手套缝隙是否完整。

b. 皮革有无损伤。

四、绳索的特性与维护

绳索的种类繁多，户外运动中登山以尼龙绳居多，其优点为坚实耐用、不受天气影响、富有弹性。使用时两条绳要同时扣入同一保护支点，能将绳索被岩角、落石损伤之风险降至最低。一般直径 7.5～8mm。正确的使用绳索对使用者而言是必要的，其所需注意的地方如下。

（1）制作各个绳索的使用日志，并记录使用的状况及次数，使用达一定次数或年限，必须汰旧换新。

（2）务必养成使用前后检查绳索的习惯。

（3）了解绳索的安全使用极限。

（4）尽量避免弄脏绳索。

（5）避免绳索接触锐利的物品或岩面，必要时要使用垫物保护。

（6）不可踩踏绳索。

（7）正常使用时不要突然对绳索施加重力。

（8）尽量避免将绳索借来借去，如有则要了解绳索使用的情形。

（9）任何绳索使用后必须将所有的绳结全部解开。

（10）潮湿的绳索使用后要阴干（避免在太阳下晒干）。

（11）绳索必须完全干燥后，才能收藏于清洁、阴凉、干燥的地方。

（12）绳索与吊带等，应尽量避免紫外线照射及与油类、化学溶剂的接触。

五、结绳剩余强度

当绳子是笔直时，它的强度是最强的。任何对绳子的弯曲都会使它的强度变弱，弯曲越紧，绳子的强度越弱。当绳子笔直受力时，绳芯的上、下、内、外是平均受力的，绳子弯曲时，内芯、上或外是被绷紧的，下方内是被压缩的，因此绳子是不再平均分摊受力的，所以强度变弱可想而知。绳结会导致绳索受力的损失，称之为剩余强度，各种绳结产生后对绳索的剩余强度各有不同。

例：单环 8 字结 66%～77%　　双渔人结 65%～80%
单环 9 字结 68%～84%　　水结 60%～70%
双环 8 字结 61%～77%　　双套结 60%～75%
工程蝴蝶结 61%～72%　　平结 43%～47%

因此打结方式的细微差异便会造成剩余强度的差异，因此结绳时要：结形扎实、平顺；绳股避免交叉；绳圈恰可供钩环扣入即可；绳尾至少是绳索直径的十倍（大约是打一个单结的长度）

六、攀登装备

攀登有着各式各样的装备与器材，最先应“了解认知器材是否能安全地使用在正确的位置”。而后才是阅读“装备使用说明书”，了解与熟练器材的正确设计操作方法与使用限制。切勿只由操作中学习而忽略上两项重要的关键。器材操作错误所产生的危险，往往都是来自于对器材的不了解，因此采购与使用器材前务必经历上述两个过程。

关于装备的安全性，以攀登而言，大致有 CE 和 UIAA 两个主要的参考标准让使用者能够有所依据挑选合格的产品，使用于适当场合。各项商品因种类的差别，会依据商品测试种类EN编号进行测试检验，例如EN892代表弹性绳测试。每一种EN编号之产品皆需依其相关规范项目接受测试与检验，合格的产品将标上测试机构编号的“CE代码”与测试种类“EN”编号。UIAA是国际山岳联盟的英文简称，是制定登山装备标准的国际权威，大多数UIAA的测试都是以CE测试为基础，并加上额外测试以考量使用者的安全，合格的商品也会在其商品或吊牌标示UIAA字样。例如CE01970936EN892中的CE是欧洲标准委员会，01970936则是测试机构代号，EN后接的892则是商品种类编号，表示此种商品依据892商品种类接受测试（表5.2）。

标示于装备上的承受力，称之为最低破断负荷。当用于工作时，操作者绝对不可使用至最低破断负荷的承受力，否则工作时的侧向移动所产生的拉力，都可能导致超过最低破断负荷，而使装备失效。

因此绳索救援技术中，承重操作时，系统的最低破断负荷必须远大于可能的承受力有一定的倍数，这个倍数便以“安全因子”称之。目前定义纺织品器材的安全因子为10∶1，金属器材的安全因子为5∶1，这便代表一个标示25kN纵向拉力的钩环只能在承受力小于5kN的环境下使用，大约为500kg。

表5.2 认证编号对应表

EN	UIAA	项目	EN	UIAA	项目
341 *		救援用下降器	1384		马术用安全帽
355 *		势能吸收器	1385		水上运动用安全帽
361 *		全身式安全吊带	1496		救援提升装置
362 *		连接器：钩环(工业)	1497		救援用安全吊带
397		工业用安全帽	1891 *	107	低弹性绳(静力绳)
564	102	辅助绳	12270	124	Chock″岩楔标准
565	103	扁带	12275 *		连接器：钩环(攀登)
566	104	扁带环	12277 *	105	安全吊带
567 *	126	上升器(抓绳器)	12277D		胸位式吊带
568	151	冰上固定点	12278	127	滑轮
569	122	岩钉	12492 *	106	攀登安全帽(岩盔)
892 *	101	弹性绳(动力绳)	12277C		攀登用坐式安全吊带
1078		自行车与滑雪用安全帽			

七、器材上的承重标示

所谓的kN的k代表kilo就是“千”的意思，N则代表Newton“牛顿”，牛顿是一种力量的单位。产生这个单位的原因，主要是因为科学家在探讨力学问题时，发现不同的万有引力不同，使得不同地方的一千克重，是不相同的力。例如月球上的一千克重只有地球上的一千克重的六分之一。因此定义了另外的一个单位“牛顿”。我们怎么换算习惯的“千克重”与“牛顿”呢？便可以简单地使用“标准重力常数$g=9.80665m/s^2$”来换算；因此地球标准环境下1kg重等于9.80665N，不过为了方便计算起见，通常估算时都是用1kg重约等于10N来换算(1kg约10N)，所以看到标示25kN便代表25000N，近似于2500kg。既然如此，不管是动态力还是静态力，都可以使用牛顿来作单位，别再以为牛顿是种动态力的单位。

八、单杠梯

主要用于攀登一层或二层建筑的窗口及屋顶进行灭火救援，必要时也可作为跨越沟渠的桥板或代替担架抬运伤员使用。

单杠梯分 TD31 型木质和 TDZ31 型竹质两种。

单杠梯由 2 根侧板和 8 个梯磴组成，侧板两端包有铁皮，用于保护梯端不致损坏，还可用来撞击某些建筑结构；梯蹬采用活动连接式，使梯子可以缩合，便于携带和安放（表 5.3）。

表 5.3　单杠梯的规格参数

型号	工作高度/m	质量/kg	外形尺寸(长×宽×高)/mm		材质
			展开时	缩合时	
TD31	3.1	12	350×65×3100	105×65×3400	木
TDZ31	3.1	8.5	330×42×3100	82×42×3390	竹

为保证消防队员的使用安全，每年或每次修理后，必须检验其强度。检查时，将梯子拉开，靠墙立于地上与地面成 75°角，在任何一梯蹬中间挂上 120kg 的静载荷，持续 2min，取下载荷后，各部位无残余变形。

九、挂钩梯

挂钩梯是攀登楼房的工具之一。梯身较轻，消防战斗员可利用窗口、阳台等用挂钩固定梯身，登高上楼进行灭火救援。

挂钩梯分木质、竹质和铝合金三种。可以单独操作、使用，也可以与二节拉梯或三节拉梯联用。

挂钩梯由 2 个侧板、13 个梯磴和 1 个钢钩组成，最上一个梯磴是战斗员跨越窗台时作支撑用的，钢钩呈直角锯齿形，用来将梯子挂在楼层的窗台上。为防止两侧板离散，在 1、4、6、8、10、12 梯蹬上安装有金属拉杆，梯磴上下两端包有铁皮。挂钩梯的规格参数见表 5.4。

表 5.4　挂钩梯的规格参数

型号	工作高度/m	质量/kg	外形尺寸(长×宽×高)/mm	材质
TG41	4.1	11.5	235×395×4100	木
TGZ41	4.1	11	200×290×4100	竹
TGL41	4.1	10.9	135×295×4165	铝合金

为了使用安全，对挂钩梯的弹性和强度应进行检验。其方法是将挂钩张开，用钩子头部的大齿将梯子挂起，在梯子下端第二个梯磴中间，挂上 160kg 重的负荷，持续 2min，去掉负荷后，间歇 2min 再检查测量，各部件无变形；然后用挂钩根部的两齿将梯子挂起，并在一个没有加固的梯蹬中间，挂上 200kg 重的负荷，持续 3min，取下负荷后，梯子各部分无变形。

十、九米拉梯

九米拉梯是二节拉梯的一种，用它可攀登至三层楼房。

TE90型木质二节拉梯具有重量轻、抗弯强度高、弹性好等优点。改进后的自锁机构自动锁合好，冲击力小，操纵轻便灵活，能在任何高度确保制动。

为了使用安全，要对九米拉梯的强度进行检验。其方法是：将梯子拉出至额定高度，与地面成75°角，斜靠于墙上，在上下节梯身中部没有加强的梯蹬上各挂质量为100kg的静荷载，持续2min，卸掉荷载后，梯子应能灵活拉出和缩合；然后将二节梯脱开，把每节梯距两端各150mm处水平支起，同时在两端中间各挂上重100kg的静载荷，持续2min，最大变形量不得超过50mm，两侧板变形不得超过10mm；卸去荷载2min再检查测量，侧板最大残余变形不应超过5mm（表5.5）。

表5.5　九米拉梯的规格参数

型号	工作高度/m	质量/kg	外形尺寸(长×宽×高)/mm		材质
			展开时	缩合时	
TE90	9	≤53	183×440×9000	183×440×5358	木

十一、三节拉梯

三节拉梯主要用于攀登二层楼屋顶和三层楼房。

三节拉梯由上、中、下三节梯组成。上节梯纳入中节梯，中节梯纳入下节梯，并用压角限定起来。中节梯的侧板上有滑槽，上节梯的侧板下端装有金属导板，便于梯子升降，防止偏斜。三节拉梯的升降装置由滑轮、拉链和停止轴组成。

十二、消防梯的维护保养方法

（1）要经常保持完整好用，时刻处于战备状态。

（2）从车上卸下后，要放置在安全地带。在日常操练时，要选好竖梯地点，地面要平坦、坚实、不滑。竖梯时要掌握平衡。在灭火战斗中要尽可能将梯子靠在建筑物的外墙或在防火墙上竖起，如在受高温和火焰作用的窗口非竖不可时，要用水流冷却保护。

（3）在操练和火场使用后，要检查梯子的螺栓、滑轮、挂钩及各部位连接处是否松动；梯蹬、侧板等竹、木部分是否折断或损坏；拉绳是否损坏、折断。发现问题应及时更换零件或进行处理。主要负荷部件修理或更换后，应进行弹力和强度检查后方可使用。

（4）消防梯身较重，用后应平整地放在干燥的室内，严禁露天存放，不宜侧斜立放，以免日久变形。

（5）经常保持清洁干净，表面油漆要保持完好，如有脱落，要及时补漆。金属部分要涂抹机油，以防生锈，滑轮或活动铁角处要加注润滑油，保证滑动良好，防止零件磨损。

第二节　登高训练安全管理

【学习目标】

1. 熟悉登高训练安全管理规定；

2. 训练前的安全工作，训练中的安全工作；
3. 遵守操作程序规范。

登高训练安全工作，包括训练前的安全工作、训练中的安全工作和演习中的安全工作，根据训练内容开展安全知识教育，使受训人员明确训练的操作要领和安全注意事项，按要求着装、做好保护措施、安全开展训练科目、遵守操作程序规范等，特别在开展实地演练之前，要向全体受训人员介绍单位的安全规定和行动要求，帮助受训人员尽快掌握要领动作，防止因盲目行动而引发事故。

一、训练前的安全工作

制定安全措施，进行安全教育，检查场地器材，受训人员的准备活动必须做到充分、规范。

制定安全措施，是指针对训练内容、方法、要求和各种不安全因素所采取的不同处理方法。制定安全措施时注意以下几点。

（一）符合受训人员情况

制定安全措施时，要综合考虑受训人员的年龄、健康程度、身体素质、训练水平、思想现状以及心理活动等情况，既要面对全体，又要照顾个别。

（二）充分考虑外界影响

制定安全措施，要全面考虑气候、场地、器材等因素对训练的影响。如训练场地的面积、平整程度，建筑物的布局、内部通道、风向、风力、器材装备的性能等。防止因某一环节的疏忽导致训练事故发生。

（三）符合训练内容的要求

不同的训练内容有其特定的安全要求和安全措施，因此在制定安全措施时，必须突出训练内容的特点，具有针对性。

二、训练前的安全教育

开展训练前的安全教育是增强安全意识、预防训练事故的基本方法之一。训练前的安全教育内容如下。

（一）安全意识教育

进行训练安全重要性的教育，使受训人员增强安全意识，要正确处理安全与训练的关系，纠正忽视安全训练的错误认识，确保训练安全。

（二）安全知识教育

根据训练内容开展安全知识教育，使受训人员明确训练的操作要领和安全注意事项。如着装要求、保护要求、行动要求等。特别在开展实地演练之前，要向全体受训人员介绍单位的安全规定和行动要求，防止因盲目行动而引发事故。

（三）典型案例教育

借助典型案例总结分析，使受训人员注意容易引起突发事故的环节，积累安全经验，吸取事故教训，防止同类训练事故的发生。

三、训练前的安全检查

训练前安全检查，是对训练场地、训练器材、保护器具等的安全状况进行的检查。为了保证训练安全，在训练前必须作以下检查。

（一）检查训练场地

检查训练场地是否符合安全规定，作业区域有无无关人员进入；场地内有无积水和碎石等杂物；是否根据训练内容划出清晰的场地标记；受训人员是否熟悉场地的地形地貌；复杂、危险区域是否做出警示标记等。

（二）检查训练装备

检查训练装备是否符合安全规定，性能是否良好等。发现问题及时解决，无法解决的要调整训练内容。

（三）检查个人防护

检查受训人员是否按规定着装，个人防护装具是否损坏。如头盔破损，安全带断裂，安全钩变形，安全绳老化等。必要时进行互查，消除事故隐患和不安全因素。

四、训练前的准备活动

准备活动，指训练前为使身体处于良好状态而进行的必要锻炼。参训前肌肉、韧带较僵直，关节不灵活，机体兴奋度较低，如果不活动开就进行剧烈活动，容易将肌肉拉伤。因此，准备活动要充分，既要有常规准备活动内容，又要有专项准备活动内容。开展训练前准备活动时应注意以下几点。

（一）针对性

应根据训练课目、场地、器材、气候条件确定准备活动的内容，尽量使全身各主要关节、韧带和肌肉都得到活动，并应加强不发达肌肉的练习。

（二）适应性

准备活动时间一般不少于10～20min，以身体感觉发热、略微出汗为宜。

五、训练中的安全工作

训练中要严格落实各项安全措施，遵守操作程序，合理掌握训练强度，加强保护与防护，避免事故发生。

（一）干部到场，加强组织管理

开展训练时，训练场地应有干部现场组织，落实各项安全制度，严格操场纪律，保证良好的训练秩序，帮助受训人员克服紧张和畏难心理，提高控制自己行为和情绪能力。训练结束后，干部要对训练安全工作进行讲评。

（二）科学训练，讲究方法

要遵循人体的生理活动规律，坚持科学指导训练。根据具体情况合理安排训练强度，安排好课间休息，严禁超强度训练；按照训练计划和步骤组织训练，先讲解后示范，先分解后连贯。首先向受训人员下达训练课目，讲解训练装备的技术性能、操作规范、操作要求和安全注意事项，并结合作业对象进行示范作业，然后指导受训人员进行训练。动作应从易到难，由简有繁，循序渐进，避免盲目蛮干。

（三）规范程序，加强保护

训练时，要严格按照项目操作规程进行操作。根据训练科目危险性和危险环节，落实保护措施。特别是组织登高训练和特种装备应用训练时，必须严格执行操作规程，全面落实保护措施。保护措施不到位不得进行操作。

保护与帮助是消防员训练中不可缺少的安全措施，也是受训人员应掌握的基本技能。保护主要有一般保护法和自我保护法。一般保护法时，保护人员应靠近受训者容易发生失误的位置，利用绳索等工具，做好保护准备；必要时运用接、抱、拉、挡等方法，对受训人员进行保护。自我保护时，受训者一般采用顺势屈臂、团身、滚动和下蹲的方法，以减免冲击或碰砸。帮助主要有直接帮助法和间接帮助法。直接帮助用于出现险情时，采取拉、托、顶、送、挡等方法化解危险；间接帮助用于训练难度大的动作时，采用语言、哨声、击掌等方法，使受训人员掌握用力时间和节奏，明确身体在空间的方位，帮助受训人员尽快掌握要领动作，避免事故发生。

（四）根据情况，采取措施

根据训练场地、内容、环境、气候等的不同，应认真研究动作要领，了解容易发生事故的环节，采取相应的安全措施。

（1）特别是在登高训练前，要对训练和保护器材进行严格检查，负责保护的人员要尽职尽责，措施到位；使用举高车时，要注意高空障碍物，并防止因地面承重过大而发生塌陷。

（2）开展有烟热适应训练登高时，要严密组织，保证设施的控制系统完整好用；掌握受训人员身体状况，一般三人一组分组受训；详细登记进入训练空间的人员、进入时间和装备（如空气呼吸器）性能等情况；落实专人负责监控，一旦发生险情及时排除。

（3）训练中发现不安全因素，应及时制止，并立即纠正。出现危险征兆时，应及时采取补救措施。

（4）受训人员情绪不稳定或者身体不适应时，严禁参加训练。

（5）在炎热的夏季，训练持续时间不宜过长，一般应比正常训练时间缩短15%～20%。训练宜安排在室内或阴凉通风处进行，户外训练时要避免头部暴晒。在出汗较多、身体缺水情况下，宜饮用含盐的饮料，及时补充水和盐分，防止中暑。

（6）在寒冷的冬季，户外训练应按规定穿戴防寒服装和用具，衣服、鞋袜要保暖、适体、干燥。训练时间不宜过长、防止冻伤。

第三节　攀登单杠梯、挂钩梯、拉梯

【学习目标】

1. 熟悉单杠梯、挂钩梯、拉梯等消防梯的性能参数及使用方法；
2. 全体训练学员任务明确，协同密切；
3. 操作程序规范，动作准确、迅速；

4. 在规定时间内完成全部动作。

登高训练是消防队伍的基础训练科目，在消防队员无法通过楼梯和走廊正常途径进入较低矮的楼层开展灭火救援时，利用单杠梯、拉梯、挂钩梯进入是行之有效的方法。

一、攀登单杠梯操

训练目的：使战斗员学会利用单杠梯登高的方法，掌握攀登单杠梯的技能。

场地器材：在平地上标出起点线，起点线前15m处标出终点线。终点线上设置3m板障一块，距终点线0.5～1.5m处标出架梯区，单杠梯平放在起点线上，一端与起点线相齐（图5.4）。

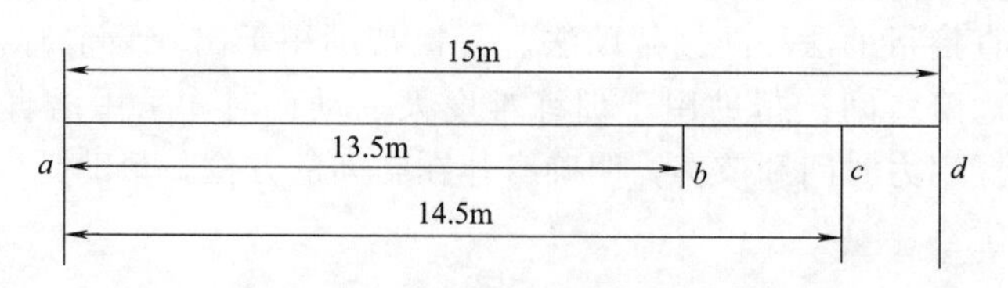

图5.4　攀登单杠梯操场地设置

a—起点线；b,c—架梯区；d—塔基

操作程序：战斗班在起点线一侧3m处站成一列横队。

听到“第一名出列”的口令，战斗员行进至起点线成立正姿势。

听到“准备器材”的口令，战斗员做好器材准备。

听到“预备”的口令，战斗员面向单杠梯做好操作准备（手不得触及器材）。

听到“开始”的口令，战斗员双手协力将梯子提放于右肩，右手扶住梯梁，保持梯子平衡；至架梯区将单杠梯在架梯区竖直，双手握两侧梯梁下拉将梯子展开；使两梯脚着地，梯首靠住板障，然后逐级攀登至梯首第三磴，举于示意喊“好”。

听到“收操”的口令，战斗员收起梯子，放回原处，成立正姿势。

听到“入列”的口令，战斗员跑步入列。

操作要求：

(1) 竖梯时不要用力过猛，防止梯子损坏。

(2) 梯脚竖于架梯区内，方可攀登。

(3) 终点线处须设一名保护人员。

成绩评定：

计时从发令“开始”至战斗员完成全部操作任务，举手示意喊“好”止。

优秀：10″；良好：12″；及格：14″。

有下列情况之一者不计成绩：梯脚未竖于架梯区内；手预先触及器材。

有下列情况之一者加1″：手握（脚踩）梯磴不正确；未逐级攀登。

二、攀登挂钩梯操

（一）坐窗台操

训练目的：使战斗员学会利用挂钩梯攀登的方法，掌握攀登挂钩梯的技能。

场地器材：在训练塔第2层预先挂好挂钩梯一部，训练塔上设置安全保护绳一条，地面设保护人员两名。

操作程序：战斗班在训练塔一侧3m处站成一列横队。

听到“第一名出列”的口令，战斗员行进至训练塔前成立正姿势。

听到“准备器材”的口令，战斗员系好安全绳，双手分别握梯梁协力上抬，使梯钩脱离窗台，钩尖距窗口约半个挂钩，两梯脚抵靠塔基，两脚前后站立（脚不得接触器材）做好器材准备。

听到“预备”的口令，做好操作准备［图5.5（a)］。

听到“开始”的口令，战斗员双手协力上抬将挂钩梯举起，推进窗并挂入窗台，然后左脚踏梯子第二磴［图5.5（b)］；右手向上抓第七磴（双手间隔抓磴)，逐级攀登，待右脚踏于第九磴时，左手抓窗台内侧，右手抓梯末倒数第二磴，左脚利用右脚蹬力跨上窗台转身90°［图5.5（c)］；骑坐在窗台上［图5.5（d)］；左小腿勾住窗台内侧，右脚紧贴外墙，上体稍向外倾，左手支撑窗台，右手用力将梯子提起，并将挂钩梯向外转90°，使挂钩与外墙平行［图5.5（e)］；左手下伸握住梯梁，双手交替向上升梯，当挂钩高出上层窗台时，双手握梯梁向里转90°［图5.5（f)］；并用力下拉，将挂钩挂在上层窗台，右脚踏梯第一磴并转身，左脚蹬窗台［图5.5（g)］；右手上抓第七磴，然后逐级攀登至右脚蹬第九梯磴时，双手正握梯末，左脚上抬伸向窗内，利用双手支撑力和右脚蹬力转身进入窗内，双脚着地后，面向窗外举手示意喊“好”。

(a) 准备操作

(b) 攀挂钩梯

(c) 骑坐窗台

(d) 准备升梯

(e) 挂钩

(f) 升梯

(g) 出窗台

图5.5 攀登挂钩梯的方法

听到“收操”的口令，战斗员收起器材，放回原处，成立正姿势。

听到“入列”的口令，战斗员跑步入列。

操作要求：

(1) 梯子的钩齿不得露出窗台，挂钩挂窗台时应中间偏右。

(2) 攀登梯子时，双手不得同时脱离梯磴。

(3) 听到“预备”的口令，钩尖不得触及窗台，战斗员不得单脚着地。

(4) 安全绳必须经三人以上吊拉、检查合格后方可使用。

(5) 保护人员不得故意用力拉绳。

成绩评定：

计时从发令“开始”至战斗员完成全部操作任务，举手示意喊“好”止。

优秀：15″；良好：17″；及格：19″。

有下列情况之一者不计成绩：双手脱挡攀磴；钩齿外露三个以上。

有下列情况之一者加1″：保护人员故意用力拉安全绳；未逐级攀登。

(二) 立窗台操

训练目的：使战斗员学会攀登挂钩梯的方法。

场地器材：在训练塔正面长32.25m、宽2m的跑道上标出起点线，钩梯的第七梯磴与起点线相齐，梯钩在起点线后，一侧梯梁着地。

操作程序：战斗班在起点线一侧3m处列一横队。

听到“第一名出列”的口令，战斗员行进至起点线成立正姿势。

听到“准备器材”的口令，战斗员做好器材准备。

听到“预备”的口令，战斗员做好操作准备。

听到“开始”的口令时，战斗员持挂钩梯至训练塔处，将梯子挂于第二层窗台并向上攀登，将挂钩梯挂于第三层窗台上，攀登至第三层，再以同样的方法攀登至第四层进入窗内，双脚着地，面向窗口立正喊“好”。

听到“收操”的口令，战斗员按照攀登的相反次序下至地面，将梯取下，送回起点线，放回原位成立正姿势。

听到“入列”的口令，战斗员跑步入列。

操作要求：

(1) 听到“预备”的口令时，战斗员不准移动梯子。

(2) 梯钩要挂牢，不露钩齿。

(3) 操作中，如盔帽或鞋脱口，须纠正穿戴好。

(4) 操作中，必须使用安全绳进行保护。

成绩评定：

计时从发令“开始”至战斗员完成全部操作任务喊“好”止。

优秀：27″；良好：29″；及格：31″。

有下列情况之一者不计成绩：双手脱蹬攀登，钩齿露出三牙以上。

有下列情况之一者加1″：保护人员故意用力拉安全绳；未逐级攀登。

三、攀登6米拉梯操

(一) 单人操

训练目的：使战斗员学会利用6米拉梯登高的方法。

场地器材：在训练塔前15m处标出起点线，0.8～1.3m处标出架梯区，10m处标出卸梯区。起点线上放置6米拉梯一把（第五梯蹬与起点线相齐），梯脚向前，梯梁一侧着地，架梯区设保护人员一名（图5.6）。

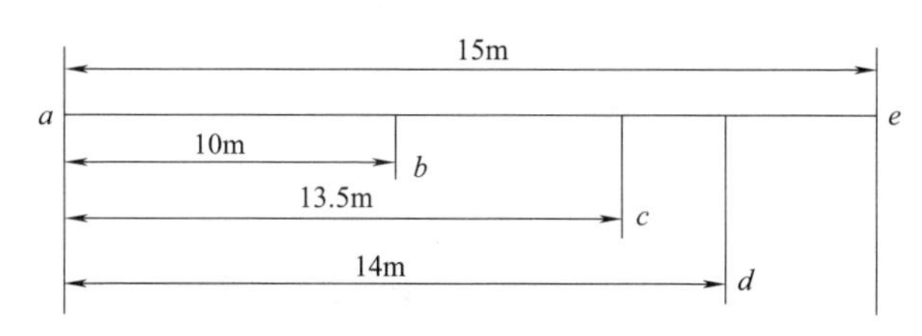

图5.6 攀登6米拉梯操场地设置

a—起点线；*b*，*c*—卸梯区；*d*—架梯区；*e*—塔基

操作程序：战斗班在起点线一侧3m处列一横队。

听到“第一名出列”的口令，1号战斗员行进至起点线成立正姿势。

听到“准备器材”的口令，战斗员做好器材准备。

听到“预备”的口令，战斗员做好操作准备（双手不得触及拉梯）。

听到“开始”的口令，战斗员的右臂伸入梯子第六、七梯蹬之间，左手握第五蹬，起梯上肩；跑向卸梯区，待梯脚进入卸梯区脱肩卸梯时，右手转握第七或第八梯蹬，将梯子展平，左手下压右手上抬，借助右腿及腰力将梯子架在竖梯区内；同时右脚迅速向前，伸入两梯脚之间，双手交替拉绳，当内梯活络铁脚高于外梯第七蹬时，右手伸入梯蹬内向外拉内梯绳，左手松脱外梯绳，使活络铁脚坐落于主梯第七蹬。待拉梯靠墙后，左脚蹬梯第二蹬，右手抓第八蹬（手间隔抓磴）向上攀登；当右脚蹬第十三梯蹬，右手抓梯末第三蹬时，左手握安全钩挂入梯末第二蹬，举手示意喊“好”。

听到“收操”的口令，战斗员按相反顺序收起梯子，放回原处，成立正姿势。

听到“入列”的口令，战斗员跑步入列。

操作要求：

（1）拉梯必须在梯脚进入卸梯区后方可脱肩。

（2）保护人员必须戴好手套，拉梯靠墙后方可扶梯保护（在竖梯危险时可提前保护），严禁双手伸入梯磴内。

（3）双手交替拉绳不得少于3把，下蹲时臀部不低于膝盖。

（4）拉绳时，双手不准同时脱手，防止内梯突然滑落。

（5）升梯时不得触及建筑物，安全钩应挂于梯末第二磴。

（6）拉梯梯脚超出架梯区或架在窗框外严禁攀登。

成绩评定：

计时从发令“开始”至战斗员完成操作任务，举手示意喊“好”止。

优秀：10″；良好：12″；及格14″。

有下列情况之一者不计成绩：梯子锁定低于第七磴；梯子未完全架设好已攀登。

有下列情况之一者加1″：弹簧钩固定低于梯末第二磴；卸梯时梯脚未进入卸梯区；双手交替拉绳少于3把。

（二）双人操

训练目的：使战斗员学会利用6米拉梯登高的方法。

场地器材：在训练塔正面长32.25m、宽2m的跑道上，标出起点线，距塔基0.8～1.3m处标出架梯区。起点线上平放6米拉梯一部，弓背朝下，梯脚与起点线相齐（图5.7）。

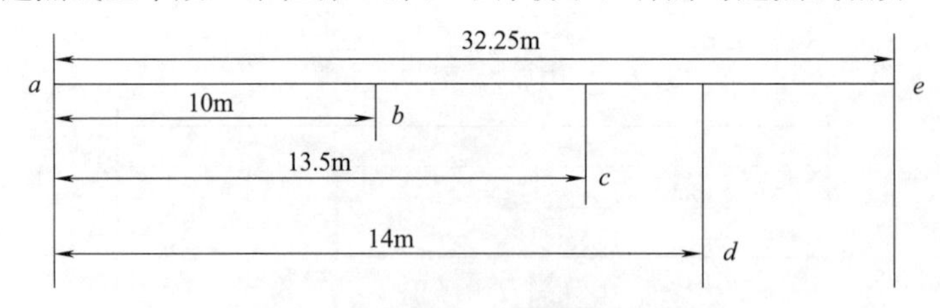

图5.7　攀登6米拉梯操场地设置

a—起点线；b—卸梯区；c，d—架梯区；e—塔基

操作程序：战斗班在起点线一侧3m处站成一列横队。

听到“前两名出列”的口令，1、2号战斗员跑步至梯子一侧两端，立正站好。

听到“准备器材”的口令，1、2号战斗员做好器材准备。

听到“预备”的口令，1、2号战斗员用单手（双手）握梯，做好操作准备。

听到“开始”的口令后，1、2号战斗员提起梯子，上至肩部扛梯，右手扶梯跑向训练塔，在竖梯线内将梯竖起，1号战斗员扶梯，2号战斗员拉梯，将梯架设在第二层窗台后攀登进入第二层窗内，脚着地，面向外立正喊“好”。

听到“收操”的口令，2号战斗员按攀登的相反顺序下到地面，与1号员一起将梯子扛至终点线，放回原处成立正姿势。

听到“入列”的口令，两名战斗员跑步入列站好。

操作要求：

（1）听到“预备”的口令时，战斗员不得移动梯子。

（2）架梯时梯脚必须要在架梯区内。

（3）梯子要架正，梯梁不得越出窗框。

（4）梯子上端必须超出窗台两个梯磴，两个撑脚必须锁牢。

成绩评定：

计时从发令“开始”至战斗员完成全部操作任务喊“好”止。

优秀：10″；良好：13″；及格：16″。

有下列情况之一者不计成绩：梯子锁定低于第五磴；梯子未完全架设好已攀登。

四、攀登9米拉梯操

训练目的：使战斗员学会利用9米拉梯登高的方法。

场地器材：在训练塔前15m处标出起点线，距塔基1～1.5m处标出架梯区。起点线上放置9米拉梯一部，梯梁一侧着地，梯脚向前与起点线相齐（图5.8）。

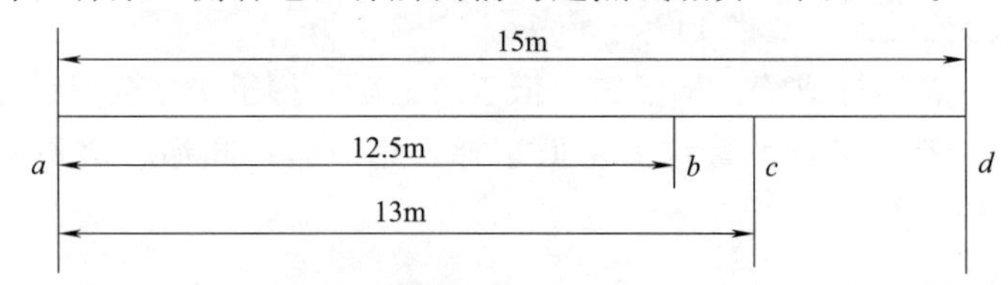

图5.8　攀登9米拉梯操场地设置

a—起点线；b，c—架梯区；d—塔基

操作程序： 战斗班在起点线一侧3m处站成一列横队。

听到“前三名出列”的口令，1、2、3号战斗员行进至起点线成立正姿势。

听到“准备器材”的口令，战斗员作好器材准备（1号战斗员立于拉梯左侧梯脚处、2号战斗员立于拉梯右侧中间处、3号战斗员立于拉梯左侧梯末处）。

听到“预备”的口令，战斗员做好操作准备。

听到“开始”的口令，1号战斗员、3号战斗员分别将右臂伸入梯磴之间，左手握梯磴，起梯上肩并跑向架梯区；2号战斗员在梯子中间处托住梯梁协同前进；至架梯区后，1号战斗员将拉梯脱肩放下，两腿下蹲，转梯90°使梯子转平，两梯脚着地，然后背向训练塔，用两脚掌抵住梯脚，双手抓住梯磴后喊“竖梯”，然后站立于拉梯左侧，左手在上，右手在下，抓住梯梁将梯扶稳，并用左脚抵住梯脚，待拉梯靠墙后，双手拉住梯梁一侧做保护；2号战斗员待梯子到达架梯区后，转身至梯首面向训练塔，右手托住梯梁（其动作需与3号战斗员协调），同时用双手交替向上推梯，将梯竖直，然后转向拉梯右侧，右手在上，左手在下，并用右脚抵住梯脚处，扶稳梯身，待拉梯靠窗后，双手拉住梯梁另一侧做保护；3号战斗员待梯子到达架梯区后，将拉梯脱肩，协同2号战斗员推梯，待拉梯竖直后，右脚伸入两梯中间，两手交替拉绳，使内梯升高（或根据实际情况升至所需的标高处），右手伸入梯磴内侧向外拉梯绳，左手松脱外梯绳，使活络铁脚落于主梯磴上，拉梯靠窗后，逐级攀登至安全钩挂于梯末第二磴，举手示意喊“好”。

听到“收操”的口令，战斗员收起拉梯，放回原处，成立正姿势。

听到“入列”的口令，三名战斗员跑步入列。

操作要求：

（1）竖梯时必须在1号战斗员发出口令后方可向上推梯，动作要协调一致。

（2）升梯时，拉梯必须竖稳，拉梯未竖稳或向外倾斜，严禁升梯。

（3）拉梯靠墙后应根据标高调整角度，梯脚与训练塔距离不得小于1m。

成绩评定：

计时从发令“开始”至战斗员完成全部操作任务，举手示意喊“好”止。

优秀：18″；良好：20″；及格：22″。

有下列情况之一者不计成绩：未跑至架梯区卸梯；梯脚在架梯区外。

有下列情况之一者加1″：升梯时，梯子未竖直；动作不协调。

五、攀登15米金属拉梯操

训练目的： 使战斗员学会利用15米金属拉梯登高的方法。

场地器材： 在训练塔前20m处标出起点线，距塔基2～2.5m处标出架梯区。起点线上放置15米金属拉梯一部，梯脚向前与起点线相齐（图5.9）。

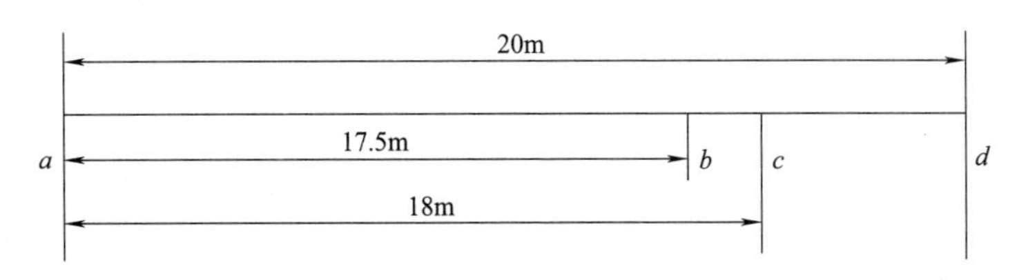

图5.9　攀登15米金属拉梯操场地设置

a—起点线；b，c—架梯区；d—塔基

操作程序：战斗班在起点线一侧 3m 处站成一列横队。

听到“前五名出列”的口令，1、2、3、4、5 号战斗员行进至起点线成立正姿势。

听到“准备器材”的口令，1 号员立于梯子左前侧第四梯磴处；2 号员立于梯子右前侧第四磴处；3 号员立于梯子中间处；4 号员立于梯首后右侧第四磴处；5 号员立于梯末后左侧第四梯磴处做好器材准备。

听到“预备”的口令，做好操作准备。

听到“开始”的口令，五名战斗员同时用力握梯磴、托梯梁，携梯至架梯区。1 号员、2 号员将梯脚平放，并用脚踩住梯脚；听到 5 号员下达“竖梯”命令后，1、2 号员双手交替向上拉梯磴，3、4、5 号员同时向上推梯，待梯子竖直后，3 号员两手扶梯梁，两脚抵靠梯脚；4、5 号员位于梯子两侧保护，1、2 号员竖撑脚于适当位置，待梯子架稳后，5 号员喊“升梯”，4、5 号员交替拉绳子升到四楼窗台扣好马夹；1、2 号员持撑脚，3、4、5 号员扶梯子，将梯子靠窗台，1、2 号员固定撑脚，4、5 号员保护梯子，3 号员开始逐级攀登至四楼进窗，面向外举手示意喊“好”。

听到“收操”的口令，战斗员收起梯子，放回原处，成立正姿势。

听到“入列”的口令，五名战斗员跑步入列。

操作要求：

（1）架梯时不得触及训练塔。

（2）梯子未架稳，不得升梯、爬梯。

（3）升梯靠窗时，应轻靠窗台。

（4）撑脚要互相对称，防止梯子倾斜。

（5）保护时，战斗员两手应扶于梯梁，防止内梯突然滑落造成事故。

成绩评定：

计时从发令“开始”至战斗员完成全部操作任务，举手示意喊“好”止。

优秀：38″；良好：40″；及格：42″。

有下列情况之一者不计成绩：未跑至架梯区卸梯；梯脚在架梯区外。

有下列情况之一者加 1″：升梯时，梯子未竖直；动作不协调。

六、6 米拉梯与挂钩梯联用操

训练目的：使战斗员学会使用 6 米拉梯与挂钩梯联用登高的方法。

场地器材：在训练塔正面长 32.25m、23m、宽 2m 的跑道上标第一、二条起点线。距塔基 0.8～1.3m 处标出架梯区。在 23m 起点线后，平放一架 6 米拉梯，弓背朝下，梯脚与起点线相齐；挂钩梯纵向放置在 32.25m 处的起点线上，挂钩在起点线后，一面梯梁着地，第七梯磴与起点线相齐。

操作程序：战斗班在起点线一侧 3m 处站成一列横队。

听到“前三名出列”的口令，1、2 号战斗员行至第二条起点线后，3 号战斗员行至第一条起点线后，成立正姿势。

听到“准备器材”的口令，1 号战斗员行至拉梯脚处，2 号战斗员行至拉梯末处；3 号战斗员行至挂钩梯处，做好器材准备。

听到“预备”的口令，战斗员用单手或双手握梯，做好操作准备。

听到“开始”的口令，1 号、2 号战斗员同时起梯，右臂顺势伸入梯子第二磴之间，将拉梯上至肩部扛梯，右手扶梯跑向训练塔，1号战斗员卸梯使两梯脚着地，双脚掌顶住梯脚，双手用力拉梯磴或梯梁，协助2号员将梯在架梯区内竖起，然后手扶梯梁负责保护；2号战斗员拉梯锁梯双手推梯梁，升梯靠窗口后，迅速攀登到拉梯上端，将安全挂钩挂在梯磴上（或一脚插入梯框，勾住梯磴），然后接过3号战斗员递上的挂钩梯，将挂钩梯挂至三层窗台，按攀登挂钩梯的要求，攀登到三层进入窗内双脚着地后，面向外举右手示意喊“好”。第三名战斗员递完挂钩梯后，攀登6米拉梯进入二层窗口。

听到“收梯”的口令，2、3号战斗员按攀登梯的相反顺序下至地面与1号战斗员一起降下梯子，扛回起点，放回原处，成立正姿势。

听到“入列”的口令，三名战斗员跑步入列。

操作要求：

（1）3号战斗员递挂钩梯前，不得抛梯或上梯磴。

（2）2号战斗员在接挂钩梯前，必须在梯磴上挂住安全钩或用脚勾住梯磴。

（3）2号战斗员攀登挂钩梯时，必须有安全绳保护。

（4）其他要求与攀登6米拉梯和攀登挂钩梯项目相同。

成绩评定：

计时从发令“开始”至战斗员完成全部操作任务，举手示意喊“好”止。

优秀：16″；良好：18″；及格：20″。

有下列情况之一者不计成绩：6米拉梯梯脚未竖在架梯区内；梯梁越出窗框；2号战斗员在接挂钩梯前，未在梯磴上挂住安全钩或用脚勾住梯磴；3号战斗员递挂钩梯时，向上抛梯或登上梯磴；挂钩梯梯钩外露3个钩齿。

有下列情况之一者加1″：升梯时梯未触及窗口。

七、9米拉梯与挂钩梯联用

训练目的：使战斗员会利用挂钩梯与9米拉梯联用登高的方法。

场地器材：在训练塔前15m处标出起点线，距塔基1～2m处标出架梯区。起点线上放置9米拉梯、挂钩梯各一部，梯梁一侧着地，梯脚向前与起点线相齐。

操作程序：战斗班在起点线一侧3m处站成一列横队。

听到“前四名出列”的口令，1、2、3、4号战斗员进行至起点线成立正姿势。

听到“准备器材”的口令，1号员立于拉梯左侧梯脚处、2号员立于拉梯右侧中间处、3号员立于拉梯左侧近梯末处、4号员立于挂钩梯处（适当位置）做好器材准备。

听到“预备”的口令，战斗员做好操作准备。

听到“开始”的口令，1、2、3号战斗员同时起梯，1、3号员分别将右臂深入梯磴之间；2号员在拉梯中间处托梯梁协同前进，至架梯区后将拉梯竖起，升梯至三楼窗台（按攀登9米拉梯操要领），然后1、2号员负责保护；3号员攀登进入三楼作挂钩梯保护；4号员持挂钩梯至架梯区，将挂钩梯穿于右肩，沿拉梯攀登至三楼窗台处，左脚伸于拉梯梯磴内，将挂钩梯挂至四楼窗台（按挂钩梯操作要领），攀登进入窗内双脚着地后，面向外举手示意喊“好”。

听到“收操”的口令，战斗员收起梯子，放回原处，成立正姿势。

听到“入列”的口令，四名战斗员跑步入列。

操作要求：

(1) 登高人员应有保护措施，挂钩梯向上攀登时，必须系好安全绳。

(2) 每个动作都必须严格执行操作规程，严禁违章操作。

成绩评定：

计时从发令“开始”至战斗员完成全部操作任务，举手示意喊“好”止。

优秀：50″；良好：55″；及格：60″。

有下列情况之一者不计成绩：未按攀登挂钩梯（9米拉梯）动作要领实施。

有下列情况之一者加1″：战斗员配合不协调。

八、15米金属拉梯与挂钩梯联用操

训练目的：使战斗员学会利用挂钩梯与15米金属拉梯联用登高的方法，掌握其操作要领。

场地器材：在训练塔前20m处标出起点线，距塔基2～2.5m处标出架梯区，起点线上放置安全绳一根，15米金属拉梯一部、挂钩梯各一把，梯脚向前与起点线相齐。

操作程序：战斗班在起点线一侧3m处站成一列横队。

听到“前六名出列”的口令，1、2、3、4、5、6号战斗员进行至起点线成立正姿势。

听到“准备器材”的口令，战斗员做好器材准备，1至5号战斗员按“15米金属拉梯操”位置站立（3号员预先背好安全绳），6号员至挂钩梯处。

听到“预备”的口令，做好操作准备。

听到“开始”的口令，1至5号员按“15米金属拉梯操”操作要领实施，将梯架好并靠于四楼窗台，然后3号员沿梯攀登进入四楼窗内，解下安全绳将一端抛至地面，将挂钩梯吊升至四楼窗台，然后负责保护6号员攀登挂钩梯，6号员持挂钩梯至操作区，将3号员抛下的安全绳系于挂钩梯梯末处，然后沿梯攀登进入窗内，双脚着地，面向窗外举手示意喊“好”。

听到“收操”的口令，战斗员收起梯子，放回原处，成立正姿势。

听到“入列”的口令，1至6号战斗员跑步入列。

操作要求：

(1) 攀登挂钩梯时，须有人保护。

(2) 每个动作都必须严格要求执行操作规程。

成绩评定：

计时从发令“开始”至战斗员完成全部操作任务，举手示意喊“好”止。

优秀：80″；良好：90″；及格：100″。

有下列情况之一者不计成绩：未按攀登金属梯、挂钩梯动作要领实施。

有下列情况之一者加1″：攀登挂钩梯时，6号员未做保护。

九、三把挂钩梯联用攀登操

训练目的：使战斗员学会利用挂钩梯联挂登高的方法。

场地器材：在训练塔前15m处标出起点线。起点线上放置挂钩梯三部，挂钩在后并向外，梯脚与起点线齐。

操作程序：战斗班在起点线一侧3m处站成一列横队。

听到“前三名出列”的口令，1、2、3号战斗员行进至起点线成立正姿势。

听到“准备器材”的口令，战斗员做好器材准备。

听到“开始”的口令，1号员持挂钩梯至训练塔，将挂钩梯挂于二楼窗台，然后按“攀登挂钩梯操”动作要领攀登至三楼将挂钩梯挂于四楼窗台，然后进入三楼在窗口作保护；2号员待1号员攀登至三楼后，持挂钩梯至训练塔处用同样的方法将挂钩梯挂至三楼窗台（挂钩挂于1号员梯子第二、三磴之间）使两部梯子相接，进入二楼窗内作保护；3号员持挂钩梯至训练塔将挂钩挂于二楼窗台后（挂钩挂于第二部梯子第二、三磴之间）使三部梯子相接，沿三把挂钩梯向上攀登至四楼进窗，双脚着地，面向外举手示意喊“好”。

听到“收操”的口令，战斗员收起梯子，放回原处，成立正姿势。

听到“入列”的口令，战斗员跑步入列。

操作要求：

训练中必须做好安全保护措施，设置安全绳，确保安全。

成绩评定：

计时从发令“开始”至战斗员完成全部操作任务，举手示意喊“好”止。

优秀：45″；良好：47″；及格：50″。

有下列情况之一者不计成绩：双手脱磴攀登。

有下列情况之一者加1″：未按攀登挂钩梯的动作要领实施。

十、利用挂钩梯转移窗口操

训练目的：使战斗员学会利用挂钩梯转移窗口的方法。

场地器材：在训练塔二楼窗台挂好挂钩梯一部，训练塔上设置安全保护绳一根，地面设保护人员两名。

操作程序：战斗班在训练塔一侧3m处站成一列横队。

听到“第一名出列”的口令，战斗员行进至塔基处成立正姿势。

听到“准备器材”的口令，战斗员做好器材准备。

听到“预备”的口令，战斗员做好操作准备。

听到“开始”的口令，战斗员按“攀登挂钩梯操”操作要领，攀登至二楼骑坐窗台上升梯子，双手握梯梁，将梯第一磴支撑在右大腿上，使挂钩沿塔壁倾斜向右侧窗口转移［图5.10（a)］；待接近窗口时，将挂钩向内转90°挂入窗台［图5.10（b)］；然后右手握梯梁，右脚踏梯第一磴，左手拉窗框，左脚踏窗台，转出窗外，缓慢向右侧窗口移动［图5.10（c)］；使梯子垂直，然后向上攀登至进入窗口内双脚着地，面向外举手示意喊“好”。

(a)

(b)

(c)

图5.10 利用挂钩梯转移窗口操法

听到“收操”的口令，战斗员收起梯子，放回原处成立正姿势。

听到“入列”的口令，战斗员跑步入列。

操作要求：

(1) 登高作业必须系好安全绳，转移窗口时，保持有一手不脱离梯子。

(2) 转移窗口时动作应协调、正确。

成绩评定：

计时从发令“开始”至战斗员完成全部操作任务，举手示意喊“好”止。

优秀：25″；良好：30″；及格：35″。

有下列情况之一者不计成绩：转移窗口时梯子脱手。

有下列情况之一者加1″：未按攀登挂钩梯的动作要领实施。

十一、狭窄地段架梯操

训练目的：使战斗员学会在狭窄地段快速实施架梯的方法。

场地器材：在训练塔一侧15m处标出起点线。塔基前0.5～1m处标出架梯区，起点线上放置6米拉梯一把，梯脚向前与起点线相齐。

操作程序：战斗班在起点线一侧3m处站成一列横队。

听到“前两名出列”的口令，1、2号战斗员行进至起点成立正姿势。

听到“准备器材”的口令，1号战斗员于梯脚处、2号战斗员于梯末处（手不得触及器材），做好器材准备。

听到“预备”的口令，1、2号战斗员做好操作准备。

听到“开始”的口令，1、2号战斗员携梯至架梯区，1号员将两梯脚着地，用双脚踩住梯脚，协助2号员竖梯，待梯子竖直后，手向下将梯脚提起，并将梯子转90°，背向训练塔负责保护，2号员推梯并将梯子竖直，然后协助1号员完成转梯动作，将拉梯升至第七梯磴并锁梯，然后爬梯进窗双脚着地后，面向外举手示意喊“好”。

听到“收操”的口令，两名战斗员收起拉梯，放回原处，成立正姿势。

听到“入列”的口令，两名战斗员跑步入列。

操作要求：

(1) 拉梯必须竖直后方能转梯。

(2) 架梯时2号员必须将梯子扶正，待梯子双脚着地后方可升梯。

成绩评定：

计时从发令“开始”至战斗员完成全部操作任务，举手示意喊“好”止。

优秀：14″；良好：16″；及格：18″。

有下列情况之一者不计成绩：拉梯未升至第七磴。

有下列情况之一者加1″：梯子双脚未着地即升梯；2号员拉梯时梯子尚未竖直。

十二、攀登软梯操

训练目的：使战斗员学会利用软梯登高的方法。

场地器材：在训练塔前15m处标出起点线，训练塔三楼窗台处悬挂软梯一部（梯尾至地面）。

操作程序：战斗班在起点线一侧3m处站成一列横队。

听到“第一名出列”的口令，1号战斗员行进至起点线成立正姿势。

听到“准备器材”的口令，战斗员做好器材准备。

听到“预备”的口令，战斗员做好操作准备。

听到“开始”口令，战斗员跑至塔基处，右（左）手握梯蹬，同时左（右）脚蹬软梯，手脚交替向上攀登，当攀登到三楼窗口时，双手握同一级梯蹬，左脚抬起伸向窗口，小腿于窗台处，双手支撑上体，收起右脚，转身进窗，双脚着地后面向窗外，举手示意喊“好”。

听到“收操”的口令，战斗员按相反顺序下至地面，成立正姿势。

听到“入列”的口令，战斗员跑步入列。

操作要求：

（1）攀登时系好安全绳，双手交替不得脱蹬，上体挺直，手脚攀登要协调。

（2）对软梯要严格检查。

成绩评定：

计时从发令“开始”至战斗员完成全部操作任务，举手示意喊“好”止。

优秀：25″；良好：27″；及格：29″。

有下列情况之一者加1″：手脚不协调；手脚未交替向上攀登。

十三、利用消防车车体架设两节拉梯操

训练目的：使战斗员学会利用消防车车体架设两节拉梯的方法。

场地器材：在训练塔前15m处停放消防车一辆（与训练塔平行），车顶备9米拉梯一部，梯脚向车尾。

操作程序：战斗班在消防车一侧3m处成一列横队。

听到“前四名出列”的口令，1、2、3、4号战斗员行进至车辆两侧适当位置成立正姿势。

听到“准备器材”的口令，四名战斗员登上车顶，松开梯子固定件，1、2号员至梯首处，3、4号员至梯脚处，做好器材准备。

听到“预备”的口令，战斗员做好操作准备。

听到“开始”的口令，1、2、3、4号战斗员同时向梯末方向拉送梯子，使梯脚外露部分上移至车体适当位置，然后1、2号员分别在梯末两侧协力托住梯子向上推，并将拉梯竖直；3、4号员分别在梯脚处两侧，用脚踩住梯脚，双手抓梯磴，协助1、2号员将梯竖起，待梯竖直后，转梯90°，使拉梯与训练塔平行；2号员双手交替拉绳，将内梯升足，并使活络铁脚坐落主梯磴上，待拉梯靠住窗台后，逐级攀登至安全钩挂于梯末第二磴，举手示意喊“好”。

听到“收操”的口令，战斗员收起拉梯，放回原处，成立正姿势。

听到“入列”的口令，1、2、3、4号战斗员按相反顺序下至地面跑步入列。

操作要求：

（1）竖梯时注意安全，脚不得立于车体边缘。

（2）拉梯靠墙后，视情况调整角度，然后爬梯。

（3）转梯时应思想集中，防止拉梯倾斜倒地。

（4）向上攀登时应系好安全绳。

成绩评定：

计时从发令“开始”至战斗员完成全部操作任务，举手示意喊“好”止。

优秀：25″；良好：28″；及格：30″。

有下列情况之一者不计成绩：未能完成全部操作任务。

有下列情况之一加1″：战斗员立于车体边缘；安全钩位置低于第二磴。

第四节　徒手登高训练

【学习目标】

1. 熟悉徒手登高的方法和注意事项；
2. 全体训练学员任务明确，协同密切；
3. 操作程序规范，动作准确、迅速。

对于一名消防攀登战斗员而言，危急环境中独立而冷静的思考行为，确实为一位优秀搜救员所必备之心理状态。优秀的攀登技巧除了能增进困难地形的通过能力与安全性外，攀登能力的训练更能养成一位优秀搜救员于压力中冷静地细腻处理复杂问题的心理强度。攀登过程中，轻松而有技巧性的平衡动作，是节省体力的最佳方式。纵观人体肌肉特性，大肌群能提供较大的肌力、耐力，小肌群能辅助大肌群做出更细致的动作，为此攀登时应善用大肌群做出持续且大量的运动，而以小肌群平衡重心变换动作。因此对于初学者来说，为了平衡的需要，必须按照操作程序规范，动作准确、迅速、省力，以达成平衡攀登的目的。

一、双人徒手接力上楼操

训练目的：使战斗员学会利用建筑物窗台双人徒手接力上楼的方法。

场地器材：在训练塔四楼垂直设置两根安全保护绳，地面设保护人员四名。

操作程序：战斗班在训练塔一侧3m处站成一列横队。

听到“前两名出列”的口令，1、2号战斗员行进至训练塔前成立正姿势。

听到“准备器材”的口令，战斗员做好器材准备。

听到“预备”的口令，1、2号战斗员系好安全绳，做好操作准备。

听到“开始”的口令，2号员双手扶住塔壁，迅速下蹲成马步，1号员助跑双脚跃上2号员双肩，并利用2号员双腿的蹬力向上跃起，然后双手抓窗台进窗后转身向外，左手抓住窗户下框，右手握住1号员右手腕，借助1号员的拉力，双脚蹬壁收腹跨上窗台，左手抓左侧窗边框，面向窗内站立于窗台上，同时将2号员拉上窗台，然后右手抓右侧窗框，两脚左右分开，身体外倾做半蹲姿势；1号员双手抓上窗框，右脚踩2号员大腿登上其双肩，双手扶塔壁，借助2号员的蹬力，攀上三楼，进窗后右手迅速伸出窗外向下；2号员侧身站于窗台，左手抓窗上框，双脚微曲向上跃起，右手握住1号员下伸的右手腕攀登上三楼窗台，然后按上述方法交替登上四楼，进入窗内举手示意喊“好”。

听到“入列”的口令，1、2号战斗员跑步入列。

操作要求：

（1）训练前必须对安全保护绳和腰带进行吊拉检验，确保安全。

（2）安全保护要谨慎，切忌疏忽大意。

（3）此操作可三人配合由两名战斗员双手交织将1号战斗员送上二楼窗台。

成绩评定：各种接力方法正确，动作迅速、连贯评为合格。

二、攀登软梯操

训练目的：使战斗员学会利用软梯登高的方法。

场地器材：在训练塔前15m处标出起点线，训练塔三楼窗台处悬挂软梯一部（梯尾至地面）。

操作程序：战斗班在起点线一侧3m处站成一列横队。

听到“第一名出列”的口令，战斗员行进至起点线成立正姿势。

听到“准备器材”的口令，战斗员作好器材准备。

听到“预备”的口令，战斗员作好操作准备。

听到“开始”口令，战斗员至塔基处，右（左）握梯磴，同时左（右）脚蹬软梯，手脚交替向上攀登，当攀登到三楼窗口时，双手握同一级梯磴，左脚抬起伸向窗口，小腿于窗台处，双手支撑上体，收起右脚，转身进窗，双脚着地后面向窗外，举手示意喊“好”。

听到“收操”的口令，战斗员按相反顺序下至地面，成立正姿势。

听到“入列”的口令，战斗员跑步入列。

操作要求：

（1）攀登时系好安全绳，双手交替不得脱磴，上体挺直，手脚攀登要协调。

（2）对软梯要严格检查。

成绩评定：

计时从发令“开始”至战斗员完成全部操作任务，举手示意喊“好”止。

优秀：25″；良好：27″；及格：29″。

三、绳索上升器攀登操

训练目的：使战斗员熟练掌握利用绳索上升器攀登楼房进入楼层进行救援的方法。

训练器材：攀岩手柄1副；脚登上升器1副；攀岩绳（动力绳）2根；安全绳1根；8字环1个；救生背带（全身或半身）1套；安全挂钩（Δ型）1个；手套1副。

场地设置：在训练塔7层预先设置好垂直攀岩绳2根和安全保护绳1根。地面设协助保护人员1名。

操作程序：战斗班在训练塔前成一列横队。听到“前三名出列”的口令，1、2、3号战斗员跑步至训练塔前3m处成立正姿势。

听到“准备器材”的口令时，1号员携攀岩手柄、脚登上升器，穿好救生背带，戴好脚登上升器，连接好安全绳，戴好手套。2、3号员跑至训练塔前固定好垂直攀岩绳，做好协助1号队员的准备。

听到“预备”的口令时，做好操作准备。

听到“开始”的口令时，1号员在两名协助队员帮助下将2根攀岩绳分别套在脚登上升器上，同时打开攀岩手柄单向锁将攀岩手柄由外向内套在2根攀岩绳上，左手右脚（右手左脚）交替上升至六楼，进入窗内后，解下攀岩手柄和脚登上升器，将预先放置好的假人背在救生背带上固定好，将攀岩绳套在8字环内，用“悬垂下降”的方法返回地面，放下假人后喊“好”。

操作要求：

（1）训练时必须设置保护人员，用安全绳进行保护，安全绳必须经过三人以上人员吊拉检查方可进行训练；

（2）攀登人员必须穿戴好完整的全套救助服；

（3）攀岩手柄和脚登上升器必须使用正确；

（4）队员在上升的过程中，双手不得松开攀岩手柄；脚登上升器与绳索不得脱离；

（5）保护人员在保护时应注意上升队员的操作情况，发生意外时及时利用保护绳进行保护。

成绩评定：

（1）计时从发出“开始”的口令至战斗员喊“好”止。

（2）动作熟练，符合操作程序和要求的为合格，反之为不合格。

四、攀登落水管操

训练目的：发展上肢肌肉力量，提高攀登技能。

场地器材：练习塔两侧的落水管，口径为70mm。

动作要领：

（1）两手两脚攀登受训人员站在落水管前，两手紧抱水管，两腿尽量上提夹蹬水管；两腿蹬伸，两手交替向上攀登。攀至练习塔第四层，登上窗台，跳入塔内［图5.11（a）］。

（2）一手一脚交替攀登站在落水管前，两手紧抱水管，一脚向上抬起扣住水管，一手向上伸出换握水管，攀至练习塔第四层，登上窗台，跳入塔内［图5.11（b）］。

注意事项：练习时要在安全绳的保护下进行。

(a) 两手两脚攀登

(b) 一手一脚攀登

图5.11　攀登落水管

五、攀登墙角操

训练目的：提高身体素质，提高攀登技能。

场地器材：选用有墙角的练习塔。

动作要领：受训人员攀登墙角时，两手四指扣入墙缝，两臂弯曲并用肘部夹紧墙面，上体紧贴墙角，用臂力稳住上体不向外倾。两脚前掌插入墙缝，然后用右手伸直抓缝，右脚上抬踩住墙缝，身体重心稳住后，左手伸直，左脚上抬踩住墙缝，左右交替成“蛙式”向上攀登（图 5.12）。

注意事项：选用墙角的砖块间应有足够的间隙，使受训人员攀登时能脚踩手抓；接近墙角应有窗口或阳台。攀登时，两眼注意向上瞭望，防止跌落物品或出现异常情况。手脚应配合协调，训练时应系好安全绳，作好安全保护。

图 5.12 攀登墙角

第五节 车辆登高训练

【学习目标】

1. 熟悉曲臂登高车、直臂登高车的性能参数及使用方法；
2. 全体训练学员任务明确，协同密切；
3. 操作程序规范，动作准确、迅速；
4. 在规定时间内完成全部动作。

消防车辆登高训练是构成登高救援训练的基础，消防登高车辆主要分为曲臂消防登高车、直臂云梯消防车、登高平台消防车、云梯消防车、举高喷射消防车，通过对本节的学习，使操作人员熟练掌握登高消防车辆的操作性能和使用方法，为高层救援工作的开展打下坚实的基础。

一、曲臂登高车操作方法

训练目的：使驾驶员学会使用曲臂登高车的方法，提高操纵登高快速、准确接近目标的能力。

场地器材：在距一幢高层建筑前7m处停放辆曲臂登高车。距驾驶室3m处，标出起点线。

操作程序：驾驶员站在起点线后。

听到“开始”的口令，驾驶员开门上车，启动车辆，挂好传动杆，打开总电源开关；然后下车至支撑架操作室，将支撑架架好，同时观察平衡仪，使车平衡；接着上至操纵台，分别打开平台控制、电源指示和操纵照明开关，调节油门，将云梯小、中、大臂缓缓升起至工作极限的高度，旋转一周。听到“收梯”的口令，按相反的顺序将曲臂和操纵系统恢复原位，驾驶员下车入列。

操作要求：

(1) 必须选择适当的停车位置，在升梯的上方，不能有任何障碍物。

(2) 升梯时，速度要均匀，车体必须保持平稳。

(3) 工作斗上不准超过额定荷载。

(4) 必须按规定程序操作。

成绩评定：在5min内完成升梯为合格。

二、直臂云梯车操作方法

训练目的：使驾驶员学会操作使用直臂云梯车的方法，掌握其技术性能及操作规程。

场地器材：在距一幢高层建筑前7m处停放一辆直臂云梯车，距驾驶室3m处标出起点线。

操作程序：驾驶员站在起点线后。

听到“开始”的口令，驾驶员进入驾驶室，发动车辆，操作离合器，扳动分动箱控制手柄，启动油泵，使主油泵保持在1000～1200r/min左右；然后跑至车尾部，下车将操纵台上的旋阀转到“水平”位置，向上扳动换向手柄，使水平套筒同时伸出，并调整四脚支撑，使其保持平衡；再按变幅、回转、伸梯、滑车的程序将梯子伸展到指定的目标。听到“收梯”的口令，按相反的顺序将梯子降至原位，恢复操作系统按键。驾驶员下车，跑步入列。

操作要求：

(1) 云梯车需由专职人员操纵。

(2) 四个水平支撑脚要全部伸出，垂直撑脚全部着地，并找平支身，各撑脚调整完后，必须将旋阀拧至全闭位置。

(3) 梯子位于驾驶室上方时，必须先变幅达15°以上，方可进行旋转。

(4) 变幅、回转和伸梯时，不要突然启动和停止，以免造成冲击。

(5) 梯子顶部不允许触及窗户或其他建筑物，应保持50～200mm。

(6) 当瞬时风速超过2m/s时，应把安全绳挂在四节梯子顶端上，由地面人员牵引，以保持梯子平衡稳定。当瞬时风速超过13m/s时，应停止使用云梯车。

(7) 滑车乘员每次不得超过2人，梯子伸展、变化角度或滑车上升时，驾驶员要注意观察音响灯警告，以免发生意外事故。

成绩评定：在6min内完成升梯为合格。

三、登高平台消防车展开操

训练目的：使驾驶员熟练掌握登高平台消防车的操作方法，提高驾驶登高平台车快速、准确地接近目标的能力。

场地器材：在距一幢高层建筑前适当位置停放一辆登高平台消防车。

操作要领：听到“开始”的口令，驾驶员开门上车，启动车辆，挂好取力器，打开总电源开关；然后下车至支撑架操作时，将支撑架架好。同时观察平衡仪，使车平衡；接着上至操纵台，分别打开平台控制、电源指示和操纵照明开关，调节油门，将举高小、中、大臂缓缓升起至工作极限的高度，旋转一周，举手示意并喊“好”。

操作要求：要正确选择停车位置；升梯时，要避开障碍物，速度要均匀，使车体保持平稳；工作斗不能超过额定荷载；要按规定程序进行操作。

四、云梯消防车展开操

训练目的：使驾驶员熟练掌握云梯消防车的技术性能和操作方法。

场地器材：在距一幢高层建筑前适当位置停放一辆云梯消防车。

操作要领：听到“开始”的口令，驾驶员进入驾驶室，发动车辆，操作离合器，扳动分动箱控制手柄，启动油泵，使主油泵保持在1000～1200r/min左右，然后跑至车尾部，下车将操纵台上的旋阀转至“水平”位置，向上扳动换向手柄使水平套筒同时伸出，并调整四角支撑，使其保持平衡；再按变幅、回转、伸梯、滑车的程序将梯子伸展到指定的目标。

操作要求：4个水平套筒要全部伸出，垂直撑脚全部着地，并找平支身，各撑脚调整完后，要将旋阀拧至全闭位置；梯子位于正驾驶上方时，要先变幅达15°以上，方可进行旋转；变幅回转和伸梯时，不要突然启动和停止，以免造成冲击；梯子顶部要架靠在窗台、阳台或屋顶上；当瞬时风速超过2m/s时，要把安全绳挂在四节梯子顶端上，由地面人员牵引，以保持梯子平衡稳定；当瞬时风速超过13m/s时，要停止云梯消防车升高作业；梯子伸展、变化角度或滑车上升时，驾驶员要注意观察音响灯警告，以免发生意外事故。

五、举高喷射消防车出水操

训练目的：使驾驶员熟练掌握举高喷射消防车出水的技术要领和操作方法。

场地器材：在距训练塔前适当位置停放举高喷射消防车和水罐消防车各一辆。

操作要领：听到“开始”的口令，驾驶员操纵并放下举高喷射消防车的支撑腿，升起上、下臂，旋转转台并伸出内臂，使水炮喷嘴对准目标。水罐消防车的1、3、5号战斗员与2、4、6号战斗员分别完成左右供水线路（各5条水带）的水带铺设与连接任务；驾驶员完成两节吸水管的连接任务（假设从消火栓取水）；水炮正常喷射后，班长喊“好”。

操作要求：举高喷射消防车的支撑腿要牢靠，以保持平衡；升臂要平稳。

第六节　绳索攀登、渡过与下降训练

【学习目标】

1. 熟悉掌握绳索攀登的性能；
2. 了解掌握渡过基本技术；
3. 掌握下降的基本方法。

绳索连接是构成绳索训练的基础。有效地使用绳索进行安全作业时，学习正确的绳索结法，掌握必要的使用方法是非常重要的。绳索连接是否得当，直接关系到人的生命安全。在救援和训练中，队员在进入、退出，抢救被困人员等各项救助作业中，绳索对运送各种器材，牵引、排除障碍物等用途非常广泛，在救助工具中，利用率最高。另外，许多场合不是单一使用绳索，大多时候与安全钩、滑轮等附属器具并用，使救助作业更加有效。

一、绳索攀登

绳索攀登，是指设置悬垂绳，并利用悬垂绳进入现场的一种方法。例如，当队员从上方下降后，根据需要再次从着地点回到现场原进入地点，或需利用上方悬挂绳索攀登进入现场。攀登包括活扣攀登和盘绳攀登两种。

（一）活扣攀登

活扣攀登是当队员需要从着地点再次攀登，或需利用上方悬挂绳索登高，单用腕力又不能攀登的情况下而采用的方法。

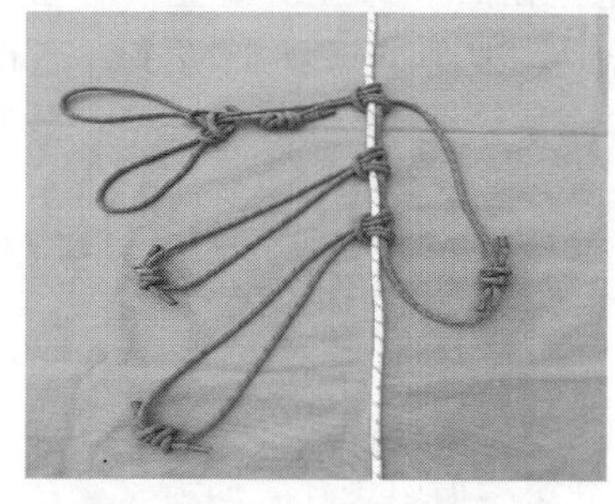

图 5.13　活扣攀登绳索准备

1. 准备（图 5.13）

除悬垂绳以外，再准备三根短绳。操作要领如下。

① 将短绳分别从中央部位在悬垂绳上系活扣。

② 将短绳的末端用渔夫结连接，再用半结系紧，把上面的一根作为安全带，下面的两根作为脚蹬，然后分别调整绳圈的大小。

2. 攀登

（1）攀登要领

① 攀登队员将上体套入安全带内，将双脚分别蹬在两根脚磴绳圈上。

② 把双脚用力叉开，将体重落在脚磴上，同时用手拉悬垂绳，使身体升高。

③ 将安全带活扣向上挪动。

④ 将体重落在向上挪动了的安全带和下面的脚磴上。

⑤ 将浮起的脚蹬活扣向上挪动。

⑥ 将体重落在向上挪动了的脚蹬和安全带上，把下面的脚蹬向上挪动。

⑦ 反复进行以上动作练习攀登。

(2) 注意事项

① 挪动活扣时，另一只手要握住活扣下方的悬垂绳。

② 安全带、脚蹬圈的大小要根据攀登人员进行调整。

③ 若在下面拉住悬垂绳的话，登高将变得容易进行。

3. 下降（图 5.14）

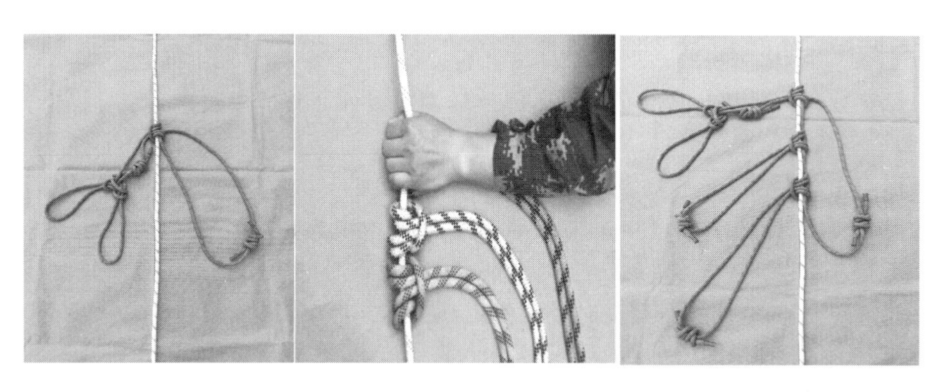

图 5.14 活扣下降

下降要领如下。

① 将活扣收集在一起。

② 将双手握在安全带的扣上。

③ 将体重落在双手上，一气落下。

(二) 盘绳攀登

1. 盘绳攀登操作方法一（图 5.15）

图 5.15 盘绳攀登方法一

(1) 攀登要领

① 用双手握紧悬垂绳引体向上，把绳放在一只脚背上，另一只脚从外侧绕过，将绳蹬在脚底。

② 用一只脚的脚底和另一只脚的脚背夹住绳子，将体重落在绳子上保持稳定。

③ 在此位置上，将两手最大限度地向上方伸出并握住绳子，在身体保持稳定的基础上放开双脚，再次重复攀登要领的动作。

(2) 注意事项

① 将双手向上方伸出时，必须用双脚把身体固定之后再开始进行。

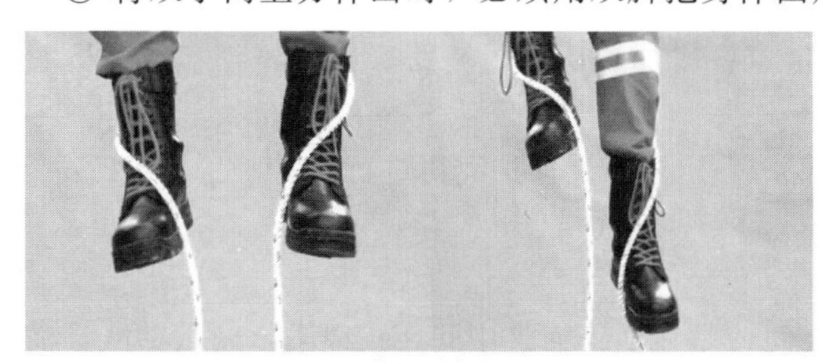

图 5.16 盘绳攀登方法二

② 登高时，如果在下方拉住悬垂绳的话，将变得容易攀登。

③ 下降时，双脚不能放开，应稍微放松，然后平稳下降。

2. 盘绳攀登操作方法二（图 5.16）

(1) 攀登要领

① 面向悬垂绳站立，用双手握住

上方的悬垂绳引体向上。有两根绳时，将一根放在右脚上，另一根放在左脚上，分别从内侧向外侧旋转，在脚上绕一次。

② 用双手握住两根悬垂绳引体向上，脚尖顶住壁面，使双脚交换方向移动攀登。

③ 辅助队员在悬垂绳的下面，用双手分别握住悬垂绳，放松攀登队员正在移动的脚的绳索同时，拉紧固定脚的另一根绳索辅助攀登。

（2）注意事项

① 双手将两根绳一起握住，使手和脚交替移动。

② 攀登队员发出左或右的信号后，辅助人员依据攀登队员的呼叫，随着攀登队员脚的移动操作绳索。

3. 盘绳攀登操作方法三（图 5.17）

（1）攀登要领　攀登队员除了将悬垂绳旋转两次以外，其他按照盘绳攀登操作方法二的要领进行。

（2）注意事项

① 随着绳索的旋转次数增多，脚部的固定越来越牢靠，辅助队员的操作也就越来越容易。

② 在没有壁面的空间进行登高时经常使用。

③ 参照盘绳攀登操作方法二的注意事项。

4. 盘绳攀登操作方法四（图 5.18）

（1）攀登要领　在右脚或左脚上盘绕悬垂绳引体向上，同时将盘绕绳的脚向上移动，在攀登时，使脚尖向上朝内侧，把小腿放在前面，用力向前蹬，固定身体。

图 5.17　盘绳攀登方法三

图 5.18　盘绳攀登方法四

（2）注意事项

① 攀登队员用双手握住两根悬垂绳，手和脚交替移动。

② 辅助队员随着攀登队员发出的“左”、“右”或者“一”、“二”的呼叫，策应攀登人员的移动操作绳索。

③ 随着攀登队员向上移动，绳索重量也在增加，所以，辅助队员应随着攀登队员的移动增加拉力。

④ 在训练时，不论执行科目高低与否，一定要系上保护绳再进行。

二、渡过与进入

渡过是在现场建筑物与毗邻建筑物之间或是在横跨河流中间架设绳索，使救助队员横向进入、退出以及救出待救者的方法。

（一）种类

1. 单根绳索过桥

只架设一根绳索进行攀过。

2. 两根绳索过桥

将两根绳索上下架设，救助队员站在绳索之间攀过。

3. 三根绳索过桥

架设三根绳索，两根作为扶手绳，一根作为脚踏绳，然后，用短三根绳连接在一起进行攀过。

（二）特点

1. 单根绳索过桥

（1）架设容易。

（2）救助队员要掌握一定的攀过技术。

（3）携带器材比较困难。

2. 两根绳索过桥

（1）攀过比较容易。

（2）能够携带少量的器材。

（3）架设需要少量时间。

（三）单根绳索过桥

1. 设定要领（图 5.19）

图 5.19 单根绳索过桥的设定

2. 攀过要领（表 5.6）

表 5.6 单根绳索过桥的设定要领

设定要领			
设定顺序		说明	关联知识
1	将绳索一端系在固定物上	寻找设置适当的固定物将绳索在固定物上绕两圈，并用双绕双结系紧	为了保护绳索，在固定物上垫布，没有固定的布类时，也可以用报纸等其他软质物品代替
2	在绳上打成蝴蝶扣	大约在绳索的三分之一处打成蝴蝶扣	蝴蝶扣位置的设定应考虑到绳索的伸缩度，尼龙绳的伸展率为 50%左右

续表

	设定要领		
	设定顺序	说明	关联知识
3	在蝴蝶扣上，挂上安全钩，插入木棒	在蝴蝶扣的圈上挂上两个安全钩，再扣上插入木棒	使用两个安全钩是比较安全的，挂安全钩时，将开口的方向相反。木棒是为了将蝴蝶扣牢固地勒紧，防止绳扣松开的工具
4	将展开的绳索在相反方向的固定物上，从挂在蝴蝶结的两个安全钩上穿过		这是将绳索充分拉直的一种方法，为了保护绳索，应在固定物上垫上护布
5	拉直绳索	用力拉直穿过安全钩的绳索	拉绳的队员通常需要10人左右： (1)拉绳时要同时用力； (2)不要将手放在安全钩处，以防拉回绳索时手指被夹住
6	查看绳索	查看绳索是否被拉直。拉直时，应在安全钩的前面轻轻拍绳，当绳的振动波到达固定物并迅速返回时即可	随着训练次数的增加，绳索的强度便容易掌握
7	系紧绳索	在固定物上绕上护布。为不使绳索放松，应在用力拉紧时再绕两圈，用双绕双结或者用输送结系紧	在安全钩上系住输送结时如不迅速的话，绷直的绳索会放松
8	整理绳索的余长	将绳索余长卷好，挂在适当的物体上	经常清理脚下的物品，不要踩住绳索

（1）安全绳　攀过时，为了保证攀过队队员的安全，一定要用安全绳将绳索过桥和攀过队员系在一起。

（2）连接方法要领（图5.20）

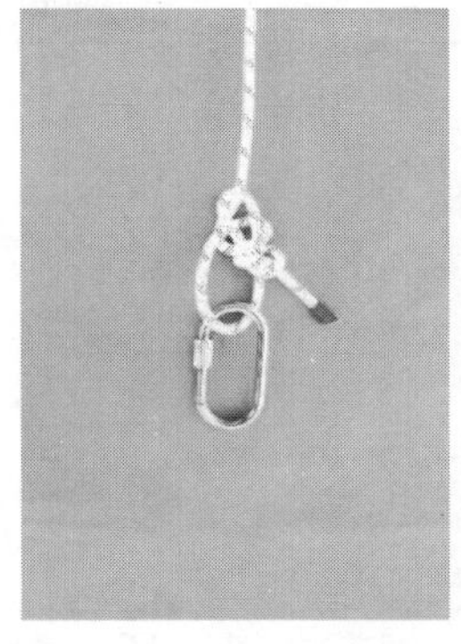

图5.20　安全绳的连接

① 在短绳的一端打成小腰结和半结挂在安全钩上。

② 将安全钩垂在脚下，留有一点余量，将绳索像线圈一样在腹部牢固绕紧并打成腰结。

3. 猴式攀过（图 5.21）

猴式攀过是攀过单根绳索过桥方法之一。因攀过时的姿势很像猴子，所以取名猴式攀过。攀过时与以往采用的倾斜攀登要领大致相同。反复重复以下动作进行攀过。

（1）动作要领

① 将安全绳上的安全钩挂在绳索渡桥上，锁紧安全环。

② 抓住绳索（将一只手、一只脚悬垂在过桥上）。

③用左手、右脚做准备姿势时，将右脚挂在绳上；用右手握住左手前方的绳索。

④ 将左脚向前挪动。

⑤ 将左手向前挪动。

图 5.21 猴式攀过

（2）指导上的注意事项

① 攀过人员的安全绳系结和安全钩的安全环必须准确、牢固。

② 将脚挂在绳上时，不要挂到膝的背面，脚脖子碰到绳为正确的攀过方法。

③ 手要确实握住绳子，若绳子的摇晃和身体的摇摆不一致，会形成手、脚被甩开的危险。

④ 在攀过途中，对丧失气力的人，要给予鼓励加油，振奋士气。

⑤ 训练地点是由低处逐渐向高处过渡的，即使在低处训练也一定要系上安全绳，戴好安全帽。

4. 水兵攀过

水兵攀过也叫船员攀过，因为是水兵常用的方法，因此而得名。

利用这种方法攀过时，由于能看到下面，因此容易产生恐高心理。但是，动作技术熟练以后，还可携带轻量物品攀过。

图 5.22 水兵攀过

（1）要领（图 5.22）

① 将安全绳的安全钩挂在绳索过桥上，锁紧安全环。

② 将身体搭在绳索过桥上，紧贴绳索。

③ 将右脚轻轻挂在绳索过桥。

④ 将挂在绳上的右脚靠近臀部。

⑤ 左脚放松，自然下垂。

⑥ 将头抬起，眼睛注视固定的绳扣。

⑦ 用手拉绳前进。

（2）注意事项

① 攀过人员的安全绳系结和安全钩的安全环必须准确、牢固。

② 将身体的中心搭在绳上。

③ 左脚放松，右脚靠近臀部，若左脚用力、右脚离开臀部，则会失去平衡。

④ 为了保护绳索，在攀过者的腹部（安全绳带扣）上垫护布。

⑤ 训练时可由低处向高处过渡，即使在低处训练时，也要系上安全绳，戴好头盔；安全绳带扣上垫护布。

⑥ 要在攀过者的下方拉上一张网或者铺上垫子，加强双重保护，以确保安全。

（四）倾斜滑降

1. 设定要领

与单根绳索过桥设定要领相同（图 5.23）。

设定蝴蝶扣的位置后，即使保护绳在途中解开或者折断，也不会造成搬运物下滑撞击到下方物体。

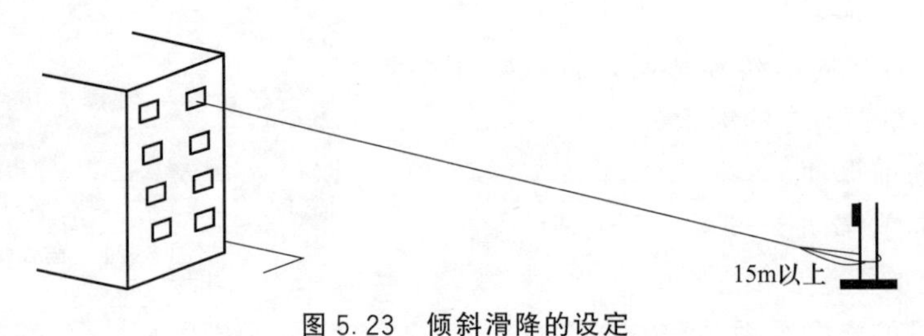

图 5.23　倾斜滑降的设定

2. 滑降要领

（1）搬运绳　搬运绳是输送人员和器材时使用的工具。坐席的制作要领如下（图 5.24）。

① 将短绳的两端用双渔夫结连接，用半结加固。

② 将短绳折成两折，注意双渔夫结放置位置。

③ 在双渔夫结的两端打成半结。

④ 按照穿安全钩的要领，把坐席、腹部、裆部三点收拢在一起将搬运绳从中间穿过。

⑤ 安全钩吊在过桥上。

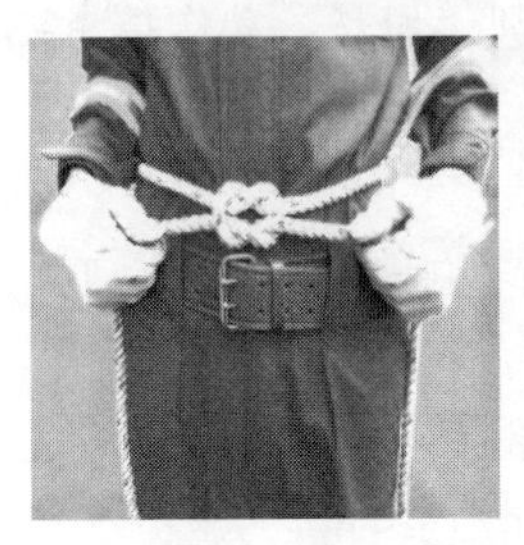
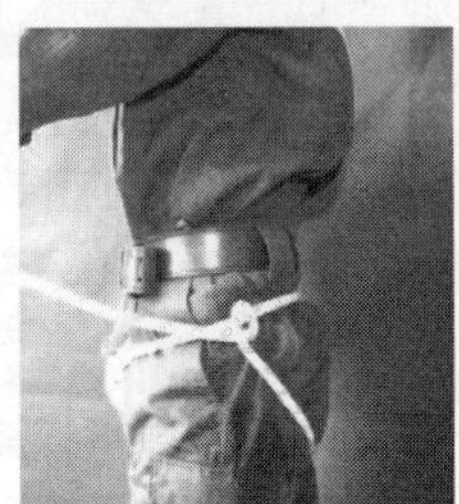

图 5.24　倾斜滑降的坐席制作要领

图 5.25　倾斜滑降

（2）滑降要求及注意事项（图 5.25）

① 把两个安全钩挂在绳上，锁紧安全环。

② 用双手握住绳索悬垂。

③ 一边放松双手，一边下降。

④ 输送待救者或者物品下降时，应在搬运绳上系上保护绳进行操作，速度不宜过快。

⑤ 手绝对不能离开绳索。

⑥ 双脚并齐伸直与上体略成直角。

⑦ 手绝对不能握在安全钩的前面。

⑧ 滑降队员一定要戴上皮手套。

（五）两根绳索过桥

1. 设定要领（图 5.26）

按照单根绳索过桥的设定要领展开，将扶手用和脚踏用的上下两根绳索展开时，上下的间隔以攀过人员的中等身长为基准设定，通常约 1.5m 左右。

图 5.26 两根绳索过桥的设定

2. 攀过要领

(1) 安全绳 将在单根绳过桥上使用的安全绳（2 根）系在腹部。连接要领如下（图 5.27）。

① 两根短绳使用安全钩时，与猴式攀过、水兵攀过的安全绳结法相同。

② 不使用安全绳时，在绳索的中央打成双股腰结系在腹部，把两端分别用腰结法系在上下绳索过桥上。

(2) 攀过要领（图 5.28）

① 脚蹬在绳索上，将安全绳的安全钩挂在上下绳索过桥上，锁紧安全环。

② 边用手和脚挪动挂着的安全钩，边横向移动，移动时，行进方向的手、脚一起挪动。

③ 眼睛注视正前方，身体在上下绳索之间笔直站立，重心不要前后摆动。

(3) 注意事项

① 攀过者的安全绳必须牢固系紧。

② 正确掌握攀过要领。

图 5.27 安全绳的连接

图 5.28 两根绳索过桥攀过

三、悬垂下降

在救助作业中，有时需要对坠入井内或者崖下者进行抢救，有时则需要从建筑物内救出被困人员。

悬垂下降就是利用绳索设立悬垂线，并使用悬垂绳进入救人现场的方法。

（一）设立悬垂线（图5.29）

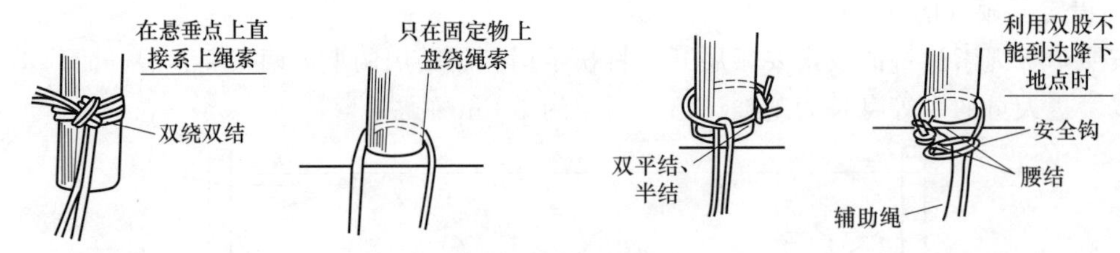

图5.29 设立悬垂线

(1) 选择场所要求

① 悬垂点一定要牢固。

② 下降道路的开口部位要少，而且要平滑。

③ 避开墙壁或者泥沙容易崩裂的地方。

④ 悬垂绳的长度能够达到下降的地点。

(2) 悬垂绳的挂法要求

① 为减轻给下降者造成大的痛苦，可使用双股悬垂绳。

② 认真检查悬垂绳的强度。

③ 悬垂点不稳固时，可用绳的余长拴在其他物体上，稳固悬垂点。

(3) 绳的投法　把绳的一端系在固定物上。

(4) 要求及注意事项

① 将绳等份分开，分别拿在手里，将两脚前后用力叉开，为了防止伤害下方的人员，要呼叫“确认”的口令通知下方，绳子的末端要比卷成的圈长一些，下投时以防进入圈的里面。

② 待下方人员发出“好”的呼叫后，将长绳分1、2两次投下。

③ 脚下要平稳，身体要保持平衡（投下的绳与固定物之间被拉直的瞬间，注意不要碰到身体）。

④ 在不安全的场地作业时，要进行自我保护。

⑤ 将绳索等份分开后，拿着绳的手分别在前后，按“一”、“二”的口令将挥在前面的绳投下。

（二）身体悬垂下降

身体悬垂下降是将悬垂绳盘绕在身体上安全下降的一种方法，不需要其他的器材辅助，容易操作。

1. 肩部制动

(1) 绳索卷法的要求

① 面对悬垂点跨过悬垂绳，将后面的绳拿在右手。

② 将绳索从右侧臂部绕到前面，在胸部连成对角线形状。

③ 从左肩绕到背部，放在右侧。

④ 右手握住身体侧面的绳子，拇指朝下，食指插入两根绳子的中间。

⑤ 食指放入绳子的中间是为了防止绳索打卷。

(2) 下降的要求（图 5.30）

① 伸出左手，轻轻地握住上方绳索。

② 脚底平行地蹬在壁面上。

③ 腿与壁面大约垂直。

④ 上体与悬垂线平行。

⑤ 眼睛盯住脚下的地方。

⑥ 右脚始终放在左脚的下方。

⑦ 用小碎步下降。

图 5.30 下降

注意事项：

① 脚底应根据斜面的坡度改变角度，下降时，不要用脚底在壁面上滑动。

② 眼睛要盯在脚下降的地方。

③ 手绝对不能离开绳索。

④ 不要弄错右手绳的握法。

⑤ 为防止绳子从臀部脱落，右脚应始终放在左脚的下方。

⑥ 用右手握住拉绳并贴近胸部，靠增加绳索与身体的摩擦进行制动。

⑦ 身体悬垂会对身体造成痛苦，因此，宜在两层或三层高的楼房进行训练。

2. 颈部制动

(1) 绳索卷法要领（图 5.31）

① 面对悬垂点，跨过悬垂绳，用右手握住后面的绳。

图 5.31 颈部制动的下降

② 从右侧臀部向前绕，在胸部连成对角线形状。

③ 从左肩挂到颈部，从右肩部落下。

④ 左手拇指朝上，把落下的绳握在腹部。

(2) 下降要领 与肩部制动下降要领方法相同。

(3) 注意事项 除按照肩部制动要领操作以外，为避免绳子对身体造成痛苦，下降时要把训练服的衣领立直。

3. 十字制动

(1) 绳索卷法要领

① 面对悬垂点，跨过悬垂绳，把身体后面的绳索左右分开。

② 把一根绳从右侧臀部向前盘绕，在胸部连成对角线形状，从左肩落下放在背部。

③ 把另一根绳从左侧臀部向前盘绕，用与②同样的方法，从右肩落下放在背部。

④ 用左、右手握住前面的悬垂绳。

(2) 下降姿势（图 5.32）

① 两手伸出，握住绳的上方，两脚叉开比两肩略宽，膝略微弯曲。

② 上体与两腿的角度大约为 150°左右。

(3) 要领

① 眼睛盯住下降时脚蹬的地方。

② 放松双手握住的绳索，像行走一样用脚尖在壁面上挪动，缓缓下降。

图 5.32 十字制动的下降

（4）注意事项

① 下降时的速度要缓慢。

② 上体与两腿间的角度不要太小，腿与身体成直角。

③ 腕力不足或者下降速度过快时，可将从肩部垂下来的绳索向下拉，采取制动停止。

（三）坐席悬垂下降

坐席悬垂下降，是利用缠绕在安全钩上的绳索的摩擦减轻对身体造成的痛苦而采取的一种下滑方法。在背负伤病者或器材下降时也是比较适用的。

1. 坐席的做法

（1）要领（一）

① 将短绳从后面绕在腰部。

② 将两端绕到前面，在裆部交叉并从裆部绕到臂部，再把短绳的两端绕在前面。

③ 在制动手相反方向的腰部，先打成双平结，然后打成半结固定（图 5.33）。

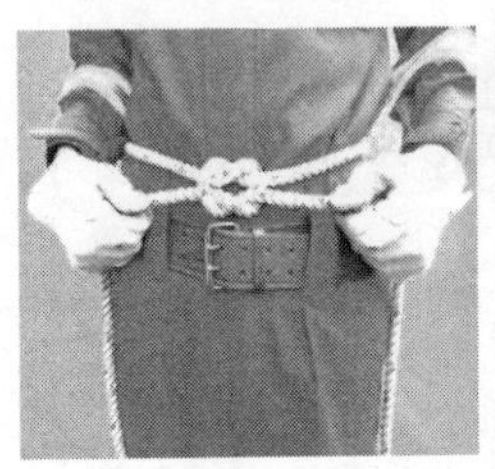
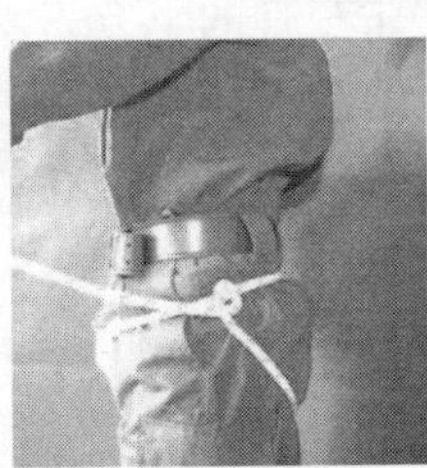

图 5.33　坐席的做法

（2）要领（二）

① 把两端绳从后面绕在腰部。

② 将两端向前绕在腹部，用双结连接，再把两端从裆部绕到后面。

③ 分别将绳头从后腰部的短绳的上方穿过，打成半结。

④ 将手制动上的绳头，从小腹部的两根短绳之间穿过，在手制动的相反方向的腹部打成双平结，然后打成半结固定。

注意事项：

右手制动，把短绳绕在腰上，应将右侧的余长部分稍微放长些，结的扣打在左腰上。

2. 安全钩的挂法

（1）要领（一）

① 把腹部的短绳和裆部的绳索收拢在一起，使安全钩的开口从上向下将绳穿在一起。

② 将安全钩旋转半圈，使安全钩的开口部位朝上。

（2）要领（二）

① 在腹部的双平结处，将手制动方向的两根短绳和下腹部的一根短绳收拢在一起。

② 将安全钩从上向下穿过三根短绳。

③ 将安全钩旋转半圈，使安全钩的开口部位朝上。

3. **悬垂绳的卷法**（图 5.34）

要领：

① 面向悬垂点，在悬垂绳的左侧站立，将接近悬垂点的绳稍向左拉，把绳穿过安全钩。

② 用右手握住接近悬垂绳的绳，在安全钩的轴上绕一圈，再穿过安全钩，然后锁紧安全环。

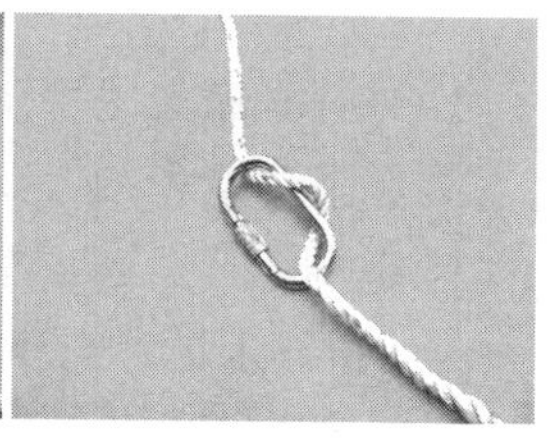

图 5.34　悬垂绳的卷法

4. **下降**（图 5.35）

（1）要领

① 将悬垂点的绳放松。

② 左手轻轻握住上方的绳。

图 5.35　悬垂绳下降

③ 上体与壁面保持平行。

④ 腿与上体大约成直角。

⑤ 脚底平行蹬在壁面上。

⑥ 身体挂住的同时放松右手。

⑦ 双脚用小碎步移动下降。

（2）注意事项

① 绳索一放松，身体便向下移动。

② 上体贴近悬垂绳。

③ 考虑到斜面的坡度。

④ 脚横向叉开一步，膝部稍微弯曲。

⑤ 制动时用右手握紧绳，然后翻转手，将手背置放在腰部即可。

⑥ 制动手绝对不能离开绳索。

⑦ 盯住脚下降的部位。

⑧ 下降时，脚不能从壁面上挪开。

⑨ 非必要时，不要横向移动。

⑩ 下降时，为保证安全以防万一，应在上方设置保护。

5. **空中作业姿势的操作方法**（图 5.36）

使用于抢救悬垂伤病人员或是救助作业上的需要，在下降途中必须停止时而采用的方法。

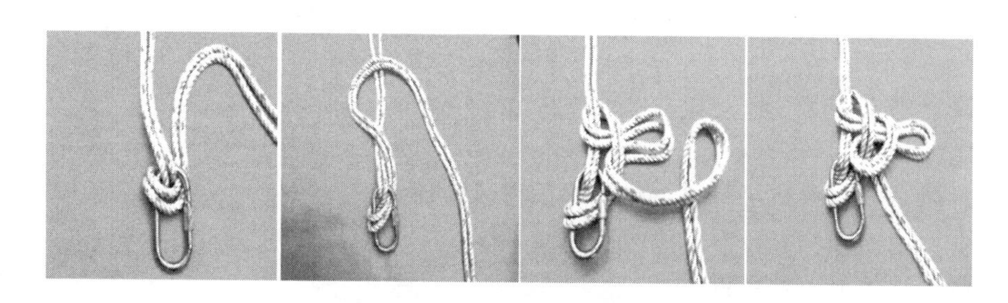

图 5.36　空中作业姿势的操作方法

(1) 要领

① 进行坐席悬垂下降。

② 在下降途中的必要位置上，右手（制动）握住绳子，使身体停止下降。左手在安全钩的上端，将绳索全部握在一起，用右手在安全钩上打成输送结。

(2) 指导上的注意事项

① 设置作业姿势时，腿要全部叉开，膝和腰部挺直，保持身体稳定。

② 根据作业内容，将上体保持在悬垂物上，采取措施，防止危害。

③ 打输送结时，由于身体会由停止位置稍有下降，因此要充分考虑停止位置。

④ 不要将身体过度向后弯曲或横向弯曲。

图 5.37 坐席悬垂跳跃下降

6. 坐席悬垂跳跃下降（图 5.37）

坐席悬垂跳跃下降是在房檐、走廊、突出的铁塔等没有立足点的地方下降时采取的一种方法。

(1) 要领

① 在立足点很少的地方，做好准备姿势后要确认着脚点。

② 跳跃，放松制动，下降中不要停顿，在着地之前进行制动着地。

(2) 注意事项

① 在下降途中，两只手绝对不能离开绳索。

② 在下降途中不能制动。

③ 仔细观察着地场所、途中立足的情况。

④下降时不要变换姿势。

⑤ 下降途中不停顿。

⑥ 初学者操作时，辅助人员要帮助指示制动位置。

⑦ 如果下降速度缓慢，拉绳旋转对下降者是很危险的。这时，应采取制动，停止下降，然后，立即放松制动着地。

（四）应急悬垂下降

应急悬垂下降是最简单的悬垂下降方法。这种下降方法是在比较平缓但又不能保持平衡的斜面上下降时常用的方法。

1. 绳的握法

① 横对悬垂点，将悬垂绳放在腰上。

② 左（右）手握住上方的绳，右（左）手握住下方的绳，手指朝后。

图 5.38 应急悬垂下降

2. 下降（图 5.38）

(1) 要领

① 身体挺直，与壁面尽量成直角，将体重放在绳索上。

② 脚底与壁面平行，按照小碎步的要领下降。

③ 眼睛注视下方的立足点。

④ 制动时将右（左）手的绳（下方的绳）握住，贴近腹部即可。

（2）注意事项

① 沿着悬垂线笔直地下降。

② 脚不要拖拉挪动。

③ 手绝对不要离开悬垂绳。

④ 不要横向移动。

四、训练操法

（一）上升攀登单绳索操

训练目的：使战斗员熟练掌握利用上升器攀登单绳的操作方法，锻炼受训人员的胆量、意志和身体的协调性。

场地器材：在地面至训练塔顶距塔面约20cm处，安装固定绳索一根，绳索采用直径11mm的静力绳。固定绳索的正上方安装滑轮一个，并连接一根安全绳和一个安全钩，训练塔前1m为起点线，5m为集合线，5m以外适当位置为保护人员站立线。起点线上放置全身吊带一套，左手上升器一只，右脚上升器一只，胸式上升器一只，鞠绳（胸部保护短绳）一根，D型环一个，O型环一个。

操作要领：受训人员行进至起点线，在保护人员的帮助下佩戴好全身吊带，并分别将左手上升器、胸式上升器和右脚上升器固定在单绳索上；用O型环连接鞠绳把手、上升器和全身吊带，用D型环保护脚式上升器，挂好O型环钩；双手握住左手上升器，右脚固定在绳索上，左脚掌轻触塔面控制好身体，听到“预备”的口令，受训人员双手握住左手上升器使胳膊伸直，做好操作准备。听到“开始”的口令，受训人员双手握住左手上升器，以借助劈手，同时右腿一起用力提起；左脚脚掌轻触塔面控制好身体，开始向上攀登；攀登至指定楼层后，受训人员先卸下胸式上升器，移动身体使左脚站立在窗台上，再分别卸下D型环、脚上升器和手上升器，手扶窗框迅速进入窗口，面向窗外站立，举手示意并喊“好”（图5.39）。

操作要求：操作前要严格其连接点，确保训练器材安全好用。受训人员攀登时要挺胸收腹，眼睛向上看，身体紧贴绳索，左脚脚掌轻触塔（墙）面控制好身体，防止身体绕绳索转动；右脚上升器要通过绳索固定在踝关节内侧，并用D型钩保险固定，以免脚上升器脱离绳索；双手向上推时，右脚向正下方用力蹬；双手向下拉时，借助腹部肌肉的力量，右脚向正上方提起。

图5.39 上升攀登登单绳索操

（二）上升器攀登双绳索操

训练目的：使战斗员熟练掌握利用上升器攀登双绳的操作方法，锻炼受训人员的胆量、意志和身体的协调性。

场地器材：在地面到训练塔塔顶之间安装固定绳索两根，绳索间距45cm，绳索采用直径11mm的静力绳。固定绳索的正上方安装滑轮一个，并连接一根安全绳和一个安全钩，塔前1m处为起点线，5m处为集合线，5m适当位置为保护人员站立线。起点线上放置全身吊带一套，手、脚上升器各一对，鞠绳一根，D型环3个，O型环一个。

操作要领：受训人员行进至起点线，在保护人员的帮助下佩带好全身吊带，将手上升器、脚上升器固定在两根绳索上，用O型环连接鞠绳把手、上升器和全身吊带，用D型环保护手、脚上升器，挂好安全钩，双手握住手上升器，双脚站立在绳索上，听到“预备”的口令，受训人员身体与绳索平行，左手、右脚向上半步，做好操作准备。听到“开始”的口令，受训人员右手紧握上升器垂直向上，同时左腿用力提起；左手及右脚按此动作连续向上攀登。到达至指定楼层后，受训人员先卸下右脚上升器的D型环保险，抬起右脚，移动身体使右脚站立于窗台上；再分别卸下左脚上升器和手上升器，手扶窗框迅速进入窗内，面向窗外站立，举手示意并喊“好”。

操作要求：操作前要严格检查绳索及其连接点，确保训练器材安全好用。受训人员攀登时要挺胸收腹，眼睛向上看，身体保持正直，与绳索平行；胳膊要伸直，腿要提到位，脚上升器可固定在绳索内侧或外侧，并要用D型环保险固定，以免脚上升器脱离绳索；双脚尖向内侧扣紧，以防外“八”字或两膝外撇；双脚向正上方提起的同时双脚要向正下方蹬。

（三）安全绳斜下救人操

训练目的：使战斗员熟练掌握利用安全绳斜下救人或自救的操作方法。

场地器材：在训练塔前20m处标出地点线，起点线上设置一个坚固的铁桩，放置一块垫子，直径32mm安全绳和抛绳（或引绳）各一根，担架一副，带有滑轮的吊钩两只，短绳两根，紧绳器一个，训练塔第4层放置一块垫子。

操作要领：1、2、3、4、5号战斗员行进到起点线，1号员解开安全带，脱下盔帽，整齐地放在地上，然后登高到第4层，仰卧在垫子上，充当被救者；其他2、3、4、5号员充当救护者，做好操作准备。听到“开始”的口令，2号员携带担架及安全绳，3号员携带抛绳、两只吊钩和两根短绳，跑至训练塔第4层，放开安全绳和抛绳，将两只吊钩穿入安全绳后，将安全绳的一端系在训练塔上，抛绳拴住前一吊钩，然后将两根短绳分别用死扣拴住担架的两端，并在短绳的中央打好结扣套入吊钩内，暂时固定抛绳，将安全绳的另一端放至地面；5号员拿紧绳器放在铁桩处；4号员取安全绳另一端送至铁桩处，同5号员用紧绳器拴好安全绳；紧固后，5号员举手示意并喊“好”，然后会同4号员，接应被救者；2、3号员将被救者抬上担架，并用各自的安全带固定被救者的胸部和膝部，将抛绳缓慢放松，使担架沿安全绳下滑到地面。4、5号员接到被救者后，迅速将其抬至起点线垫子上，举手示意并喊“好”。

操作要求：拴系大绳要牢固可靠；在被救者沿大绳斜下时，引绳松紧度要适中，速度不能过快；铁桩处要放置软垫，防止被救者碰伤；训练中可用假人充当被救者。

（四）大绳横渡救人操

训练目的：使战斗员掌握大绳横渡救人的操作方法。

场地器材：选择两幢高度相近、间距在25～30m之间的建筑物（A、C大楼），在两幢建筑物的第2层窗口处，架设一根直径为32cm的安全绳，并将大绳收紧贴于窗框，安全绳上安装两只带有滑轮的吊钩（吊钩靠近A大楼）。在A大楼第2层放置缆绳两根，担架一副，短绳索两根，保护绳两根（长2m，两端各设置一只安全钩），在C大楼第2层内假设被救者一名。

操作要领：1、2、3、4号员在A大楼第2层做好操作准备。听到“开始”的口令，1号员取一根安全保护绳，一端钩挂在安全带上，右手握住另一端安全钩，左手抓窗框，双脚踏上窗台，将右手握着的安全钩挂在大绳上，然后，双手紧握大绳，身体自然下垂，两手之间的距离为一肩宽，左手靠拢右手，右手再向右侧移动约一肩宽，按照此法逐渐使身体向C大楼靠拢，到达C大楼窗口时，脚踏窗台，右手抓窗框，进入楼内，取下钩挂在大绳上的安全钩；1号员进入窗内后，2号员将一根抛绳的一端系在安全带上，与1号员动作相同，横渡到C大楼，3、4号员看见2号员横渡到C大楼后，将2号员留下的抛绳一端按担架长度同时拴住两只吊钩，将另一根抛绳的一端拴住靠近A大楼的吊钩，然后将两根短绳分别用腰结拴住担架的两端，并在短绳的中央打好结分别固定在吊钩上；1、2号员待担架吊装好后拉动抛绳，将担架移至C大楼内，将被救者抬上担架，用安全带或短绳固定被救者的胸部和膝部，举手示意并喊“好”，同时准备放松抛绳。3、4号员听到口令后，平稳地将担架拉至A大楼内，将被救者从窗口抬入室内，举手示意并喊“好”。

操作要求：大绳两端要牢固地拴扎在建筑物处，必须用紧绳器紧绳，使大绳拉直，战斗员在操作时，要戴好手套，横渡时身体要平衡，两腿随着左右手向前移动而轻轻晃动；用短绳拴住担架两端时，一定要牢固，被救者必须用安全带或短绳扎牢，担架移动时，要缓慢操作，训练时被救者可用假人代替，可使用担架进行往返救人。

（五）滑绳自救操

训练目的：使战斗员熟练掌握利用安全绳实施自救的操作方法。

场地器材：在训练塔第4层拴好一根安全绳，从窗口垂直延伸至地面，在窗口下方地面的适当位置放置垫子一块，安排两名战斗员进行安全保护。

操作要领：战斗员将安全绳在安全钩上由里向外绕2圈，置于背后，戴上手套，右脚在外，骑坐在窗台上，做好操作准备。听到“开始”的口令，战斗员双手握绳，上体外倾，左臂伸直，右臂弯曲，左腿移出窗外，双脚蹬住塔壁，双腿弯曲，借蹬脚的同时，双臂伸直成抛物线滑下，接近地面时右臂向腹前弯曲勒绳，双腿微曲，脚尖先着地，两脚踏地后，举手示意并喊“好”。

操作要求：操作前和训练间歇时，安全绳和安全带要进行吊拉检验，发现断痕或明显磨损时要及时更换；绕在安全钩上的绳索，要经过仔细检查方可进行操作；初学者要从低楼层开始训练，待动作要领熟练掌握后再逐渐提升高度；从训练塔第4层下滑时，可在中间作一次蹬塔壁动作，以便控制下滑速度。

（六）坐席悬垂下降操

训练目的：使战斗员熟练掌握利用坐席悬垂下降进行救人与自救的操作方法。

场地器材：在训练塔第2层设置一个固定点。塔前地面适当位置放置垫子一块，塔前1m、2m处分别标出器材线和集合线，器材线上放置一根长为50m、直径11mm的静力绳，半身吊带一套，D型环一个，手套一副。

操作要领：1、2号战斗员行至器材线处，1号员戴好手套，在2号员的协助下佩戴好半身吊带，随后携带绳索登高至第2层，将绳索一端固定在固定点上，将绳索的另一端抛至地面；2号员握住1号员抛下的绳索，做好保护准备。听到“预备”的口令，1号员将绳索在D型环内按顺时针方向缭绕两圈，将保险锁好后，双腿并拢、微弯，双脚掌踏训练塔外墙面，左手轻轻握住D型环绳索上部，右手握住D型环绳索下部（距腰部约1cm处），身体移出窗口，两腿与上体大约成直角，两眼注视右下方，两腿微弯，双脚轻点墙面，做好下降准备，2号员在训练塔前拉好绳索进行保护。听到“开始”的口令，右手迅速打开制动（呈空心拳），身体重心下坠，开始下降，在距离地面约2m时，右手握紧绳索将绳索拉至腰后部制动，到达地面后，将绳索从D型环上卸下站立，举手示意并喊“好”（图5.40）。

图5.40 坐席悬垂下降操

操作要求：作业前，受训人员要戴好头盔和手套。作业时，绳索缠绕正确，D型环保险锁紧；出窗口后身体呈坐姿，上体要正直，双腿并拢挺直，双脚轻点墙面，放松制动下降；下降时，左手握绳与头同高，右手握绳距身体约30cm，两手不能紧握绳索，下降中右臂向斜下方伸直，右拳呈空心拳状；着地制动时，身体距地面不能小于2m。

（七）身体倒置悬垂下降操

训练目的：使战斗员熟练掌握身体倒置悬垂下降的操作方法，锻炼战斗员的胆量、意志及身体协调性。

场地器材：训练塔一座，塔前1m处为器材放置线，5m处为集合线。训练塔操作楼层设置一处固定点，直径为11mm的静力绳一根，全身吊带一套，D型环两个，手套一副。

操作要领：1、2、3、4号战斗员行至器材放置线处，1号员戴好手套，2、3号员协助1号员佩戴好全身吊带，4号员将两个D型环由上至下连接在1号员全身吊带的安全环上；1、2号员携带绳索至训练塔操作楼层，把绳索对折后的中间部分固定在固守点上，绳索的两头垂直抛向地面；3、4号员在楼下分别接应绳索的一端，用双手握住绳索，呈空心拳状，做好操作准备。听到“预备”的口令，1号员将两根绳索从左右两侧接到腰际，在2号员的协助下，将左侧的保护绳索挂于D型环内，锁好保险，同时将右侧的安全绳索按逆时针方向于D型环内缠绕2～3圈后，锁好保险，做好下降准备。听到“开始”的口令，1号员双手分别握紧绳索提于腰际，2号员协助1号员攀至窗口，1号员两臂伸直分开成45°，手握绳索呈空心拳状，控制绳索，身体前倾与楼面约呈70°时，沿楼面向下行走，离地面约1m处时，双手握紧绳索并在胸前交叉，在3、4号员的协助下，到达地面站立，举手示意并喊“好”（图5.41）。

图5.41 身体倒置悬垂下降操

操作要求：作业前，受训人员要戴好头盔和手套；绳索缠绕正确，D型环保险锁紧；身体保持平衡，收腹、挺胸抬头，腿与墙壁间夹角小于90°，自然向下走或跑；向下行走或跑的过程中，两臂向前伸直，比肩略宽；自行制动时，身体距地面不宜小于2m。

（八）缓降器下降操

训练目的：使战斗员学会使用缓降器从建（构）筑物中救人和自救的操作方法。

场地器材：训练塔一座，距塔基10m处标出起点线，起点线前1m处为器材线，在器材线上放置缓降器一只、手套一副、引绳一条、钢丝绳一条（图5.42）。

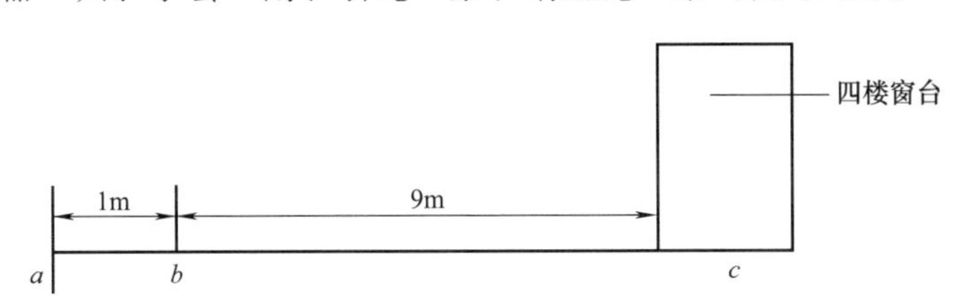

图5.42 缓降器下降操场地设置

a—起点线；b—器材线；c—训练塔

操作程序：战斗班在起点线一侧3m处站成一列横队。

听到“前三名”的口令，1、2、3号战斗员答“到”，听到“出列”的口令，答“是”，并跑至起点线处成立正姿势。

听到“准备器材”的口令，3号员跑至训练塔下负责引绳，其他战斗员检查器材，完毕后返回原位，立正站好。

听到“预备——开始”的口令，1、2号员携带器材迅速登高至训练塔四楼。1号员在塔上选择一个牢靠的物体固定好钢丝绳。2号员将缓降器上的弹簧钩迅速挂在钢丝绳上固定好，把引绳一头系于1号员腰带安全扣上，另一头由窗口向下抛出。1号员将缓降器上的安全带系于腰际，保险扣收紧于胸前，戴好手套，站立于窗台上，背向窗外，身体外倾，双手抓住窗框两侧，两手同时用力推窗框使身体离开窗台，让缓降器自行下降，离开窗台后，右手握安全带，左手握钢丝绳。3号员待2号员将引绳抛出以后，迅速拉住绳端，等1号员离开窗台缓降时，用引绳将1号员身体轻轻拉离训练塔墙壁，使1号员身体不与训练塔接触，直至安全着地。1号员着地后喊“好”。

听到“收操”的口令，战斗员收回器材，放于原处，立正站好。

听到“入列”的口令，战斗员答“是”，然后按出列的相反顺序入列。

操作要求：

（1）操作前仔细检查缓降器是否牢固；

（2）必须按训练要求着装，戴好头盔；

（3）离开窗台必须专人负责保护。

成绩评定：

（1）计时从发出“开始”的口令至战斗员喊“好”为止；

（2）动作熟练，符合操作程序和要求的为合格，反之为不合格。

（九）软梯下攀操

训练目的：使战斗员学会攀登软梯的要领和方法。

场地器材：训练塔一座，距塔基10m处标出起点线，起点线前1m处为器材线，在器材线上放置一架软梯（图 5.43）。

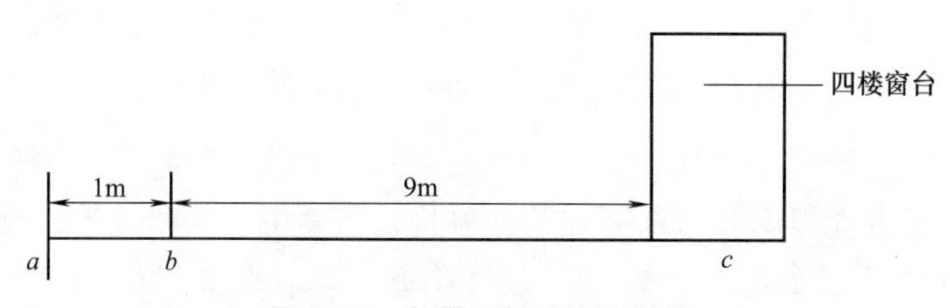

图 5.43　软梯下攀操场地设置

a—起点线；b—器材线；c—训练塔

操作程序：战斗班在起点线一侧 3m 处站成一列横队。

听到“前两名”的口令，1、2 号战斗员答“到”，听到“出列”的口令，答“是”，并跑至起点线处成立正姿势。

听到“准备器材”的口令，战斗员检查器材，完毕后返回原位，立正站好。

听到“预备——开始”的口令，1、2 号战斗员拿起软梯跑步登高至四楼，将挂钩固定在窗框上，把软梯抬起慢慢从四楼窗口抛出，等软梯另一端着地后，1 号员用骑马式坐于窗口，双手握软梯梯磴，手脚交替沿梯而下，直至安全着地，2 号员以同样方式沿梯而下，着地后喊“好”。

听到“收操”的口令，战斗员收回器材，放于原处，立正站好。

听到“入列”的口令，战斗员答“是”，然后按出列相反顺序入列。

操作要求：

（1）操作前仔细检查软梯是否安全；

（2）战斗员可以正面攀登，也可以利用软梯蹬端侧面攀登；

（3）软梯挂钩未固定前不准操作；

（4）必须按训练要求着装，戴好头盔。

成绩评定：

（1）计时从发出“开始”的口令至战斗员喊“好”为止；

（2）动作熟练，符合操作程序和要求的为合格，反之为不合格。

（十）缓降器操

（1）用途：高处紧急降落救人和自救使用。

（2）性能及组成：由调节器、安全带固定片、安全绳索、镀铬中碳钢挂钩、卷轮、束紧带等组成。调节器和挂钩最大试验强度 1600kgf，其余部件最大试验强度 1000kgf。安全荷重 130kgf。安全绳索由 49 根不锈钢丝组成，并经防火处理。

（3）型号：缓降器 AUTOMATIC FIRE E″CAPE。

（4）维护：使用时，不得超出其极限荷重，保持挂钩的完好，经常检查绳索、束紧带和安全带固定片的完好程度，如有破损应及时更换。

（十一）攀登软梯操

训练目的：使战斗员学会利用软梯登高的方法。

场地器材：在训练塔前 15m 处标出起点线，训练塔三楼窗台处悬挂软梯一部（梯尾至地面）。

操作程序：战斗班在起点线一侧 3m 处站成一列横队。

听到“第一名出列”的口令，战斗员行进至起点线成立正姿势。

听到“准备器材”的口令，战斗员做好器材准备。

听到“预备”的口令，战斗员做好操作准备。

听到“开始”口令，战斗员至塔基处，右（左）手握梯磴，同时左（右）脚蹬软梯，手脚交替向上攀登，当攀登到三楼窗口时，双手握同一级梯磴，左脚抬起伸向窗口，小腿于窗台处，双手支撑上体，收起右脚，转身进窗，双脚着地后面向窗外，举手示意喊“好”。

听到“收操”的口令，战斗员按相反顺序下至地面，成立正姿势。

听到“入列”的口令，战斗员跑步入列。

操作要求：

（1）攀登时系好安全绳，双手交替不得脱磴，上体挺直，手脚攀登要协调。

（2）对软梯要严格检查。

成绩评定：

计时从发令“开始”至战斗员完成全部操作任务，举手示意喊“好”止。

优秀：25″；良好：27″；及格：29″。

有下列情况之一者加1″：手脚不协调；手脚未交替向上攀登。

五、八字环下降操

训练目的：使战斗员熟练掌握利用半身吊带挂钩和八字环下降进行救人与自救的操作方法。

场地器材：在训练塔第4层设置一个固定点。塔前地面适当位置放置垫子一块，塔前1m、2m处分别标出器材线和集合线，器材线上放置一根长为30m、直径11mm的静力绳，半身吊带一套，D型钩一个，八字环一个，手套一副。

操作要领：战斗员行至器材线处，戴好手套，并佩戴好半身吊带，随后携带绳索登高至第3层，将绳索一端固定在固定点上，将绳索的另一端抛至地面；地面保护人员做好保护准备。听到“预备”的口令，第一种方法战斗员将绳子从大环中穿入再反扣在大环和小环的中间连接处，小环挂在挂钩上。第二种方法战斗员将绳子从大环中穿入并和小环一并挂在安全钩上。将安全钩锁好后，双腿并拢、微弯，双脚掌踏训练塔外墙面，左手轻轻握住绳索上部与头同高，右手握住绳子挂钩下部约30cm处，身体移出窗口，两腿与上体大约成直角，两眼注视右下方，两腿微弯，双脚分开45°轻点墙面，做好下降准备，保护人员在训练塔前拉好绳索进行保护。听到“开始下降”的口令，右手迅速打开制动（呈空心拳），身体重心下坠，开始下降，在距离地面约2m时，右手握紧绳索将绳索拉至腰后部制动，到达地面后，将绳索从八字环上卸下站立，举手示意并喊“好”（图5.44）。

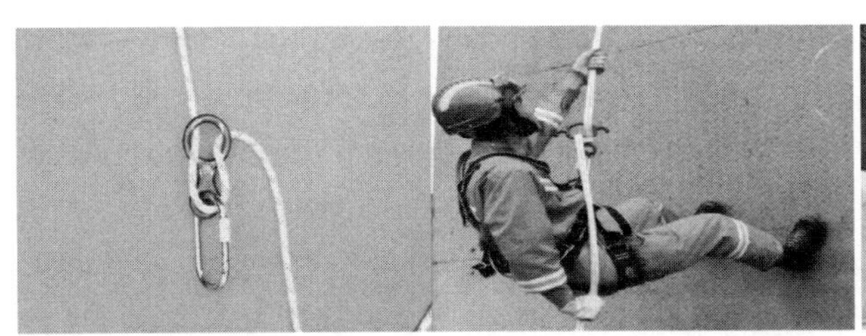

图5.44 八字环下降操

操作要求：作业前，受训人员要戴好头盔和手套。作业时，绳索缠绕正确，八字环、D型钩保险锁紧；出窗口后身体呈坐姿，上体要正直，双腿分开45°，双脚轻点墙面，放松制动下降；下降时，左手握绳与头同高，右手握绳距身体约30cm，两手不能紧握绳索，下降中右臂向斜下方伸直，右拳呈空心拳状；着地制动时，身体距地面不能小于2m。

成绩评定：

（1）合格：

① 下降过程中身体保持平稳下降，双腿分开45°；

② 双手握绳姿势正确（左手握绳与头同高，右手握绳距身体约30cm）；

③ 着地制动时，身体距地面不能小于2m。

（2）不合格：

① 下降姿势不正确；

② 双手握绳距离不准；

③ 保护人员防护措施不到位。

六、ID下降

训练目的：使操作者在下降时，能够停留在绳索上，或者进行非常缓慢的下降。

场地器材：在训练塔第4层设置一个固定点，塔前地面适当位置放置垫子一块，塔前1m、2m处分别标出器材线和集合线，器材线上放置一根长为30m、直径11mm的静力绳，ID下降器一个，半身吊带一套，D型钩一个，抢险救援服全套（图5.45）。

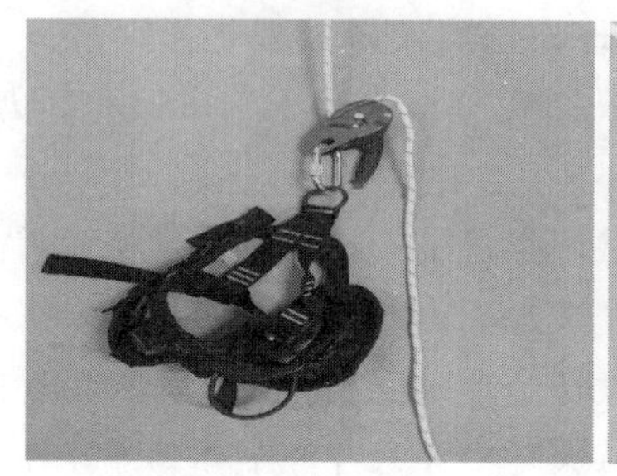

图5.45　ID下降操

操作要领：战斗员行至器材线处，穿戴好抢险救援服全套，并佩戴好半身吊带，随后携带绳索登高至第3层，将绳索一端固定在固定点上，将绳索的另一端抛至地面；地面保护人员做好保护准备。听到“预备”的口令，战斗员将绳子缠绕在ID下降器上，同时与D型钩连接，将安全钩锁好后，双腿并拢、微弯，双脚掌踏训练塔外墙面，左手轻轻握住绳索上部与头同高，右手握住ID下降器，身体移出窗口，两腿与上体大约成直角，两眼注视右下方，两腿微弯，双脚分开45°轻点墙面，做好下降准备，保护人员在训练塔前拉好绳索进行保护。听到“开始下降”的口令，右手迅速打开制动，身体重心下坠，开始下降，在距离地面约2m时，右手握紧ID制动器，到达地面后，将绳索从ID下降器上卸下站立，举手示意并喊“好”。

操作要求：作业前，受训人员要穿戴好抢险救援服全套，作业时，绳索缠绕正确，ID下降器安全钩保险锁紧；出窗口后身体呈坐姿，上体要正直，双腿分开45°，双脚轻点墙面，放松制动下降；下降器在使用过程中，不可以损坏绳索，如磨损、划破绳索外套，或者过度的扭结。下降器的下滑速度应该完全可控，当下降器连接在绳索上不需做下降动作时，下降器可以被锁住并且是有保险的，有重负载时跌落，应用额外的挂环来解决额外的摩擦力问题，重负载不能超过 250kg。

成绩评定：

(1) 合格：

① 下降过程中身体保持平稳下降，双腿分开 45°；

② 双手握绳姿势正确，下降不可控时应在下降时手总是抓住绳索控制速度，总是使用两只手下降（一只手操作控制器，另一只手控制绳索）；

③ 有重负载下降时，应用额外的挂环来解决额外的摩擦力问题，重负载不能超过 250kg；

④ 着地制动时，身体距地面不能小于 50cm。

(2) 不合格：

① 下降姿势不正确；

② 绳索装错方向；

③ 保护人员防护措施不到位。

④ 下降速度过快

思考题

1. 攀登训练的方法有哪些？
2. 攀登梯子的技术有哪些？
3. 绳索攀登渡过下降注意事项有哪些？

第六章 消防车操训练

随着消防队伍职能的不断拓展，以及灭火救援装备建设的快速发展，消防车操技术训练的内容趋于复杂，技术操作的难度逐渐增大，因此，对消防车操训练的组训工作提出了更高的要求，而消防车操训练是消防员掌握各类消防车的性能、用途和各类灭火、救援技术的主要途径。本章主要提供了各类消防车操训练的基本程序和组训方法，供大家参考。

第一节　消防车概述

【学习目标】

1. 了解消防车的种类；
2. 掌握消防车的基本功能。

消防车是装备了各种消防器材、消防装备的各类机动车辆的总称，是最基本的移动式消防装备。主要有水罐消防车、泡沫消防车、高倍泡沫消防车、干粉消防车、二氧化碳消防车、泡沫-干粉联用消防车、通信指挥消防车、照明消防车、抢险救援消防车、勘查消防车、宣传消防车、登高平台消防车、举高喷射消防车、云梯消防车、供水消防车以及器材消防车等。

一、按功能分类

消防车按功能分类，可分为灭火消防车、举高消防车、专勤消防车和后援消防车。

属于灭火消防车的有泵浦消防车、水罐消防车、泡沫消防车、高倍泡沫消防车、干粉消防车、二氧化碳消防车、泡沫-干粉联用消防车、机场消防车等。属于举高消防车的有登高平台消防车、举高喷射消防车、云梯消防车等。属于专勤消防车的有通信指挥消防车、照明消防车、抢险救援消防车、勘查消防车、宣传消防车等。属于后援消防车的有供水消防车和器材消防车等。

二、按选用的汽车底盘承载能力分类

可分为基本型和变型两类。

三、其他分类

（一）按车厢形式分

分为内座式和敞开式。

（二）按水泵安装位置分

分为前置泵、中置泵和后置泵式三种。

第二节　水罐消防车操

【学习目标】

1. 熟悉水罐消防车、器材及个人防护装备的性能及使用方法；
2. 全体操作学员任务明确，协同密切；
3. 操作程序规范，战斗展开迅速；
4. 在规定时间内完成全部动作。

水罐消防车是指车上除了装备消防水泵及器材以外，还设有较大容量的贮水罐及水枪、水炮等。可将水和消防人员输送到火场独立进行扑救火灾。它也可以从水源吸水直接进行扑救，或向其他消防车和灭火喷射装备供水。在缺水地区也可作供水、输水用车，适合扑救一般性火灾，是公安消防队常备的消防车辆。本节主要介绍利用水罐消防车及随车器材进行一系列灭火训练的操作方法，其中重点描述了单车训练和合成训练的操作程序及组织训练的方式方法。

一、单干线出两支水枪操

训练目的：使战斗员熟练掌握轻型消防车所配器材的操作方法。

场地器材：在长 95m 的场地上分别标出起点线和终点线。在起点线处停放一辆装备齐全的轻型水罐车，消防车的出水口与起点线相齐，进水口一侧设有水源，距起点线 58m 处标出分水器放置线（图 6.1）。

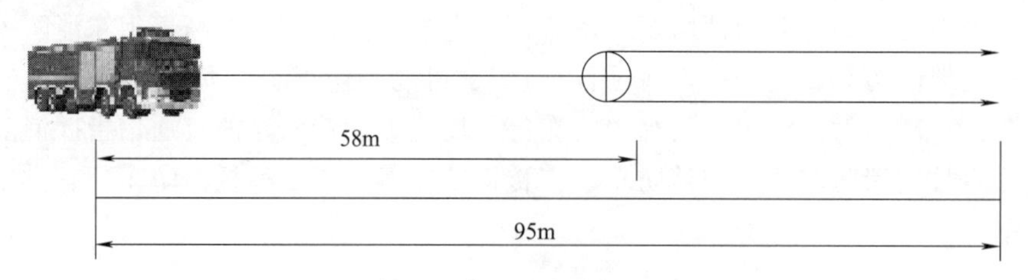

图 6.1　单干线出两支水枪操场地设置

操作程序：全班人员在车内坐好（驾驶员着战斗服上衣、戴头盔，其余人员着全套战斗服、佩戴空气呼吸器戴面罩呼气）。

听到“开始”的口令，班长持分水器，跑至分水器放置线，将其放下，冲出终点线；1、2 号员各携带两盘 65mm 水带和一支水枪分别跑至分水器处，连接分水器、水带和水枪，冲出终点线成立射姿势；3 号员铺设一盘 80mm 水带与分水器连接后，并操纵分水器；4 号员铺设两盘 80mm 水带，与消防车出水口和 3 号员放下的水带接口连接，负责干线水带看护；5 号员协助驾驶员连接两节吸水管和滤水器；驾驶员操纵消防车并向前方供水；当出水射流均达到 15m 充实水柱时，班长举手示意喊“好”。

操作要求：

（1）班长喊“好”后，战斗员不准再进行操作；

（2）水枪充实水柱不得小于15m；

（3）滤水器绳要挂好；

（4）训练前必须充分做好活动准备，并搞好安全防护工作，严防训练事故的发生。

成绩评定：

计时从发令“开始”至战斗员完成全部操作任务出水后，班长举手示意喊“好”止。

优秀：70″；良好：75″；及格：80″。

有下列情况者加秒：滤水器绳没有挂好加2″。

二、单干线出三支水枪操操法一

训练目的：使战斗员熟悉各自分工，掌握干线和支线水带的铺设方法。

场地器材：在长135m的场地上分别标出起点线和终点线。在起点线处停放一辆装备齐全的中型水罐车，消防车出水口与起点线相齐，进水口一侧设有水源，距起点线98m处标出分水器放置线（图6.2）。

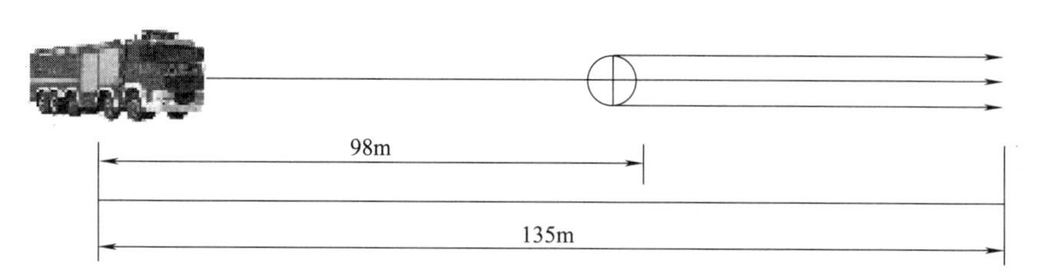

图6.2 单干线出三支水枪操操法一场地设置

操作程序：全班人员在车内坐好（驾驶员着战斗服上衣、戴头盔，其余人员着全套战斗服、佩戴空气呼吸器戴面罩呼气）。

听到“开始”的口令，班长持分水器跑至分水器放置线，将其放下后，冲出终点线；1、2、3号员各携带两盘65mm水带和一支水枪，分别跑至分水器处接好分水器、水带、水枪，冲出终点线，成立射姿势；4、5号员将五盘80mm水带按两人五盘水带连接方法，连接在消防车出水口和分水器上，4号员负责操纵分水器，5号员负责看护线路；6号员协助驾驶员连接好两节吸水管和滤水器吸水，驾驶员操纵消防车并向前方供水。当三支水枪出水射流均达到15m充实水柱时，班长举手示意喊“好”。

操作要求：

（1）全班配合要协调，动作要规范；

（2）班长喊“好”后战斗员不准再进行操作；

（3）滤水器拉绳必须挂好；

（4）干线水带也可用水带背架或拖车进行铺设；

（5）训练前必须充分做好活动准备，并搞好安全防护工作，严防训练事故的发生。

成绩评定：

计时从发令“开始”至最后一支水枪出水喊“好”止。

优秀：50″；良好：55″；及格：60″。

有下列情况者加秒：

（1）滤水器绳没有挂好加 5″。

（2）个人防护装备掉落每件次加 5″。

三、单干线出三支水枪操操法二

训练目的：通过训练，使战斗员掌握实战出水操的方法，提高队员之间的协同作战能力。

场地器材：在长 130m 的训练场上分别标出起点线和终点线。在起点线处停放 1 辆装备齐全的水罐消防车（至少配备 80mm 水带 4 盘、65mm 水带 8 盘、分水器 1 个、多功能水枪 3 把、止水器 2 个、两节拉梯 1 架），出水口与起点线相齐，消防车一侧 10m 处设置消火栓 1 座，在距起点线 57m 处标出分水器线、95m 处标出延伸线、110m 处标出标靶线、114m 处标出射水线、130m 处标出终点线。在标靶线上设置三个目标靶，在终点线设置两个目标靶（图 6.3）。

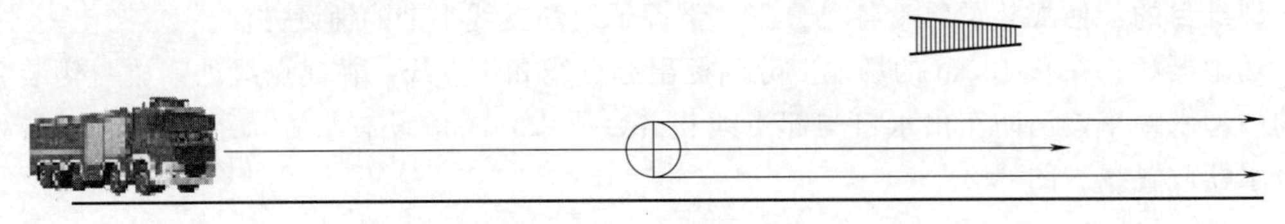

图 6.3　单干线出三支水枪操操法二场地设置

操作程序：全班人员在起点线一侧 3m 处站成一列横队。

听到“××班出列”口令后，班长答“是”，带领本班人员跑步至起点线，立正站好。

听到“准备器材”口令后，班长，驾驶员，1、2、3、4、5 号员迅速做好操作准备，登车就位，驾驶员着战斗服上衣、戴头盔，其余人员着全套战斗服。

听到“开始”口令后，各号员迅速下车，按分工展开。

班长持 1 个分水器、1 盘 80mm 水带和 1 盘 65mm 水带，跑至 38m 处甩开 80mm 水带连接分水器后，跑至 57m 处将分水器放置在分水器线上，随后原地甩开 1 盘 65mm 水带连接 3 号员预留接口，负责指挥前方打靶；驾驶员铺设 1 盘 80mm 水带连接消火栓，听到班长下达“供水”口令后向前方供水，听到班长下达“停水”口令后停水；1 号员持 2 盘 65mm 水带、1 支多功能水枪、1 个止水器，跑至 57m 处，向前铺设 2 盘水带，连接水枪，至延伸线准备击打目标靶，打靶完成后，关闭止水器延伸 1 盘 65mm 水带（4 号员预留）至射水线准备击打目标靶；2 号员持 2 盘 65mm 水带、1 支多功能水枪、1 个止水器，跑至 57m 处，向前铺设 2 盘水带，连接水枪，至延伸线准备击打目标靶，打靶完成后，关闭止水器延伸 1 盘 65mm 水带（5 号员预留）至射水线准备击打目标靶；3 号员持 1 盘 65mm 水带和 1 支多功能水枪，手持破拆斧、无齿锯等破拆工具，跑至 76m 处，向前铺设 1 盘水带，连接分水器、水枪后至延伸线准备击打目标靶，打靶完成后出开花射流掩护前方人员；4 号员携带 2 盘 80mm 水带、1 盘 65mm 水带，按照一人两盘水带连接方法，铺设 2 盘 80mm 水带，连接消防车与班长预留接口，并将 1 盘 65mm 水带放置在延伸线处，负责巡视供水干线；5 号员与驾驶员一起将两节拉梯从车顶卸下，将两节拉梯和 1 盘 65mm 水带运送至延伸线。

当延伸线前的水带线路铺设完毕后，班长利用对讲机下达“供水”的口令，驾驶员启动泵浦供水，待水枪手成功击打终点线目标靶后，班长举手示意喊“好”。

听到“收操”口令后，参训人员迅速将器材复位。

听到“入列”口令后，参训人员跑步入列。

操作要求：

（1）战斗员个人防护装备穿戴齐全，驾驶员不佩戴空气呼吸器，其余人员全部佩戴空气呼吸器，戴好面罩供气；开始前，战斗员可以将面罩提前戴好；

（2）战斗展开过程动作连贯、正确，不得掉落器材装备，水带铺设无360°打卷或打折现象，卡扣连接牢固，水带无破损，取水和供水、出水正常；

（3）开始前器材放置在消防车器材箱内摆放整齐，不得预先连接；

（4）班长、驾驶员、水枪手及分水器操作人员必须使用电台通信，班长下达口令时使用电台并配以手语，口令和手语要规范；

（5）各类接口连接牢固，无脱口、卡口、爆裂；

（6）驾驶员缓慢加压，防止水带爆裂和车辆受损。

成绩评定：

计时从发出“开始”的口令至水枪手成功完成终点线目标靶击打任务，班长举手示意喊“好”止。

优秀：1′40″；良好：2′；及格：2′20″。

有下列情况之一者不计成绩：

（1）供水后，出现水带脱口、卡口、爆口的；

（2）擅自更改器材装备或个人防护装备不齐全的；

（3）两节拉梯梯脚未超过延伸线的；

（4）开始前，器材未放置在器材箱内的或水带未放置在水带卡槽内的，拉梯除外；

（5）水枪出水后，水枪手未佩戴消防手套的（其余人员可随身携带消防手套）；

（6）3号员未采用开花射流掩护前方人员的。

有下列情况之一者加10″：器材预先连接；运送两节拉梯过程中，拉梯连续触地。

有下列情况之一者加30″：未利用电台通信；驾驶员超过分水器线协助其他队员作业；水枪手相互协助射水；水枪超过射水线。

四、双干线出三支水枪操

训练目的：使战斗员熟悉各自分工，掌握铺设双干线和支线水带的操作方法。

场地器材：在长95m的场地上分别标出起点线和终点线。起点线处停放一辆装备齐全的中型水罐车，消防车出水口与起点线相齐，进水口一侧设有水源，距起点线58m处标出分水器放置线（图6.4）。

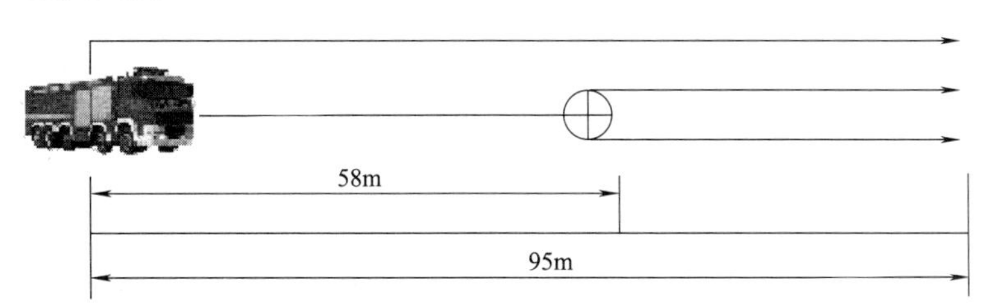

图6.4 双干线出三支水枪操场地设置

操作程序：全班人员在车内坐好（驾驶员着战斗服上衣、戴头盔，其余人员着全套战斗服、佩戴空气呼吸器戴面罩呼气）。

听到“开始”的口令，班长持分水器跑至分水器放置线，将其放下后，冲出终点线；1、

2号员各携带两盘65mm水带和一支水枪，跑至分水器处连接好分水器、水带、水枪，冲出终点线，成立射姿势；3号员将三盘80mm水带，连接在消防车出水口和分水器上，并负责操纵分水器；4号员携带两盘65mm水带和一支水枪，跑至58m处甩开水带，接上水枪，冲出终点线，成立射姿势；5号员铺设三盘65mm水带，连接消防车出水口、水带和4号员预留下的接口，并负责看护线路；6号员协助驾驶员连接好两节吸水管和滤水器，并将滤水器投入水源；驾驶员启动消防泵向前方供水。当三支水枪出水射流均达到15m充实水柱时，班长举手示意喊“好”。

操作要求：

（1）全班配合要协调，动作要规范；

（2）班长喊“好”后战斗员不准再进行操作；

（3）滤水器拉绳必须挂好；

（4）干线水带可用水带背架或拖车进行铺设；

（5）训练前必须充分做好活动准备，并搞好安全防护工作，严防训练事故的发生。

成绩评定：

计时从发令“开始”至战斗班完成全部操作任务，三支水枪全部达到15m充实水柱，班长举手示意喊“好”止。

优秀：32″；良好：34″；及格：36″。

有下列情况者加秒：

（1）滤水器绳没有挂好加5″；

（2）个人防护装备掉落每件次加5″。

有下列情况之一者不计成绩：

（1）供水后，出现水带脱口、卡口、爆口的；

（2）擅自更改器材装备或个人防护装备不齐全的；

（3）水枪出水后，水枪手未佩戴消防手套的（其余人员可随身携带消防手套）。

五、双干线移动水炮操

训练目的：使战斗员熟悉掌握铺设水带，操作移动水炮的方法。

场地器材：在长55m的场地上分别标出起点线和终点线。在起点线处停放一辆装备齐全的重型泵浦车，移动水炮（带架水枪）放置在车顶上。消防车出水口与起点线相齐，进水口一侧设一水源（图6.5）。

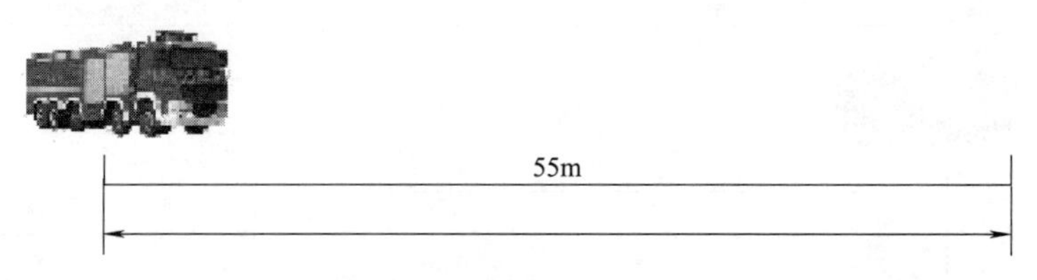

图6.5 双干线移动水炮操场地设置

操作程序：全班人员在车内坐好（驾驶员着战斗服上衣、戴头盔，其余人员着全套战斗服、佩戴空气呼吸器戴面罩呼气）。

听到“开始”的口令，班长和5号员携带水炮，将水炮设置在终点线，班长负责指挥；6号员协助驾驶员连接吸水管和滤水器；驾驶员操作泵浦，准备供水；1、2号员携三盘

65mm 水带在泵浦车的右侧铺设第一干线，3、4 号员携三盘 65mm 水带在泵浦车左侧铺设第二干线，并将水带与泵浦出水口和水炮连接，1、2 号员操作水炮；4 号员在水炮旁举手示意“供水”；3、5 号员分别负责看护干线水带。水炮有效射程达到 45m 时，班长举手示意喊“好”。

操作要求：

（1）消防车必须在吸水后才能出水；

（2）操作水炮动作要规范，仰角以 45°为宜；

（3）训练前必须充分做好活动准备，并做好安全防护工作，严防训练事故的发生。

成绩评定：

计时从发令“开始”至战斗班全部完成操作任务，水炮达 45m 有效射程时，班长喊“好”止。

优秀：40″；良好：44″；及格：48″。

有下列情况之一者不计成绩：

（1）供水后，出现水带脱口、卡口、爆口的；

（2）擅自更改器材装备或个人防护装备不齐全的。

六、枪炮协同进攻操（建制班实战操法）

训练目的：使战斗员通过训练，能够掌握枪炮结合灭火的方法，提高队员之间的协同作战能力。

场地器材：在长 110m 的场地上标出起点线和终点线。在起点线上停放一辆装备齐全的大功率水罐消防车（载水 10t 以上，至少配备流量为 40L/s 的移动水炮 1 门、80mm 水带 10 盘、65mm 水带 4 盘、多功能水枪 2 把、分水器 1 个），出水口与起点线平齐；在起点线一侧 10m 处设置消火栓一座，在 57m 处标出水炮线，在 95m 处标出射水线，在 110m 处标出终点线，在终点线上设置篮球靶 2 个（图 6.6）。

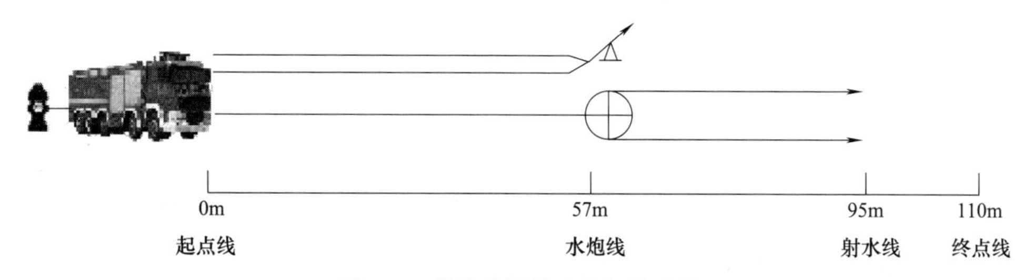

图 6.6　枪炮协同进攻操场地设置

操作程序：全班人员在起点线一侧 3m 处站成一列横队。

听到“××班出列”口令后，班长答“是”，带领本班人员跑步至起点线，立正站好。

听到“准备器材”口令后，班长，驾驶员，1、2、3、4、5 号员迅速做好操作准备，登车就位，驾驶员着战斗服上衣、戴头盔，其余人员着全套战斗服、佩戴空气呼吸器和戴面罩呼气。

听到“开始”口令后，班长、5 号员携带 1 门移动水炮、1 个分水器、1 盘 65mm 水带跑至 57m 处架设移动水炮，5 号员操控水炮出水，班长将分水器、65mm 水带放置在移动水炮一侧，并负责指挥；3、4 号员按照一人三盘水带连接操的方法，分别铺设 3 盘 80mm 水带干线，连接消防车和移动水炮，并巡视水带干线，操作完毕后协助1、2号员设置水枪阵地；1号员携带多功能水枪1把，按照一人三盘水带连接操的方法，铺设3盘80mm水带干线，连接消防车与分水器；2号员携带1把多功能水枪、3盘65mm水带跑至57m处，做好设置水枪阵地的准备。待移动水炮射水超过95m射水线后，1、2号员按照一人两盘水带连接的操作方法，铺设2盘65mm水带支线，在95m射水线处设置好水枪阵地，出水打靶；驾驶员铺设1盘80mm水带，连接消防车与消火栓，完成后操作水泵供水。待1、2号员成功打靶后，班长举手示意喊“好”。

听到“收操”口令后，参训人员迅速将器材复位。

听到“入列”口令后，参训人员跑步入列。

操作要求：

(1) 实战中，应根据消防车流量合理选择移动水炮型号或设置水枪数量，并选择相应的供水方式；

(2) 移动水炮应使用双接口，供水时必须进行双干线同时供水，压力应控制在1.0MPa以下；

(3) 移动水炮出水超过射水线后，支线水带才能开始铺设；

(4) 严格按照防护装备佩戴标准，做好个人安全防护，空气呼吸器可以在车上佩戴好；

(5) 器材装备必须放置在器材箱内，不能预先连接；

(6) 水枪手操作水枪射水时，必须佩戴消防手套，其余人员应随身携带消防手套；

(7) 空气呼吸器压力不低于25MPa。

成绩评定：

从发出“开始”口令至班长举手示意喊“好”止。

优秀：1′40″；良好：1′50″；及格：2′。

有下列情况之一者不计成绩：

(1) 个人防护装备不齐全或擅自更改防护装备者；

(2) 出水后，水带出现脱口、爆口、卡口的；

(3) 移动水炮出水未超过95m射水线，就开始铺设支线水带的。

有下列情况之一者加10″：水枪手协助射水；器材装备预先连接；操作过程中，个人防护装备掉落的，每人次加10″。

有下列情况之一者加30″：水枪手未佩戴消防手套操作水枪射水的，每人次加30″。

七、楼层单干线出两支水枪操

训练目的：使战斗员掌握水罐消防车楼层单干线出两支水枪操的操作程序及组训方法。

场地器材：在距训练塔前40m标出起点线，起点线处停放1辆装备齐全的水罐消防车，车头朝前，出水口与起点线相齐，水枪、水带（卡式接口）、分水器放在器材箱内，在训练塔4楼窗口外沿距建筑外墙5m分别设置2个篮球标靶（图6.7）。

操作程序：全班人员（不含驾驶员）着灭火防护服全套，佩戴空气呼吸器（班长，1、2、3号员佩戴面罩），携带消防手套、照明灯、个人安全绳、腰斧、呼救器，登车就位。

听到“开始”的口令，班长携带分水器沿楼梯登至三层，在适当位置放置分水器后负责指挥；1、2号员各携带2盘65mm水带和1支水枪，沿楼梯登至三层分水器处，各铺设1盘水带（另一盘携带至四层备用），连接分水器和水枪，沿楼梯进入四层设置水枪阵地；3

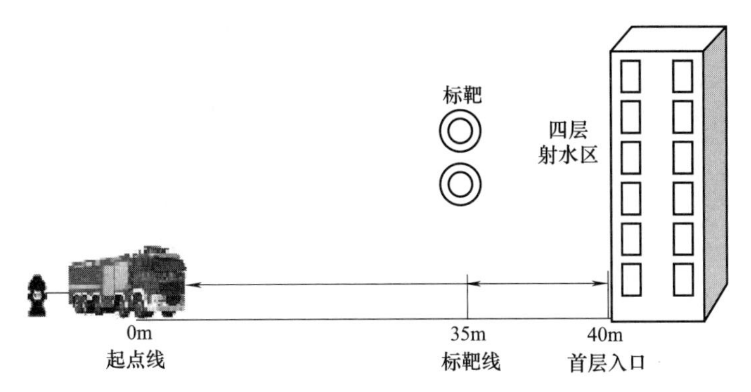

图 6.7 楼层单干线出两支水枪操

号员携带 2 盘 80mm 水带沿楼梯蜿蜒铺设水带，连接分水器，并操纵分水器；4 号员铺设 2 盘 80mm 水带，连接消防车出水口和 3 号员放下的水带接口，负责维护水带线路；驾驶员操纵泵浦供水；2 支水枪射流分别击中各自的篮球标靶后，班长举手示意喊“好”。

操作要求：

（1）个人防护装备必须佩戴整齐，空气呼吸器压力不得低于 25MPa，操作过程中必须呈连续正常使用状态；

（2）水带、水枪、分水器等器材摆放在消防车器材箱内，不得预先连接，车门、器材箱门为关闭状态，出水口开关不得预先打开；

（3）水带爆裂后，队员可利用备用水带或原路返回到消防车取备用水带进行更换；

（4）4 号员不得进入楼梯内协助；

（5）发出“开始”口令前，水泵取力器不得提前挂好，不得启动车辆。

成绩评定：

计时从发出“开始”信号到 2 个篮球标靶均被击中时止。

优秀：60″；良好：1′15″；及格：1′30″。

有下列情况之一者不计成绩：

（1）未按要求携带器材装备的；

（2）操作前，水枪、水带预先连接的；

（3）班长，1、2、3 号员空气呼吸器未连续正常使用的；

（4）分水器未放置到 3 楼，备用水带未携带至 4 楼的；

（5）未单独完成射水任务的，未按规程操作的；

（6）水枪、水带发生脱口、卡口、爆裂，未及时更换、连接的。

有下列情况之一者加 5″：操作中个人携带装备掉落重新穿戴好。

有下列情况之一者加 30″：水枪、水带发生脱口、卡口、爆裂，及时更换、连接后，每处每次加 30″。

八、高层垂直铺设水带设置水枪阵地操

训练目的：使战斗员学会高层建筑垂直铺设水带的方法，驾驶员熟练掌握水罐消防车向高层供水的操作技术。

场地器材：在一幢高层建筑前 20m 处标出起点线，一辆装备齐全的水罐消防车，停在起点线后，车出水口与起点线相齐（图 6.8）。

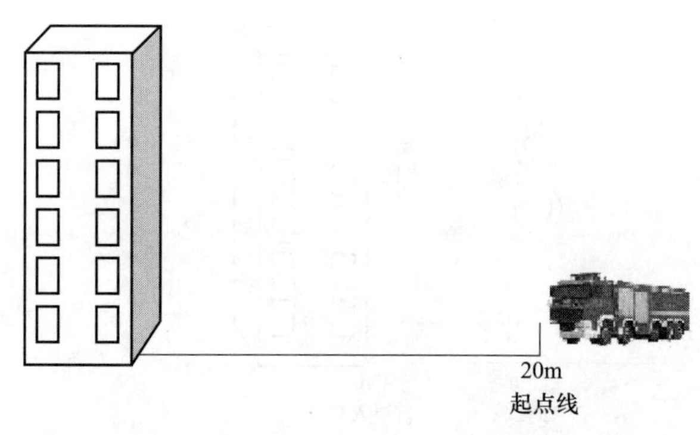

图 6.8　高层垂直铺设水带设置水枪阵地操场地设置

操作程序：全班人员（不含驾驶员）着灭火防护服全套，佩戴空气呼吸器（班长，1、2、3 号员佩戴面罩），携带消防手套、照明灯、个人安全绳、腰斧、呼救器，登车就位。

听到“开始”的口令，班长携带分水器，1 号员携带两盘 65mm 水带和一支水枪，2 号员携带一盘 65mm 水带和水带挂钩（或固定绳）乘电梯（或沿楼梯）上至八层，班长将分水器放在室内，指挥全班；1 号员在楼内甩开一盘水带，连接水枪和分水器，成跪射姿势，另一盘水带备用；2 号员在八楼窗口向下甩开水带，双手交替将接口下放到三楼窗口，另一接口接上分水器，固定好水带，并负责操纵分水器；3 号员携带一盘 65mm 水带和水带固定绳沿楼梯跑至三楼窗口，向下甩开水带，用双手交替的方法将一水带接口送到地面，另一接口与 2 号员送下的接口连接牢，固定好水带，然后在窗口处传令；4 号员在地面甩开一盘 65mm 水带，用分水器连接好 3 号员送至地面的接口和消防车出水口，并负责看护水带线路；5 号员负责操纵水泵出水口阀门；驾驶员操作泵浦开始供水（水带垂直铺设还可采用登高一次施放法和拉绳吊升法）。

操作要求：

（1）垂直铺设的水带要固定牢靠；

（2）驾驶员供水加压时一定要循序渐进，并保持压力；

（3）人员配合要协调，上下通信联络要畅通；

（4）卸水带时，要按先上后下的顺序进行；

（5）训练结束，4 号员应先关闭供水管路，打开分水器泄压后，5 号员才能关闭泵浦；

（6）训练前必须充分做好活动准备，并搞好安全防护工作，严防训练事故的发生。

成绩评定：

计时从发令“开始”至战斗班完成全部操作任务，八楼水枪达到 15m 充实水柱时止。

优秀：60″；良好：1′10″；及格：1′20″；水枪不能出水为不合格。

有下列情况之一者加秒：水带有一处固定不牢加 5″。

九、多层建筑综合出水灭火操

训练目的：通过训练使战斗员掌握多层建筑综合出水灭火操的操作程序及组训方法，提高协同作战救援能力。

场地器材：在训练塔前平地上 10m、55m、75m 处分别标出假人放置线、起点线、着装线，在起点线处停放一辆水罐消防车（车辆熄火，水罐内无水，车顶上放置一部六米拉梯），出水口与起点线对齐；距进水口约 2m 处，放置消防水箱一只，同时在着装线前摆放 6 套消防战斗服（包括灭火头盔、战斗靴、安全腰带、6 具正压式空气呼吸器，班长、内攻水枪手以及其他需要进入楼内的人员必须佩戴）；假人放置线内设置假人放置区（1.8m×2.0m）；训练塔二楼中间位置放置 40kg 假人 1 个。在距起点线 55m 处，训练塔正门前标出分水器线（图 6.9）。

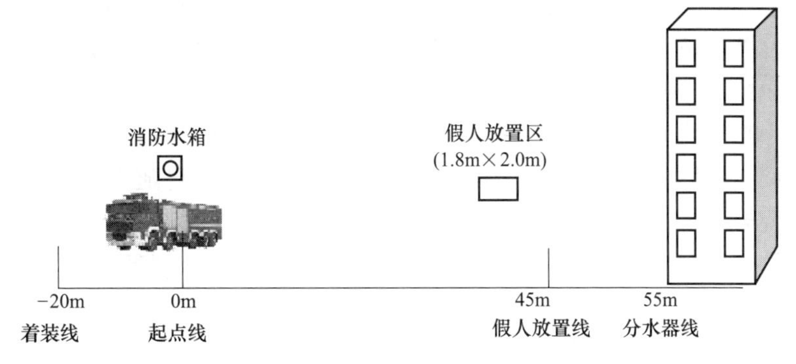

图 6.9　多层建筑综合出水灭火操场地设置

操作程序：全班人员在起点线一侧 3m 处站成一列横队。

听到“××班出列”口令后，班长答“是”，带领本班人员跑步至起点线处，立正站好。

听到“准备器材”口令后，将器材准备完毕，放置在消防车器材厢内，班长在消防车前 1m 处整队报告。

听到“开始”的口令，战斗班（6 人）立即跑步至着装线处按原地着装的要求穿着好个人防护装备（战斗服与空气呼吸器）。班长佩带空气呼吸器持分水器，跑至分水器线处，放置分水器，连接 1、2 号员放下的水带接口，并负责操作分水器；4 号员携带切割机（无齿锯或双轮异向切割锯）破拆训练塔入口（铁门上的铁销）；1、2 号员佩带空气呼吸器，各携带 1 支水枪、1 个止水器、2 盘 65mm 口径的水带（1 盘备用），跑到分水器处，甩开水带连接水枪和分水器；待 4 号员破拆完成且水枪出水后，1 号员沿楼梯内攻至二楼，在二楼 1 号窗口处出 1 支水枪；2 号员通过 3 号员架设好的 6 米拉梯，利用沿拉梯铺设水带的方式进入二楼 2 号窗口，并利用水带挂钩（绳索）做好固定，在二楼 2 号窗口处出 1 支水枪；3 号员从消防车顶卸下 6 米拉梯，利用单人架设 6 米拉梯的动作将拉梯架设至二楼窗口，并保护 2 号员爬梯进窗；2 号员爬梯进窗后，3 号员携 1 支水枪、1 个止水器、2 盘 65mm 口径水带沿楼梯到达训练塔三楼从 1 号窗口外垂直铺设水带，并利用水带挂钩（绳索）做好固定，在三楼 1 号窗口处出 1 支水枪；4 号员将 3 号员放下的水带接口与分水器连接；驾驶员从消防车出水口开始铺设 3 盘 80mm 口径水带至分水器处，随后连接吸水管负责供水；班长与 4 号员一起进入训练塔二楼，将假人抬至假人放置区（1.8m×2.0m 垫子），并负责操作分水器。3 支水枪射流均达到 15m 充实水柱，且假人被抬至放置区后，班长示意驾驶员停水，并检查确认停水，楼内水枪手发出紧急撤离信号，人员全部撤离至集结区后，班长举手示意喊“好”。

操作要求：

（1）战斗员按要求着全套消防战斗服，佩戴空气呼吸器（压力不低于 25MPa）；

（2）战斗员在听到“开始”口令前不得接触战斗服（全套）与空气呼吸器，6 套消防战斗服（包括灭火头盔、战斗靴、安全腰带、呼救器、消防斧、导向绳）统一放置于着装线处，5 具正压式空气呼吸器放置于着装线前，具体摆放形式不做要求，不影响安全、不违规操作即可；

（3）分水器、水枪可放置于驾驶室或乘员室，6 米拉梯放置于车顶（可以不实施固定），其他放置在器材箱内，器材箱门处于关闭状态；

（4）6 米拉梯从车顶取下时可以由多人协同完成，但取下后的运送、架设必须由 3 号员完成，爬梯时必须有人员扶梯，架设、攀爬不允许出现以下情况：①梯梁超出窗框左右两侧时爬梯的；②梯子撑脚未锁牢的或拉梯上端未超过窗台2个梯蹬时爬梯的；③从车顶取下6米拉梯时严禁出现危险动作，例如滑梯下车、跳车等，更严禁直接将6米拉梯从车顶丢下；

（5）4号员破拆时必须佩戴消防手套、放下防护面罩，切割机必须在规定的操作区内（训练塔入口处）发动，破拆完成后必须将切割机熄火关闭，不得随意丢弃切割机；

（6）全班配合要协调，动作规范，各类器材防护装备携带齐全，进入楼内的战斗员必须佩带空气呼吸器面罩并供气，内攻救助、搬运假人的战斗员必须携带防毒面具。

成绩评定：

从发出“开始”信号至全部操作完毕。

优秀：3′30″；良好：3′45″；及格：4′。

有下列情况之一者不计成绩：

（1）操作完成后发现水带、水枪、分水器接口脱口、卡口；

（2）水枪阵地水带机动长度少于2m的；

（3）6米拉梯架设、攀爬出现以下情况的：①6米拉梯从车上取下后的运送、架设过程中未按要求由1人完成的；②从车顶卸梯的过程中出现危险动作或导致车辆损坏的；③梯梁超出窗框左右两侧时爬梯的；④梯子撑脚未锁牢的或拉梯上端未超过窗台2个梯蹬时爬梯的；⑤爬梯人员个人防护装备脱落未重新拾起穿戴好的；

（4）破拆过程中出现违规动作；

（5）1号员水枪未出水前进入楼内或内攻过程中水枪停水；

（6）垂直铺设水带时，将水带接口直接抛至地面的；

（7）2号员进入窗口（双脚着地）前，出现拉梯无人扶梯保护、水枪水带脱落或其连接水枪的支线水带提前出水的；

（8）水枪未在射水区内射水；

（9）消防车水箱内有水；

（10）因驾驶员操作不当导致出现水带爆裂、接口脱落或断裂等情况；

（11）水枪手未使用止水器连接水枪或2楼与3楼窗口未利用水带挂钩（绳索）对水带进行固定；

（12）借助其他物品搬运假人、搬运途中假人掉落或假人未放置在指定区域；

（13）进入楼内人员未佩戴空气呼吸器并供气，内攻救助、搬运假人的战斗员未佩戴防毒面具的；

（14）违反安全操作要求、出现危险动作的情况；

（15）其他不符合项目规程操作要求的情况。

有下列情况之一者加10″：个人防护装备缺少的，每缺1件加10″。

有下列情况之一者加15″：假人放置完毕后压线的加15″。

有下列情况之一者加30″：备用水带未放在指定位置。

十、室内烟火扑救操

训练目的：通过训练使战斗员掌握室内烟火燃烧特性，采用直接灭火、间接冷却等操作方法，提高战斗员针对室内火灾协同作战救援能力。

场地器材：在室内烟火训练设施前10m、55m、75m处分别标出分水器线、起点线、着装线（器材线），在起点线处停放一辆满载水罐消防车，出水口与起点线对齐；在着装线前摆放5套战斗员个人防护装备全套，测温仪1个，破拆工具1套（图6.10）。

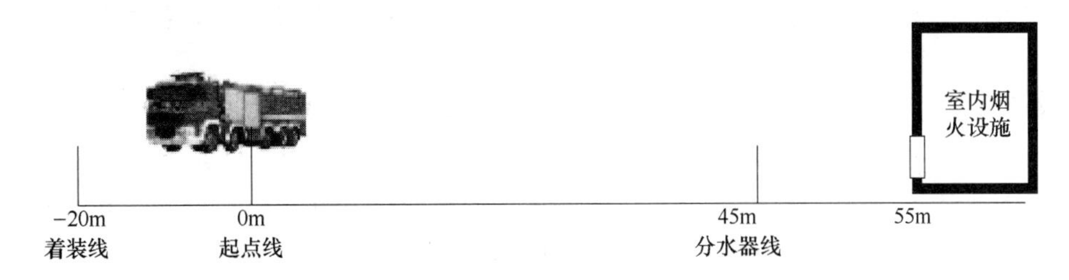

图6.10　室内烟火扑救操场地设置

操作程序：全班人员在起点线一侧3m处站成一列横队。

听到“××班出列”口令后，班长答“是”，带领本班人员跑步至起点线处，立正站好。

听到“准备器材”口令后，将器材准备完毕，班长在消防车前1m处整队报告。

听到“开始”的口令，战斗班（6人）立即跑步至着装线处按着装的要求穿着好个人防护装备。班长持测温仪和分水器，跑至分水器线，放下分水器进行火情侦察和指挥，观察测温数据后，下达进攻命令；1、2号员各携带1支水枪、2盘65mm口径的水带至射水线铺设1盘水带连接分水器和水枪成跪姿等待出水，另一盘水带备用；3号员铺设两盘80mm口径的水带连接消防车和分水器，打开分水器，看护干线水带；4号员携带破拆工具至训练设施前，做好破拆准备，驾驶员操作消防车向前方供水。1号员对训练设施进行降温冷却；2号员用开花水流掩护4号员；4号员在2号员的掩护下对训练设施出入口进行破拆；待4号员破拆完毕后，班长观察测温仪数据后，在门后慢慢开启5～10cm的门缝后，1号员采用直流水迅速向门内射3次水，班长立即将门关闭，防护操作三次，观察测温仪数据，室内温度明显下降至轰燃极限下，再打开大门进行内攻灭火，待明火浓烟消散后，班长举手示意喊“好”。

操作要求：

（1）战斗员按要求着全套消防战斗服，佩戴空气呼吸器（压力不低于25MPa）；

（2）战斗员在听到“开始”口令前不得接触战斗服（全套）与空气呼吸器，5套消防战斗服（包括灭火头盔、战斗靴、安全腰带、呼救器、消防斧、导向绳）统一放置于着装线处，5具正压式空气呼吸器放置于着装线前，具体摆放形式不做要求，不影响安全、不违规操作即可；

（3）4号员破拆时必须佩戴消防手套、放下防护面罩，破拆工具必须在规定的操作区内（训练设施入口处）发动，破拆完成后必须将破拆工具熄火关闭，不得随意丢弃；

（4）全班配合要协调，动作规范，各类器材防护装备携带齐全。

成绩评定：

从发出“开始”信号至全部操作完毕。

优秀：6′30″；良好：7′；及格：8′30″。

有下列情况之一者不计成绩：操作完成后发现水带、水枪、分水器接口脱口、卡口；破拆过程中出现违规动作；2号员水枪未出水进行掩护就进行破拆；因驾驶员操作不当导致出现水带爆裂、接口脱落或断裂等情况；班长未按操作要求开启训练设施出入口；违反安全操作要求、出现危险动作的情况；其他不符合项目规程操作要求的情况。

十一、 纵深灭火救人操

训练目的：使战斗员掌握纵深灭火救人操的操作要领及训练方法，提高协同作战救援能力。

场地器材：在长 60m 的场地上标出起点线，在起点线处停放 1 辆水罐消防车（两侧后视镜均用不透光材料遮挡，驾驶室放置手持电台 1 部），出水口与起点线相齐，车头朝后；在起点线上放置 65mm 水带 6 盘（其中 2 盘作为机动水带）、止水器 3 个、多功能水枪 2 支、无齿锯 1 把、分水器 1 个（进、出水口均为 65mm 口径）、担架 1 副；距起点线 15m 处设置 1 号通道（长 10m、宽 1m、高 1.8m），入口处设防盗门 1 扇（内侧设置把手，外侧中部设置长 1m、宽 30cm 的铁板），防盗门前 3m 处标出射水保护线，一侧设置垫子 1 张，通道中段设置上挡板（高 1m、宽 1m，与通道底部形成 0.8m 的空间），出口一侧设置被救者 1 名（60kg 假人），距出口 5m 标出射水线，射水线前 15m 处设置 1 号电子射水靶；横向距 1 号通道出口 10m 处设置 2 号通道（规格与 1 号通道相同），通道中段设置下挡板（高 1m、宽

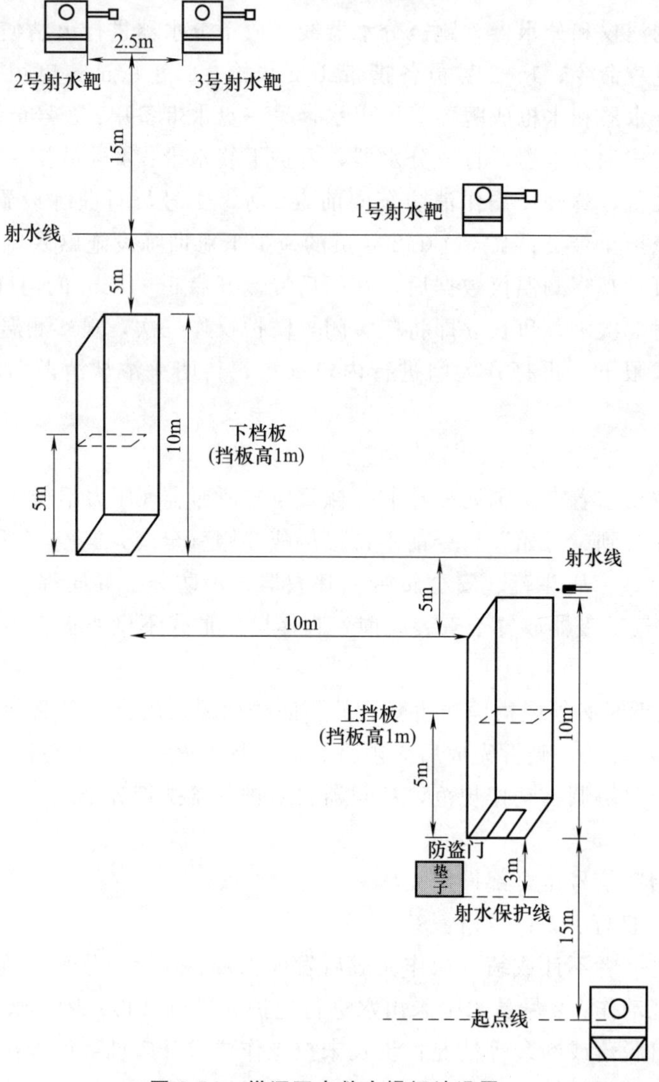

图 6.11　纵深灭火救人操场地设置

1m，与通道顶部形成0.8m的空间），距出口5m处标出射水线，射水线前15m处设置2号、3号电子射水靶（图6.11）。

操作程序： 全班人员着全套灭火防护服，佩戴空气呼吸器（戴面罩），携带手持电台，在起点线前做好操作准备。

听到“开始”口令后，1号员在起点线铺设1盘65mm水带，连接止水器和水枪；2号员用1号员留下的水带接口连接消防车出水口，消防车加压供水，待水枪出水后所有人员携带器材向前推进；到达射水保护线后，在水枪掩护下，3号员利用无齿锯对防盗门进行破拆，完成破拆任务后，关闭无齿锯并退回到射水保护线；班长上前用手通过破拆口转动防盗门内侧把手，打出“前进”手语，通知1、2号准备内攻灭火；2号员协助1号员在射水线延伸1盘65mm水带，待水枪出水后，1号员向班长示意后，班长开启防盗门，1、2号员迅速向前推进进入1号通道，班长和3号员携带水带、担架、止水器和分水器予以协助；所有人员协力通过上挡板，到达1号通道出口处，1、2号员到射水线向1号水靶射水，班长和3号员利用担架将被救者沿1号通道救至入口垫子处后沿原路返回，1、2号员待水靶指示灯亮起后，在班长和3号员的协助下，所有人员携带器材向2号通道推进；在2号通道入口处，1、2号员关闭止水器，甩开1盘65mm水带，连接分水器进行水带延长，打开止水器出1支水枪；班长、3号员甩开1盘65mm水带，连接分水器，出1支水枪；两支水枪呈掩护队形，协力通过2号通道内的下挡板，到达2号通道出口处；推进至射水线，两支水枪分别向2、3号射水靶射水打靶，待最后一个水靶指示灯亮起后，班长举手示意喊“好”。

操作要求：

（1）战斗员着全套灭火防护服，佩戴空气呼吸器（戴面罩），携带手持电台，空气呼吸器压力不得低于25MPa，必须呈连续正常使用状态；

（2）起点线处水带双卷立放、接口不能着地，水枪、水带、止水器、分水器应逐一摆放，不得预先连接和接触；

（3）水枪未出水前，所有人员不得越过起点线；

（4）到达射水保护线前，其他人员不得超越水枪手；

（5）喷雾掩护破拆、救人，方法正确、程序规范；

（6）破拆防盗门时，班长与1、2号员不得越过射水保护线实施保护；

（7）延伸水带操作时，不得越过射水线和射水保护线（由于供水压力原因，水带、器材过线的不作判罚）；

（8）所有人员不得越过射水线，水枪不得过线；

（9）水带线路畅通，水枪阵地选择正确；

（10）推进中延伸水带时，泵出口压力不得低于0.5MPa；

（11）假人救出之后必须放置在指定的垫子上；

（12）没有打满全部水靶前，2支水枪不得停水；

（13）驾驶员在发令前可预先登车，水泵取力器不得提前挂好，不允许启动车辆；在发令后，驾驶员不得将头部探出车窗；不得摘除车辆后视镜遮挡物；

（14）车辆供水、停水由班长通过手持电台向驾驶员传达指令；

（15）若水带爆裂，队员可利用机动水带或返回到消防车取备用水带进行更换。

成绩评定：

计时从发出“开始”信号时，到2号、3号水靶全部打满且指示灯亮止。

优秀：2′30″；良好：3′；及格：3′30″。

有下列情况之一者不计成绩：未按要求携带器材装备的；操作前，水枪、水带、止水器、分水器预先连接的；水枪未出水前，人员越过起点线的；破拆时未实施水枪掩护的；3号员破拆完毕后未关闭无齿锯并退回射水保护线的；班长未打“前进”手语，1、2号员就延伸水带的；1、2号员在班长和3号员未返回时就向2号通道前进的；班长、3号员救助被困者未从通道通过的；救出被困者后班长、3号员未沿原路返回的；假人未按要求放到指定位置的；没有正常连续使用空气呼吸器的；2支水枪相互帮助射水打靶的；驾驶员提前启动车辆的；水枪、水带发生脱口、卡口、爆裂的，未及时更换、连接的。

有下列情况之一者加10″：假人在救出通道后掉落地面的，每次加10；驾驶员将头部探出车外的，每次加10″；驾驶员未按照班长指令实施供水的，每次加10″。

有下列情况之一者加20″：班长“前进”手语错误。

有下列情况之一者加30″：延伸水带和水枪越过射水保护线和射水线的，每一处加30″；防盗门开启前，1、2号员越过射水保护线的加30″；班长发出“前进”手语前，停止射水保护的加30″；人员越过射水线的，每人次加30″；水枪、水带发生脱口、卡口、爆裂的，每项每次加30″。

有下列情况之一者加60″：1号水靶指示灯未亮即甩开水带准备延伸。

十二、百米梯次进攻操

训练目的：通过训练，使战斗员熟练掌握纵深作战时水枪阵地延伸进攻和全班人员梯次掩护进攻等行动方法，提高相互配合和攻坚作战能力。

场地器材：距训练塔前100m处标出起点线，在起点线后一侧停放1台水罐消防车，车出水口与起点线相齐，水带双卷立放于起点线上，随车器材不低于最低配备标准，水枪、止水器、照明灯具等工具放于器材箱内，器材门预先处于开启状态。在35m处标出第一延伸点；45m处设置独木桥（桥面宽0.7～1.0m、高1.5～2.0m，主桥长5m，引桥长4m）障碍区；65m处标出第二延伸点；70m处设置模拟通道设置20m烟火封锁区（高不大于1.5m）；100m处为训练塔，在训练塔二楼2个窗口外沿分别设距离外墙5m的篮球标靶2个（图6.12）。

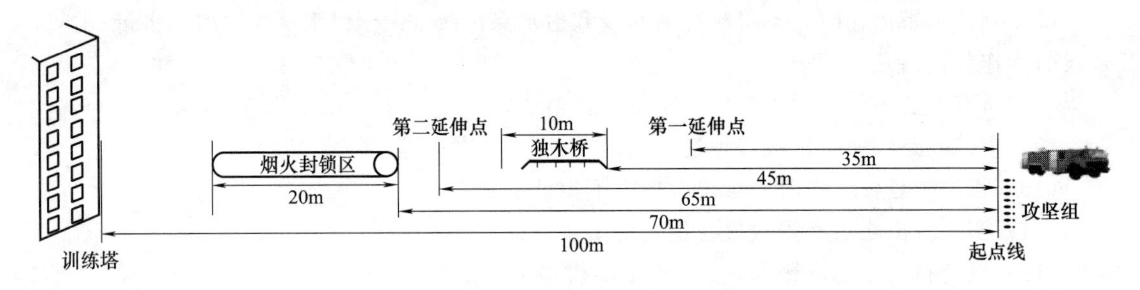

图6.12 百米梯次进攻操场地设置

操作程序：战斗员着灭火防护服全套，佩戴空气呼吸器，携带照明灯具、对讲机等器材，在起点线一侧站成一列横队。

当听到“准备器材”口令后，驾驶员做好供水准备，全班人员做好操作准备。

当听到“开始”的口令后，第一组人员1号员在起点线处铺设1盘65mm水带，连接止水器、水枪，2号员铺设2盘65mm水带，连接消防车出水口和1号员留下的水带接口，示意出水，并协助1号员，待水枪出水后向前推进；3、4号员各携带2盘65mm水带，协助1、2号员到35m处；3号员甩开2盘65mm水带，协助1、2号员延伸水带继续向前纵深到障碍区，并协力通过至65m处；4号员甩开2盘65mm水带再次延伸阵地穿越烟火封锁区，全组人员登上训练塔二楼向楼外5m处第一个篮球标靶射水。

第二组人员按照第一组人员操作程序，同步进行操作，梯次掩护进攻，登上训练塔二楼向楼外5m处第二个篮球标靶射水。

操作要求：

(1) 战斗员个人防护装备必须佩戴整齐，空气呼吸器应处于连续正常使用状态；

(2) 第二组人员与第一组人员保持3m（纵向距离）以内的掩护距离；

(3) 梯次掩护方法规范，第二组人员应使用多功能水枪，全程开花掩护第一组；第二组延伸水带时，第一组必须实施掩护；前进过程中，两个全班人员位置不允许互换；

(4) 水带线路畅通、水枪阵地选择正确；

(5) 推进过程中，延伸水带保持原有压力，泵出口压力不得低于0.5MPa；

(6) 水枪手进入训练塔二楼射中目标后成绩有效；

(7) 听到“开始”口令前不得接触非随身携带器材；

(8) 止水器不得预先连接；

(9) 人员过线是指单脚（含）以上整脚过线的现象；水枪过线是指水枪触地整枪过线的现象（初战快速出水控火操参照此条执行）；

(10)“开始”前，驾驶员不得启动消防车、提前挂好取力器。

成绩评定：

计时从发出“开始”信号到最后一支水枪充实水柱击中篮球并明显晃动止。

优秀：4′；良好：4′30″；及格：5′。

有下列情况之一者不计成绩：未按要求携带器材装备；操作前，水枪、水带和止水器预先连接；延伸水带时，未相互掩护；延伸水带时，甩带方向未向后打开；没有正常连续使用空气呼吸器；全组人员未全部通过独木桥或从桥上坠落地面；水带掉落出桥体未重新拉回桥面上；两组人员掩护距离始终大于3m；两组人员射篮球标靶相互协助（两支水枪不得互射对方篮球，同时在裁判员举旗示意之前，任何一支水枪不得停水）；严禁在起点线处两组人员的其他号员协助各自1号员连接水枪、止水器；在起点线处，水带向前或向后甩开均可，但水枪未出水前，操作人员严禁过线；在第一、二区域段内，水枪出水后，严禁任何队员超越水枪手；队员在第一、第二延伸线延伸水带过程中，水枪未出水前，人员和器材不允许过线；两个水枪手必须从不同的窗口射水打靶。

有下列情况之一者加10″：泵出口压力小于0.5MPa的，每次加10″。

有下列情况之一者加30″：延伸水带时，水带铺设至独木桥限界线内，独木桥限界线是无限延长的，“人员从桥上坠落，水带从桥上掉落出”，此“桥”专指主桥部分（两限界线之间）；第二组人员与第一组人员未保持3m以内的掩护距离（分三个区段，消防车至第一延伸线为第一区段，一、二延伸线之间为第二区段，第二延伸线至训练塔为第三区段），每区段加30″；水枪、水带发生脱口、卡口、爆裂的，每项每次加30″；水带掉落出桥体，拉回水带时跑至桥下、桥侧操作；第一、二延伸线处，第一组人员延伸水带出水后，在第二组人员未出水的情况下可越过延伸线，但必须保持3m以内的距离，否则每个区段加30″；第二延伸点延伸水带时，任何情况下，队员均不得进入限界线内（包括人员到限界线内拖拽水带)，水带因受压力影响或脱口原因进入独木桥限界线内的，不做判罚。

十三、初战快速出水控火操

训练目的：使战斗员掌握干线和支线水带远距离铺设方法，提高快速战斗展开能力，提升班组初战快速控火水平，实现第一时间展开战斗，第一时间控制火势蔓延的目标。

场地器材：在长400m的场地上（可环形设置）分别标出起点线、终点线，距起点线368m、385m处分别标出分水器放置线、射水线。在起点线处停放一辆装备齐全的水罐消防车，车头朝前，车出水口与起点线相齐，水带双卷立放于起点线上，终点线放置3个标靶（图6.13）。

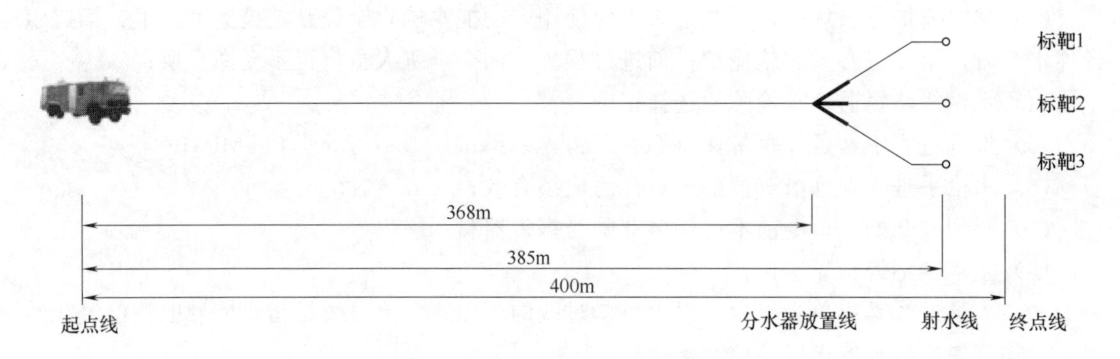

图6.13 初战快速出水控火操场地设置

操作程序：消防员着灭火防护服全套，佩戴空气呼吸器（6.8L，≥25MPa，班长、1、2、3号员佩戴面罩，其他人员可不戴面罩)，携带照明灯、个人安全绳、腰斧、呼救器，在起点线一侧站成一列横队。

听到“开始”的口令，班长持分水器跑至分水器放置线，放下分水器后跑至射水线指挥；1、2、3号员分别携带2盘65mm水带、多功能水枪1支，跑至分水器处连接好分水器、水带（1盘，另1盘水带备用，携行至分水器放置线）、水枪，单人完成射水任务。驾驶员负责供水；班组人员共同铺设80mm供水线路后，4号员负责操纵分水器，5、6号员负责看护供水线路。1、2、3号员分别向3个标靶内射水，待水位达到要求后，班长举手示意喊“好”。

操作要求：

(1) 班长喊“好”后，不得再向标靶里射水；

(2) 供水干线水带铺设人员、方式、过程不限；

(3) 个人防护装备必须穿戴齐全；

(4) 水带连接前必须打开，打开水带后连接拖行的水带数不得多于2盘。

成绩评定：

计时从发令“开始”信号到班长举手示意喊“好”止。

优秀：4′；良好：4′30″；及格：5′。

有下列情况之一者，不计取成绩：

(1) 个人防护装备不齐全或擅自改动，不符合标准要求的；

(2) 班长举手示意喊“好”后，继续往标靶内射水的；

(3) 水带铺设、携带借助外界条件的；

(4) 班长，1、2、3号员空气呼吸器未连续正常使用的；
(5) 分水器未放置到分水器放置线前的；
(6) 射水相互协助的；
(7) 未按规程操作的。

有下列情况之一者，作加时处理：
(1) 操作过程中个人防护装备掉落并重新穿戴好的，每件次装备加10″；
(2) 标靶内水面距标准线每差1cm加30″，不足1cm的按1cm计；
(3) 同时拖行3盘以上（含）已打开水带行进的，加30″；
(4) 出水后水带出现脱口、卡口、爆裂现象的，每次加30″；
(5) 射水时水枪手身体任何部位超过射水线，1人次加30″。

十四、灭火编队一枪一号操

训练目的：通过训练，使战斗员掌握灭火编队使用车载高压水枪快速灭火的操作程序和方法。

场地器材：在长105m的场地上标出起点线、终点线。距起点线90m处分别标出停车线，起点线处设消火栓，灭火编队车辆并排停于起点线处（图6.14）。

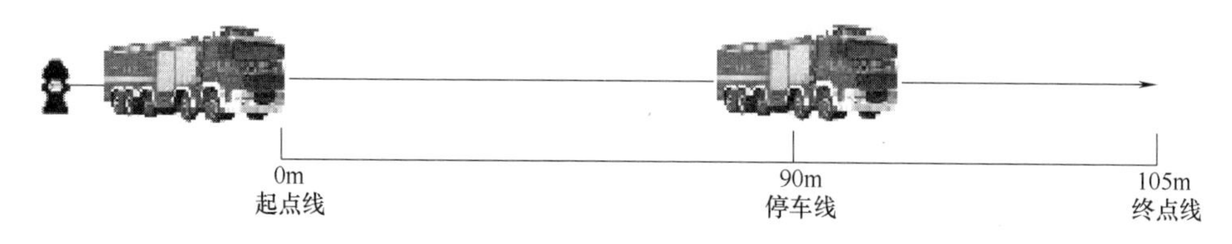

图6.14 灭火编队一枪一号操场地设置

操作程序：班长组织6名战斗员按实战要求着装，在车辆一侧列队站好。

听到“灭火编队一枪一号操——预备”的口令，战斗员（主战车3人，辅助车3人）登车，主战车行驶至停车线处，班长喊“好”。

听到“开始”的口令，战斗员按各自分工展开。

主战车1号员取下车载高压水枪，行进至终点线处，成立射姿势，2号员配合施放高压水管后，跑至终点线示意供水并协助1号员操作，驾驶员操作泵浦供水。

辅助车驾驶员连接消火栓取水，3、4号员铺设单干线（80mm水带）向主战车供水。

当供水干线形成有效供水，水枪呈直流射流，1号员旋转水枪前端握柄，调整为开花水流后，班长举手示意喊“好”。

操作要求：
(1) 施放高压水管过程中，尽量避免在地面拖拉、弯折；
(2) 收卷高压水管时，应擦拭干净、卷放整齐，放出余水。

成绩评定：
计时从“开始”口令至班长举手示意喊“好”止。
优秀：30″；良好：1′；及格：1′30″。

十五、灭火编队一枪二号操

训练目的：通过训练，使战斗员掌握灭火编队单干线出一支水枪快速灭火的操作程序和方法。

场地器材：在长125m的场地上标出起点线、终点线。距起点线90m处分别标出停车线，起点线处设消火栓，灭火编队车辆并排停于起点线处（图6.15）。

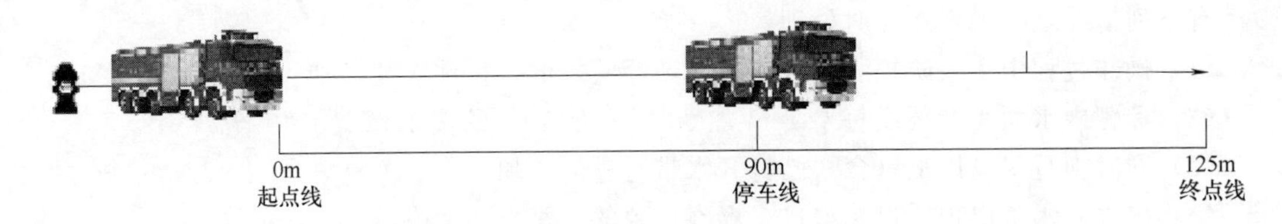

图6.15 灭火编队一枪二号操场地设置

操作程序：班长组织6名战斗员按实战要求着装，在车辆一侧列队站好。

听到“灭火编队一枪二号操——预备”的口令，战斗员（主战车3人，辅助车3人）登车，主战车行驶至停车线处，班长喊“好”。

听到“开始”的口令，战斗员按各自分工展开。

主战车1号员铺设65mm水带2盘，连接消防车出水口和水枪至终点线，成立射姿势；2号员跑至终点线辅助1号员操作并示意供水；驾驶员操纵泵浦供水。

辅助车驾驶员连接消火栓取水，3、4号员铺设单干线（80mm水带）向主战车供水。

当供水干线形成有效供水，水枪射流充实水柱达到15m后，班长举手示意喊“好”。

操作要求：

（1）战斗员按实战要求着装；

（2）当供水干线形成有效供水，水枪射流充实水柱必须达到15m。

成绩评定：

计时从“开始”口令至班长举手示意喊“好”止。

优秀：60″；良好：1分10″；及格：1分30″。

有下列情况之一者不计成绩：水带接口脱口、卡口；水带翻卷720°。

十六、灭火编队两枪一号操（纵深推进）

训练目的：通过训练，使战斗员掌握灭火编队单干线出两支水枪平地控火的操作程序和方法。

场地器材：在长160m的场地上标出起点线，距起点线90m、145m和160m处分别标出停车线、分水器线和终点线，起点线处设消火栓，灭火编队车辆并排停于起点线处（图6.16）。

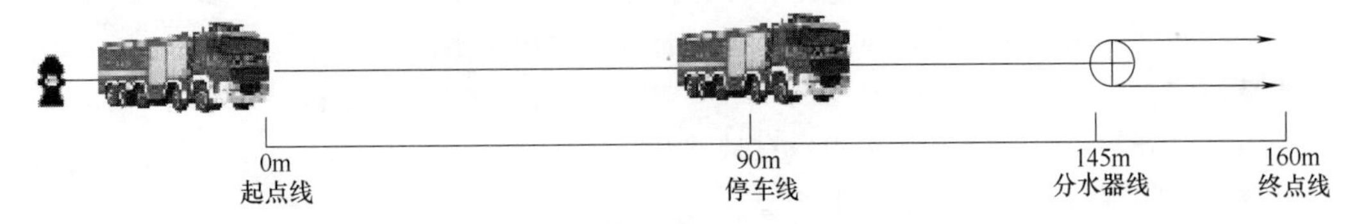

图6.16 灭火编队两枪一号操场地设置

操作程序：班长组织8名战斗员，按实战要求着装，在车辆一侧列队站好。

听到“灭火编队两枪一号操——预备”的口令，战斗员（主战车5人，辅助车3人）登车，主战车行驶至停车线处，班长喊“好”。

听到“开始”的口令后，战斗员按各自分工展开。

主战车1、2号员各携带65mm水带2盘、水枪1支，跑至分水器线处铺设1盘水带，连接分水器和水枪至终点线，成立射姿势；班长携带分水器至分水器线，负责组织指挥；3号员铺设80mm水带3盘，连接消防车出水口和分水器后，负责操作分水器和看护水带线路；驾驶员操作泵浦供水。

辅助车驾驶员连接消火栓取水并操作泵浦供水；4、5号员铺设单干线（80mm水带）向主战车供水。

当供水干线形成有效供水，水枪射流充实水柱达到15m后，班长举手示意喊“好”。

操作要求：

（1）战斗员按实战要求着装；

（2）当供水干线形成有效供水，水枪射流充实水柱必须达到15m。

成绩评定：

计时从“开始”至班长举手示意喊“好”止。

优秀：50″；良好：1分10″；及格：1分30″。

有下列情况之一者不计成绩：水带、水枪接口脱口、卡口；水带翻卷720°。

十七、灭火编队两枪二号操（纵深推进）

训练目的： 通过训练，使战斗员掌握灭火编队单干线出两支水枪纵深推进时，水枪阵地转移、掩护进攻的操作程序和方法。

场地器材： 在长180m的场地上标出起点线、终点线。距起点线90m、145m、160m处分别标出停车线、分水器线、水带延伸线。在起点线处设消火栓，灭火编队车辆并排停于起点线处（图6.17）。

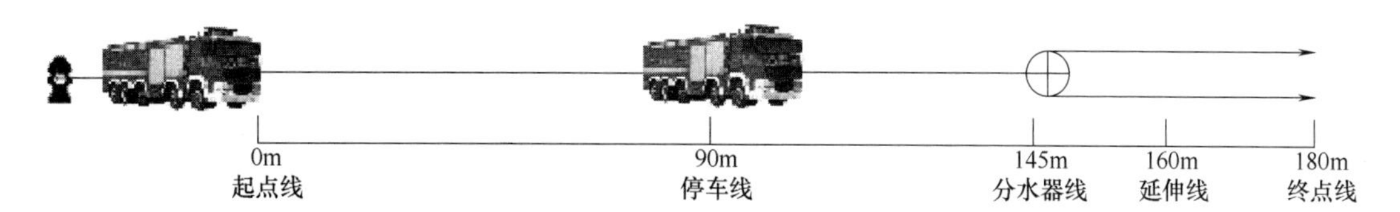

图6.17 灭火编队两枪二号操场地设置

操作程序： 班长组织8名战斗员按实战要求着装，在车辆一侧列队站好。

听到“灭火编队两枪二号操——预备”的口令，战斗员（主战车5人，辅助车3人）登车，主战车行驶至停车线处，班长喊“好”。

听到“开始”的口令，战斗员按各自分工展开。

主战车1、2号员各携带65mm水带1盘和水枪1支，跑至分水器线铺设1盘水带，连接分水器和水枪至水带延伸线，示意供水；班长携带分水器放置分水器线后，负责组织指挥；3号员铺设ϕ80mm水带3盘，连接消防车出水口和分水器后，负责操作分水器和看护水带线路；驾驶员操作泵浦供水。

辅助车驾驶员连接消火栓取水并操作泵浦供水；4、5号员铺设单干线向主战车供水后，从主战车上各取65mm水带2盘跑至水带延伸线，分别协助1、2号员采用掩护进攻的方式将水枪阵地纵深推进至终点线。

当供水干线形成有效供水，水枪射流充实水柱达到15m后，班长喊“好”。

操作要求：

(1) 采用掩护进攻的方式将水枪阵地纵深推进；

(2) 各号员密切协同配合；

(3) 当供水干线形成有效供水，水枪射流充实水柱达到15m。

成绩评定：

计时从“开始”至班长举手示意喊“好”止。

优秀：3′；良好：3′30″；及格：4′。

有下列情况之一者不计成绩：水带接口脱口、卡口；水带翻卷720°。

十八、灭火编队三枪一号操（平地控火）

训练目的：通过训练，使战斗员掌握灭火编队单干线出三支水枪平地控火的操作程序和方法。

场地器材：在长160m的场地上标出起点线、终点线。距起点线90m、145m处分别标出停车线、分水器线，起点线处设消火栓，灭火编队车辆并排停于起点线处（图6.18）。

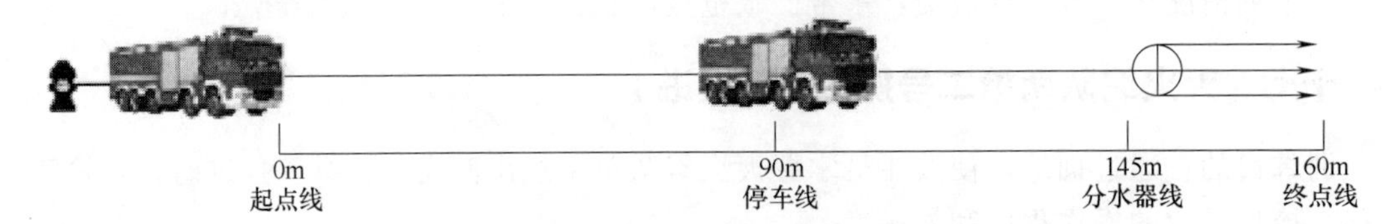

图6.18　灭火编队三枪一号操场地设置

操作程序：班长组织10名战斗员按实战要求着装，在车辆一侧列队站好。

听到“灭火编队三枪一号操——预备”的口令，战斗员（主战车7人，辅助车3人）登车，主战车行驶至停车线处，班长喊“好”。

听到“开始”的口令后，战斗员按各自分工展开。

主战车1、2、3号员各携带65mm水带2盘和水枪1支，跑至分水器线，分别铺设1盘水带连接分水器和水枪至终点线（另1盘水带备用），示意供水；班长携带三分水器放置分水器线后，负责组织指挥；4、5号员铺设80mm水带3盘连接消防车出水口和分水器后，负责操作分水器和看护水带线路；驾驶员操作泵浦供水。

辅助车驾驶员连接消火栓取水并负责操作泵浦供水；6、7号员铺设单干线向主战车供水。

当供水干线形成有效供水，水枪射流充实水柱达到15m后，班长举手示意喊“好”止。

操作要求：

(1) 各号员密切协同配合；

(2) 当供水干线形成有效供水，水枪射流充实水柱达到15m。

成绩评定：

计时从“开始”口令至班长喊“好”止。

优秀：2′；良好：2′30″；及格：3′。

有下列情况之一者不计成绩：水带接口脱口、卡口；水带翻卷720°。

十九、灭火编队三枪二号操（纵深推进）

训练目的：通过训练，使战斗员掌握灭火编队单干线出三支水枪纵深推进时，水枪阵地转移、掩护进攻的操作程序和方法。

场地器材：在长180m的场地上标出起点线、终点线。距起点线90m、145m、160m处分别标出停车线、分水器线、水带延伸线，在起点线处设消火栓，灭火编队车辆并排停于起点线处（图6.19）。

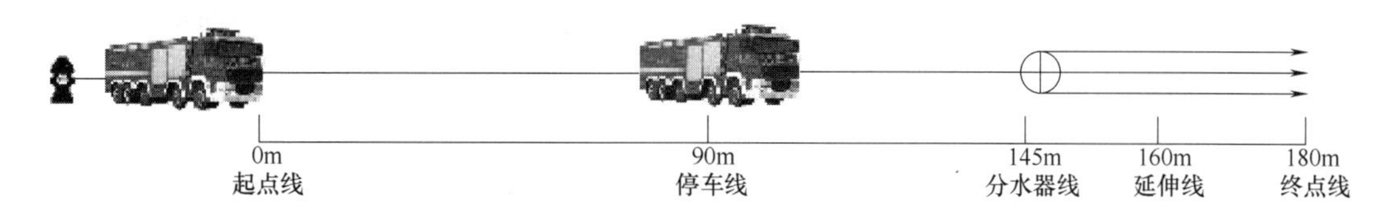

图6.19 灭火编队三枪二号操场地设置

操作程序：班长组织10名战斗员按实战要求着装，在车辆一侧列队站好。

听到“灭火编队三枪二号操——预备”的口令，战斗员（主战车7人，辅助车3人）登车，主战车行驶至停车线处，班长喊“好”。

听到“开始”的口令，战斗员按各自分工展开。

主战车1、2、3号员各携带1盘65mm水带和水枪1支，跑至分水器线，连接分水器和水枪至水带延伸线，示意供水；班长携带三分水器放置分水器线后，负责组织指挥；4号员铺设80mm水带3盘连接消防车出水口和分水器，负责操作分水器和看护水带线路；5号员携带65mm水带2盘至水带延伸线后，协助1号员出水控火；驾驶员操作泵浦供水。

辅助车驾驶员连接消火栓取水并负责操作泵浦供水；6、7号员铺设单干线向主战车供水后，各携带2盘65mm水带至水带延伸线后，与5号员一起协助1、2、3号员按一枪掩护两枪的方式将水枪阵地纵深推进至终点线。

当供水干线形成有效供水，水枪射流充实水柱达到15m后，班长举手示意喊“好”止。

操作要求：

（1）采用掩护进攻的方式将水枪阵地纵深推进；

（2）各号员密切协同配合；

（3）当供水干线形成有效供水，水枪射流充实水柱达到15m。

成绩评定：

计时从“开始”口令至班长喊“好”止。

优秀：4′；良好：4′30″；及格：5′。

有下列情况之一者不计成绩：水带接口脱口、卡口；水带翻卷720°。

二十、灭火编队四枪一号操（平地控火）

训练目的：通过训练，使战斗员掌握灭火编队双干线出四支水枪平地控火的操作程序和方法。

场地器材：在160m的场地上标出起点线、终点线。距起点线90m、145m处分别标出停车线、分水器线，在起点线处设消火栓，灭火编队车辆并排停于起点线处（图6.20）。

操作程序：班长组织12名战斗员按实战要求着装，在车辆一侧列队站好。

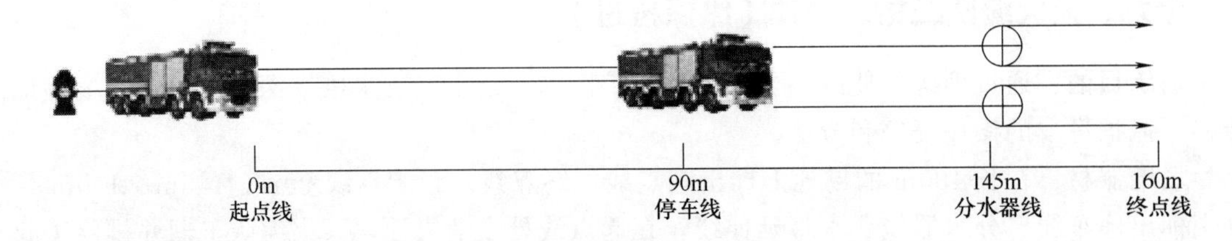

图 6.20　灭火编队四枪一号操场地设置

听到“灭火编队四枪一号操——预备”的口令，战斗员（主战车 7 人，辅助车 5 人）登车，主战车行驶至停车线处，班长喊“好”。

听到“开始”的口令后，战斗员按各自分工展开。

主战车 1、2、3、4 号员各携带 2 盘 65mm 水带和水枪 1 支跑至分水器线，分别铺设 1 盘水带连接分水器和水枪至终点线（另 1 盘水带备用），示意供水；班长携带 2 个分水器放置分水器线后，负责组织指挥；5 号员铺设 80mm 水带 3 盘，连接消防车出水口和分水器后，负责操作分水器和看护水带线路；驾驶员操作泵浦给第一条干线供水后，铺设 80mm 水带 3 盘连接消防车出水口和分水器，负责操作泵浦供水。

辅助车驾驶员连接消火栓取水并负责操作泵浦供水；6、7、8、9 号员铺设双干线向主战车供水。

当供水干线形成有效供水，水枪射流充实水柱达到 15m 后，班长举手示意喊“好”止。

操作要求：

(1) 采用掩护进攻的方式将水枪阵地纵深推进；

(2) 各号员密切协同配合；

(3) 当供水干线形成有效供水，水枪射流充实水柱达到 15m。

成绩评定：

计时从“开始”至班长喊“好”止。

优秀：1′10″；良好：1′20″；及格：1′30″。

有下列情况之一者不计成绩：水带接口脱口、卡口；水带翻卷 720°。

二十一、灭火编队四枪二号操（纵深推进）

训练目的： 通过训练，使战斗员掌握灭火编队双干线出四支水枪纵深推进时，水枪阵地转移、掩护进攻的操作程序和方法。

场地器材： 在 180m 的场地上标出起点线、终点线，距起点线 90m、145m、160m 处分别标出停车线、分水器线、水带延伸线，起点线处设消火栓，灭火编队车辆并排停于起点线处（图 6.21）。

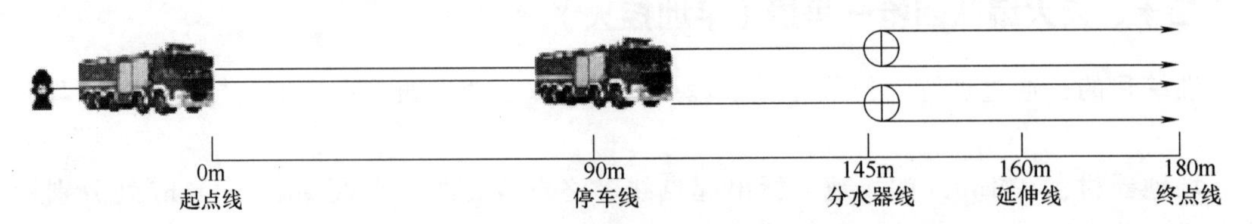

图 6.21　灭火编队四枪二号操场地设置

操作程序： 班长组织 12 名战斗员按实战要求着装，在车辆一侧列队站好。

听到“灭火编队四枪二号操——预备”的口令，战斗员（主战车 7 人，辅助车 5 人）登车，主战车行驶至停车线处，班长喊“好”。

听到“开始”的口令，战斗员按各自分工展开。

主战车 1、2、3、4 号员各携带 1 盘 65mm 水带和 1 支水枪跑至分水器线，分别铺设 1 盘水带连接分水器和水枪至水带延伸线，示意供水；班长携带 2 个分水器至分水器线后，负责组织指挥；5 号员铺设 3 盘 80mm 水带，连接消防车出水口和分水器后，负责操作分水器和看护水带线路；驾驶员操作泵浦给第一条干线供水后，铺设 3 盘 80mm 水带连接消防车出水口和分水器，负责操作泵浦供水。

辅助车驾驶员连接消火栓取水并负责操作泵浦供水；6、7、8、9 号员铺设双干线向主战车供水后，各携带 65mm 水带 2 盘至水带延伸线；6、7 号员协助 1、2 号员，8、9 号员协助 3、4 号员，采用掩护进攻的方式分别将水枪阵地纵深推进至终点线。

当供水干线形成有效供水，水枪射流充实水柱达到 15m 后，班长喊举手示意“好”止。

操作要求：

(1) 采用掩护进攻的方式将水枪阵地纵深推进；

(2) 各号员密切协同配合；

(3) 当供水干线形成有效供水，水枪射流充实水柱达到 15m。

成绩评定：

计时从“开始”至班长喊“好”止。

优秀：5′；良好：5′30″；及格：7′。

有下列情况之一者不计成绩：水带接口脱口、卡口；水带翻卷 720°。

二十二、水枪掩护关阀排险操

训练目的： 使战斗员熟练掌握利用水枪掩护排险人员关闭事故区管道（储罐设施）阀门的操作方法。

场地器材： 在长 95m 的场地两端分别标出起点线和终点线，在起点线上停放一辆装备齐全的中型泵浦消防车（车尾朝前），出水口与起点线相齐；距起点线 58m 处标出分水器放置线；在终点线处设置一管道阀门（图 6.22）。

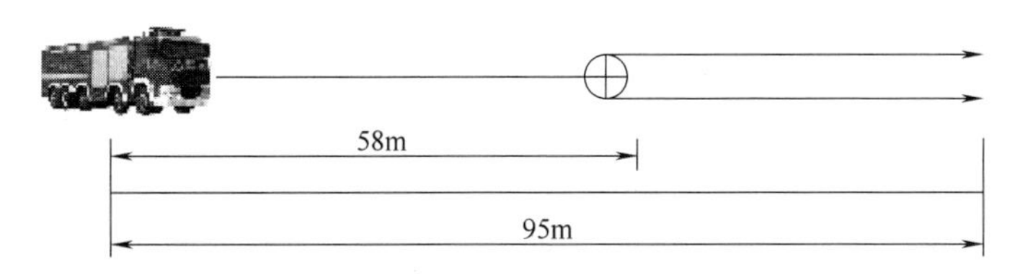

图 6.22 水枪掩护关阀排险操场地设置

操作程序： 战斗班按规定在车内坐好。

听到“开始”的口令，班长负责指挥并取分水器跑至分水器放置线处放好，将 1、2 号员放下的水带口接在分水器上，冲出终点线；1、2 号员各持 2 盘 65mm 水带、1 支多功能水枪，在分水器前铺设、连接，跑至终点，采用开花射流掩护关阀人员；3 号员从消防车出水口向前铺设 3 盘 80mm 水带，并将消防车、水带和分水器接口连接好，负责操纵分水器；

4号员拿阀门扳手与5号员跑至终点线，进行关阀；驾驶员操纵水泵。人员进入位置完成全部动作后，班长举手示意喊“好”。

操作要求：

（1）两支开花射流必须形成一体水幕，防止出现空白；

（2）水枪射流变换时，严禁枪口对人；

（3）关阀人员必须进行有效的个人防护；

（4）训练时必须充分做好安全防护工作，严防训练事故的发生。

成绩评定：

计时从发令“开始”至战斗班完成全部操作任务，班长喊“好”止。

优秀：40″；良好：45″；及格：50″。

二十三、水罐车供水操

训练目的：掌握双车配合供水实施灭火的方法，使战斗车和供水车人员明确各自任务和操作要领。

场地器材：在长220m的平地上标出起点线和终点线，在起点线一侧设一水源，在起点线和130m处分别停放一辆装备齐全的消防车。供水车出水口与起点线相齐，战斗车车尾与130m线相齐，距起点线185m处标出分水器放置线（图6.23）。

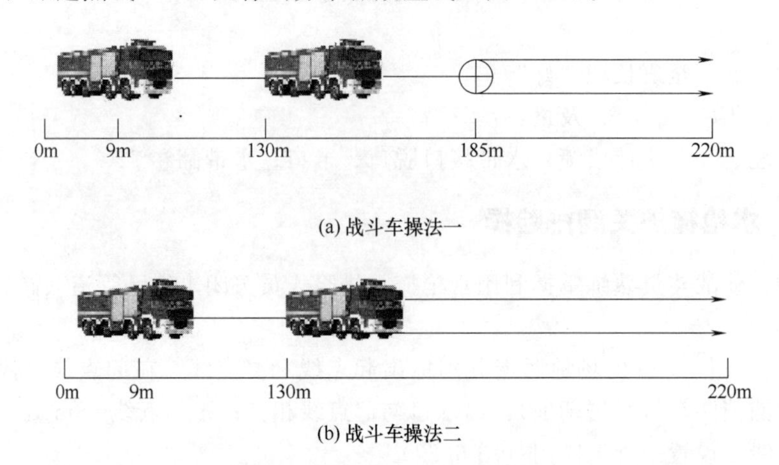

(a) 战斗车操法一

(b) 战斗车操法二

图6.23　水罐车供水操场地设置

操作程序：两车人员在车内坐好。

战斗车方法一：听到“开始”的口令，班长持分水器跑至分水器放置线处放好，冲出终点线，负责指挥；1、2号员各携带2盘65mm水带和1支19mm水枪，跑至分水器处，分左、右铺设，连接好分水器、水带、水枪，冲出终点线，准备射水；3号员持3盘80mm水带，按3盘水带连接的方法，连接好消防车出水口、水带、分水器，并操纵分水器；驾驶员和4号员连接吸水管，驾驶员负责供水。

战斗车方法二：听到“开始”的口令，班长负责指挥，1、2号员各携带2盘65mm水带和1支19mm水枪，分左、右铺设，连接好水带、水枪，冲出终点线，准备射水；3、4号员各持3盘65mm水带按3盘水带连接方法，分别从车两侧出水口铺设，连接好车出水口、水带和1、2号员留下的水带口；驾驶员和5号员负责供水。

供水车：1、3、5号员在左，2、4、6号员在右（5、6号员各携3盘水带，其他各号员携2盘水带)，分别向战斗车铺设七盘65mm供水干线；1、2号员分别将水带口接在战斗车上水口或放入罐口中；3、5与4、6号员分别负责水带线路看护；驾驶员连接好吸水管，负责吸水、供水；班长负责指挥和协调；所有动作完成后，班长举手示意喊“好”。

操作要求：

(1) 各战斗员要密切配合，动作要迅速、准确；

(2) 水带接口不得脱口、卡口，供水车必须实际吸水，供水车也可单干线用80mm水带向前车供水；

(3) 训练前必须充分做好活动准备，并搞好安全防护工作，严防训练事故的发生。

成绩评定：

计时从发令“开始”至战斗班全部完成操作任务，正常供水后班长喊“好”止。

优秀：52″；良好：54″；及格：56″。

二十四、水罐消防车连接水泵接合器供水操

训练目的：使战斗员明确利用建筑内部水泵接合器供水的任务分工，掌握操作方法和要求。

场地器材：设有水泵接合器的高层建筑一幢（高40m)，距水泵接合器15m处标出起点线。起点线上停放1辆装备齐全的中低压泵水罐消防车（或高低压、高中低压泵水罐消防)，距消防车15m处设置1只消火栓（图6.24)。

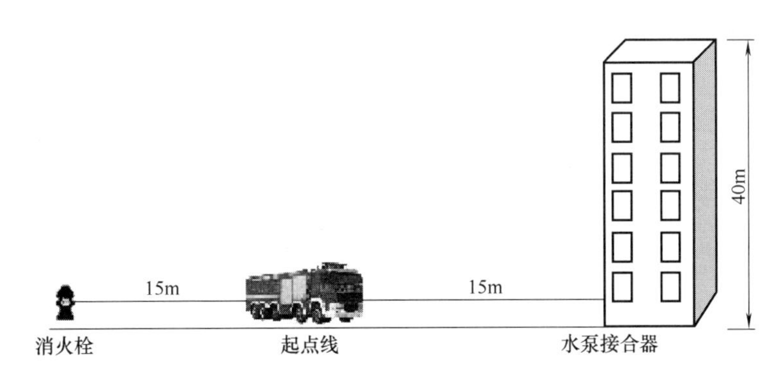

图6.24 水罐消防车连接水泵接合器供水操场地设置

操作程序：全班人员着装整齐在车内做好准备（6人)。

听到“预备——开始”的口令后，战斗员迅速下车，按照任务分工，战斗全面展开。

班长携带1只分水器（进水口接65/80型异径接口)、1盘65mm水带，登高至40m高处，设置分水器，铺设水带利用异径接口连接室内消火栓出水口和分水器，并控制室内消火栓开关。

1、2号员各携带2盘65mm水带、1支水枪登高至40m处，甩开水带连接分水器和水枪，做好射水准备。

3、4号员各铺设1条干线水带，连接水泵结合器和消防车出水口，4号员利用消火栓扳手打开水泵接合器闷盖。

驾驶员铺设供水线路，并做好供水准备。

班长待供水线路连接、水枪手做好射水准备后，下达“出水”口令。消防车缓慢加压供

水，当水枪有效射程达到10m时，并持续出水1分钟后，下达“停水”口令，驾驶员停止供水后，下达“收检器材”的口令。

听到“收检器材”的命令后，战斗员收检器材，返回起点线。

操作要求：

(1) 战斗员个人防护装备佩戴要齐全，登高时应优先选择消防电梯；

(2) 水带线路各个连接处要牢固，消防泵不得超过最大扬程（低压1.0MPa、中压1.8～2.0MPa、高压4.0MPa）的80%，加压、减压时要缓慢、均匀，防止骤然加减压造成车泵损坏和水带爆裂、接口脱落等；

(3) 当需要满足多层出水时必须先上一层再下一层。

成绩评定：

计时从发令“开始”至战斗员完成全部操作任务，班长举手示意喊“好”止。

优秀：1′30″；良好：1′45″；及格：2′。

二十五、浮艇泵与水罐车串联供水

训练目的：使受训人员掌握浮艇泵吸水操作的方法。

操作要求：终点线距水源67m处，距水源30m处标出起点线。起点线停放一辆泵浦消防车，消防车出水口与起点线相齐，车上携带一台浮艇泵（图6.25）。

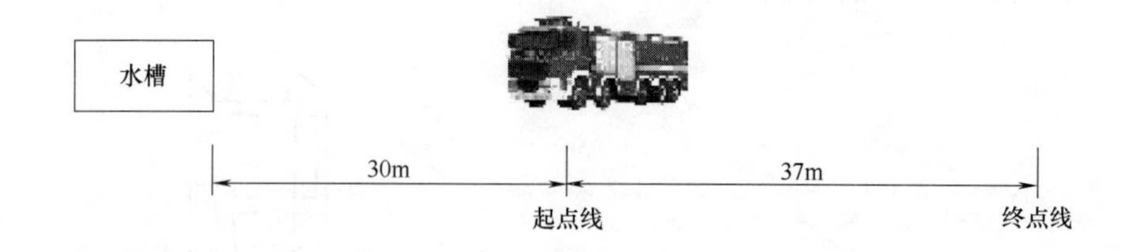

图6.25 浮艇泵与水罐车串联供水场地设置

操作程序：战斗员在车内坐好。

听到“开始”的口令，1号员携1盘65mm水带，水枪1支，跑至距终点线5m处甩开水带，接上水枪冲出终点线成立正姿势；5号员在消防车出水口一侧甩开1盘65mm水带，连接好消防车出水口，并接上1号员放下的水带接口，操纵出水阀出水口；2、3号员卸下浮艇泵抬到水源处，启动浮艇泵，待4号员水带连接好后放置水源中吸水；4号员取2盘65mm水带铺设，连接好浮艇泵出水口和消防车进水口；驾驶员操纵泵浦供水；班长指挥全班战斗展开，当1号员水枪出水时喊“好”。

操作要求：

(1) 水带、水枪、浮艇泵接口不得脱口、卡口；

(2) 驾驶员必须待浮艇泵供水后，方可开启泵浦出水口向前方供水；

(3) 浮艇泵必须设有拉绳；

(4) 浮艇泵必须保证燃料充足。

成绩评定：

计时从发令“开始”至战斗员完成全部操作任务喊“好”止。

优秀：24″；良好：26″；及格：28″。

二十六、近距离供水操（110m）

训练目的：使战斗员掌握水罐消防车近距离供水操的动作要领和操作方法，提高指战员灭火战斗协同作战的能力。

场地器材：供水水带统一使用 80mm 口径水带，在长 110m 的平地上，标出起点线和终点线，距起点线 55m、75m 处，分别标出甩带线，在起点线处有一消火栓，起点线上停放一台水罐消防车，消防车出水口与起点线相齐，在终点线上停放一辆水罐消防车（或放置两个分水器，一条干线一个）。消防车出水口与终点线相齐，器材按规定放置在消防车上（图 6.26）。

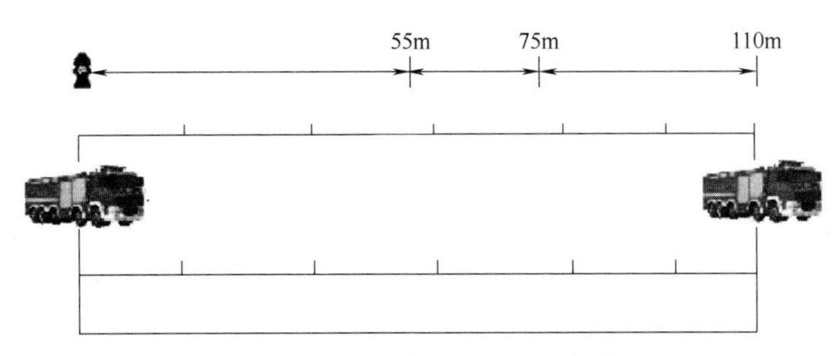

图 6.26 近距离供水操（110m）场地设置

操作程序：听到“近距离供水操预备”口令，战斗员按规定坐在乘员室内，驾驶员发动消防车，其他战斗员做好战斗准备。

听到“开始”信号后，班长取 2 盘 65mm 水带跑至右边干线 55m 处甩开一盘水带，再在左边干线 55m 处甩开另一盘水带后指挥操作；1、3 号员和班长负责消防车左边干线，3 号员从左边车厢取下 3 盘 65mm 水带，按三盘水带连接方法铺设水带，连接好消防车左边出水口和班长水带接口，1 号员取 2 盘 65mm 水带跑至 75m 处，按两盘水带连接方法，铺设水带，连接好消防车进水口；2、4 号员在车右边铺设一条水带干线，方法与 1、3 号员一样；驾驶员按照“两节吸水管连接的方法”连接好消火栓，做好供水准备。全班操作完毕，由班长举手示意喊“好”。

操作要求：

(1) 战斗员必须按照灭火战斗的要求着装：戴头盔，着战斗服（不得摘除衬里），穿战斗靴，扎安全腰带，携带照明灯、个人安全绳、腰斧、呼救器、手套，司机着作训服、戴抢险救援头盔；

(2) 战斗展开动作要相互配合；

(3) 必须按照延续的方法铺设水带；

(4) 水带接口不得脱口、卡口。

成绩评定：

从发出“开始”信号至全部操作完毕，最后一支分水器出水班长喊“好”为止。

优秀：40″；良好：60″；及格：1′20″。

有下列情况之一者不计成绩：水带爆裂无法正常供水的；个人防护装备不齐全或擅自改动，不符合标准要求的；水带脱口、卡口时未重新连接好的；分水器设在终点线以内的；携带水带前进过程中掉落地面未重新整理，拖行水带跑的；未按操作程序完成全部过程的；器材装备不符合要求或擅自改装的；最后一支分水器出水前，吸水管未连接好的；水带连接前必须打开，打开水带后连接拖行的水带有下列情况之一者加15″：叫“好”后，个人防护器材缺一项（件）加15″。

二十七、500m远距离供水操

训练目的： 通过训练，使战斗员掌握灭火编队单干线500m远距离供水的操作程序和方法。

场地器材： 在训练场地上标出起点线，距起点线250m、500m处分别标出停车线和终点线，起点线处设消火栓，灭火编队车辆停于起点线处，出水口与起点线平齐，在终点线上停放一辆消防车（或分水器），消防车出水口（或分水器进水口）与终点线平齐（图6.27）。

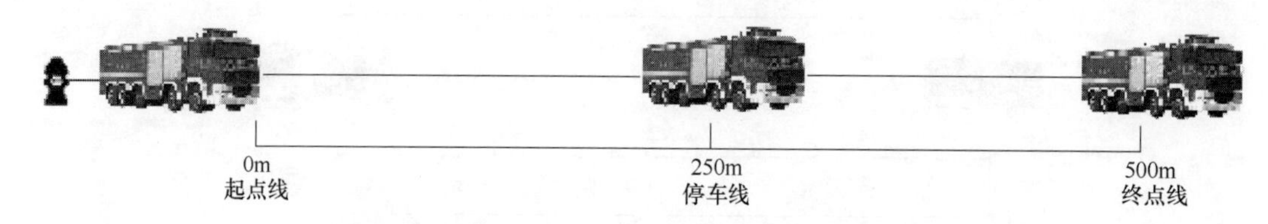

图6.27 灭火编队500m远距离供水操场地设置

操作程序： 班长组织8名战斗员按实战要求着装，在车辆一侧列队站好。

听到“灭火编队500m供水操——预备”的口令，战斗员（1号车4人，2号车4人）登车，2号车行驶至停车线处，班长喊“好”。听到“开始”的口令，战斗员按各自分工展开。

1号车停在起点线，驾驶员铺设3盘水带连接消防车出水口至55m处，返回1号车连接消火栓取水并操作泵浦供水；

1号员携带3盘水带至55m处，连接驾驶员预留的水带接口，铺设3盘水带至110m处后，利用2、3号员运送至110、165m处的水带（每处均为3盘），按照3盘水带连接的方法铺设至220m处；

2号员携带5盘水带（可拖行2盘）至110m处放下3盘后，携带2盘水带至220m处；

3号员携带3盘水带放至165m处后，跑至220m处利用2号员运送的2盘水带铺设至250m处，连接2号车进水口；

2号车按照1号车号员分工的操作方法完成供水干线铺设。

当供水干线形成有效供水后，班长举手示意喊“好”。

操作要求：

（1）各号员密切协同配合；

（2）水带接口不得脱口、卡口；

（3）水带拖行不得超过2盘；

（4）1号车供水干线形成有效供水，2号车才能向前供水。

成绩评定：

计时从“开始”至班长喊“好”止。

优秀：4′40″；良好：5′10″；及格：5′50″。

二十八、1000m 远距离供水操

训练目的： 通过训练，使战斗员掌握 2 个灭火编队联合作战时，单干线 1000m 远距离供水的操作程序和方法。

场地器材： 在长 1000m 的训练场上标出起点线、终点线。距起点线 335m、670m、1000m 处分别标出 2 号车停车线、3 号车停车线和终点线，3 辆水罐或泡沫消防车停于起点线，出水口与起点线平齐，在终点线停放 1 辆水罐消防车（或分水器），消防车出水口（或分水器进水口）与终点线平齐（图 6.28）。

图 6.28 灭火编队 1000m 远距离供水操场地设置

操作程序： 班长组织 12 名战斗员按实战要求着装，在车辆一侧列队站好。

听到“灭火编队 1000m 远距离供水操——预备”的口令，战斗员（1 号车 4 人，2 号车 4 人，3 号车 4 人）登车，2、3 号车分别行驶至各自停车线处，班长喊“好”。

听到“开始”的口令，战斗员按各自分工展开。

1 号车停在起点线，驾驶员铺设 3 盘水带连接消防车出水口至 55m 后，返回 1 号车连接消火栓取水并操作泵浦供水；

1 号员携带 5 盘水带至 55m 处，铺设 3 盘水带至 110m 处后，利用 2、3 号员运送至 110、165、220、275m 处的水带（每处均为 3 盘），按照 3 盘水带连接的方法铺设至 335m 处连接 2 号车进水口；

2 号员携带 5 盘水带至 110m 处后，返回 55m 处将 1 号员预留的 2 盘水带携带至 110m，将 110m 处预留的 2 盘水带一并携带至 220m 处；

3 号员携带 5 盘水带至 165m 处放下 3 盘水带，携带 2 盘水带至 220m 处，将此处预留的 1 盘水带一并携带至 275m 处；

2、3 号车分别按照 1 号车号员分工的操作方法完成供水干线铺设。

当供水干线形成有效供水后，班长举手示意喊“好”。

操作要求：

（1）各号员密切协同配合；

（2）水带接口不得脱口、卡口；

（3）水带携行时，拖行不得超过 2 盘；

（4）1 号车供水干线形成有效供水，2、3 号车方能依次向前方供水。

成绩评定：

计时从“开始”至班长喊“好”止。

优秀：6′30″；良好：7′；及格：7′30″。

二十九、沿建筑外墙分层垂直铺设水带供水操

训练目的： 使战斗员熟悉沿建筑外墙分层垂直铺设水带供水操的任务分工，掌握操作方

法和要求。

场地器材： 训练塔（高层建筑）一栋，距该建筑首层入口 35m 处标出起点线，5m 处标出分水器线，40m 高的楼层标出分水器线和水枪线。起点线上设置消火栓 1 只，停靠装备齐全的中低压泵水罐消防车（或高低压、高中低压泵水罐消防）1 辆（图 6.29）。

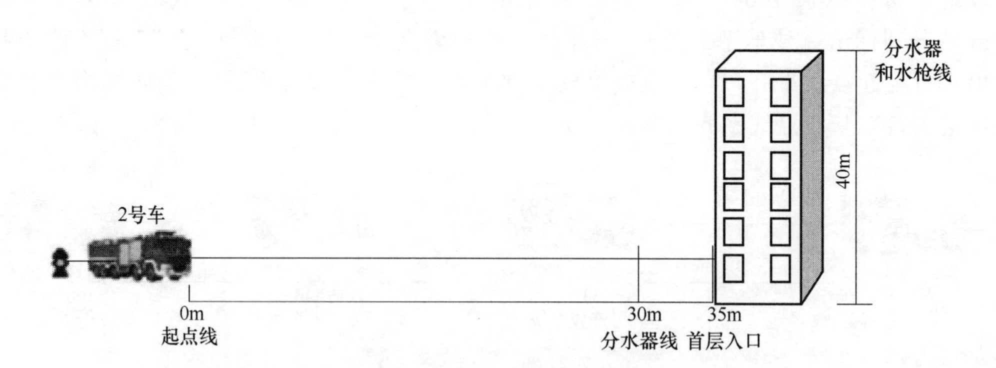

图 6.29　130m 沿建筑外墙分层垂直铺设水带供水操场地设置

操作程序： 全班人员着装整齐在车内做好准备（7 人）。

听到“预备——开始”的口令后，战斗员迅速下车，按照任务分工，战斗全面展开。

班长携带 1 个开关式三分水器（进水口接 65/80 型异径接口）、1 盘 65mm 水带，登高至 40m 处，固定好分水器，连接两盘水带，用个人导向绳系在水带的接口处（作固定水带用），水带一端接口与分水器相连，另一端用双手交替的动作向下放至 15m 处，然后固定好导向绳，并在水带经过的墙体的拐角处垫上保护垫。

1、2 号员各携带 2 盘 65mm 水带、1 支多动能水枪登高至 40m 处，甩开 1 盘水带（另一盘备用）连接分水器和水枪，做好射水准备。

3 号员携带 2 盘 65mm 水带和水带固定器材登高至 25m 处，原地连接好水带，用个人导向绳系在两盘水带的连接处（作固定水带用），水带一端接口与班长施放的水带口相连，另一端用双手交替的动作向下施放至地面，然后固定好导向绳，并用水带固定器材将与班长相连的水带口捆绑好后固定在楼内的牢固位置。

驾驶员携带三分水器（一个出水口接 65/80 型异径接口）至分水器线处，固定好分水器，连接好 3 号员放下的水带接口，并两盘 80mm 水带铺设供水线路至分水器处，连接吸水管做好供水准备。

班长待供水线路连接、固定完毕，水枪手做好射水准备后，下达“出水”口令。消防车缓慢供水加压，当水枪有效射程达到 10m 时，并持续出水 1min 后，下达“停水”口令。然后打开分水器未连接水带接口的阀门放水泄压。泄压完毕后，下达“收检器材”的口令。

听到“收检器材”的命令后，战斗员收检器材，返回起点线。

操作要求：

（1）战斗员个人防护装备佩戴要齐全，登高时应优先选择消防电梯；

（2）供水线路的水带应使用 16 型以上型号水带，下部必须使用耐高压水带，尤其是消防车水泵出口至垂直铺设的第一条干线，应选用质量较好的水带；

（3）水带铺设可采取一次性铺设、一次性吊升和分层铺设的方法，铺设途径可选用建筑物外墙、电梯井、楼梯间等；

(4) 固定水带接口时，导向绳固定点必须牢固；地面分水器必须固定牢靠，防止车辆加压造成分水器翻转；

(5) 消防泵不得超过最大扬程（低压 1.0MPa、中压 1.8～2.0MPa、高压 4.0MPa）的 80%，加压、减压时应缓慢、均匀，防止骤然加压造成车泵损坏和水带爆裂、接口脱落等；

(6) 消防车停止供水时，应先开启分水器放水泄压，因高压无法打开时，应及时开启消防车另一出水口，否则应果断利用锐器扎破水带进行泄压。未泄压时，不准停泵、停水。

成绩评定：

计时从发令“开始”至战斗员完成全部操作任务，班长举手示意喊“好”止。

优秀：3′20″；良好：3′35″；及格：4′。

三十、高层建筑火灾扑救操

训练目的： 通过训练，使战斗员掌握高层建筑火灾控火、救人的程序和方法，提高班长的组织指挥能力和班、组的协同配合能力。

场地器材： 距训练塔（高层建筑）正面 100m 处标出起点线，起点线上依次停放抢险救援车 1 辆（1 号），水罐消防车 3 辆（2、3、4 号），着火层设置在 10 楼，有一名人员被困（图 6.30）。

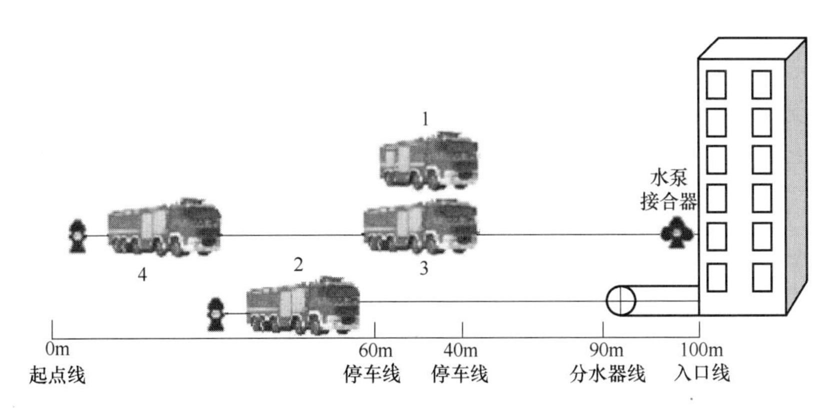

图 6.30 高层建筑火灾扑救操场地设置

操作程序： 全班人员在起点线一侧 3m 处站成一列横队。

听到“高层建筑火灾扑救操——开始”的口令，中队班长根据询情、侦察情况，下达命令：

1 号车负责侦察、搜救；2 号车负责灭火；3 号车负责设防、控火；4 号车负责供水、疏散。

各车驶入操作区展开战斗：1 号车停靠距建筑物约 40m 处。战斗员编成 2 组：第一组进入消防控制室，利用监控系统侦察火势，启动消防水泵及其他固定消防设施。第二组携带侦检、救生器材进入着火楼层，疏散抢救被困人员。

2 号车占据消火栓。战斗员编成 2 组，第一组携带水带、水枪、异型接口进入着火层，利用室内消火栓设置进攻阵地；第二组通过疏散楼梯采用垂直或蜿蜒方式铺设供水干线水带至进攻起点层（九层）。

3 号车停靠建筑约 40m 处，战斗员编成 2 组，第一组进入着火层上层及着火层下层，使用室内消火栓设置防御阵地。第二组携带水带、空呼器瓶等器材进入进攻起点层。驾驶员通过水泵结合器向室内管网供水。

4 号车占据消火栓，向 3 号车供水，战斗员携带救生器材疏散抢救非着火层被困人员转移至安全区。

操作完毕，班长举手示意并喊“好”。

当听到“收操”的口令，战斗员将车辆、器材复位。

操作要求：

(1) 战斗员个人防护装备穿戴齐全，携带通信、照明器材；

(2) 使用水泵结合器时，要注意区分结合器类型及分区；

(3) 主战车应使用大功率车；

(4) 侦察、救人小组要有水枪实施掩护，沿搜救路线铺设救生照明线；

(5) 应预留增援力量举高车停车位置；

(6) 水带应选用 16 型以上水带，接口选用快速接口；

(7) 垂直铺设水带时应固定水带及分水器；

(8) 已搜救区域、房间要做好标记；

(9) 战斗员操作熟练、行动规范、班（组）之间配合默契。

成绩评定：

计时从发令“开始”至战斗员完成全部操作任务，班长举手示意喊“好”止。

优秀：3′50″以上；良好：4′10″以上；及格：4′30″以上。

有下列情况之一者不计成绩：水带、分水器接口脱口。

有下列情况之一者加 1″：水带翻卷 360°；水带出线、压线；未至甩带线甩开。

第三节 泡沫消防车操

【学习目标】

1. 熟悉泡沫消防车、器材及个人防护装备的性能及使用方法；
2. 全体操作人员任务明确，协同密切；
3. 操作程序规范，战斗展开迅速；
4. 在规定时间内完成全部动作。

泡沫消防车是扑救石油、化工、厂矿企业、港口货场等火灾的必要装备，它除具有水罐消防车的性能外，还具备有其他特殊性能，从而决定了这种消防车面临的火场大多数为石油化工等危险性较大的火灾现场。所以，熟练掌握泡沫消防车操训练是每名消防队员必备的基本技能，本节主要介绍利用泡沫消防车及一系列特殊器材展开灭火训练的操作方法。

一、泡沫车出高倍数泡沫发生器操

训练目的：使战斗员学会使用高倍数泡沫发生器扑灭地面贮池内或地面易燃可燃液体流

淌火灾以及灌注燃烧空间进行封闭灭火的方法。

场地器材： 在长55m的场地两端分别标出起点线和终点线。在消防水源一侧标出起点线，起点线上停放一辆装备齐全的消防车（出水口与起点线相齐），距起点线55m处标出终点线。终点线处设置一油池（图6.31）。

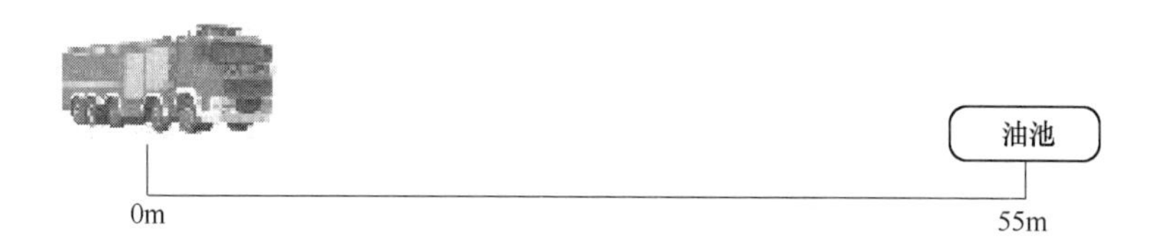

图6.31 泡沫车出高倍数泡沫发生器操场地设置

操作程序： 全班人员在车内坐好。

听到"开始"的口令，班长跑到终点处选择发生器摆放位置；6号员协助1、2号员将高倍数泡沫发生器抬至班长指定位置；3、4号员从右出水口铺设3盘65mm水带线路，将消防车出水口、水带及高倍数泡沫发生器连接好；驾驶员负责连接吸水管，然后负责出泡沫，待高倍数泡沫出来后班长举手示意喊"好"。

操作要求：

（1）各号员按照着装要求，做好防护；

（2）各号员配合密切；

（3）器材轻拿轻放；

（4）接口连接牢靠；

（5）泡沫发生器尽量靠近燃烧区，并把握好进水口压力；

（6）训练时必须充分做好安全防护工作，严防训练事故的发生。

成绩评定：

计时从发令"开始"至战斗班完成全部操作任务出泡沫后班长喊"好"止。

优秀：30″；良好：32″；及格：34″。

二、泡沫车出移动式泡沫炮操

训练目的： 使战斗员熟练掌握移动式泡沫炮的操作方法。

场地器材： 在长55m的场地两端分别标出起点线和终点线。起点线一侧设一水源，泡沫车出水口与起点线相齐，在起点线处停放一辆装备齐全的泡沫车，另配一架移动式泡沫炮。距起点线55m处标出终点线。终点线处设置喷洒区（图6.32）。

图6.32 泡沫车出移动式泡沫炮操场地设置

操作程序： 全班人员在车内坐好。

听到"开始"的口令，班长跑到终点实施指挥；1、2号员手抬泡沫炮至终点线，架好撑脚，放稳底座，操纵泡沫炮；3号员在车的左侧铺设2盘65mm水带；4号员在车的右侧铺设2盘65mm水带，分别将水带与泵浦出水口和泡沫炮进水口连接，4号员在终点线举手示意“供混合液”；5号员开启比例混合器调节阀，将指针调到“200”或“32”位置；6号员协助驾驶员连接吸水管、滤水器吸水，并开始向前方供泡沫混合液。全体人员操作完毕后，班长举手示意喊“好”。

操作要求：

(1) 各号人员要密切配合，并根据火场需要，适当调节移动炮仰角；

(2) 要正确使用比例混合器；

(3) 必须满足泡沫炮进口压力；

(4) 训练时必须充分做好安全防护工作，严防训练事故的发生。

成绩评定：

计时从发令“开始”至战斗班完成全部操作任务出泡沫后，班长喊“好”止。

优秀：28″；良好：30″；及格：32″。

三、泡沫车出两支泡沫管枪操

训练目的：使战斗员学会利用泡沫消防车直接出泡沫的方法，熟练掌握泡沫装置和泡沫管枪的操作技能与方法。

场地器材：在长90m的平地上，分别标出终点线和起点线，起点线处停放一辆装备齐全的泡沫消防车，出水口与起点线相齐。在终点线前放置一个1.5m×2m×0.30m的油盆(图6.33)。

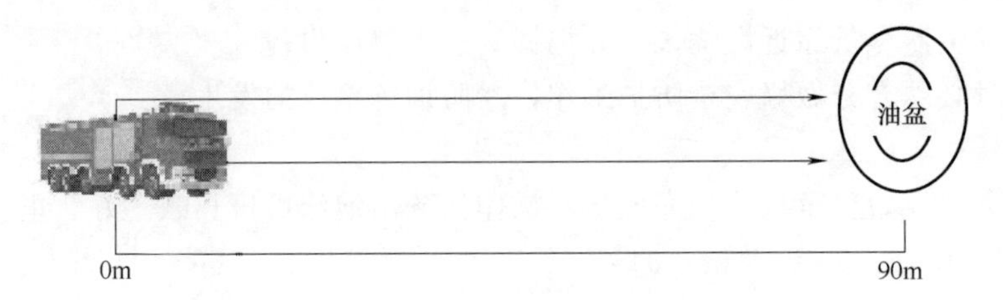

图6.33 泡沫车出两支泡沫管枪操场地设置

操作程序：全班人员在车内坐好。

听到“开始”的口令，班长冲出终点线负责指挥；1、2号员各持一支泡沫管枪和两盘65mm水带，分左右铺设，连接好管枪，冲出终点成立射姿势；4、5号员从车左右两侧各铺设三盘65mm水带，连接好消防车出水口和1、2号员留下的水带口；3号员协助驾驶员负责供混合液。全体操作完毕喷出泡沫后，班长举手示意喊“好”。

操作要求：

(1) 供液人员要根据管枪的型号，相应调好泡沫比例混合器；

(2) 持枪战斗员将启闭手柄放在“混合液”位置上；

(3) 各号员配合要协调；各接口连接必须牢靠；

(4) 训练时必须充分做好安全防护工作，严防训练事故的发生。

成绩评定：

计时从发令“开始”至战斗班完成全部操作任务出泡沫后班长喊“好”止。

优秀25″；良好：29″；及格：33″。

四、水罐消防车单干线出两支泡沫管枪灭火操

训练目的：通过训练，使战斗员熟练掌握水罐消防车单干线出两支泡沫管枪灭火操的行动方法，提高相互配合和攻坚作战能力。

场地器材：在长100m场地上标出起点线和终点线，距起点线前55m和90m处分别标出分水器线和射水线。在起点线一侧3m处标出集合线。在起点线停放一辆水罐消防车（载水），消防车出水口与起点线相齐，水带（接口形式不限、双卷立放）、泡沫管枪和分水器放于消防车器材箱内；在射水线处放置2只装满泡沫液的泡沫桶（容积25L，桶盖拧紧），在终点线外侧放置一个长、宽、深分别为1.5m、1m、0.3m的油槽（其长边与终点线齐平），每次油槽注入0.15m深的水、5L煤油和0.5L汽油，发出“开始”信号前10″点火（图6.34）。

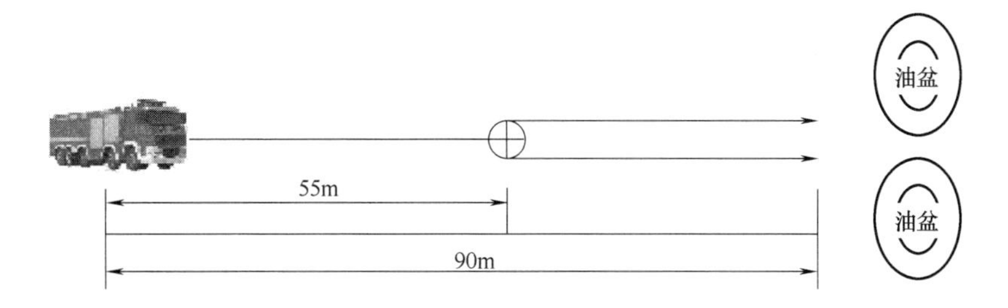

图6.34 水罐消防车单干线出两支泡沫管枪灭火操场地设置

操作程序：5名战斗员在集合线上站成一列横队。

听到“整理器材”的口令，迅速整理好器材和佩戴好空气呼吸器，战斗员登车就位。

听到“预备”的口令，战斗员做好操作准备。

听到“开始”的信号，班长携带分水器跑至分水器线处放置分水器后跑至射水线处指挥；1、2号员各携带1支PQ8泡沫管枪和2盘65mm水带，跑至分水器线分别铺设水带，连接分水器和泡沫管枪后跑至射水线处成立射姿势进行灭火；3号员铺设3盘80mm水带，连接消防车出水口和分水器接口后，操纵分水器并负责看护供水线路；驾驶员操纵消防车泵向水带线路供水。待火完全扑灭后，班长举手示意喊“好”。

操作要求：

（1）战斗员着灭火防护服全套，班长、1号员、2号员佩戴好空气呼吸器且成正常供气状态；

（2）操作前各接口不得连接，消防车不得启动，泡沫桶盖不得拧开；

（3）操作过程中所有战斗员均不得越过射水线；

（4）班长喊“好”后，所有战斗员不能再做与灭火相关的动作。

成绩评定：

计时从发出“开始”信号至班长举手喊“好”止。

优秀：2′；良好：2′15″；及格：2′30″。

有下列情况之一者不计成绩：班长举手喊“好”后，油盆内外仍有火或火焰复燃的；操作时战斗员身体超过射水线的；空气呼吸器未呈正常连续供气状态的。

有下列情况之一者加2″：操作过程中每件个人装备掉落未重新佩戴好。

有下列情况之一者加5″：战斗员下车开始操作时消防车门未关闭。

有下列情况之一者加10″：出水后水带出现脱口、卡口、爆裂现象的，每种情况每次加10″。

五、9米拉梯架设泡沫钩管操

训练目的：使战斗员学会利用9米拉梯架设泡沫钩管扑灭油罐火灾的方法。

场地器材：在训练塔前5m、10m处分别标出操作线、起点线。1～1.5m处为架梯区；起点线上放置分水器、挠钩、安全绳、9米拉梯、65mm水带一盘、泡沫钩管一支（图6.35）。

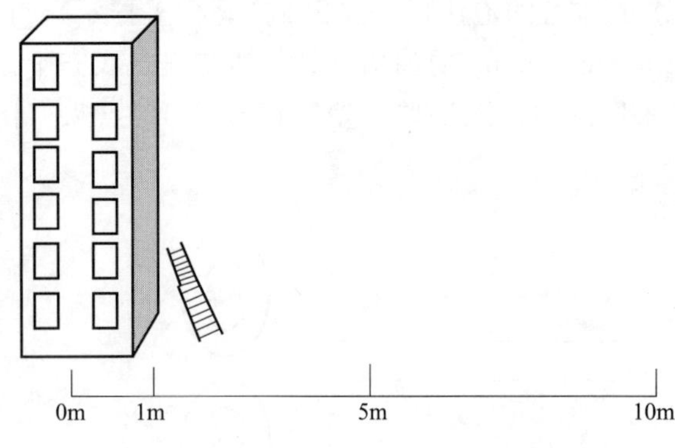

图6.35　9米拉梯架设泡沫钩管操场地设置

操作程序：战斗班在起点线一侧3m处站成一列横队（号员顺序为1、3、5、7、8、6、4、2号）。

听到“开始”的口令，1号员携安全绳至操作线，将安全绳两端放在拉梯两侧，与3号员配合将梯首抬起，使梯梁对准泡沫钩管固定环套，配合7号员将泡沫钩管固定在拉梯内梯上，然后用安全绳将钩管与梯末处左侧内梯梁扎牢，拉安全绳稳梯；2号员携支线水带与分水器连接，拖放水带至操作线，与泡沫钩管连接，然后与4号员配合竖梯，拉绳升梯至13档，使泡沫钩管挂进四楼窗台；3号员与5号员配合扛梯至训练塔处，梯梁一侧着地，将拉梯拉至5档后平放在地面，内梯朝上，将梯首抬起，待泡沫钩管固定在拉梯上后，用安全绳把泡沫钩管与梯首处右侧内梯梁扎牢，拉安全绳稳梯；4号员配合7号员将泡沫钩管固定插头插进梯档，固定泡沫钩管，然后与2号员配合竖梯，拉绳升梯；5号员与3号员配合将拉梯扛至训练塔处，待梯平放后，与8号员配合用脚踏住梯脚，协助竖梯；6号员在起点线控制分水器；7号员携泡沫沟管与1、3、4号员配合将泡沫钩管固定在拉梯内梯上。然后用消防挠钩顶梯，掌握竖梯的角度与架设挂钩的位置，待泡沫沟管挂进四楼窗台后喊“好”；8号员携带消防挠钩至操作线，将消防挠钩放于适当位置，然后配合5号员踏住梯脚，使拉梯竖稳。全体人员操作完毕出泡沫后，班长举手示意喊“好”。

听到“收操”的口令，战斗员收起器材，放回原处，成立正姿势。

听到“入列”的口令，战斗员跑步入列。

操作要求：

（1）操作时，必须实施统一指挥，竖梯及拉安全绳稳梯时，用力要均匀，动作要协调一致，掌握竖梯的角度和架设位置，梯子未竖稳或向外倾斜时，严禁升梯；

（2）泡沫钩管未固定牢固严禁升梯；

（3）梯脚超出架梯区，严禁升梯；

（4）训练时必须充分做好安全防护工作，严防训练事故的发生。

成绩评定：

计时从发令“开始”至战斗班完成全部操作任务出泡沫后，班长喊“好”止。

优秀：40″；良好：50″；及格，60″。

有下列情况之一者不计成绩：梯脚在架梯区外；安全绳未固定住。

有下列情况之一者加1″：泡沫钩管未固定牢；泡沫钩管未挂进窗口。

六、泡沫车出泡沫钩管操

训练目的：使战斗员学会操作泡沫钩管扑救易燃可燃液体贮罐火灾的技能和方法。

场地器材：在长55m的平地上，分别标出终点线和起点线，起点线处，停放一辆装备齐全的泡沫消防车，出水口与起点线相齐。终点线处设一燃油贮罐（或模拟设施）（图6.36）。

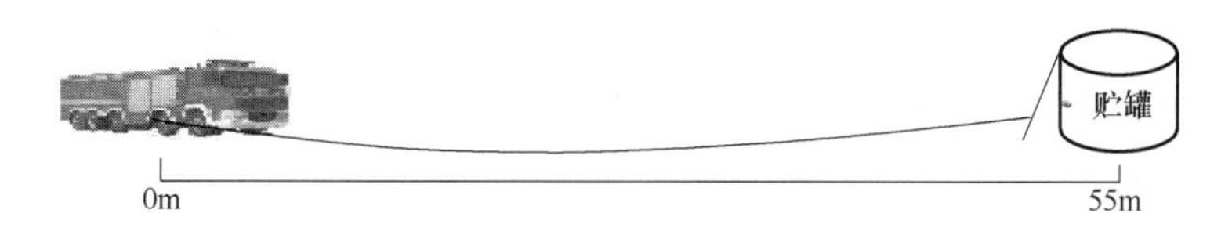

图6.36 泡沫车出泡沫钩管操

操作程序：全班人员在车内坐好。

听到"开始"的口令，班长冲出终点线，选择泡沫钩管架设位置；1号员扛起泡沫钩管至前方，通过两节拉梯，挂至灭火位置；2号员铺设1盘65mm水带，把水带连接到钩管接口上，协助1号员挂好钩管；3号员从泡沫消防车右出水口铺设2盘65mm水带，接上2号员的水带接口；4、5号员将两节拉梯扛至终点，并将梯架于罐壁（或模拟设施上）；6号员协助驾驶员，调整好泡沫比例混合器，负责供水（泡沫液）。全体人员操作完毕出泡沫后，班长举手示意喊"好"。

操作要求：

（1）钩管架设准确，架梯牢靠；

（2）接口不得脱口、卡口；

（3）训练时必须充分做好安全防护工作，严防训练事故的发生。

成绩评定：

计时从发令"开始"至战斗班完成全部操作任务出泡沫后，班长喊"好"止。

优秀：30″；良好：35″；及格：40″。

注：必要时，可将钩管捆扎在拉梯顶端，直接升梯挂放。

七、泡沫车车载泡沫炮操

训练目的：使战斗员熟练掌握车载泡沫炮的操作方法。

场地器材：在长130m的场地两端分别标出起点线和终点线，距起点线100m处标出喷射泡沫线（假设由后方供水车供水），在终点线左侧标出泡沫喷射点。在起点线上停放一台泡沫炮车，出水口与起点线相齐（图6.37）。

图6.37 泡沫车车载泡沫炮操场地设置

操作程序： 全班人员在车内坐好。

听到“开始”的口令，驾驶员将车驶至喷射线后停下，班长登车顶，指挥全班；1、2号员登上车顶，调整泡沫炮角度，使炮口对准左前方射点方向；3号员负责操纵比例混合器；驾驶员操作泵浦。

操作要求：

(1) 行车平稳，全班人员配合协调，比例混合器指针准确；

(2) 训练时必须充分做好安全防护工作，严防训练事故的发生。

成绩评定：

一次操作能够出灭火剂（泡沫）为合格。

八、手抬机动泵单干线出一支泡沫管枪操

训练目的： 通过训练，使战斗员熟练掌握手抬机动泵单干线出一支泡沫管枪灭油槽火的操作方法，提高相互配合和攻坚作战能力。

场地器材： 在长95m训练场上两端标出起点线和终点线，起点线上放置手抬机动泵1台、吸水管1节、五盘65mm水带、25L泡沫桶1个和泡沫管枪1支，起点线一侧设水源1处，终点一侧设油盆一个（图6.38）。

图6.38 手抬机动泵单干线出一支泡沫管枪操场地设置

操作程序： 消防员着灭火防护服全套（不戴手套），在起点线一侧做好操作准备。

听到“开始”的口令，3号员连接吸水管和手抬机动泵，将滤水器放入水源内，系紧拉绳，连接水带与机动泵，启动手抬机动泵，向前方水带线路供水；1号员携带泡沫管枪，手提2盘水带，铺设第四、五盘水带，连接水枪，冲出终点线，成立射姿势；2号员铺设第一至三盘水带，并连接第四盘水带，班长携带泡沫桶跑至终点协助1号员射泡沫灭火。战斗员完成动作将火扑灭后，班长举手示意喊“好”。

操作要求：

(1) 消防员统一着战斗服、戴头盔、穿战斗靴、扎腰带；

(2) 水带要完全甩开，不得翻卷360°，接口不得脱口或卡口；

(3) 吸水管连接要牢固，末端必须接上滤水器；

(4) 各号员可以相互配合，共同完成动作。

成绩评定：

计时应从发出“开始”的信号后到班长喊“好”为止。

优秀：30″；良好：35″；及格：40″。

有下列情况之一者不计成绩：水带脱口或卡口；各号员有身体超过终点线；班长喊“好”后火未扑灭。

有下列情况之一者加2″：吸水管连接不牢固，滤水器没有连接牢固，一处加2″；个人防护装备掉落必须重新佩戴好，每掉落一次加2″；水带翻卷360°以上，一盘加2″。

九、单干线三支枪灭油盆火灾操

训练目的：通过训练，使战斗员掌握实战1号操的方法，提高队员之间的协同作战能力。

场地器材：在长120m的训练场上分别标出起点线和终点线，在起点线上停放1辆装备齐全的水罐消防车（至少配备80mm水带4盘、65mm水带6盘、多功能水枪2把、泡沫管枪1把、25kg泡沫桶1个），出水口与起点线相齐，消防车一侧10m处设置消火栓1座，在57m处标出分水器线、76m处标出掩护线，95m处标出射水线，在100m处摆放油盆1个，在终点线上摆放目标靶1个（图6.39）。

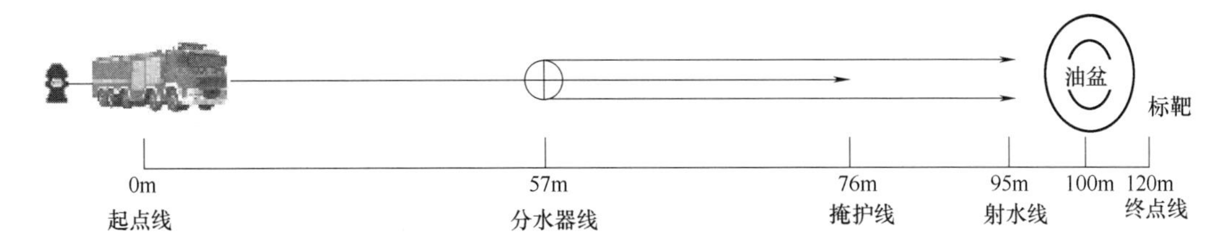

图6.39 单干线三支枪灭油盆火灾操场地设置

操作程序：全班人员在起点线一侧3m处站成一列横队。

听到“××班出列”口令后，班长答“是”，带领本班人员跑步至起点线，立正站好。

听到“准备器材”口令后，班长、驾驶员、1、2、3、4、5号员迅速做好操作准备，登车就位，驾驶员着战斗服上衣、戴头盔，其余人员着全套战斗服。

听到“开始”口令后，各号员迅速下车，按分工展开。

班长：持1个分水器、1盘80mm水带和1盘65mm备用水带，跑至38m处甩开水带连接分水器后，跑至57m处将分水器放置在分水器线上，并将备用水带放置在掩护线上，负责指挥前方打靶。

驾驶员：铺设1盘80mm水带连接消火栓，听到战斗班长下达“供水”口令后向前方供水，听到班长下达“停水”口令后停水。

1号员：持2盘65mm水带和1支泡沫枪，跑至57m处，向前铺设2盘水带，连接泡沫管枪和泡沫桶，至射水线准备扑灭油盆火。

2号员：持2盘65mm水带和1支多功能水枪，跑至57m处，向前铺设2盘水带，连接水枪，至射水线准备打靶。

3号员：持1盘65mm水带和1支多功能水枪，手持破拆斧、无齿锯等破拆工具，跑至57m处，向前铺设1盘水带，连接水枪后出开花射流掩护前方人员。

4号员：连接2盘80mm水带并操控分水器，负责巡视供水干线。

5号员：携带1个泡沫桶，将泡沫桶放置在射水线后指定区域，协助1号员出泡沫灭火。

水带线路铺设完毕后，班长利用电台下达“供水”的口令，驾驶员启动泵浦供水，待成功击打目标靶和扑灭油盆火后，班长举手喊“好”。

听到“收操”口令后，战斗员迅速将器材复位。

听到“入列”口令后，战斗员跑步入列。

操作要求：

(1) 战斗员个人防护装备穿戴齐全，驾驶员不佩戴空气呼吸器，其余人员全部佩戴空气呼吸器戴面罩呼气；开始前，可以将面罩提前戴好；

(2) 战斗展开过程动作连贯、正确，不得掉落器材装备，水带铺设无360°打卷或打折现象，卡扣连接牢固，水带无破损，取水和供水、出水正常；

（3）开始前器材放置在消防车器材箱内摆放整齐，水带应摆放在水带卡槽内，器材不得预先连接；

（4）班长、驾驶员、水枪手及分水器操作人员必须使用电台通信，班长下达口令时使用电台并配以手语，口令、手语应规范；

（5）各类接口连接牢固，无脱口、卡口、爆裂。

成绩评定：

计时从“开始”的口令至水枪手击中目标靶和扑灭油盘火止。

优秀：40″；良好：45″；及格：50″。

有下列情况之一者不计成绩：供水后，出现水带脱口、卡口、爆口的；擅自更改器材装备或个人防护装备不齐全的；开始前，器材未放置在器材箱内，水带未放置在水带卡槽内的；备用水带、器材未放置在指定区域内的；水枪出水后，枪手未佩戴消防手套的（其余人员可随身携带消防手套）；1、2号员完成击打目标靶任务后，3号员水枪未出水或未采用开花射流的。

有下列情况之一者加10″：器材预先连接；运送泡沫桶过程中，泡沫桶触地；3号员掩护水枪未采用开花射流。

有下列情况之一者加30″：未利用电台通信；驾驶员超过分水器线协助其他队员作业；水枪手相互协助打靶的；水枪超过射水线。

有下列情况之一者加40″：所有水带线路未连接好或班长未利用电台下达“出水”口令。

十、130m压缩空气泡沫车供泡沫操

训练目的：加强战斗员对高层建筑火灾扑救的能力。

场地器材：选择130m以上高层建筑一栋，在距楼层20m处标出起点线。起点线停放压缩空气A类泡沫车1辆，三分水器2只，65mm水带11盘，水带挂钩（安全绳）3个，泡沫枪2支（图6.40）。

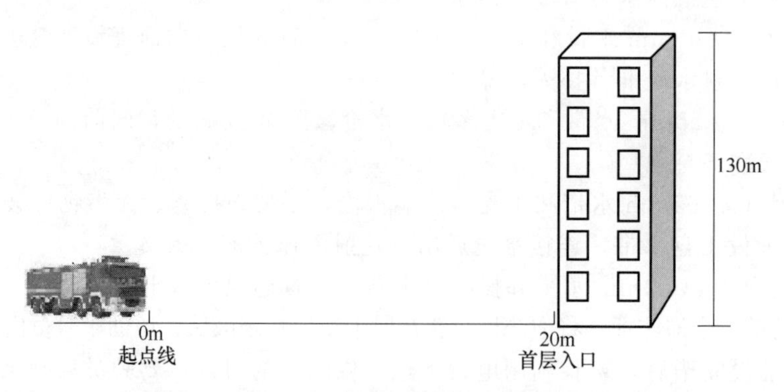

图6.40　130m压缩空气泡沫车供泡沫操场地设置

操作程序：全班人员着装整齐在车内做好准备（7人）。

听到“预备——开始”的口令后，战斗员迅速下车，按照任务分工，战斗全面展开。

班长携带1个开关式三分水器（进水口接65mm/80mm型异径接口）、2盘65mm水带，登高至130m处，固定好分水器，连接两盘水带，用个人导向绳系在两盘水带的接口处（作固定水带用），水带一端接口与分水器相连，另一端用双手交替的动作向下施放至110m

处，然后固定好导向绳，并在水带经过的墙体拐角处垫上保护垫。

1、2号员各携带2盘65mm水带、1支泡沫枪登高至130m处，甩开水带连接分水器和泡沫枪，做好出泡沫准备。

3、4、5号员各携带2盘65mm水带和水带固定器材分别登高至110m、70m、30m处，原地连接好水带，用个人导向绳系在两盘水带的连接处（作固定水带用），水带一端接口与班长（3、4号员）施放的水带口相连，另一端用双手交替的动作向下施放至70m处（30m、地面），然后固定好导向绳，并用水带固定器材将与班长（3、4号员）相连的水带口捆绑好后固定在楼内的牢固位置。

驾驶员携带三分水器（两个出水口接65mm/80mm型异径接口）至分水器线处，固定好分水器，连接好5号员放下的水带接口，并双干线铺设供水线路至分水器处，连接吸水管做好供水准备。

班长待供水线路连接、固定完毕、泡沫枪手做好喷射泡沫准备后，下达“出泡沫”口令。驾驶员开始缓慢加压供泡沫，当泡沫喷射正常后，下达“停泡沫”口令。然后打开分水器未连接水带接口的阀门放混合液泄压。泄压完毕后，下达“收检器材”的口令。

听到“收检器材”的命令后，战斗员收检器材，返回起点线。

操作要求：

(1) 战斗员个人防护装备佩戴要齐全，登高时应优先选择消防电梯；

(2) 供水线路的水带应使用16型以上型号水带，下部必须使用耐高压水带，尤其是消防车水泵出口至垂直铺设的第一条干线，应选用质量较好的水带；

(3) 水带铺设可采取一次性铺设、一次性吊升和分层铺设的方法，铺设途径可选用建筑物外墙、电梯井、楼梯间等；

(4) 固定水带接口时，宜采用抓手扣或双股套，导向绳固定点必须牢固；地面分水器必须固定牢靠，防止车辆加压造成分水器翻转；

(5) 驾驶员加压、减压时应缓慢、均匀，防止骤然加压造成车泵损坏和水带爆裂、接口脱落等；

(6) 消防车停止供泡沫时，应先开启分水器泄压，因高压无法打开时，应及时开启消防车另一出水口，否则应果断利用锐器扎破水带进行泄压。未泄压时，不准停泵、停水。

成绩评定：

计时从发令“开始”至战斗员完成全部操作任务，班长举手示意喊“好”止。

各项动作准确无误，操作连贯，配合协调，出泡沫成功为合格。

第四节　特种消防车操

【学习目标】

1. 熟悉干粉、举高、二氧化碳等消防车车性能及使用方法；
2. 全体操作学员任务明确，协同密切；

3. 操作程序规范，战斗展开迅速；

4. 在规定时间内完成全部动作。

干粉、举高、二氧化碳、曲臂登高等特种消防车，是针对各类特殊环境的灭火救援的必要装备，熟练掌握特种消防车操训练操作规程是提高消防员在灭火救援中战斗力的必要手段。本节主要介绍利用特种消防车及一系列特殊器材展开灭火训练的操作方法和程序实施。

一、干粉车出两支干粉枪操

训练目的： 使战斗员熟练掌握铺设胶管喷射干粉的操作方法。

场地器材： 在长 28m 的场地两端分别标出起点线和终点线，起点线上停放一辆干粉车，车上胶管盘绕在器材箱的管架上，出粉球阀与起点线相齐（图 6.41）。

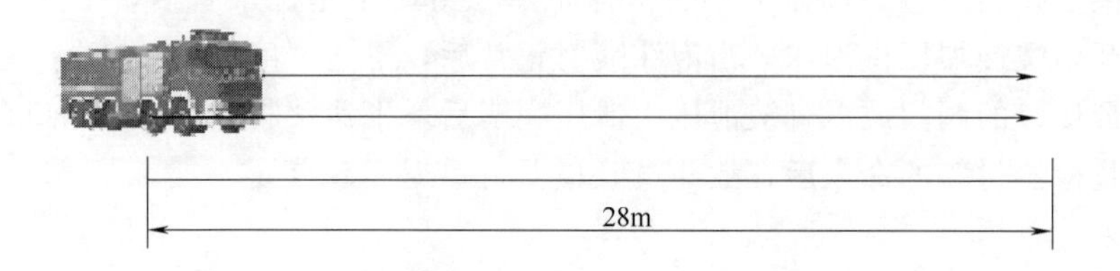

图 6.41 干粉车出两支干粉枪操场地设置

操作程序： 战斗员按规定在车内坐好。

听到“开始”的口令，班长跑至终点线，指挥全班；1 号员从左侧器材箱内取出干粉枪，一手握住干粉枪，一手拉出胶管向前跑动，至终点线做好喷射准备；3 号员协助 1 号员拉出胶管；2 号员从右侧器材箱内取出干粉枪，其他操作与 1 号员相同；4 号员协助 2 号员拉出胶管；驾驶员开启氮气瓶阀门和出气阀，向干粉罐充氮气，并将减压阀压力调整到 1.4MPa；胶管铺设好后，打开干粉罐的出粉阀门。战斗员进入位置完成全部动作，第二支干粉枪出干粉后，班长喊“好”。

操作要求：

（1）第 3、4 号员协助拉管时，应与管架保持垂直角度，以防胶管断裂；

（2）正确开启阀门，表盘压力必须满足规定要求；

（3）训练时必须充分做好安全防护工作，严防训练事故的发生。

成绩评定：

计时从发令“开始”至战斗班完成全部操作任务出干粉后，班长喊“好”止。

表盘压力达到规定要求，27″内完成各项动作，干粉正常喷出为合格。

二、干粉车车载干粉炮操

训练目的： 使战斗员熟练掌握干粉炮的操作方法。

场地器材： 在长 50m 的场地两端分别标出起点线和终点线，起点线上停放一辆干粉车，车上器材完整好用，干粉车车头与起点线相齐（图 6.42）。

操作程序： 战斗员按规定在车内坐好。

听到“开始”的口令，驾驶员将车驶至起点线停下，开启阀门，向干粉罐充气，将减压阀压力调整到 1.4MPa，再开启干粉罐阀门；班长、1、2 号员登上车顶，班长指挥全班；

1号员踏动干粉炮支架杠杆，卸下支架，手握把手将干粉炮喷嘴调整到左前侧，与原位成45°；2号员协助1号员操作。战斗员完成动作，进入位置正常出干粉后，班长喊“好”。

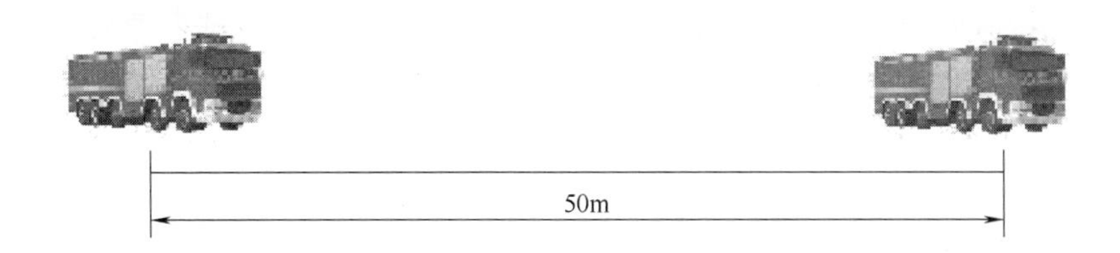

图6.42　干粉车车载干粉炮操场地设置

操作要求：

正确开启阀门，表盘压力必须满足规定要求。

成绩评定：

表盘压力达到规定要求，干粉准确喷出为合格。

三、二氧化碳车操

训练目的：使战斗员熟练掌握铺设胶管喷射二氧化碳的操作方法。

场地器材：在长35m的场地两端分别标出起点线和终点线，起点线上停放一辆二氧化碳车。车上胶管盘绕在器材箱的转盘上，并放置手套等器材。出气阀与起点线相齐（图6.43）。

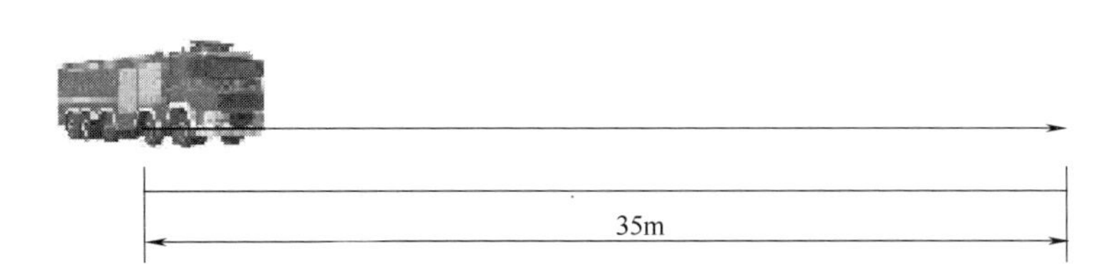

图6.43　二氧化碳车操场地设置

操作程序：战斗员按规定在车内坐好。

听到“开始”的口令，班长跑至终点线指挥全班；1号员戴上手套，取出喷筒，拉出胶管向前跑动，至终点线做好喷射准备；2号员在器材箱处协助1号员拉出胶管；驾驶员戴上手套，开启总阀门，再依次开启第一至第六二氧化碳钢瓶阀门。战斗员进入位置完成动作，二氧化碳正常喷出后，班长喊“好”。

操作要求：

（1）操作喷筒和阀门时必须戴好手套，防止冻伤；

（2）驾驶员在开启下一个钢瓶阀门前，应将已用完的钢瓶阀门关闭；

（3）训练时必须充分做好安全防护工作，严防训练事故的发生。

成绩评定：

计时从发令“开始”至二氧化碳正常喷出，班长喊“好”止。

阀门开启正确，28″内二氧化碳正常喷出为合格。

四、举高喷射车出水操

训练目的：使战斗员熟练掌握举高喷射车出水的操作方法。

场地器材：在训练塔前 5m、100m 处分别标出举高喷射车停车线和泵浦车停车线；在停车线后各停放一辆举高喷射消防车和重型泵浦消防车，车上器材按要求装备齐全（图 6.44）。

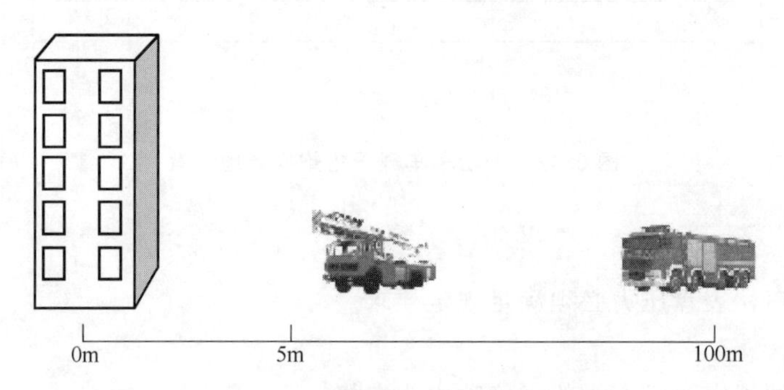

图 6.44 举高喷射车出水操场地设置

操作程序：战斗员按规定位置在车内坐好。

听到“开始”的口令，班长指挥全班；1、2 号员分别完成举高喷射车左右两侧支腿垫板的铺垫工作；驾驶员撑好支腿，升起上、下臂，旋转转台并伸出内臂，使喷嘴对准第六层窗口。重型泵浦消防车的 1、3、5 号员与 2、4、6 号员分别完成左右供水干线水带（各五条）的铺设连接任务；驾驶员完成两节吸水管的连接任务（假设从消火栓取水）。战斗员进入位置完成全部动作，正常喷射后，班长喊“好”。

操作要求：

（1）举高喷射车支腿必须牢靠，升臂平稳，高喷枪准确到位；

（2）战斗员动作准确、迅速、配合协调；

（3）水带连接牢靠，不准脱口、卡口和翻卷；

（4）训练时必须充分做好安全防护工作，严防训练事故的发生。

成绩评定：

一次操作能够准确将臂升起，水炮（高喷枪）能够顺畅出水为合格。

五、举高喷射车出泡沫操

训练目的：使战斗员熟练掌握举高喷射车喷射泡沫的操作方法。

场地器材：选择一地上油罐，在护堤外道路上停放一辆举高喷射消防车，距举高喷射车 35m 处停放一辆泡沫消防车，车上器材按要求配备齐全（图 6.45）。

操作程序：战斗员按规定在车内坐好。

听到“开始”的口令，班长指挥全班；1、2 号员分别完成举高喷射车左、右两侧支腿垫板的铺垫工作，驾驶员撑好支腿，升起上、下臂，并将缩合的内臂向外伸出，旋转转台，使泡沫炮喷嘴对准油罐外壁，当泡沫炮正常喷射泡沫后，立即旋转转台，将喷嘴对准油罐顶部；泡沫车的 1、3 号员与 2、4 号员分别完成左、右两侧干线水带（各三盘）的铺设、连接任务；驾驶员操纵泵浦，供给泡沫混合液。战斗员进入位置，完成全部动作后，班长喊

图 6.45 举高喷射车出泡沫操场地设置

“好”。

操作要求：

（1）举高喷射车支腿必须牢靠，升臂平稳，高喷炮准确到位；

（2）战斗员动作准确、迅速、配合协调；

（3）水带连接牢靠，不准脱口、卡口和翻卷；

（4）训练时必须充分做好安全防护工作，严防训练事故的发生。

成绩评定：

一次操作能够准确将曲臂升起，泡沫炮能够顺畅出泡沫为合格。

六、曲臂平台车遥控救生筐水炮射水操

训练目的：使战斗员熟练掌握曲臂平台遥控水炮射水的操作方法。

场地器材：在一栋高层建筑下 100m 处标出起点线，停放一辆 42m 曲臂云梯车和一部重型水罐车，将一面小红旗插在七层一端窗口，以示着火点（图 6.46）。

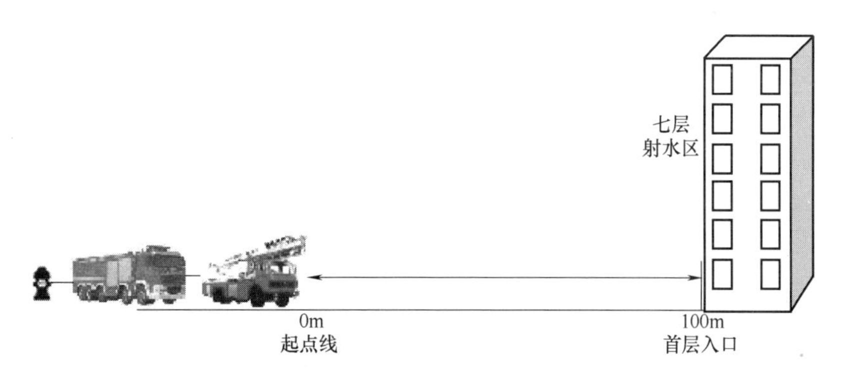

图 6.46 曲臂平台车遥控救生筐水炮射水操场地设置

操作程序：战斗员按规定在车内坐好。

班长下达“开始”的口令，驾驶员按班长的部署将车停在最佳位置。

听到“下车”的口令，战斗员下车，并在车头前集合，根据班长的指令和任务分工确认空中和地面情况，并向班长报告。

听到“战斗展开”的口令，1 号员在左，2 号员在右，取支脚垫板进行铺垫；驾驶员到车尾部将支脚完全伸展，并将车辆调整至水平后到底部操作平台上启动工作斗，班长连接取力器，手持水炮遥控器站在便于观察火势的位置。1 号员负责和水车形成供水线路，2 号员

负责观察云梯车水罐水位并和水罐车保持联系。待水炮升至着火层，班长启动水炮将水打出覆盖着火点后，喊“好”。

操作要求：

(1) 云梯车支腿完全伸展，受力平稳；

(2) 班长遥控水炮要迅速、准确，避免造成水渍损失；

(3) 2 号员要注意云梯车水罐水位，禁止云梯车水泵无水空转；

(4) 驾驶员操作云梯要稳定，和班长要协同配合。

成绩评定：

一次操作能够准确将云梯升起，水炮能够顺畅出水覆盖着火点为合格。

七、登高平台消防车连接水带沿建筑外墙垂直供水操

训练目的： 使战斗员熟练掌握登高平台消防车供水管路向高层供水的操作方法。

场地器材： 选择 100m 以上高层建筑一栋，距首层入口 40m 处标出起点线，25m 处标出登高平台车操作线，在 100m 高度的楼层标出三分水器线和水枪线。起点线上停靠装备齐全的中低压泵水罐消防车 1 辆（或高低压、高中低压泵水罐消防车），登高平台车停车线停靠登高平台消防车 1 辆，起点线上设置消火栓 1 只（图 6.47）。

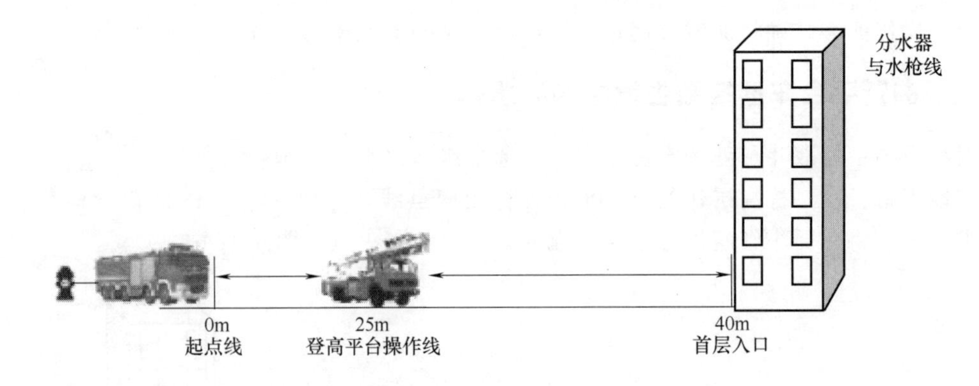

图 6.47 登高平台消防车连接水带沿建筑外墙垂直供水操场地设置

操作程序： 全班人员着装整齐在车内做好准备（水罐消防车 6 人，登高平台消防车 3 人）。

听到“预备——开始”的口令后，战斗员迅速下车，按照任务分工，战斗全面展开。

登高平台车任务：利用登高平台消防车的供水管路，协同水罐消防车向高处供水。

人员分工为：驾驶员按照“登高平台车靠墙操”的操作程序举升工作平台至最高。

1 号员铺垫支脚垫板，并协助驾驶员作业；2 号员在工作平台上，连接水罐消防车；3 号员施放的水带接口与登高平台车的出水口持平。

水罐消防车任务：占据水源，通过登高平台消防车直接向高处供水。

人员分工为：班长携带 1 个三分水器（进水口接 65mm/80mm 型异径接口）、2 盘 65mm 水带，从起点登高至 100m 处，固定好分水器，连接两盘水带，用个人导向绳系在两盘水带的接口处（作固定水带用），水带一端接口与分水器相连，另一端用双手交替的动作向下放至 80m 处，然后固定好导向绳，并在水带经过的墙体拐角处垫上保护垫；1、2 号员各携带 2 盘 65mm 水带、1 支水枪登高至 100m 处，甩开水带连接分水器和水枪，做好射水

准备；3号员携带2盘65mm水带和水带固定器材登高至80m处，原地连接好水带，用个人导向绳系在两盘水带的连接处（作固定水带用），水带一端接口与班长施放的水带口相连，另一端用双手交替的动作向下施放至40m处，然后固定好导向绳，并用水带固定器材将与班长相连的水带口捆绑好后固定在楼内的牢固位置；4号员向登高平台车铺设两条供水干线。驾驶员连接吸水管做好供水准备。

班长待供水线路连接、固定完毕、水枪手做好射水准备后，下达“出水”口令。消防车缓慢供水加压，当水枪有效射程达到10m时，并持续出水1min后，下达“停水”口令。登高平台车卸压完毕后，下达“收检器材”的口令。

听到“收检器材”的命令后，战斗员收检器材，返回起点线。

操作要求：

（1）登高平台消防车停靠位置要有利于梯臂升高作业，工作平台上的战斗员要采取安全保护措施，并与驾驶员保持联系；

（2）战斗员个人防护装备佩戴要齐全，登高时应优先选择消防电梯；

（3）供水线路的水带应使用16型以上型号水带，向登高平台消防车供水的水带必须使用质量较好的耐高压水带；

（4）水带铺设可采取一次性铺设、一次性吊升和分层铺设的方法，铺设途径可选用建筑物外墙、电梯井、楼梯间等；

（5）固定水带接口时，宜采用抓手扣或双股套，导向绳固定点必须牢固；

（6）消防泵不得超过最大扬程（低压1.0MPa、中压1.8～2.0MPa、高压4.0MPa）的80%，加压、减压时应缓慢、均匀，防止骤然加压造成车泵损坏和水带爆裂、接口脱落等；

（7）消防车停止供水时，应先放水卸压，因高压无法打开时，应及时开启消防车另一出水口，否则应果断利用锐器扎破水带进行卸压。未卸压时，不准停泵、停水。

成绩评定：

计时从发令“开始”至战斗员完成全部操作任务水枪出水后，班长举手示意喊“好”止。

优秀：3分30″；良好：3分45″；及格：4分钟。

有下列情况之一者不计成绩：

（1）水带脱口、卡口；

（2）水带打卷不能正常出水；

（3）充实水柱达不到10m。

八、云梯车单面靠墙单向起梯操

训练目的： 使战斗员熟练掌握云梯车单面靠墙单向起梯救人的操作方法。

场地器材： 在一幢高层建筑下停放一辆云梯车，将一面小红旗插在第五层一端窗口，表示火焰从第五层开始蔓延，五层以上各层有被困人员在窗口请求救援，楼前车道上靠向红旗一端标出操作线（图6.48）。

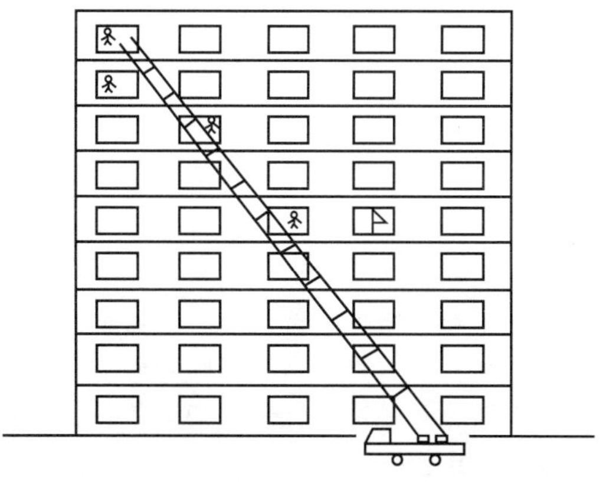

图6.48 云梯车单面靠墙单向起梯操场地设置

操作程序： 战斗员按规定在车内坐好。

听到“开始”的口令，班长下车指挥云梯车停车和救人；3号员在左，4号员在右，取支腿垫板，并进行铺垫：驾驶员驾驶云梯车到操作线，将车停稳，撑好支腿，向上作升梯、伸梯动作；1、2号员登上梯子从第五层开始依次向上救出被困人员。战斗员进入指定位置完成全部动作后，班长喊“好”。

操作要求：

（1）云梯车停放平稳、牢靠，升（伸）梯准确、迅速；

（2）救人战斗员装备齐全，保证被救者安全；

（3）驾驶员与救人战斗员要做好协同配合；

（4）训练时必须充分做好安全防护工作，严防训练事故的发生。

成绩评定：

各项动作准确无误，操作连贯，安全把人救下为合格。

九、云梯车单面靠墙双向起梯操

训练目的：使战斗员熟练掌握云梯车单面靠墙双向起梯救人的操作方法。

场地器材：在一幢高层建筑侧面，停放云梯车一辆，将一面小红旗插在楼内通道第五层窗口，表示火焰从第五层开始蔓延，烟雾已经封锁中央通道，五层以上各层有被困人员，只能向楼层两端作水平移动，并在窗台求援；楼前中央出入口前标出操作线（图6.49）。

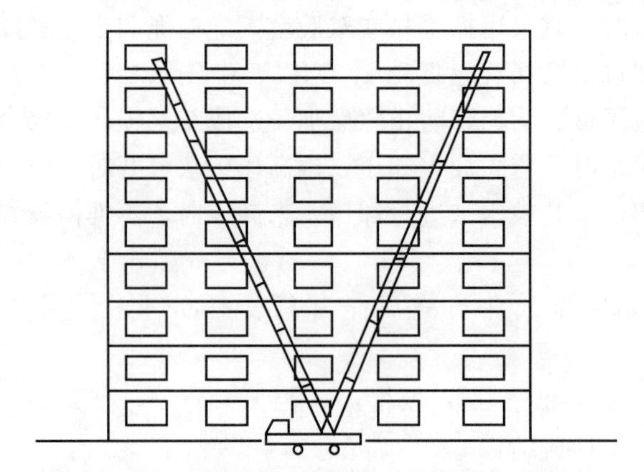

图6.49　云梯车单面靠墙双向起梯操场地设置

操作程序：战斗员按规定在车内坐好。

听到“开始”的口令，班长下车负责指挥；3、4号员分别完成左、右两侧支腿垫板的铺垫工作；驾驶员按“单面靠墙单向起梯操”的方法，先救出大楼一端的被困人员，然后旋转梯体180°，救出大楼另一端的被困人员；1、2号员操作与“单面靠墙单向起梯操”的操作相同。战斗员进入位置，完成全部动作后，班长喊“好”。

操作要求：

（1）云梯车停放平稳、牢靠，升（伸）梯准确、迅速；

（2）救人战斗员装备齐全，保证被救者安全；

（3）驾驶员与救人队员之间要搞好协同配合；

（4）训练时必须充分做好安全防护工作，严防训练事故的发生。

成绩评定：

各项动作准确无误，操作连贯，安全把人救下为合格。

十、云梯车两面靠墙双向起梯操

训练目的：使战斗员熟练掌握云梯车两面靠墙双向起梯救人的操作方法。

场地器材：在一幢高层建筑下停放一辆云梯车，将一面小红旗插在第五层一窗口，表示火焰从第五层蔓延，烟雾已经封锁通道，五层以上各层有被困人员，只能向楼层两侧作水平（横向）移动，并在窗口请求救援，在大楼前面拐角处标出操作线（图 6.50）。

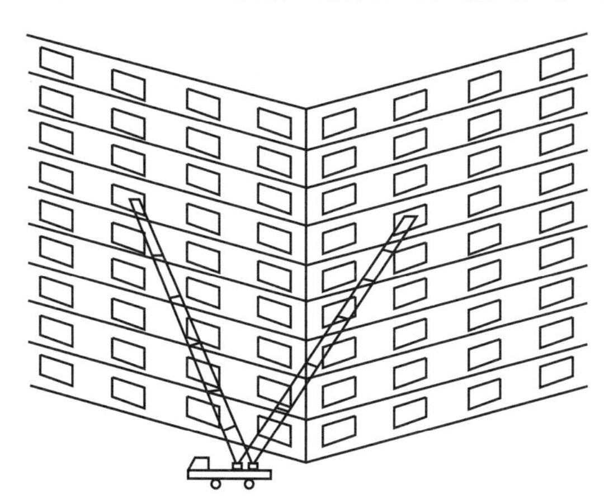

图 6.50　云梯车两面靠墙双向起梯操场地设置

操作程序：战斗员按规定位置在车内坐好。

听到“开始”的口令，战斗员下车各自完成自己的战斗任务；驾驶员按“单面靠墙单向起梯操”的方法，先救出大楼一面的被困人员，然后旋转梯体 270°，救出大楼另一面的被困人员；班长、战斗员的动作同“单面靠墙单向起梯操”的操作。战斗员进入位置，完成全部动作后，班长喊“好”。

操作要求：

（1）云梯车停放平稳、牢靠，升（伸）梯准确、迅速；

（2）救人战斗员装备齐全，保证被救者安全；

（3）驾驶员与救人战斗员要搞好协同配合；

（4）训练时必须充分做好安全防护工作，严防训练事故的发生。

成绩评定：

各项动作准确无误，操作连贯，安全把人救下为合格。

十一、云梯车平面靠墙操

训练目的：使战斗员熟练掌握利用云梯车平面停靠墙，通过升降平台进入楼层救人的操作方法。

场地器材：在一幢高层建筑下，停放一辆云梯车，将一面小红旗插在第九层一窗口，表示第九层为登高作业层（图 6.51）。

操作程序：战斗员按规定位置在车内坐好。

听到“开始”的口令，班长下车指挥停车和伸

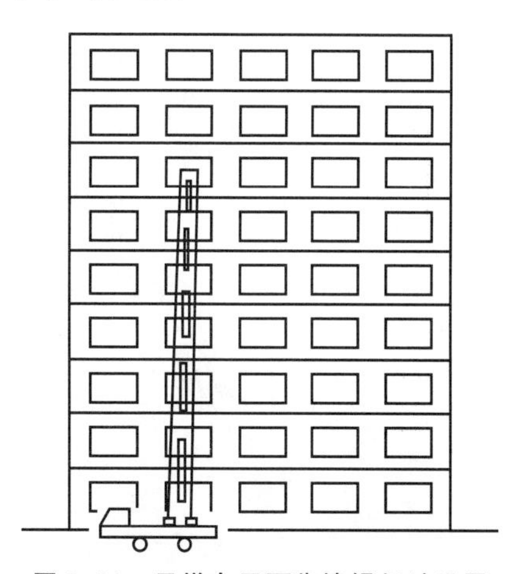

图 6.51　云梯车平面靠墙操场地设置

梯；驾驶员驾驶云梯车停在楼前；3、4号员分别完成左、右两侧垫板铺垫工作；驾驶员使转台与第九层窗口对齐，撑好支腿，向上起梯，旋转梯对准窗口，向上伸梯，使梯顶靠在第九层窗台上；1、2号员登上升降平台，到达窗口后，进入第九层。战斗员进入位置，完成全部动作，班长喊“好”。

操作要求：

（1）云梯车停放平稳、牢靠，升（伸）梯准确、迅速；

（2）救人战斗员装备齐全，保证被救者安全；

（3）驾驶员与救人战斗员之间要搞好协同配合；

（4）训练时必须充分做好安全防护工作，严防训练事故的发生。

成绩评定：

各项动作准确无误，操作连贯，安全把人救下为合格。

十二、云梯车与金属梯联用搭桥操

训练目的：使战斗员熟练掌握在云梯上使用金属梯搭桥进入室内救人的操作方法。

场地器材：在训练塔第八层插上红旗表示第八层为登高作业层，假设云梯因架梯障碍，只能靠上第九层以上窗口，而楼内通道不能通行，只能从外部进入第八层。在练习塔的地面上标出停车线，在停车线后停放一辆云梯车，车上放置一部金属梯，四根短绳索，三根长为30m的安全绳，一部缓降器（图6.52）。

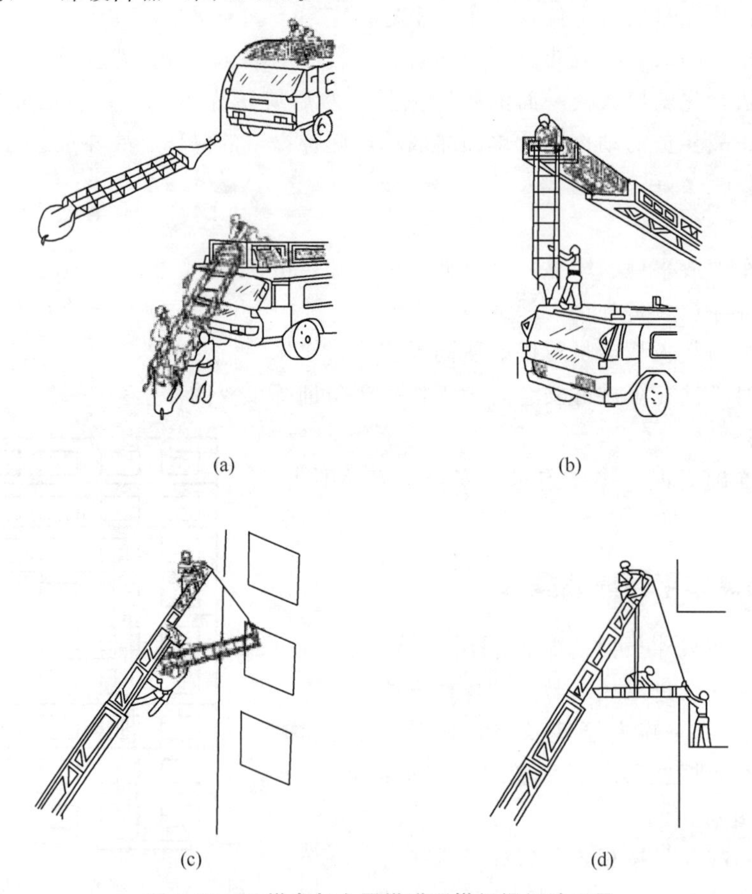

(a) (b) (c) (d)

图6.52 云梯车与金属梯联用搭桥操场地设置

操作程序：战斗员按规定位置登车。

听到“开始”的口令，驾驶员驾驶云梯车在停车线上停稳，撑好支腿；班长携带一根30m安全绳登上云梯车解开安全绳，将一端放下，1、2号员将金属梯抬到车前，用安全绳系牢梯末端，然后三人配合用结扣将金属梯与云梯拴住，2号员将两根短绳索系在梯脚两侧梯架上［图6.52（a）］；2号员在云梯起梯时协助稳定梯脚［图6.52（b）］；驾驶员起梯、升梯，转动梯体，使梯体到达第九层高度。1、2号员随升降斗上升到与第八层窗台相平的高度时，离开升降斗，登上梯蹬，在梯梁两侧将安全钩挂入梯蹬，在云梯背面，手拉金属梯梯脚，将其搁在云梯梯蹬上，并用绳索与云梯扎牢；班长同时放松安全绳，指挥架梯桥［图6.52（c）］。班长放松安全绳，使金属梯梯末端与第八层窗台相平，同时驾驶员稍向下降梯，将金属梯梯末端平行搁在窗台上，班长将安全绳系在梯蹬上，放下另一端，由1号员系在金属梯中部后，班长将绳头拴在梯蹬上，1号员系好安全绳后从金属梯上进入训练塔内，扶稳梯首；2号员沿金属梯爬行进入训练塔［图6.52（d）］，战斗员进入位置，完成全部动作后，班长喊“好”。

操作要求：

（1）训练前必须检查绳索、安全绳的安全程度；

（2）云梯车在起梯、转梯时应缓慢操作，特别是在转梯时，不应有急剧的晃动；

（3）金属梯作为横渡桥时，一次通过只限1人；

（4）训练时必须充分做好安全防护工作，严防训练事故的发生。

成绩评定：

各项动作准确无误，操作连贯，配合协调，搭桥把握适用，安全把人救下为合格。

思考题

1. 消防车操训练的操作程序有哪些？

2. 利用水罐消防车及随车器材编写一个六人的操作程序，要求结构合理、实际操作性强。

3. 利用泡沫消防车及随车器材编写一个班组操法，要求结构合理、实际操作性强。

第七章 绳索救助训练

救助技术训练，是针对在火灾及其他灾害和事故现场，为了安全、准确、迅速、有效地实施救援而开展的训练，绳索救助在救助行动中起到至关重要的作用。

第一节　平面救助训练

【学习目标】

1. 掌握平面救助训练的操作规程；
2. 掌握平面救助训练的操作要求。

平面救助训练，是指在平地上开展的救助技术训练项目，包括：徒手救人、器械救人、横坑救助和搜索救助等。

一、徒手救人

徒手救人，是指战斗员徒手对被救者实施的近距离移动。

注意事项：

（1）实战中必须准确掌握事故救援现场的情况，并针对事故的原因采取必要的安全措施后进入，确定多种安全对策；

（2）实战中为防止战斗员因恐惧感、不安全感等造成救助技术下降，尽量让两名以上战斗员进入并掌握人员进入数量；

（3）在实施救人过程中操作必须规范、正确，力度要适中，避免对被救者造成二次伤害；

（4）根据不同的救助对象灵活采取不同的救人方法，确保安全、及时、准确将被救者救出。

徒手救人操，是指战斗员单人或双人徒手对被救者实施近距离移动的训练方法。

1. 抱式救人操

训练目的： 使战斗员掌握徒手抱式救人的操作方法。

场地器材： 在平地上标出起点线，起点线前 15m 标出折返线。起点线和折返线前各铺设 1 块垫子（图 7.1）。

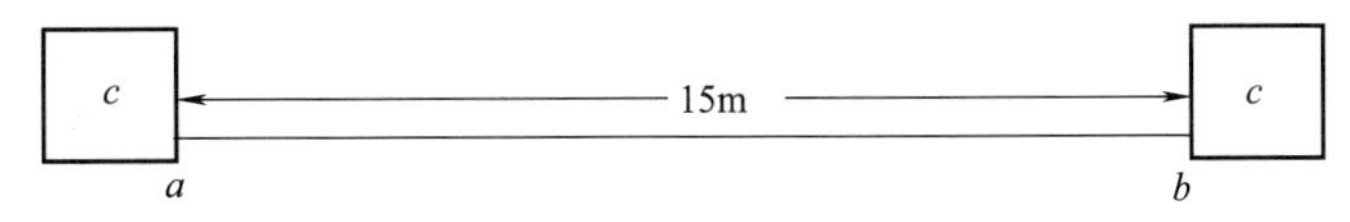

图 7.1　徒手抱式救人操场地设置

a—起点线；*b*—折返线；*c*—垫子

操作程序： 战斗班在起点线一侧 3m 处站成一列横队。

听到“前两名”的口令，前两名战斗员答“到”，听到“出列”的口令，答“是”，并跑至起点线处成立正姿势。

图 7.2　徒手抱式救人操示意

听到“准备”的口令，1 号员在起点做好操作准备；2 号员迅速脱下迷彩帽，放在起点线，然后跑至折返线，脚朝起点线仰卧在垫子上，充当被救者。

听到“开始”的口令，1 号员跑至折返线垫子处，检查被救者的身体情况，完毕后到被救者左侧，右膝跪地，右手伸入被救者头后部，将其上体扶起，将被救者左臂搭在自己肩上；右手搂其背部，左手抱其双腿将被救者抱起至起点线垫子处，单膝跪地，将被救者轻放于垫子上，举手示意并喊“好”（图 7.2）。

操作要求：救人动作要规范、正确，力度要适中；放置被救者要轻。

成绩评定：

(1) 计时从发出“开始”的口令至战斗员喊“好”为止；

(2) 动作熟练，符合操作程序和要求的为合格，反之为不合格。

2. 背式救人操

训练目的：使战斗员掌握徒手背式救人的操作方法。

场地器材：在平地上标出起点线，起点线前 15m 标出折返线。起点线和折返线前各铺设 1 块垫子（图 7.3）。

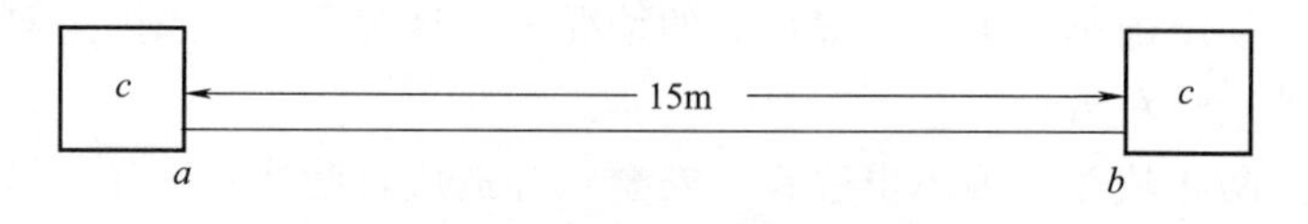

图 7.3　徒手背式救人操场地设置图

a—起点线；*b*—折返线；*c*—垫子

操作程序：战斗班在起点线一侧 3m 处站成一列横队。

听到“前两名”的口令，前两名战斗员答“到”，听到“出列”的口令，答“是”，并跑至起点线处成立正姿势。

听到“准备”的口令，2 号员在起点做好操作准备；并迅速脱下迷彩帽，放在起点线，然后跑至折返线处，脚朝起点线仰卧在垫子上，充当被救者。

听到“开始”的口令，1 号员跑至折返线垫子处，检查被救者的身体情况，完毕后将被救者右腿向外分开，两臂向上分开与肩成一线，然后侧卧在被救者左侧，两人背胸相靠，将被救者的右腿搭在其右腿上，右手握其右手腕，用力翻身转体使被救者俯卧在背上，左臂支撑地面的同时右腿屈膝跪地，左脚向前跨步，右脚蹬地挺身起立，双手搂住被救者的双腿，救至起点线垫子处；身体下蹲，使被救者双脚着地，左手抓住其右臂，身体向后转 180°，面对被救者，右手从其右腋下伸向背部；同时右脚在其左侧向前跨一步，将其臀部着垫坐下，左手扶其头后部，将其轻

图 7.4　徒手背式救人操示意

放于垫子上，举手示意并喊“好”（图 7.4）。

操作要求： 救人动作要规范、正确，力度要适中；放置被救者要轻。

成绩评定：

（1）计时从发出“开始”的口令至战斗员喊“好”为止；

（2）动作熟练，符合操作程序和要求的为合格，反之为不合格。

3. 肩式救人操

训练目的： 使战斗员掌握徒手肩式救人的操作方法。

场地器材： 在平地上标出起点线，起点线前 15m 标出折返线。起点线和折返线前各铺设 1 块垫子（图 7.5）。

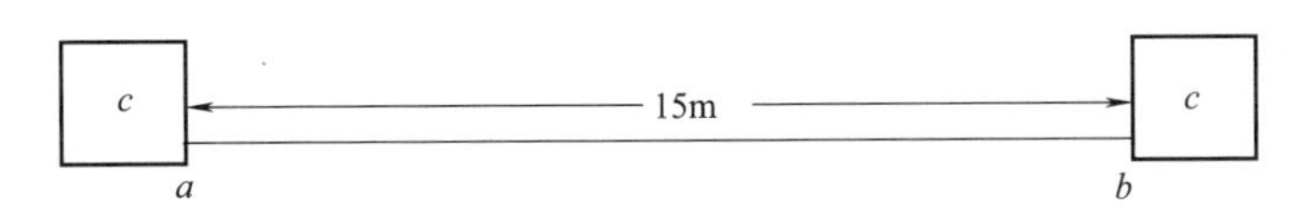

图 7.5 徒手肩式救人操场地设置

a—起点线；*b*—折返线；*c*—垫子

操作程序： 战斗班在起点线一侧 3m 处站成一列横队。

听到“前两名”的口令，前两名战斗员答“到”，听到“出列”的口令，答“是”，并跑至起点线处成立正姿势。

听到“准备”的口令，1 号员在起点做好操作准备；2 号员迅速脱下迷彩帽，放在起点线，然后跑至折返线，脚朝起点线仰卧在垫子上，充当被救者。

听到“开始”的口令，1 号员跑至折返线垫子处，检查被救者的身体情况，完毕后将被救者双腿向外分开，然后到被救者左侧，右膝跪地，右手伸入被救者头后部，将其上体扶起，将被救者左臂搭在自己肩上，左手握被救者的左手腕，右手抓住其后腰带，全身协调用力托住被救者同时站起，右手扶其腰部，而后右腿跨步插入被救者的两腿之间，身体下蹲使被救者的前胸靠在右肩上，右手从被救者的两腿之间穿过抱住其左大腿并握住左手腕，两腿用力，直体起立，肩负至起点线垫子处；成弓步上体前倾，使被救者双脚着地，左手抓住左手腕，右手从其右腋下伸向背部，右前臂挽住其上体，右腿前跨一步，将其臀部着垫坐下，左手扶其头后部，将其轻放于垫子上，举手示意并喊“好”。

操作要求： 救人动作要规范、正确，力度要适中；放置被救者要轻放。

成绩评定：

（1）计时从发出“开始”的口令至战斗员喊“好”为止；

（2）动作熟练，符合操作程序和要求的为合格，反之为不合格。

4. 拖拉救人操

训练目的： 使战斗员掌握徒手拖拉救人的操作方法。

场地器材： 在平地上标出起点线，起点线前 15m 标出折返线。起点线和折返线前各铺设 1 块垫子（图 7.6）。

操作程序： 战斗班在起点线一侧 3m 处站成一列横队。

听到“前两名”的口令，前两名战斗员答“到”，听到“出列”的口令，答“是”，并跑至起点线处成立正姿势。

听到“准备”的口令，1 号员在起点做好操作准备；2 号员迅速脱下迷彩帽，放在起点

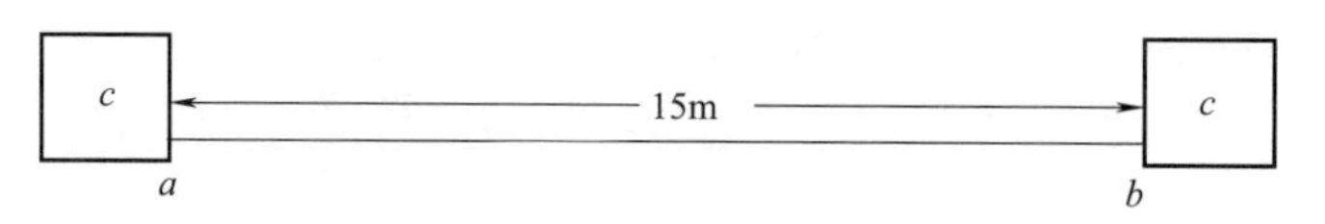

图 7.6　徒手拖拉救人操场地设置

a—起点线；*b*—折返线；*c*—垫子

线，然后跑至折返线，头朝起点线仰卧在垫子上，充当被救者。

听到“开始”的口令，1 号员跑至折返线垫子处，检查被救者的身体情况，完毕后将被救者双脚交叉叠放到一起，然后到被救者头部右膝跪地，双手伸入被救者的腋下，将其上体扶起，而后双手伸入其腋下至前胸，抓住被救者手腕和小臂，身体站起双臂托住被救者的上体使其臀部抬离地面，边往后退边拖拉，拖拉至起点线将其轻放于垫子上，举手示意并喊“好”（图 7.7）。

图 7.7　徒手拖拉救人操示意

操作要求：救人动作要规范、正确，力度要适中；在后退时，应注意自己脚下是否有危险；放置被救者要轻。

成绩评定：

(1) 计时从发出“开始”的口令至战斗员喊“好”为止；

(2) 动作熟练，符合操作程序和要求的为合格，反之为不合格。

5. 抬式救人操

训练目的：使战斗员掌握双人徒手抬式救人的操作方法。

场地器材：在平地上标出起点线，起点线前 15m 标出折返线。起点线和折返线前各铺设 1 块垫子（图 7.8）。

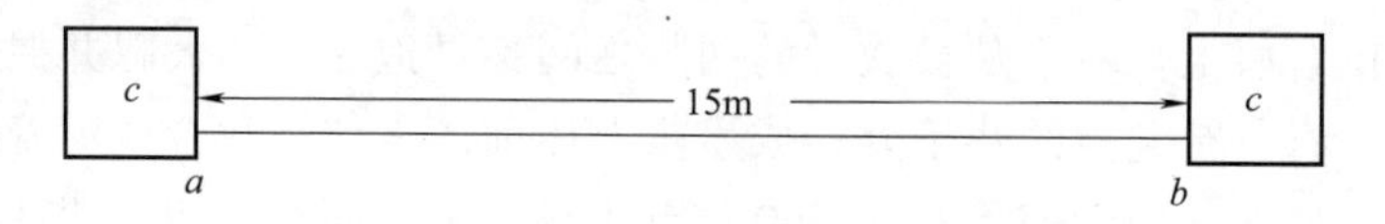

图 7.8　徒手抬式救人操场地设置

a—起点线；*b*—折返线；*c*—垫子

操作程序：战斗班在起点线一侧 3m 处站成一列横队。

听到“前三名”的口令，前三名战斗员答“到”，听到“出列”的口令，答“是”，并跑至起点线处成立正姿势。

听到“准备”的口令，1、2 号员在起点做好操作准备；3 号员迅速脱下迷彩帽，放在起点线，然后跑至折返线，脚朝起点线仰卧在垫子上，充当被救者。

听到“开始”的口令，1、2 号员跑至折返线垫子处，检查被救者的身体情况，完毕后 2 号员到被救者双腿左侧，将其两腿交叉重叠在一起，将右手插入其两膝下抱住；1 号员到被救者头部右膝跪地，双手伸入被救者的腋下，将其上体扶起，而后双手伸入其腋下至前胸，抓住被救者手腕和小臂，然后两人协力将被救者抬起，救至起点线轻放于垫子上，举手示意并喊“好”。

操作要求：救人动作要规范、正确，力度要适中；放置被救者要轻。

成绩评定：

（1）计时从发出“开始”的口令至战斗员喊“好”为止；

（2）动作熟练，符合操作程序和要求的为合格，反之为不合格。

二、器械救人

器械救人，是指战斗员利用救援器械对被救者实施救援移动的训练方法。

（一）短绳背负救人操

训练目的：使战斗员掌握短绳背负救人的操作方法。

场地器材：在平地上标出起点线，起点线前15m标出折返线。起点线和折返线前各铺设1块垫子，起点线上放置4.5m短绳1根（图7.9）。

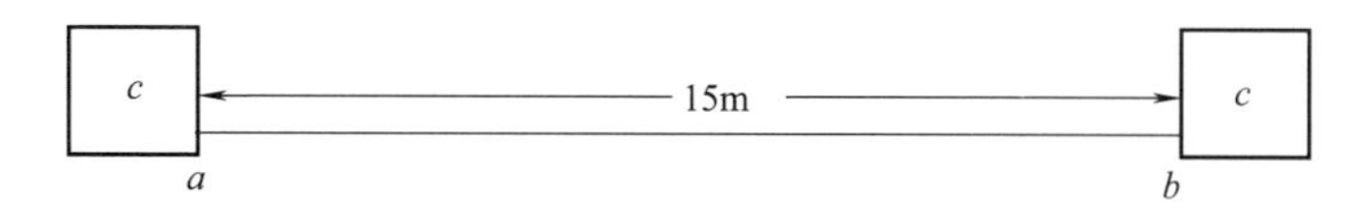

图7.9 短绳背负救人操场地设置

a—起点线；*b*—折返线；*c*—垫子

操作程序：战斗班在起点线一侧3m处站成一列横队。

听到“前两名”的口令，前两名战斗员答“到”，听到“出列”的口令，答“是”，并跑至起点线处成立正姿势。

听到“准备”的口令，1号员在起点携带短绳，做好操作准备；2号员迅速脱下迷彩帽，放在起点线，然后跑至折返线，脚朝起点线仰卧在垫子上，充当被救者。

听到“开始”的口令，1号员跑至折返线垫子处，检查被救者的身体情况，完毕后将被救者右腿向外分开，两臂向上分开与肩成一线，而后将短绳展开取中间点放在被救者的背后和手臂下，短绳末端分别放置在被救者的手心上，然后侧卧在被救者左侧，两人背胸相靠，将被救者的右腿搭在其右腿上，右手握其右手腕和短绳，用力翻身转体使被救者俯卧在背上，左臂支撑地面的同时右腿屈膝跪地，左脚向前跨步，右脚蹬地挺身起立后弯腰，使被救者趴在其身体上，然后迅速整理短绳制作双平结，而后背负至起点线垫子处；身体下蹲，使被救者双脚着地，然后迅速解开短绳，左手抓住其右臂，身体向后转180°，面对被救者，右手从其右腋下伸向背部；同时右脚在其左侧向前跨一步，将其臀部着垫坐下，左手扶其头后部，将其轻放于垫子上，整理好短绳举手示意并喊“好”。

操作要求：救人动作要规范、正确，力度要适中；放置被救者要轻放。

成绩评定：

（1）计时从发出“开始”的口令至战斗员喊“好”为止；

（2）动作熟练，符合操作程序和要求的为合格，反之为不合格。

（二）担架救人操

遇到伤员的头部、胸部受重伤或腿部骨折不能独立行走，以及颈椎、脊椎等骨折时，只能使用担架搬运。担架运送是转移重伤员的基本方法，担架运送容易保持稳定，不仅可以避免给伤员造成更大痛苦，而且还适合于长距离的运送。

通常情况可以使用专用担架，紧急情况下可以临时制作担架，临时制作的担架必须牢固，并要经得住长时间的使用，使用之前还必须进行强度测试。

1. 临时担架的制作方法

（1）使用大被单或帐篷布制作担架

① 将大被单或帐篷布铺开，让伤员平躺在上面。

② 伤员两侧各安排几个人，把被单或帐篷布的边缘向内侧卷起。

③ 把被单或帐篷布的边缘一直卷到伤员的身体旁边。注意要卷得尽量结实。

④ 救助人员从上方抓住卷起的被单边缘，向两边拉紧，并将伤员抬起来。

⑤ 用小刀将卷住的地方捅开一个小口，穿上一个拉扣绳套，抓起来会更省力。

（2）使用小木棒和被单制作担架

① 砍棵小树削成两根木棒，或找其他代用品。

② 把被单铺开，将一根木棒竖着放在距被单中心线稍微偏离一侧的位置。

③ 以木棒为中心，将较窄一侧叠在较宽一侧的上面，将木棒包起来。

④ 在叠起的被单上相当于中心位置再竖着放上另一根木棒，再将木棒外侧的被单卷回来包住第二根木棒。

（3）使用木棒和衣服制作担架

① 用两根木棒插在衣服里面并分别从两个衣袖中伸出。

② 按同样的方法在两根木棒上再套上另一件衣服（图 7.10）。

以上三种临时担架，如果再能安上适当的横梁，则不仅能更多地减轻伤员的痛苦，同时也更方便搬运。

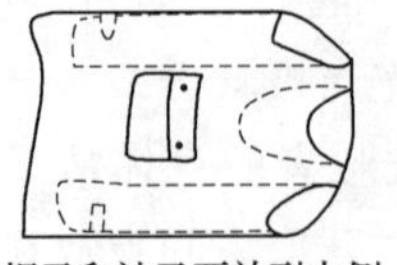

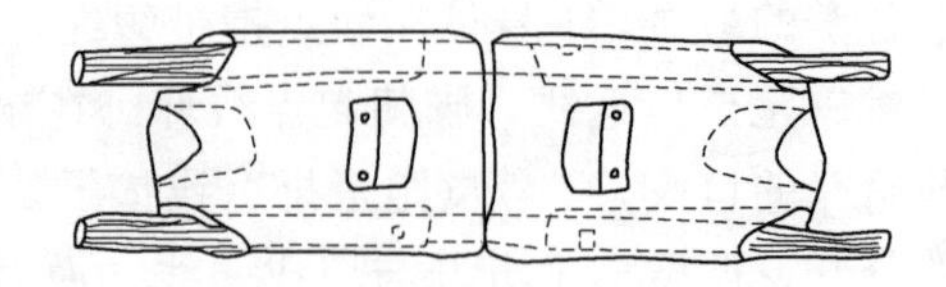

图 7.10　使用木棒和衣服制作担架

（4）使用木棒和绳索制作担架并使用套头衫

① 将两根木棒平行摆放，其间的距离应比伤员的身体略微宽些。

② 再用两根木棒或冰镐等，绑在两根较长木棒之间，作为担架的横梁。

③ 将绳索一端绑在木棒和横梁的结合处并捆结实。

④ 以该结合处作为起点，将绳子从两根木棒的外侧开始缠绕，编成网状。可以按 8 字形或 S 字形缠绕，编成的网眼越密越好（图 7.11）。

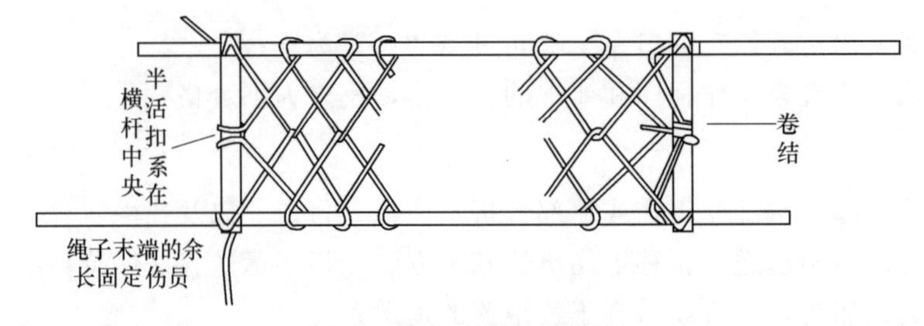

图 7.11　简易担架的制作

2. 担架救人操

训练目的：使战斗员掌握担架救人的操作方法。

场地器材：在平地上标出起点线，起点线前 15m 标出折返线。起点线和折返线前各铺设 1 块垫子，起点线上放置救援担架 1 副（图 7.12）。

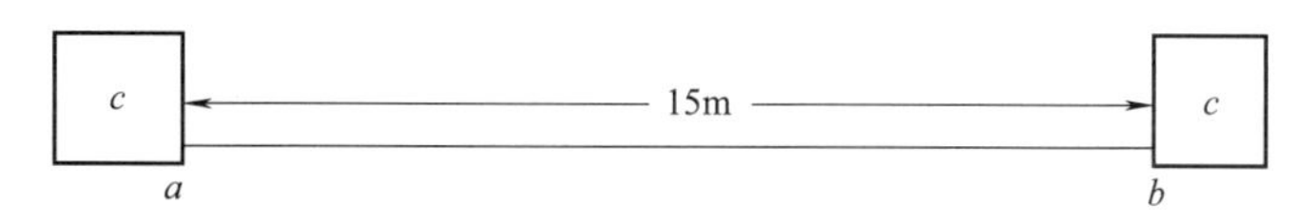

图 7.12　担架救人操场地设置

a—起点线；b—折返线；c—垫子

操作程序：战斗班在起点线一侧 3m 处站成一列横队。

听到“前三名”的口令，前三名战斗员答“到”，听到“出列”的口令，答“是”，并跑至起点线处成立正姿势。

听到“准备”的口令，1、2 号员在起点做好操作准备；3 号员迅速脱下迷彩帽，放在起点线，然后跑至折返线，脚朝起点线仰卧在垫子上，充当被救者。

听到“开始”的口令，1、2 号员抬起担架跑至折返线垫子处将担架放置在被救者身体左侧，检查被救者的身体情况，完毕后 1、2 号员使用徒手抬式救人的方法将被救者抬到担架上，并使其仰卧在担架上，然后使用担架固定带将被救者胸部和膝部固定，然后两人协力抬起担架，将被救者救至起点线轻放于垫子一侧，打开担架固定带，将被救者抬至垫子上，举手示意并喊“好”。

操作要求：救人动作要规范、正确，力度要适中；放置被救者要轻放。

成绩评定：

（1）计时从发出“开始”的口令至战斗员喊“好”为止；

（2）动作熟练，符合操作程序和要求的为合格，反之为不合格。

3. 单杠梯救人操

训练目的：使战斗员掌握利用单杠梯制作担架救人的操作方法。

场地器材：在平地上标出起点线，起点线前 15m 标出折返线。起点线和折返线前各铺设 1 块垫子，起点线上放置单杠梯 1 架，消防安全带 2 根（图 7.13）。

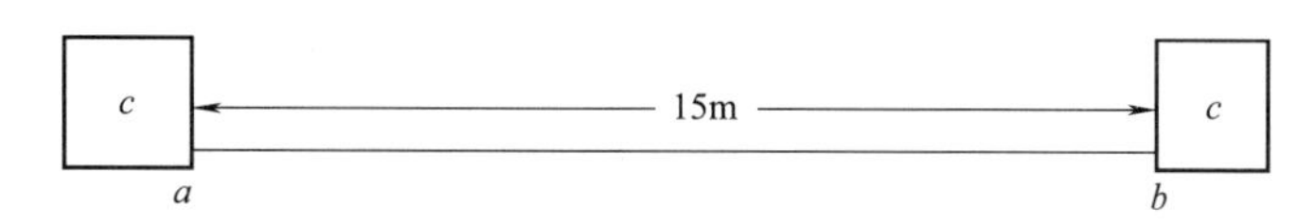

图 7.13　单杠梯救人操场地设置

a—起点线；b—折返线；c—垫子

操作程序：战斗班在起点线一侧 3m 处站成一列横队。

听到“前三名”的口令，前三名战斗员答“到”，听到“出列”的口令，答“是”，并跑至起点线处成立正姿势。

听到“准备”的口令，1、2 号员在起点做好操作准备；3 号员迅速脱下迷彩帽，放在起点线，然后跑至折返线，脚朝起点线仰卧在垫子上，充当被救者。

听到“开始”的口令，1 号员抬起单杠梯、2 号员拿起消防安全带跑至折返线垫子处将单杠梯放置在被救者身体左侧，2 号员放置消防安全带，并协助 1 号员共同打开单杠梯，检查被救者的身体情况，完毕后1、2号员使用徒手抬式救人的方法将被救者抬到单杠梯上，并使其仰卧在单杠梯上，然后使用消防安全带将被救者胸部和膝部进行固定，然后两人协力抬起单杠梯，将被救者救至起点线轻放于垫子一侧，打开消防安全带，将被救者抬至垫子上，举手示意并喊“好”。

操作要求： 救人动作要规范、正确，力度要适中；放置被救者要轻放。

成绩评定：

（1）计时从发出“开始”的口令至战斗员喊“好”为止；

（2）动作熟练，符合操作程序和要求的为合格，反之为不合格。

三、横坑救助

横坑救助是指将因沼气缺氧或其他原因处于下水道、坑道等狭窄的横坑内而造成伤害的待救者，安全、准确救出的方法。由战斗员佩戴空气呼吸器，系好保护绳，以匍匐的姿势进入坑道将待救者实施拖拉救出。

1. 注意事项

（1）实战中必须准确掌握坑道内部是否缺氧，有无有毒气体及可燃气体等情况，并针对事故的原因采取必要的安全措施后进入，确定多种安全对策。

（2）实战中为防止战斗员因恐惧感、不安全感等造成救助技术下降，尽量让两名以上战斗员进入并掌握人员进入数量。

（3）战斗员进入前要确认空气呼吸器的气瓶压力，设定作业时间后进入。

（4）确定信号联络方式，以生命呼救器或战斗员身体连接的保护绳传递信号。

（5）保护人员在保护过程中，要精力集中，绷紧保护绳，以准确传递绳索信号。

（6）退出时，为避免待救者头部撞击障碍物，应一边保护一边救出。

2. 横坑救助操

训练目的： 使战斗员熟练掌握利用空气呼吸器、绳索等器材进入狭窄的坑道内将待救者准确、安全救出的操作方法。

场地器材： 在平地上设置地笼1座，在距地笼11m处标出起点线，起点线前1m处标出器材线；在器材线上放置空气呼吸器1具、长绳1根（30～50m）、短绳1根（4.5m）、安全钩1个、毛巾（三角巾）1块（图7.14）。

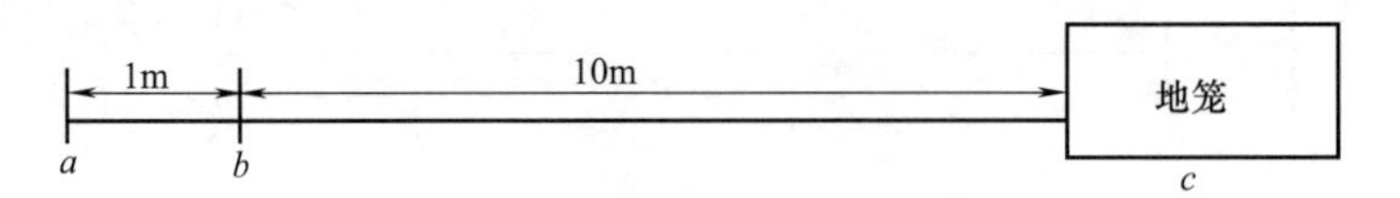

图7.14 横坑救助操场地设置

a—起点线；*b*—器材线；*c*—地笼

操作程序： 战斗班在起点线一侧3m处站成一列横队。

听到“前两名”的口令，前两名战斗员答“到”，听到“出列”的口令，答“是”，并跑至起点线处成立正姿势。

听到“准备器材”的口令，战斗员检查整理器材，完毕后返回原位，立正站好。

听到“预备——开始”的口令，1号员迅速佩戴好空气呼吸器，携带毛巾（三角巾），在坑口前做好进入准备；2号员用短绳在1号员双脚脚踝部位用卷结、半结方式进行连接，并在短绳中间部位用安全钩与长绳（长绳一端做腰结）进行连接，并握好长绳做好安全保护。听到“进入现场”的口令后，1号员用匍匐姿势进入横坑进行搜索，2号员根据情况慢放长绳进行保护；1号员搜索时身体尽量放低，行进速度不要过快，发现待救者后进行观察并对气道进行紧急处理，同时拉动长绳发出“发现待救者”的信号，2号员停止放绳；1号员对被救助者进行身体检查，解开被救助者的衣领，将其脖子上抬，使其呼吸畅通，将待救者的两臂放在其胸部，用毛巾（三角巾）将待救者双手腕用双平结捆紧，抬起手臂套在脖子上（高度以待救者的头部离开地面为宜），做好退出准备后，拉动长绳发出“退出”信号，2号员收到退出信号后，收紧长绳，并缓慢拉动绳索，1号员抓住被救者的后衣领，抬高其头部，慢慢向后移动身体拖拉被救者，与2号员配合将被救者拖拉出横坑，然后两名队员将被救者抬至安全地带，解除对被救者的缚着，卸下空气呼吸器面罩，举手示意并喊“好”。

听到“收操”的口令，两名战斗员整理器材，放于原处，立正站好。

听到“入列”的口令，战斗员答“是”然后按出列的相反顺序入列（图7.15）。

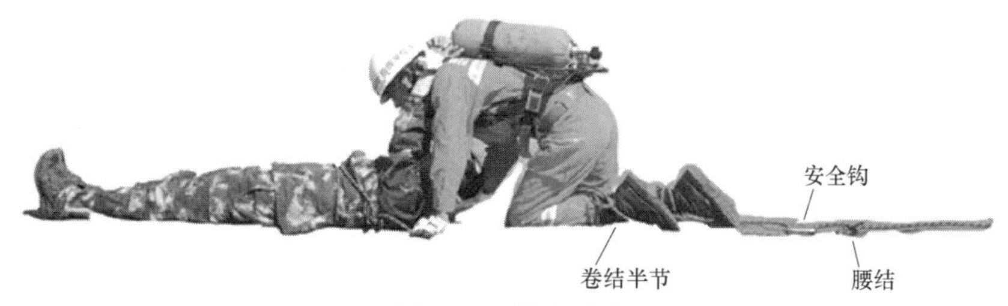

图7.15 横坑救助

操作要求：

（1）1号员佩戴空气呼吸器后，要认真检查空气呼吸器的钢瓶气压和面罩的气密性，毛巾（三角巾）要提前整理好；牢记绳索信号传递要领，注意自身的保护，发出信号要及时准确；

（2）2号员在1号员双脚脚踝部位制作卷结时松紧度要适中，保护时精力必须集中，并与1号员协同配合实施救助；

（3）1号员退出时拖拉被救者注意保护被救者的头部，注意避免二次伤害；

（4）为了克服队员在救助过程中的恐惧心理，在空间容许的情况下，应由两人组织实施救援，队员间用短绳连接，相互间应配合默契，在行进搜救中，相距不要过远，注意自身的保护，发出信号要及时准确。

成绩评定：

（1）计时从发出“开始”的口令至战斗员喊“好”为止；

（2）动作熟练，符合操作程序和要求的为合格，反之为不合格。

四、搜索救助

搜索救助是指战斗员进入浓烟区域进行安全搜索及人命救助的操作方法。进入浓烟区域实施安全搜索及实施人命救助时，要求两名战斗员同时进入，便于相互间的保护，而且必须佩带好空气呼吸器。

1. 注意事项

（1）搜索救助方法可分为直线搜索法（两名战斗员一前一后）和平行搜索法（两名战斗

员并排)。

(2) 进入战斗员应沿着壁面进行搜索,以先进入战斗员为基准,防止搜索疏漏。

(3) 进入战斗员搜索时身体重心要低,双脚前虚后实向前行进,防止踏空坠入竖坑及孔洞等。

(4) 战斗员进入前确认空气呼吸器的气瓶压力,设定作业时间后进入,实施内部搜索时,应根据空气呼吸器的空气消耗量,掌握退出的时间。

(5) 在室外的保护人员操作保护绳时,要适当绷直绳索进行保护,便于准确传达绳索信号。

(6) 绳索信号只是传达意图的一种方法,由于搜索距离以及战斗员之间的技术差别等,有时不能做到准确传递,因此依据灾害现场情况可选择使用生命呼救器、无线对讲机、扩音器以及灯光频闪等方法传递信号。

(7) 在实战中,进入搜索的起点位置,必须严格控制进入战斗员的数量。

2. 搜索救助操

训练目的: 使战斗员熟练掌握在浓烟区域内进行安全搜索及人命救助的操作方法。

场地器材: 烟热室1间,在距烟热室前6m处标出起点线,距起点线1m处为器材线,在器材线上放置空气呼吸器1具、长绳1根(30~50m)、短绳1根(4.5m)、安全钩1个。

操作程序: 战斗班在起点线一侧3m处站成一列横队(图7.16)。

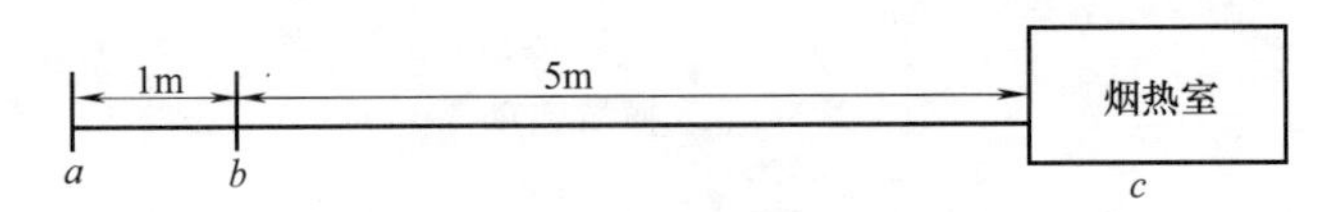

图7.16 搜索救助操场地设置

a—起点线;b—器材线;c—烟热室

听到"前三名"的口令,前三名战斗员答"到",听到"出列"的口令,答"是",并跑至起点线处成立正姿势。

听到"准备器材"的口令,战斗员检查整理器材,完毕后返回原位,立正站好。

听到"预备——开始"的口令,1号员用长绳的一端在身体上制作盘绕腰结身体结索,2号员用短绳在身体上制作盘绕腰结,将安全钩与1号员腰间绳索进行连接并锁闭安全钩,两名战斗员绳结制作完毕后,迅速佩戴好空气呼吸器,做好进入准备;3号员整理长绳并握好长绳做好安全保护准备。听到"进入现场"的口令后,1、2号员一前一后进入烟热室,俯下身体重心,行进速度不要过快,相互配合开始搜索,3号员根据情况慢放长绳进行保护;1、2号员搜索发现待救者后,2号员进行观察并对气道进行紧急处理,1号员拉动长绳发出"发现待救者"的信号,3号员停止放绳;2号员移至被救者腿部位置,1号员移至被救者头部位置对被救助者进行身体检查,解开被救助者的衣领,将其脖子上抬,使其呼吸畅通,1、2号员采用抬式救人的方法调整被救者的姿态,做好退出准备后,1号员拉动长绳发出"退出"信号,3号员收到退出信号后,收紧长绳,并缓慢拉动绳索,1、2号员用抬式救人的方法将被救者抬出(为避免退出时撞击障碍物,2号员应伸臂进行保护)现场至安全地带,卸下空气呼吸器面罩,举手示意并喊"好"。

听到"收操"的口令,两名战斗员整理器材,放于原处,立正站好。

听到"入列"的口令,战斗员答"是"然后按出列的相反顺序入列。

操作要求：

（1）1、2号员佩戴空气呼吸器后，要认真检查空气呼吸器的钢瓶气压和面罩的气密性，牢记绳索信号传递要领，发出信号要及时准确；

（2）1、2号员进入现场后要注意安全、协同配合、互帮互助互保护，发现问题及时拉绳发出信号。

成绩评定：

（1）计时从发出“开始”的口令至战斗员喊“好”为止；

（2）动作熟练，符合操作程序和要求的为合格，反之为不合格。

第二节 楼层及高空救助训练

【学习目标】

1. 熟练掌握楼层救助的训练操法，做到能指挥救助，灵活运用；
2. 基本掌握高空救援的训练方法，做到可以参与救助或提供可行性方案；
3. 熟悉绳索应用技术，支点、辅助支点、绳结的打法正确，用途明确。

一、拉梯紧急救助操

训练目的：使战斗员熟练掌握用于较低矮的楼层救助拉梯紧急救助操作方法。

场地器材：距训练塔10m处设置起点线，训练塔下方1m处设置终点；9米拉梯（或6米拉梯）1架，救助绳（20～30m）1根，垫布1块（图7.17）。

图7.17 拉梯紧急救助操场地设置

操作程序：

战斗班在起点线一侧3m处站成一列横队。

听到“前三名”时，前三名战斗员答“到”，听到“出列”的口令，答“是”，并跑至起点线处成立正姿势。

听到“准备器材”时，3号员携带30m绳，2号员携带皮手套，1号员携带垫布2块，

1、2号员在拉梯一侧，班长位于指挥位置。

听到“拉梯紧急救助，开始”的口令时，1、2号员迅速将拉梯抬至训练塔前竖梯，竖梯完毕后，1号员发出“拉梯保护”的口令，2号员听到1号员的口令后做好保护并发出“保护完毕”，1号员沿梯攀登至楼层内进行搜索，并对救助人员进行必要的身体检查；班长跟进作业，并下达救助命令；3号员在地面制作三套腰结，整理完毕，将绳圈穿过拉梯第一蹬，携带制作好的绳圈攀梯并发出“拉梯保护”的口令，2号员发出“保护完毕”，1号员将垫布垫在拉梯顶端踢蹬上，当3号员爬至拉梯顶端时，将绳圈穿过拉梯顶端的梯蹬递给1号员，进入窗口，协助1号员将三套腰结套在被救助者的身上；当班长发出“救出”开始时，1、3号员将被救助者抬至窗口，班长检查绳套；2号员拉紧绳索提升被救助者；1、3号员协力将被救助者送出窗口，并抓住梯蹬将拉梯推离窗台；2号员听到班长的“放绳”口令慢慢放绳，将被救助者放下，并将人员抬至安全地带。

听到“器材分解”的口令时，班长、1、3号员依序沿梯返回地面，下梯时需发出“拉梯保护”的口令，2号员进行拉梯保护的同时，发出“拉梯保护完毕”的口令。

听到“入列”的口令时，整理器材归队。

操作要求：

(1) 确认拉梯底部是否牢固，进行训练时要用垫布包裹拉梯的横梁部位；

(2) 在拉梯下面，用肩部立姿进行保护；

(3) 将缚着待救者的保护绳固定在拉梯的横梁上，操作保护绳时要平稳；

(4) 用绳索缚住待救者，由高处下降时要注意待救者的姿势、拉梯的稳定性以及保护程度；

(5) 不要让待救者直接着地，要用手接住并平稳地运送。

成绩评定：

(1) 计时从“开始”至队员举手示意喊“好”止。

(2) 操作时限为3分钟。

(3) 操作完全正确，程序熟悉为优秀；操作正确，程序较熟悉为良好；操作基本正确，程序基本熟悉为及格；不符合操作要求或超出操作时限为不及格。

二、拉梯搂抱救助操

训练目的：使战斗员熟练拉梯搂抱救助操，是利用拉梯将待救者从低矮楼层处运送到安全地带的简单方法。

场地器材：距训练塔10m处设置起点线，训练塔下方1m处设置终点；6米拉梯1架、救援手套1副（图7.18）。

操作程序：

战斗班在起点线一侧3m处站成一列横队。

听到“前三名”时，前三名战斗员答“到”，听到“出列”的口令，答“是”，并跑至起点线处成立正姿势。

听到“准备器材”时，1号员立于拉梯右后侧，2号员立于拉梯前右侧，3号员立于担架后右侧，班长位于指挥位置。

听到“拉梯搂抱救助操，开始”的口令时，1、2号员迅速将拉梯抬至训练塔前竖梯，竖梯完毕后，1号员发出“拉梯保护”的口令，2号员听到1号员的口令后做好保护并发出

(a) 方法一

(b) 方法二

(c) 方法三

图 7.18 搂抱救助方法

"保护完毕"，1 号员沿梯攀登至楼层内进行搜索，当发现待救者时，发出"发现伤者一名"，3 号员随后跟进，指挥员发出"准备救助"的口令，进至楼层内协助 1 号员对伤者进行检查，3 号员应站在待救者的下方，发出"拉梯保护"的口令，2 号员随即进行保护并发出"保护完毕"的口令，操作时，对待救者进行救助，两手一定要抱住待救者的身体，一条腿倚在待救者两腿之间；对无意识的被救者，使用方法一；对无意识、没有行动能力的待救者，使用方法二或三，以抱在怀里实施运送为好（见图 7.18）。使用这种方法辅助下降时，即使途中待救者失去意识，救助队员也可用腿膝和两臂支撑住待救者。丧失意识时，可将其放到腿膝上，进行下滑下降至地面。指挥员辅助 3 号员把待救者抬至安全区域，班长发出"拉梯保护"的口令时，2 号员做好保护，发出"保护完毕"的口令，1 号员沿梯下至地面。

听到"器材分解"的口令，分解器材，整理完毕后，放置器材线处。

听到"入列"的口令时，队员跑步入列。

操作要求：

（1）辅助待救者下降时，队员的一条腿应始终倚在待救者的两腿之间；

（2）作业时，一边对待救者发出"左"或"右"的指示信号，一边指导待救者下降；

（3）将待救者放在腿膝上时，腰部要略微后仰，以将其牢牢地抱住。

成绩评定：

（1）计时从"开始"至队员举手示意喊"好"止。

（2）操作时限为 3 分钟。

（3）操作完全正确，程序熟悉为优秀；操作正确，程序较熟悉为良好；操作基本正确，程序基本熟悉为及格；不符合操作要求或超出操作时限为不及格。

三、拉梯水平救助方法一

训练目的：使战斗员掌握拉梯救助训练的程序，在低矮楼层事故现场的救助方法的选择与应用。

场地器材：在训练塔前 10m 处标出起点线，在起点线一侧 3m 处标出集合线，距起点线 5m 处标出器材线，在器材线上放置拉梯（6 米拉梯或 9 米拉梯）1 架、担架 1 副、4m 短绳 2 根、救助绳（30～50m）2 根、救援手套 1 副、垫布 1 块（图 7.19）。

图 7.19 拉梯水平救助方法一

操作程序：

战斗班在起点线一侧 3m 处站成一列横队。

听到“前四名”时，前四名战斗员答“到”，听到“出列”的口令，答“是”，并跑至起点线处成立正姿势。

听到“准备器材”时，1 号员携带 30m 绳 1 根、手套 1 副、垫布 1 块，立于拉梯右后侧，2 号员立于拉梯前右侧，3 号员携带 4m 短绳立于担架前右侧，4 号员携带 30m 绳立于担架后右侧，班长位于指挥位置。

听到“拉梯水平救出方法——开始”的口令时，1、2 号员迅速将拉梯抬至训练塔前竖梯，竖梯完毕后，1 号员发出“拉梯保护”的口令，2 号员听到 1 号员的口令后做好保护并发出“保护完毕”，1 号员沿梯攀登至楼层内进行搜索，当发现待救者时，发出“发现伤者一名”，班长随后跟进，并发出“准备救助”的口令，进至楼层内协助 1 号员对伤者进行检查，1 号员将 30m 绳一端抛至一楼，在窗口铺好垫布；3、4 号员将担架抬至训练塔前放于适当位置后，3 号员发出“拉梯保护”的口令，2 号员随即进行保护并发出“保护完毕”的口令，3 号员沿拉梯攀登至楼层内，协助班长和 1 号员；4 号员将携带的长绳一端用腰结捆绑担架，将 1 号员抛下的长绳用腰结捆绑在担架另一端上，捆绑完毕发出“担架制作完毕”；班长下达“吊升担架”的口令；1、3 号员在楼层内吊升担架，4 号员在一楼握紧绳索，1、3 号员将担架吊升至伤员所在楼层内，解开担架一端绳索，将伤者固定在担架上，用 2 根长绳做腰结连接在担架上（头部），将担架抬起，担架一头（脚部）靠紧拉梯，用小绳做卷结固定在拉梯的梯梁与梯蹬上；班长检查绳索是否牢固后，发出“拉梯靠墙”的口令；2 号员将拉梯底部靠近训练塔，发出“靠墙完毕”；班长发出“救出开始”的口令，1、3 号员将担架慢慢送出窗口，1 号员用腰部保护在班长“放绳”的口令下慢慢放绳，3 号员协助；2 号员扶梯蹬或梯梁慢慢将拉梯放倒；当拉梯完全放倒后，班长喊“停”，2、4 号员解开绑着担架的绳索，将担架抬至安全地带；2 号员用长绳做腰结捆绑拉梯，协助 1、3 号员将拉梯竖起后，将梯脚复位；班长发出“拉梯保护”的口令时，2 号员做好保护，发出“保护完毕”的口令，1、3 号员、班长逐次沿梯下至地面。

听到“器材分解”的口令，分解器材，整理完毕后，放置器材线处。

听到“入列”的口令时，救助班跑步入列。

操作要求：

（1）器材检查要充分，绳索、担架不得破损；

（2）操作过程中，可充分利用地形、地物加以保护；

（3）口令下达要及时准备；

（4）担架前部（头部）要比脚部略高；

（5）操作中注意安全。

成绩评定：

（1）计时从“开始”至队员举手示意喊“好”为止。

（2）操作时限为 5min。

（3）操作完全正确，程序熟悉为优秀；操作正确，程序较熟悉为良好；操作基本正确，程序基本熟悉为及格；不符合操作要求或超出操作时限为不及格。

四、拉梯水平救助方法二

训练目的： 使战斗员掌握拉梯救助训练的程序，在低矮楼层事故现场的救助方法的选择与应用。

场地器材： 在训练塔前 10m 处标出起点线，在起点线一侧 3m 处标出集合线，距起点线 5m 处标出器材线，在器材线上放置拉梯（6 米拉梯或 9 米拉梯）1 架、担架 1 副、4m 短绳 4 根、救助绳（30～50m）2 根、救援手套 1 副、垫布 1 块（图 7.20）。

图 7.20 拉梯水平救助方法二

操作程序：

战斗班在起点线一侧 3m 处站成一列横队。

听到“前四名”时，前四名战斗员答“到”，听到“出列”的口令，答“是”，并跑至起点线处成立正姿势。

听到“准备器材”时，1 号员立于拉梯右后侧，2 号员携带 30m 绳 1 根、手套 1 副立于拉梯前右侧，3 号员携带 4m 短绳 2 根、15m 救助绳 1 根立于担架前右侧，4 号员携带安全钩 6 个、4m 短绳 2 根立于担架后右侧，班长位于指挥位置。

听到拉梯水平救出方法二“开始”的口令时，1、2 号员迅速将拉梯抬至训练塔前竖梯，竖梯完毕后，1 号员发出“拉梯保护”的口令，2 号员听到 1 号员的口令后做好保护并发出“保护完毕”，1 号员沿梯攀登至楼层内进行搜索，当发现待救者时，发出“发现伤者 1 名”，班长随后跟进，并发出“准备救助”的口令，进至楼层内协助 1 号员对伤者进行检查；2 号员将 30m 救助绳整理成“之”字形，在一端绳头做腰结；3、4 号员将担架抬至训练塔适当位置，分别用 4m 短绳制作担架（3 号员将 4m 短绳对折，置于担架头部，取担架 1/3 长度，单膝压绳，在担架头部两侧做卷结，打半结加固，用 15m 绳在担架头部做卷结，在绳索对折处打双股单结；4 号员将 4m 短绳对折，置于担架脚部，取担架 2/3 长度，在担架脚部两侧做卷结，打半结加固，在绳索对折处打双股单结，连接安全钩），3 号员将 30m 绳一端绕过拉梯底部梯蹬后，固定在腰部，发出“拉梯保护”的口令，逐级攀登至二楼，单腿骑在梯蹬上，将绳索从拉梯顶部梯蹬下放至一楼后，进入窗内；2、4号员连接安全钩；班长发出“吊升担架”的口令；1、3号员将拉梯推离窗口，2号员戴好手套将担架吊起，3号员握紧担架头部绳索防止担架打转碰撞，当担架靠近窗口时，将担架拖至楼层内；1、3号员将伤员固定在担架上，将担架抬至窗口，班长检查绳索连接状况，确认安全后，发出“救出开始”的口令，2、4号员做好准备，1、3号员先将担架头部送出窗口，待担架全部出窗时，1、3号员将拉梯推离窗口，班长发出“放绳”的口令，2号员用肩部保护慢慢放绳，4号员拉紧15m绳，防止担架打转碰撞，当担架到达地面后，将担架抬至安全地带；当班长发出“拉梯保护”的口令时，2号员做好保护，并发出“保护完毕”的口令，1、3号员、班长逐次沿梯下至地面。

当班长下达“器材分解”的口令，分解器材，整理完毕后，放置器材线处。

听到“入列”的口令时，队员跑步入列。

操作要求：

（1）器材检查要充分，绳索、担架不得破损；

（2）操作过程中，可充分利用地形、地物加以保护；

（3）口令下达要及时准备；

（4）担架前部（头部）要比脚部略高；

（5）操作中注意安全。

成绩评定

（1）计时从“开始”至队员举手示意喊“好”止。

（2）操作时限为5分钟。

（3）操作完全正确，程序熟悉为优秀；操作正确，程序较熟悉为良好；操作基本正确，程序基本熟悉为及格；不符合操作要求或超出操作时限为不及格。

五、拉梯吊升救助操

图7.21　拉梯吊升救助操场地设置

训练目的：使战斗员掌握利用拉梯和绳索吊升救人的方法。

场地器材：在训练塔前11m处标出起点线，距起点线1m处标出器材线，器材线上放置二节拉梯1把（6m），全身吊带、半身吊带各1副，4m绳2根，长30m的救助绳3根，滑轮3个。训练塔前放置软垫1块，设被困人员、辅助人员各1名（图7.21）。

操作程序：

战斗班在起点线一侧3m处站成一列横队。

听到“前四名”时，前四名战斗员答“到”，听到“出列”的口令，答“是”，并跑至起点线处成立正姿势。

听到“准备”的口令，队员按各自分工检查器材，做好操作准备。

听到“开始”的口令，1、2号员携带二节拉梯、30m救助绳2根至训练塔二层，各取30m救助绳1根，分别固定在梯首（2～3档之间）的梯蹬上，待收到架梯信号后，使梯身与窗台平面成60°～70°夹角，并固定绳索，做好保护。

3号员携带4m绳2根、滑轮3个、D型环2个、30m救助绳1根至训练塔二层，利用4m绳分别在拉梯上部和底部制作支点，并用D型环将滑轮固定在支点上，将30m救助绳一端依次穿过底部、上部滑轮，再将绳头穿过第3个滑轮，固定在拉梯上部第1档，形成动滑轮。待4号员准备完毕后，发出架梯信号、并与4号员协同将假人伸出窗口，待1、2号员将梯身拉至指定幅度后，双脚踩住梯脚，做好腰部保护准备，发出下降信号，当4号员下降时，利用腰部保护法缓慢放绳，收到停止信号后，拉紧绳索并制动，收到吊升信号，在辅助人员的协助下缓慢收绳，先后将假人和4号员拉至二层平台。

4号员携带全身吊带1副、半身吊带1副、D型环1个至训练塔二层，穿好全身吊带，用D型环将全身吊带和动滑轮连接，携带半身吊带，做好下降准备，待收到下降信号后，开始下降，到达假人处时，发出停止信号，为假人穿好半身吊带并连接救助绳后，发出吊升信号，待被救者与自身先后被拉至二层平台后，举手示意喊“好”。

听到“收操”的口令，队员将器材复位。

听到“入列”的口令，队员跑步入列。

操作要求：

（1）队员按实战要求着装，做好个人防护；

（2）梯身不得借助窗台作支点，固定在拉梯上部的2根救助绳必须均衡受力；

（3）吊升时保持动作平稳，缓慢提升。

成绩评定：

（1）计时从“开始”至队员举手示意喊“好”止。

（2）操作时限为10分钟。

（3）操作完全正确，程序熟悉为优秀；操作正确，程序较熟悉为良好；操作基本正确，程序基本熟悉为及格；不符合操作要求或超出操作时限为不及格。

六、一点吊担架水平救助操

训练目的：使战斗员掌握将被困在高处的待救者绑缚在担架上，在保持水平状态的情况下将其运送到安全地带的方法。

场地器材：训练塔前10m作为起点线也是终点线；担架1副，绳索2根（30～50m、15m），小绳4根（4m），安全钩8个，绳索保护布2块，滑轮1个（图7.22）。

操作程序：

战斗班在起点线一侧3m处站成一列横队。

图7.22 一点吊担架水平救助操

听到“前四名”时，前四名战斗员答“到”，听到“出列”的口令，答“是”，并跑至起点线处成立正姿势。

听到“开始”的口令，班长、1、2号员携带绳索及绳索保护布进入训练塔搜索待救者，并发出救助信号，1、2号员分别在四楼和三楼制作支点和保护支点，用15m绳做腰结从四楼窗口放至三楼窗口后（注意绳索长度，以三楼窗口顶端为宜），跑到三楼挂好滑轮，并在三楼制作支点，挂好安全钩，将长绳穿过安全钩和滑轮，在确认下方安全后，将绳索放至一楼；3、4号员用小绳制作担架，将诱导绳一端分别连接在担架两端，并连接1号员放下的绳索；2号员在班长的指挥下吊升担架，3、4号员拉诱导绳；当担架调升至三楼窗口后，班长、1号员将担架拉入窗口，将被救助者放在担架上，用皮带固定后抬至窗口；2号员在班长指挥下放绳，3、4号员拉紧诱导绳将担架放至一楼后，迅速将担架抬至安全地带。

听到“收操”的口令，队员将器材复位。

听到“入列”的口令，队员跑步入列。

操作要求：

(1) 用两根小绳在担架的两端，分别用卷结、半结法连接；

(2) 在小绳的中心部位打成单结，用安全钩将两端连在一起，并将保护绳（两根）用腰结和半结法连接在安全钩上；

(3) 指挥员一边注意担架状态，一边向保护队员指示放松绳索，使担架缓缓下降，注意不要强拉诱导绳；

(4) 设置担架时，应掌握好间隙，以免下降时撞到壁面；

(5) 被救者头部位置应比脚部略高一些；

(6) 根据实施场所的情况，队员要采取自我保护措施；

(7) 尽可能设定保护绳的支撑点；

(8) 把握保护绳的延长伸展状况。

成绩评定：

(1) 计时从“开始”至队员举手示意喊“好”为止。

(2) 操作时限为5分钟。

(3) 操作完全正确，程序熟悉为优秀；操作正确，程序较熟悉为良好；操作基本正确，程序基本熟悉为及格；不符合操作要求或超出操作时限为不及格。

七、桥梁斜下救助操

训练目的：使参训战斗员基本掌握桥梁斜下救助的操作程序。

场地器材：在平地上距训练塔40m处标出起点线，起点线一侧3m处标出集合线，距起点线5m处为器材线，起点线上放置消防车1辆、担架1副、100m绳索1根、30m绳索2根、10m绳索2根、4m短绳5根、活动滑轮2个、垫布2块、钢管1节、手套5双（图7.23）。

操作程序：

战斗班在起点线一侧3m处站成一列横队。

听到“前5名出列”的口令，前5名战斗员行进至起点线成立正姿势。

听到“准备器材”的口令，战斗员做好器材准备。

听到“预备”的口令，战斗员做好操作准备。

听到“开始”的口令，1号员携100m长绳和2根10m短绳及1个安全钩，2号员携30m长绳和滑轮2个、安全钩5个随指挥员上至救助楼层的上一层制作支点。1号员用100m长绳用双绕双节方法在楼梯护栏上或固定物上制作第一支点和第二支点，用10m短绳和安全钩制作保护支点挂在长绳上，然后将长绳抛向地面，用于连接消防车；2号员用2根30m长绳分别系在担架两端用作保护绳和引导绳，并负责在长绳上设置滑轮、安全钩各2

个，然后挂好担架；3、4号员分别用4m短绳和安全钩用卷结、半结和单结的方法制作担架，先在担架两端用卷结、半结和单结缚着担架，然后用1根短绳连接两端短绳，担架制作好以后，由3号员负责运送担架至救助楼层（或者用30m长绳直接吊升担架至救助楼层），4号员用1号员抛至地面的100m长绳用蝴蝶结方法连接消防车，并用铁管插入蝴蝶结，然后固定绳索并处理余长；5号员（驾驶员）启动消防车绷紧100m长绳；4、5号员用2根4m短绳用双活扣连接的方法在100m长绳上制作支点保护。当指挥员下达搬送担架的口令时，1、2、3号员将担架搬送至窗台，并将挂钩挂在滑轮上，指挥员在检查绳索确保牢固后，下达“救助下降，做好安全保护”的口令，1、2、3号员握住保护绳，下方队员握住诱导绳和支点保护绳缓缓下降担架，当担架接近地面时，4、5号员和辅助队员接住担架，当指挥员下达“将待救者搬送至安全地带”的口令时，4、5号员和辅助队员将担架抬至安全地带，当指挥员下达“分解收操”的口令时，迅速将担架和绳索等器材分解开。

图7.23 桥梁斜下救助操

听到“收操”的口令，队员将器材复位。

听到“入列”的口令，队员跑步入列。

操作要求：

（1）下降时，平稳操作保护绳，速度不要过快，接近下端时更要缓慢进行；

（2）悬挂担架时，头部要朝上方；

（3）倾斜度较大时，在保护绳上取一支点加以保护；

（4）整理好保护绳，顺利地送出担架；做好安全保护，确保救助安全；

（5）训练前必须充分做好活动准备，并搞好安全防护工作，严防训练事故的发生。

成绩评定：

（1）计时从“开始”至队员举手示意喊“好”为止。

（2）操作时限为8分钟。

（3）操作完全正确，程序熟悉为优秀；操作正确，程序较熟悉为良好；操作基本正确，程序基本熟悉为及格；不符合操作要求或超出操作时限为不及格。

八、坐席式救助操

训练目的：使战斗员掌握坐席式救助人员的方法。

场地设置：在训练塔3层平台标出起点线，距起点线1m处标出器材线。器材线上放置长30m的救助绳3根、滑轮1个、D型环1个、8字环1个、4m绳2根、全身吊带1副、10m的救助绳1根。训练塔前放置软垫1块，设被困人员、辅助人员各1名。

操作程序：

队员在起点线一侧3m处站成一列横队。

听到“前3名出列”的口令，前3名战斗员答“是”，并跑至起点线立正站好。

听到“准备”的口令，队员按各自分工检查器材，做好操作准备。

听到“开始”的口令，1号员携带30m救助绳、10m救助绳、4m绳各1根至训练塔4层，将30m救助绳一端固定在2处固定物上制作支点，另一端缓慢下放至地面；用10m救助绳制作吊升固定支点并下放至3层适当位置，完毕后至训练塔3层，协助3号员拉绳，共同将被困人员救至训练塔3层平台。

2号员携带30m救助绳1根，8字环、D型环各1个至训练塔3层，利用“坐席悬垂”的方式下降至地面，3号员下放半身吊带后，将其穿于被困人员身上并连接救助绳，发出“吊升”指令，并负责牵引救助绳，防止被困人员碰撞壁面。

3号员携带4m绳、30m救助绳各1根，滑轮、D型环各1个至训练塔号层，用D型环在第1名下放的支点上固定一个定滑轮后，将30m救助绳一端穿过滑轮，连接半身吊带，下放至被困人员处，用4m绳在救助绳适当位置制作活扣连接作为保护点，并固定在固定物上，听到“吊升”的指令后，在1号员的协助下共同拉绳（辅助人员调整活扣连接），将被困人员吊升至3层平台后，举手示意喊“好”。

听到“收操”的口令，队员将器材复位。

听到“入列”的口令，队员跑步入列。

操作要求：

（1）队员按实战要求着装，做好个人防护；

（2）制作支点要牢靠，绳索与窗台接触部位要使用护绳套；

（3）上升或下降过程中，动作要缓慢，防止撞击。

成绩评定：

（1）计时从“开始”至队员举手示意喊“好”为止。

（2）操作时限为15分钟。

（3）操作完全正确，程序熟悉为优秀；操作正确，程序较熟悉为良好；操作基本正确，程序基本熟悉为及格；不符合操作要求或超出操作时限为不及格。

九、绳索救助技术操

训练目的：使参训战斗员掌握绳索救助技术操救助人员的方法。

场地器材：

（1）预设器材

1号窗口：攀登悬垂线2条（20m螺旋绳4根），保护绳2组（30m螺旋绳2根），保护绳支点2个（滑轮2个、O型安全钩2个、4.5m小绳2根）。

2号窗口：下降悬垂线1条（20m螺旋绳2根），救助用绳1条（30m螺旋绳2根），动滑轮1组（4.5m小绳2根、O型安全钩5个、滑轮2个）。

（2）携带器材　2类安全吊带（半身缚带）4套、3类安全吊带（全身缚带）1套，4.5m小绳3根、O型安全钩6个、滑轮2个、螺旋救助绳4根（10m、20m各2根）。

在训练塔前10m处标出起点线。在训练塔3楼2号窗口利用2根螺旋救助绳设置悬垂线1条（长20m），并另设动滑轮组（含长30m螺旋绳2根，4.5m小绳2根，安全钩5个，滑轮2个。其中用小绳制作的2个支点上分别挂2个安全钩，动滑轮上挂1个安全钩）；在救助区设被救人员1名（体重不低于50kg），在训练塔底部设制动区（长2.2m，宽30cm，下沿距地面1m）。

操作程序：

4名战斗员着抢险救援服全套，佩戴2类安全吊带（半身缚带），携带螺旋绳4根（10m绳2根，20m绳2根）、3类安全吊带1套（全身缚带，被救者使用）、4.5m小绳3根，安全钩6个，滑轮2个。在起点线一侧站成一列横队。

听到"开始"口令后，1、2号员连接好保护绳，利用预先设置的2根螺旋救助绳徒手攀登上三楼，进入1号窗口，并利用携带的器材（4.5m小绳2根，安全钩4个，滑轮2个，20m绳2根）设置保护绳，协助楼下的3、4号员攀升上3楼，进入1号窗口；1、2号员携带器材利用坐席悬垂从2号窗口下降到地面，跑步至被救者处，利用徒手抬人方法将伤者抬至训练塔下，用3类安全吊带（全身缚带）将伤者缚牢，接连上引导绳；2号员利用绳索在楼上3、4号员的配合下上至3楼2号窗口，1号员楼下保护，将被救者吊升至3楼2号窗口，进入窗内；地面1号员攀上3楼进入2号窗口喊"好"。

听到"收操"的口令，队员将器材复位。

听到"入列"的口令，队员跑步入列。

操作要求：

(1) 在训练塔上要注意个人防护，在制作支点时，必须有短绳连接保护，否则停止操作，救助失败；

(2) 利用安全绳攀登训练塔时，1、2号员只能攀绳登楼，不得借助攀登设备，待所有队员全部上到3楼后方可进行下降作业；

(3) 所有救助器材必须由消防员自己携带至操作区，不得事先放置，行进过程中携带的器材装备掉落后必须拾起。

成绩评定：

(1) 计时从"开始"至队员举手示意喊"好"为止。

(2) 操作时限为5分钟。

(3) 操作完全正确，程序熟悉为优秀；操作正确，程序较熟悉为良好；操作基本正确，程序基本熟悉为及格；不符合操作要求或超出操作时限为不及格。

十、高空救人操方法一

训练目的：使战斗员掌握利用绳索悬垂救人的操作程序和方法。

场地器材：在训练塔前标出起点线、器材线，器材线放置50m救援绳2根，20m保护绳1根，4m小绳4根，O型安全钩3个，救援手套3双，全身安全吊带1套，半身安全吊带2套，5楼设置1名被困人员（图7.24）。

操作程序：

战斗员（班长，1、2、3号员）在起点线站成一列。

听到"预备"的口令，参训人员做好操作准备。

听到"开始"的口令，班长负责指挥；1、2号员携带2根50m救援绳、20m保护绳登至六楼，分别制作两个保护支点，完毕后到5楼搜索被困人员；1、2号员协同为被困人员穿戴半身安全吊带，1号员穿戴全身安全吊带，2号员协助1号员将被困人员固定在1号员腹部，用安全钩保险，用20m保护绳作为牵引绳；下降时，2号员检查绳索和器材，确定

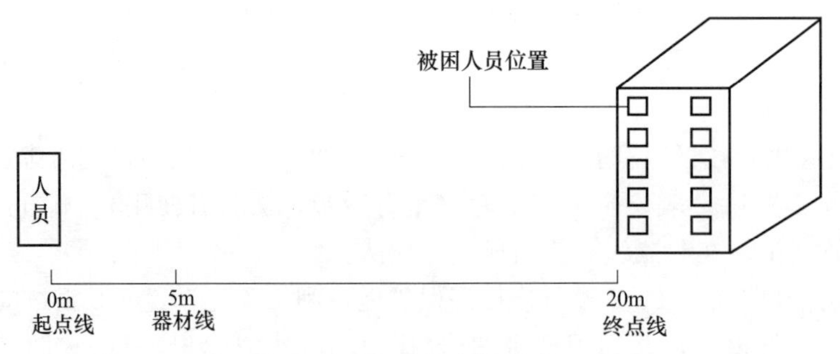

图 7.24　高空救人操方法一

安全的情况下，放松制动，按要领缓慢下降，在距地面约 1m 处制动停止；3 号员协助 1 号员解除 1 号员和被困人员身上的绳索、安全吊带，使被困人员安全着地并转移至安全地带；2 号员穿戴半身安全吊带，按照下降动作要领，下降至地面解除绳索，返回起点线后，班长举手示意喊“好”。

听到“收操”的口令，战斗员将器材复位。

听到“入列”的口令，战斗员整队跑步入列。

操作要求：

(1) 战斗员穿戴全套抢险救援服（头盔、腰带、手套、靴子），并携带通信器材；

(2) 操作前要对携带的器材进行认真检查；

(3) 战斗员在救助平台作业时，必须连接安全保护绳；

(4) 下降时，除双脚以外，身体任何部位不得接触墙面；

(5) 安全钩必须由上往下钩。

成绩评定

(1) 计时从“开始”至队员举手示意喊“好”为止。

(2) 操作时限为 5 分钟。

(3) 操作完全正确，程序熟悉为优秀；操作正确，程序较熟悉为良好；操作基本正确，程序基本熟悉为及格；不符合操作要求或超出操作时限为不及格。

十一、高空救人操方法二

训练目的：使战斗员掌握倾斜拉绳滑降救人的操作程序和方法。

场地器材：在训练塔前标出起点线，起点线处停放 1 辆牵引消防车，配备 100m 救援绳 2 根、保护绳 2 根、4m 绳 2 根、安全钩 2 个、滑轮 1 个、全身安全吊带 1 副，训练塔 4 层窗口设置 1 名被困人员（图 7.25）。

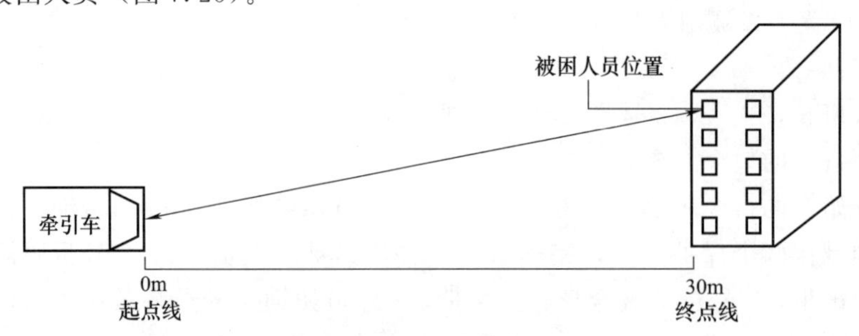

图 7.25　高空救人操方法二

操作程序：

战斗员（班长，驾驶员，1、2、3、4、5号员）登车。

听到“预备”的口令，参训人员做好操作准备。

听到“开始”的口令，班长负责指挥1号员携带100m救援绳2根、保护绳1根、滑轮1个登至救助楼层，用救援绳制作两个支点（用救援绳做支点后将滑轮放置在救援绳上），然后利用保护绳制作第三个支点，制作完毕之后，将1根救援绳的另一端放到1楼；2号员携带保护绳1根、4m绳2根，3号员携带全身安全吊带1副、安全钩2个登至救助楼层。两人相互配合，为被困人员穿戴全身安全吊带，并加以固定；同时设置全身安全吊带保护绳。4、5号员接到1号员放下的救援绳后，将绳拉紧固定在抢险救援消防车支点上；2、3号员将被困人员抬上窗台，将全身安全吊带固定在滑轮上，1号员在滑轮上利用另1根100m救援绳带制作牵引绳并缠绕腰间，三人相互配合，使被困人员缓慢向下移动；被困人员到达地面，1号员收紧牵引绳制动4、5号员将被困人员平稳卸下，转移至安全地带后，班长举手示意喊“好”。

听到“收操”的口令，战斗员将器材复位。

听到“入列”的口令，战斗员整队跑步入列。

操作要求：

(1) 战斗员穿戴全套抢险救援服（头盔、腰带、手套靴子），并携带通信器材；

(2) 操作前要对携带的器材进行认真检查；

(3) 战斗员在救助平台作业时，必须连接安全保护绳；

(4) 救援绳、安全绳支点必须准确牢固；

(5) 下降速度要保持平稳。

成绩评定：

(1) 计时从“开始”至队员举手示意喊“好”为止。

(2) 操作时限为10分钟。

(3) 操作完全正确，程序熟悉为优秀；操作正确，程序较熟悉为良好；操作基本正确，程序基本熟悉为及格；不符合操作要求或超出操作时限为不及格。

十二、高空救人操方法三

训练目的： 通过训练，使战斗员掌握登高平台消防车升高救人的操作程序和方法。

场地器材： 在训练塔或模拟训练楼前的场地上标出起点线，在起点线处停放1台登高平台消防车，车头与起点线长相齐，在登高平台升梯额定高度处的窗口站1名被困人员（图7.26）。

图7.26 高空救人操方法三

操作程序：

战斗员（班长，驾驶员，1、2、3、4号员）登车就位。

听到“预备”的口令，战斗员做好操作准备。

听到“开始”的口令，班长负责指挥；3、4号员在消防车两侧固定垫板后，取出担架待命；驾驶员启动车辆，操作支撑架调整平衡，待工作斗降至地面；1、2号员携带躯体固定气囊、简易破拆工具、逃生面罩等器材进入工作斗，驾驶员升梯至被救人员位置，救出被困人员降梯至地面，3、4号员将被困人员抬至起点线处时，班长举手示意喊“好”。

听到“收操”的口令，战斗员将器材复位。

听到“入列”的口令，战斗员整队跑步入列。

操作要求：

(1) 战斗员穿戴全套抢险救援服（头盔、腰带、手套、靴子），并携带通信器材；

(2) 支腿、工作中保险措施到位；

(3) 登高平台消防车停放要平稳，升梯时速度要均匀；

(4) 工作中载荷不得超过额定重量；

(5) 必须稳定被困人员情绪。

成绩评定：

(1) 计时从“开始”至队员举手示意喊“好”为止。

(2) 操作时限为20分钟。

(3) 操作完全正确，程序熟悉为优秀；操作正确，程序较熟悉为良好；操作基本正确，程序基本熟悉为及格；不符合操作要求或超出操作时限为不及格。

十三、高空救人操方法四

训练目的：使战斗员掌握云梯消防车起梯救人的操作程序和方法。

场地器材：在训练塔或模拟训练楼前的训练场地上标出起点线，起点线处停放1辆云梯消防车车头与起点线相齐，在云梯消防车升梯额定高度处的窗口站1名被困人员（图7.27）。

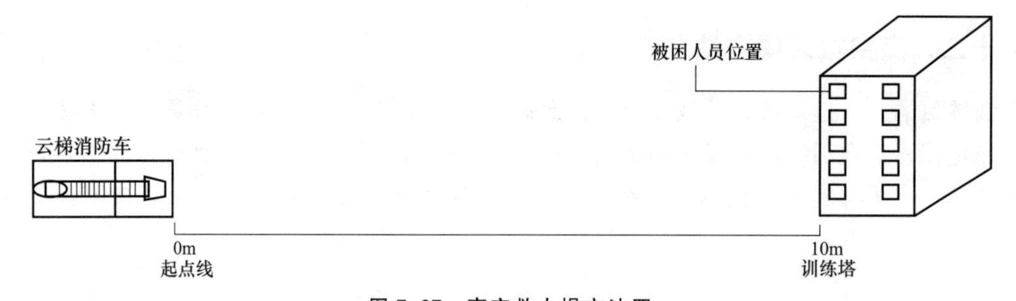

图7.27　高空救人操方法四

操作程序：

战斗员（班长，驾驶员，1、2、3、4号员）登车就位。

听到“预备”的口令，战斗员做好操作准备。

听到“开始”的口令，班长负责指挥；3、4号员在消防车两侧固定垫板后，取出担架待命；驾驶员启动车辆，操作支撑架调整平衡，操作云梯升梯后，将升降斗降至接近地面；

1、2号员携带躯体固定气囊、简易破拆工具、逃生面罩等器材进入升降斗；驾驶员操作升降斗至被困人员位置，救出被困人员降至地面，3、4号员将被困人员抬至起点线处时，班长举手示意喊“好”。

听到“收操”的口令，战斗员将器材复位。

听到“入列”的口令，战斗员整队跑步入列。

操作要求：

（1）参训人员穿戴全套抢险救援服（头盔、腰带、手套、靴子），并携带通信器材；

（2）支腿、工作中保险措施到位；

（3）云梯消防车停放要平稳，升梯时速度要均匀；

（4）升降中载荷不得超过额定重量；

（5）必须稳定被困人员情绪。

成绩评定：

（1）计时从“开始”至队员举手示意喊“好”为止。

（2）操作时限为20分钟。

（3）操作完全正确，程序熟悉为优秀；操作正确，程序较熟悉为良好；操作基本正确，程序基本熟悉为及格；不符合操作要求或超出操作时限为不及格。

十四、摘除蜂窝操

训练目的：使战斗员掌握利用袋装法摘除马蜂窝的操作程序和方法。

场地器材：在训练塔前的场地上标出起点线，器材线处停放1辆装备齐全的水罐消防车，并配备防蜂服5套、摘蜂袋1个、消防梯1架、救援绳2根、喷雾器1个、杀虫剂1瓶，训练塔二层窗檐下设置模拟蜂窝1个（图7.28）。

图7.28 摘除蜂窝操

操作程序：

战斗员（班长，驾驶员，1、2、3、4号员）登车就位。

听到“开始”的口令，班长负责组织指挥；1、2号员携带喷雾器、杀虫剂、摘蜂袋至训练塔下进行侦察后，1号员利用喷雾器对蜂窝周围散蜂进行灭杀，2号员利用摘蜂袋做好准备；3、4号员携带救援绳，卸下消防梯扛至训练塔前，架设在2楼有利位置，并固定救援绳进行保护；2号员用救援绳保护后，攀登消防梯接近蜂窝，用摘蜂袋套住蜂窝；摘除完毕后，班长举手示意喊“好”。

听到“收操”的口令，战斗员将器材复位。

听到“入列”的口令，战斗员整队跑步入列。

操作要求：

(1) 参训人员穿戴防蜂服或轻型防化服，手脚和面部进行全封闭防护，并携带通信工具；

(2) 蜂窝位置较高时，提高安全防护等级；

(3) 要查明蜂窝位置、距地面高度、窝径大小、蜂群出入等情况；

(4) 摘蜂袋由下至上套住蜂窝摘除，或扎紧袋口后用刀具切断蜂窝与物体粘合部；

(5) 现场警戒由其他班协同进行；

(6) 携带必要的解毒药品，一旦被蜂蜇伤迅速抹涂。

成绩评定：

(1) 计时从“开始”至队员举手示意喊“好”为止。

(2) 操作时限为 5 分钟。

(3) 操作完全正确，程序熟悉为优秀；操作正确，程序较熟悉为良好；操作基本正确，程序基本熟悉为及格；不符合操作要求或超出操作时限为不及格。

十五、电塔人员救助操

训练目的：使战斗员掌握救助电塔被困人员的方法。

场地器材：距训练塔 11m 处标出起点线，距起点线 1m 处标出器材线，器材线上放置电绝缘服 3 套，电绝缘靴 3 双，电绝缘手套 3 副，漏电探测棒 1 根，长 30m 的救助绳 1 根，安全腰带 1 根，D 型环 2 个，滑轮 1 个。训练塔上预设 6 米拉梯 1 把（9m）并展开至三层，一节拉梯上端吊挂假人 1 具（图 7.29）。

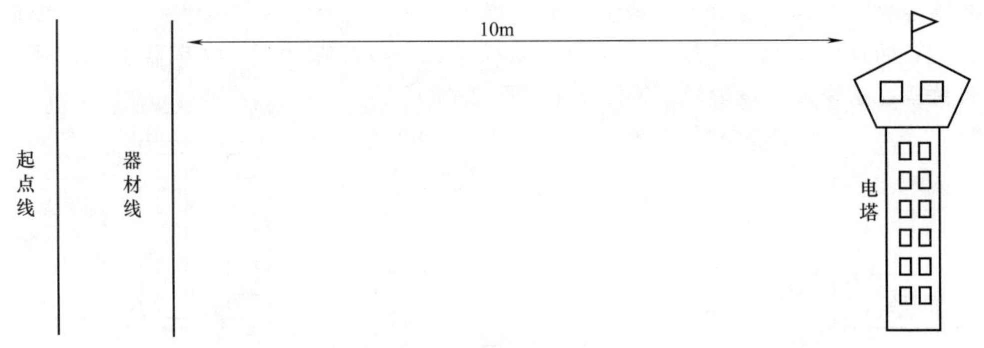

图 7.29　电塔人员救助操

操作程序：

战斗员在起点线一侧 3m 处站成一列横队。

听到“前 3 名出列”的口令，前三名战斗员答“是”，并跑至起点线立正站好。

听到“准备”的口令，队员按各自分工检查器材，做好操作准备。

听到“开始”的口令，1 号员携带漏电探测棒 1 根，沿两节拉梯至被救者下方 1m 处，用漏电探测棒检查附近有无漏电情况，确认安全后下至地面并告知 3 号员，协助 2 号员控制救助绳将被救者下放至地面。

2 号员携带 30m 救助绳 1 根，取绳索一端系于 3 号员腰间后，在 1 号员协助下控制救助绳，待 3 号员将绳索系于被救者身上后，在 3 号员指挥下，将被救者吊升至适当距离，配合 3 号员将被救者小腿从梯磴抽出后，将被救者缓慢下放至地面。

3 号员携带安全腰带 1 根，D 型环 2 个、滑轮 1 个，至二节拉梯下方，待 2 号员将安全绳系于腰间，并在1号员检测确认安全后，攀登二节拉梯至被救者上方，利用D型环将滑轮固定于梯蹬上，解下腰间救助绳，穿过滑轮并制作腰结与D型环和安全腰带连接，并将腰带系于被救者腰间，示意1、2号员适当吊升被救者，将被救者腿部抽出后，由1、2号员将其下放至地面后，举手示意喊“好”。

听到“收操”的口令，战斗员将器材复位。

听到“入列”的口令，战斗员队员跑步入列。

操作要求：

（1）战斗员按实战要求着装，做好个人防护；

（2）制作支点必须牢固，下放时速度要缓慢；

（3）应通知供电部门断电后，才能开展救助行动；

（4）实战中，根据现场情况可利用举高车实施救援。

成绩评定：

（1）计时从“开始”至队员举手示意喊“好”为止。

（2）操作时限为10分钟。

（3）操作完全正确，程序熟悉为优秀；操作正确，程序较熟悉为良好；操作基本正确，程序基本熟悉为及格；不符合操作要求或超出操作时限为不及格。

十六、擦窗机人员救助操

训练目的：使战斗员掌握救助擦窗机内被困人员的方法。

场地器材：选择一座有擦窗机的高层建筑，擦窗机停在任一高度，在擦窗机正上方最靠近楼层的适当位置标出起点线，距起点线1m处标出器材线，器材线上放置全身吊带2副，长20m的救助绳1根，长30m的救助绳2根，滑轮1个，手式上升器1只，D型环若干，擦窗机上设假人1具（图7.30）。

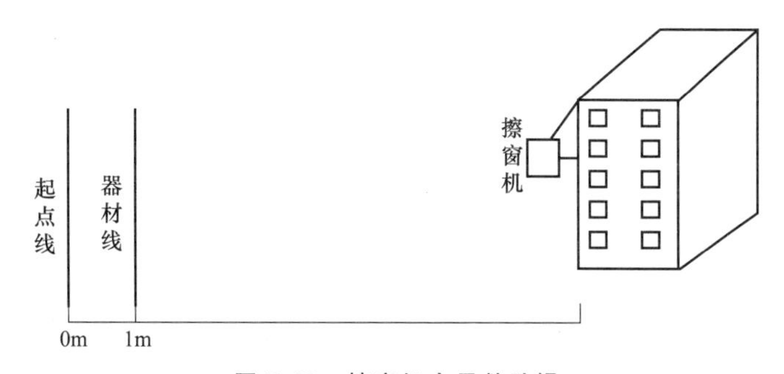

图7.30 擦窗机人员救助操

操作程序：

战斗员在起点线一侧3m处站成一列横队。

听到“前3名出列”的口令，前三名战斗员答“是”，并跑至起点线立正站好。

听到“准备”的口令，战斗员按各自分工检查器材，做好操作准备。

听到“开始”的口令，1号员携带20m救助绳1根，将救助绳用卷结（或双绕双结）分别在两处固定物上制作坐席悬垂固定支点和吊升固定支点后，协同2号员拉绳。

2号员携带30m救助绳1根、D型环2个、手式上升器1只、滑轮1个，利用D型环将滑轮固定在1号员制作的吊升固定支点上，并将救助绳一端穿过滑轮制作腰结，与D型环连接并固定于第3名穿着的安全吊带上实施保护，待3号员降至擦窗机后，在救助绳上安装手式上升器，做好吊升准备，待收到3号员“吊升”指令后，协同1号员先后将被救者与3号员吊升至救援层。

3号员携带30m救助绳1根和全身吊带2副，穿戴好1副全身吊带，待1号员做好固定支点后，将30m救助绳一端分别系在1号员制作的坐席悬垂固定支点和吊升固定支点上，另一端抛至擦窗机，待2号员将救助绳固定于腰部后，用坐席悬垂的方法下降至擦窗机上，将另1副安全吊带穿于被救者身上后，卸下保护的绳索，连接于被救者的安全吊带，示意第1、2号员“吊升”，待被救者与自身先后被拉至救援楼层后，举手示意喊“好”。

听到“收操”的口令，战斗员将器材复位。

听到“入列”的口令，战斗员跑步入列。

操作要求：

（1）队员按实战要求着装，做好个人防护；

（2）绳索与楼层或窗台接触处应使用护绳套；

（3）救援距离过长时，应使用手持电台联络。

成绩评定：

（1）计时从“开始”至队员举手示意喊“好”为止。

（2）操作时限为15分钟。

（3）操作完全正确，程序熟悉为优秀；操作正确，程序较熟悉为良好；操作基本正确，程序基本熟悉为及格；不符合操作要求或超出操作时限为不及格。

十七、缆车救助操

训练目的：使学员掌握救助缆车内被困人员的方法。

场地器材：选择有缆车的景点一处，距事故缆车厢最近端的钢索支架基部标出起点线，起点线上放置长50m和100m的救助绳各2根，4m救助绳4根，D型环2个，破拆工具1件。事故缆车厢内设被困人员2名（图7.31）。

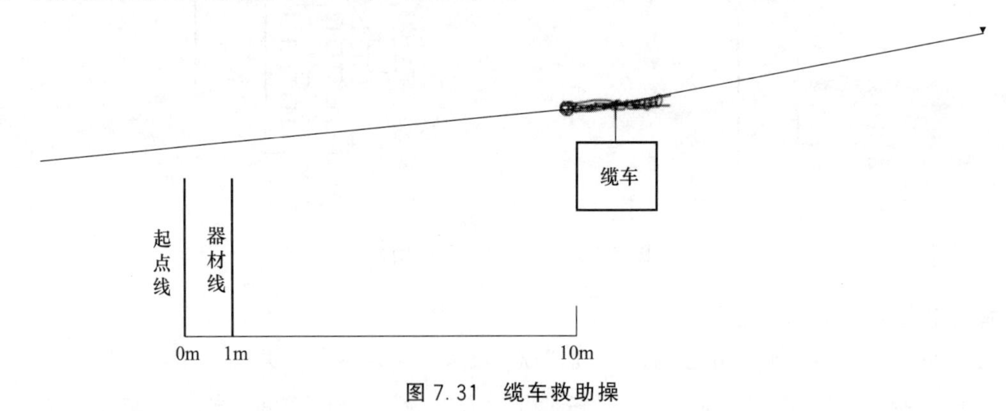

图7.31 缆车救助操

操作程序：

战斗员在起点线一侧3m处站成一列横队。

听到“前4名出列”的口令，前四名战斗员答“是”，并跑至起点线立正站好。

听到“准备"的口令，队员按各自分工检查器材，做好操作准备。

听到“开始”的口令，1号员携带50m救助绳、4m救助绳各1根，攀登支架至索道处，利用4m救助绳将身体固定在支架上后，用50m救助绳一端以腰结系于3号员腰带上，缓慢收放救助绳。

2号员携带50m救助绳、4m救助绳各1根，攀登支架至索道处，利用4m救助绳将身体固定在支架上后，用50m救助绳一端以腰结系于4号员腰带上，缓慢收放救助绳。

3号员携带破拆工具、4m救助绳1根和D型环1个，攀登支架至索道，在4m绳两端各用腰结连接好自身的腰带和D型环，并将D型环挂于索道上，待1号员做好保护后，用横渡方法至缆车厢顶部，破拆轿厢玻璃，进入轿厢，协助4号员实施救助。

4号员携带100m救助绳1根、4m救助绳1根和D型环1个，攀登支架至索道，在4m绳两端各用腰结连接好自身的腰带和D型环，并将D型环挂于索道上，待2号员做好保护后，用横渡的方法至缆车厢顶部，待3号员破拆缆车厢玻璃后，进入厢内，将100m救助绳的一端在缆车厢内适当位置做好固定支点，协助被困人员穿好全身吊带后，将100m救助绳的另一端连接在被困人员的全身背带上，并在3号员的协助下，以坐姿保护姿势先后将2名被困人员下放至地面，举手示意喊“好”。

听到“收操”的口令，战斗员将器材复位。

听到“入列”的口令，战斗员跑步入列。

操作要求：

（1）队员按实战要求着装，做好个人防护；

（2）要根据事故缆车厢与地面距离选择合理的救援方式；

（3）景点有专门救援工具时，可在技术人员指导下使用专业工具施救；

（4）实战中，要做好被困人员情绪稳定工作。

成绩评定：

（1）计时从“开始”至队员举手示意喊“好”为止。

（2）操作时限为30min。

（3）操作完全正确，程序熟悉为优秀；操作正确，程序较熟悉为良好；操作基本正确，程序基本熟悉为及格；不符合操作要求或超出操作时限为不及格。

第三节　地下救助训练

【学习目标】

1. 熟练掌握地下救助的操法程序；
2. 重点掌握地下救助的安全防护，保护队员和自身安全第一位的理念；
3. 基本能做到实际应用的指挥及施训组训。

一、拉梯地下架设操

训练目的：使战斗员熟悉掌握拉梯地下架设救助技术，掌握顺利进入和退出的技术与方法。

图 7.32　拉梯地下架设操

场地器材： 队员着抢险救援服全套佩戴空气呼吸器，6 米拉梯 1 架，安全钩 2 个，15m 绳 2 根，4m 短绳 2 根（图 7.32）。

操作程序： 听到“集合”的口令，1、2、3 号员在离拉梯顶部大约 1m 的地方，列一横队。

听到“就位”的口令，1 号员站在拉梯底部右侧位置，2 号员站在拉梯底部左侧位置，3 号员站在拉梯的中央位置。

听到“梯子吊挂与伸梯操作开始”的口令，1、2、3 号员同时将拉梯翻起，1、2 号员在拉梯底部右侧系上绳索，顶端挂上安全钩，并将绳索穿过；3 号员解开梯子拉绳。为使 1、2、3 号员连接梯子操作方便，将梯子立起，2 号员开始放松绳索，停在距离地面约 20cm 的位置上，1、2 号员保护，3 号员将三节拉梯向上拉起后固定卡簧，“伸梯完毕”。用短绳连接 2、3 节，“连接完毕”。1、2 号员根据指挥员下达的口令，开始放松绳索，将拉梯准确地下放到底部，1、2、3 号员到下方，架设完毕，可实施救援行动。

听到“收梯”的口令，1、2、3 号员依次保护上梯，回到平台，3 号员上梯，1、2 号员在上方平面保护，并解开 2、3 节的连接绳索，3 号员到达平面，1、2 号员拉绳收梯，3 号员保护，最终将拉梯完全拉出地面平台后喊“好”。

操作要求：

（1）在梯子的底部，分别系上绳索作保护；

（2）将伸缩梯吊挂在架梯现场，操作保护绳升梯；

（3）在操作过程中，充分注意梯子、保护人员的位置及保护要领（立姿保护、坐姿保护、利用地形保护等）；

（4）注意保护绳的展开情况，2、3 节连接保护绳情况。

成绩评定：

操作完全正确，程序熟悉为优秀；操作正确，程序较熟悉为良好；操作基本正确，程序基本熟悉为及格；不符合操作要求或超出操作时限为不及格。

二、井下救人操

训练目的： 使战斗员掌握深井救人的操作程序和方法。

场地器材： 在模拟训练场上标出起点线、器材线、终点线，在器材线上放置空气呼吸器 2 具、长管供气推车 2 部、三角架 1 副、滑轮 1 个、安全钩 3 个、全身式安全带 1 副、救援扁带 1 副、导向绳 1 根、救援绳 1 根、强光灯 1 个，在终点线处设置深井模拟设施，井下设 1 名被困人员（图 7.33）。

操作程序： 战斗员（班长，1、2、3、4、5、6 号员）在起点线站成一列。

听到“预备”的口令，参训人员做好操作准备。

图 7.33 井下救人操

听到“开始”的口令，班长负责指挥1号员迅速佩戴全身安全吊带，2、3、4号员架设三角架，4号员利用滑轮和救助绳索制作一套救助滑轮组，5号员负责移动供气推车向井下供气，6号员协助1号员佩戴好救助器材，2号员操作卷盘摇柄将1号员缓慢放入井下，1号员到达井底后利用导向绳发出到达信号，2号员停止放绳固定摇柄；1号员迅速将救援扁带从被困者腋下绕过，利用安全钩连接滑轮组救助绳索，连接处牢固后发出上升信号；2号员操作摇柄将1号员缓缓提升至井口，5、6号员提升滑轮组救援绳索将被困人员缓缓提升至井口，2号员帮1号员解锁，3、4号员负责将被救者转移至起点线后，班长举手示意喊“好”。

听到“收操”的口令，参训人员将器材复位。

听到“入列”的口令，参训人员整队跑步入列。

操作要求：

(1) 参训人员穿戴全套抢险救援服（头盔、腰带、手套、靴子），并携带通信器材；

(2) 三角架、救援绳、安全吊带支点必须牢固，保险措施到位；

(3) 救援前进行井下通风、供氧、排水，确保井下无危险；

(4) 必要时对井壁采取加固防范措施；

(5) 安排井口周围警戒，防止杂物落入井内；

(6) 利用喊话器等工具与被困人员保持联系。

成绩评定：

动作熟练，符合操作程序和要求，被困人员被成功救下为合格。

三、深井救助操

训练目的：使战斗员掌握井下救人的方法。

场地器材：在训练场上标出起点线，距起点线1m处标出器材线和操作区，操作区长5m。器材线上放置坑道送风机1台，救援三角架1套，全身吊带1副，手腕提升带1根，长30m的救助绳1根，手持式照明灯1具。操作区内放置模拟竖井，模拟竖井入口处设220V电源一处、移动供气源1套，井底部设被困人员1名（图7.34）。

操作程序：战斗员在起点线一侧3m处站成一列横队。

听到“前4名出列”的口令，前4名队员答“是”，并跑至起点线立正站好。

听到“准备”的口令，队员按各自分工检查器材，做好操作准备。

听到“开始”的口令，1号员在2号员协助下携带救援三角架救助绳至竖井一侧，按救援三角架操组装三角架后，将其移至竖井上方，将救助绳一端穿过三角架顶部铁环后，连接4号员的全身吊带，做好联络保护。2号员协助1号员架设好救援三角架后，待4号员下井

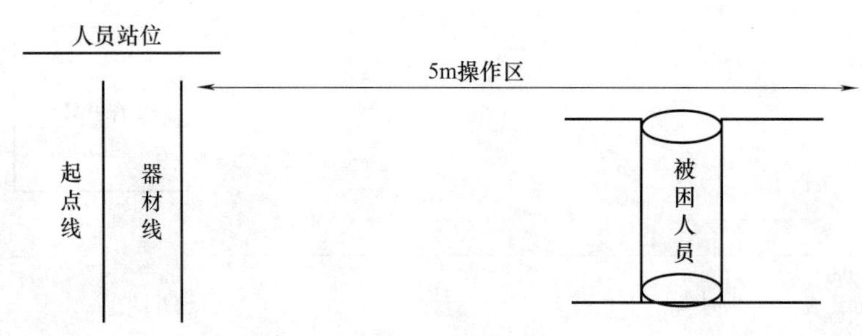

图 7.34 深井救助操

时，操作手动绞盘，缓慢将其下放至井内，并根据 1 号员的指令，操作手动绞盘。

3 号员将坑道送风机连接电源，向井下施放送风管，并启动风机向竖井内送风，做好三角架的保护和井下照明，待被救者被救至井口时，协同 4 号员将被救者救出。

4 号员穿戴好全身吊带，开启移动供气源气瓶阀，待 3 号员送风后，将钢丝绳保险扣、联络保护绳与全身吊带相连接，并佩戴好面罩，携带手腕提升带，采取倒置式方法下井，当接近被救者时，用绳语通知 1 号员停止下降，待下降停止后，将手腕提升带套在被救者手腕上，并与全身吊带相连接，利用绳语通知 1 号员吊升，待上升至井口后，协同 3 号员将被救者救出，举手示意喊“好”。

听到“收操”的口令，队员将器材装备复位。

听到“入列”的口令，队员跑步入列。

操作要求：

（1）队员按实战要求着装，做好个人防护；

（2）明确联络信号，拉一下到达、拉两下吊升、遇紧急情况连续拉绳；

（3）井下作业时，严禁卸下面罩；

（4）控制好下降和上升速度，保持动作平稳。

成绩评定：

（1）计时从“开始”至队员举手示意喊“好”为止。

（2）操作时限为 10 分钟。

（3）操作完全正确，程序熟悉为优秀操作；操作正确，程序较熟悉为良好；操作基本正确，程序基本熟悉为及格；不符合操作要求或超出操作时限为不及格。

四、地下救援操

训练目的：使战斗员掌握地下救援操的操作程序和方法。

场地器材：训练塔（高台 7.5m）1 座，训练塔底部场地长度不小于 13m，底部设置垫子 1 块（2m × 2m），救助绳 2 条（30m），O 型安全钩 5 个，滑轮 2 个，空气呼吸器 2 具（6.8L），保护绳 2 条（30m），全身缚带 1 套，4m 小绳 2 条，护颈 1 套（图 7.35）。

操作程序：参训人员（班长，1、2、3 号员）在起点线站成一列。

听到“预备”口令，参训人员做好操作准备。

听到“开始”的口令，1、2 号员迅速佩戴空气呼吸器，3 号员利用预先设置的穿过 5 号支点的保护绳，连接在 1 号员的坐席悬垂左侧的单股绳上，对 1 号员实施保护；班长整理 30m 救助绳，将绳头穿过 1 号支点安全钩，在绳头制作腰结，用安全钩连接 2 号员的座席悬垂右侧的单股绳，对 2 号员实施保护。1 号员在平台上用安全钩将座席悬垂绳结连接到悬垂

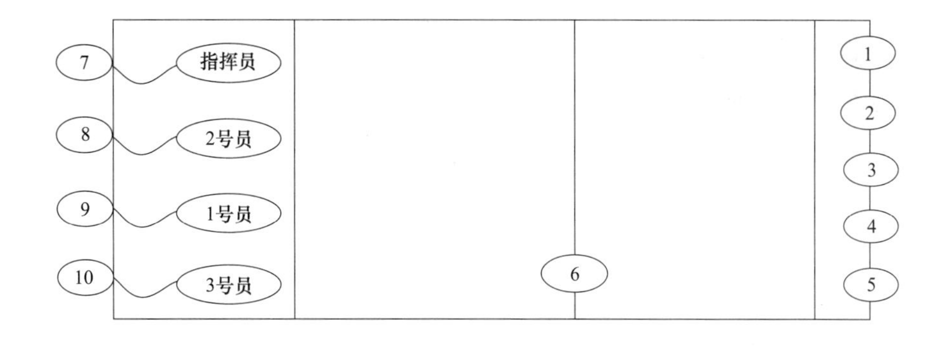

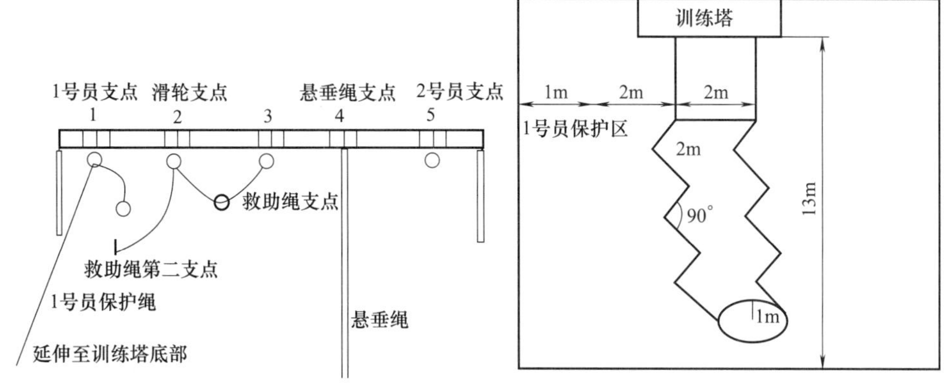

图 7.35 地下救援操

线，锁定安全钩的安全阀；班长摘除连接 1 号员的安全绳后，1 号员采用座席悬垂下降的姿势，在下降就位区内就位，检查绳索连接完毕后，按照座席悬垂下降的动作要领，采用点降的方式迅速下降到训练塔底部。2 号员在准备下降的时候，班长将全身缚带、护颈交予 2 号员携带下降，2 号员与 1 号员按相同的动作程序和要求下降，到达训练塔底部。1 号员到达训练塔底部后，迅速解除悬垂线和连接在身上的保护绳。在 2 号员到达训练塔底部后，1 号员协助卸下 2 号员携带的全身缚带、护颈，并负责整理整齐。2 号员到达训练塔底部后，迅速将自身携带的保护绳连接塔底 2 号保护支点，使自身携带的保护绳改变为搜索救出时安全绳。1 号员整理完全身缚带后，迅速将自身的座席悬垂连接到 2 号员的保护绳上；1 号员连接完毕后，2 名队员迅速通过塔前的蛇形通道到达被困人员处，利用绳语向班长依次发出“发现被困人员”、“救出准备”和“救出开始”信号。待裁判员确认后，方可将被困人员移至训练塔下。班长收到信号的同时，3 号员将救助绳的动滑轮迅速放下做好救出准备。2 名队员协助被困人员戴上护颈，穿戴全身缚带。2 号员连接 2 条保护绳，在班长和 3 号员的配合下，沿悬垂线攀爬返回高台。2 号员到达救助平台后迅速摘除悬垂线，班长和 3 号员协助 2 号员取下身上的 2 条保护绳，2 号员在保护绳解除后方可卸下呼吸器。将救助平台上的安全绳连接到自身的座席悬垂，做好安全保护后，马上就位操作救助绳。班长和 3 号员从 2 号员身上卸下保护绳，迅速放下交予在训练塔底部的 1 号员。1 号员负责为被困人员连接救助绳和 2 条保护绳，将 3 号员放下的保护绳迅速连接塔底 1 号员底部保护支点，并到达指定保护区域。当 1 号员到达保护区域后，举手示意保护完毕；2 号员在看到 1 号员示意后，发出拉绳的口令，同时迅速将被困人员拉至救助平台；3 号员辅助 2 号员，在 6 号支点（救助绳第 2 支点）实施辅助操作。救出过程中由 1 号员与班长配合保护（利用腰部保护）。当被困人员到达高台后，2号员与班长卸下被困人员身上的保护绳，放下交予1号员；1号员接到班长和2号员放下的保护绳，连接到自身座席悬垂绳结后，沿悬垂线退出；班长和2号员拉保护绳协助1号员迅速返回救助平台；当1号员双脚踏上救助平台后，班长举手示意喊“好”。

听到“收操”的口令，参训人员将器材复位。

听到“入列”的口令，参训人员整队跑步入列。

操作要求：

（1）参训人员穿戴全套抢险救援服（头盔、腰带、手套、靴子），并携带通信器材；

（2）操作前认真检查器材，安全保护措施到位；

（3）参训人员在救助平台作业时，必须连接安全绳；

（4）参训人员要严格按照操作程序操作。

成绩评定

（1）计时从“开始”至队员举手示意喊“好”为止。

（2）操作时限为5分钟。

（3）操作完全正确，程序熟悉为优秀操作；操作正确，程序较熟悉为良好；操作基本正确，程序基本熟悉为及格；不符合操作要求或超出操作时限为不及格。

附：绳语

拉绳1下：到达发现被困人员。拉绳2下：救出准备。拉绳3下：救出开始。

五、地下污水道救人操

训练目的：使战斗员熟练掌握地下污水道救人的操作方法。

场地器材：在一地下污水道口5m处标出起点线，距起点线1m处为器材线，在器材线上放置大救生绳1根、防毒衣4套、空气呼吸器4部、手电筒4只、担架1副（图7.36）。

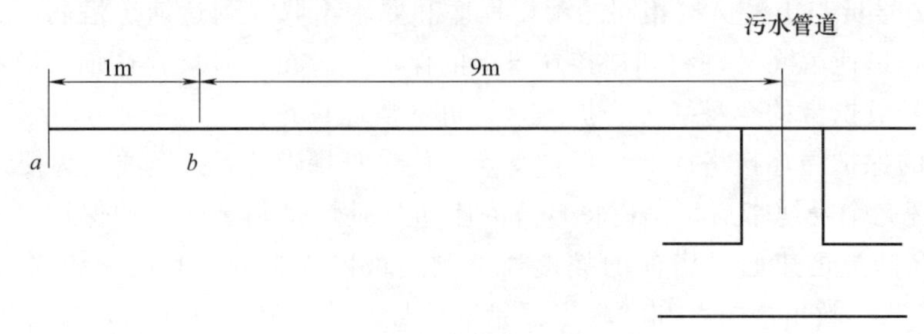

图7.36 地下污水道救人操场地设置

a—起点线；b—器材线

操作程序：战斗员在起点线一侧3m处站成一列横队。

听到“前六名出列”的口令，六名战斗员答“到”，听到“出列”的口令，答“是”，并跑至起点线处成立正姿势。

听到“准备器材”的口令，1、2、3、4号员穿防毒衣并佩戴空气呼吸器，6号员检查器材，完毕后返回原位，立正站好。5号员充当被救者，进至距污水道口内10m处。

听到“预备——开始”的口令，6号员把大救生绳一端拴在1号员腰带上，在污水道口做好接应，1、2号员携带好手电筒，进入地下污水道，搜索救人，3、4号员左手握绳子，右手拿担架跟随进入，1、2号员寻找到被救者时，迅速将发现信号传递给3、4号员，3、

4号员再传递给6号员，然后1号员将大救生绳系在固定物体上，3、4号员打开担架，1、2号员把5号员抬上担架，接着1、3号员在前，2、4号员在后，四名战斗员共同抬担架，沿绳索走出地下污水道口，举手示“好”。

听到“收操”的口令，战斗员将器材复位。

听到“入列”的口令，参训人员整队跑步入列。

操作要求：

(1) 操作前必须对器材装备进行认真安全检查；

(2) 向上提拉时速度要适宜，以防被救者碰伤；

(3) 必须实施统一指挥。

成绩评定：

(1) 计时从发出“开始”的口令至队员举手喊“好”为止；

(2) 动作熟练，符合操作程序和要求的为合格，反之为不合格。

六、地下工程塌方救人操

训练目的：使战斗员熟练掌握地下工程塌方救人的操作方法。

场地器材：选择一幢建筑物，距建筑物5m处标出起点线，距起点线1m处为器材线，在器材线上放置送风机、剪扩器、液压泵、担架、起重气包各1个，手套6副（图7.37）。

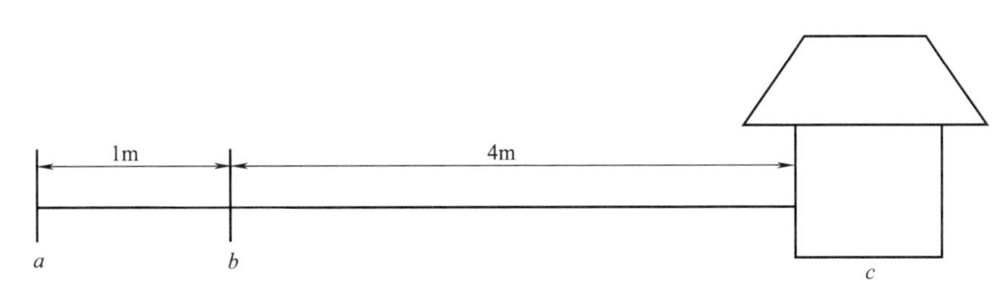

图7.37 地下工程塌方救人操

a—起点线；b—器材线；c—建筑物

操作程序：战斗员在起点线一侧3m处站成一列横队。

听到“前六名出列”的口令，六名战斗员答“到”，听到“出列”的口令答“是”，并跑至起点线处成立正姿势。

听到“准备器材”的口令，战斗员检查器材，完毕后返回原位，立正站好。

听到“预备——开始”的口令，战斗员戴好手套，1、2、3号员取拿送风机和送风管，按照其操作要领连接好，由1号员发动机器，2号员把送风管的另一头对准进口处送风。3号员把送风管拿到操作区后立刻返回，和4号员一起提液压泵和剪扩器到操作区，按照其操作要领连接好，进行破拆。5号员一手夹担架，一手协助6号员把气包拎至操作区，放下并展开担架，按照起重气包的操作要领进行扩张抢救，将被困人员全部救出，并放在担架上，举手喊“好”。

听到“收操”的口令，战斗员将器材复位。

听到“入列”的口令，参训人员整队跑步入列。

操作要求：

(1) 统一指挥，有秩序地进行营救；

(2) 注意自身安全，减少现场人员；

(3) 战斗员要搞好协作，保证伤员安全；

(4) 必要时加固周围土石，防止二次塌方。

成绩评定：

(1) 计时从发出“开始”的口令至队员举手喊“好”为止；

(2) 动作熟练，符合操作程序和要求的为合格，反之为不合格。

七、竖井救助操

训练目的：使战斗员熟练掌握本竖井救助的操作程序。

场地器材：合适的竖井楼梯至竖井平台，也可选择实地井口作为训练场地；在平地上距竖井楼梯2m处标出起点线，起点线一侧3m处标出集合线，距起点线5m处为器材线，起点线上放置30m绳4根、空气呼吸器1具、备用钢瓶1具、手套2双、垫布1块、保护软布1块（图7.38）。

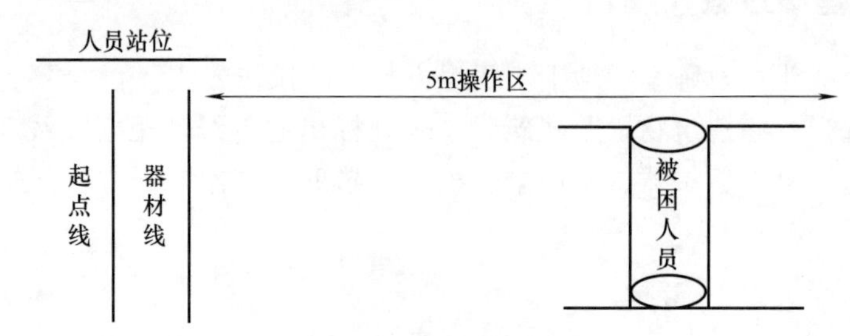

图7.38　竖井救助操

操作程序：战斗员在起点线一侧3m处站成一列横队。

听到“前5名出列”的口令，前5名战斗员行进至起点线成立正姿势。

听到“准备器材”的口令，战斗员做好器材准备。

听到“预备——开始”的口令，1号员用30m绳制作双套腰结身体结索；3号员用一根30m绳对钢瓶进行器具结索，并打开备用瓶气阀将钢瓶缓慢放至被救者脸部一侧，然后将绳索用腰结固定在平台支撑物上；4号员用30m绳对空气呼吸器气瓶进行器具结索，并将绳索用腰结固定在平台支撑物上，1号员只佩戴空气呼吸器面罩进入救援竖井；

下降时各号员将器具共同移至井口，当1号员进入时，其余号员要将保护绳和呼吸器主体随1号员缓慢下降，到达地面后，1号员用保护绳传达到达的信号，并背好空呼，然后将备用气瓶给被救者送气，并发出发现伤员的信号，井上队员将救助绳放下，1号员利用救助绳制作双套腰结身体结锁缚着在被救者身上。

救出时将被救者移至井口处并发出救出开始的信号，井上队员接到信号后共同协力将被救者平缓拉出井口并移至安全地带，1号员退出时首先卸下空气呼吸器主体，然后用保护绳发出退出的信号，井上队员将空气呼吸器主体和1号员一起拉至地面，最后将备用气瓶拉至地面。

当指挥员下达“分解收操”的口令时，迅速将担架和绳索等器材分解开。

听到“收操”的口令，战斗员将器材复位。

听到“入列”的口令，战斗员跑步入列。

操作要求：

(1) 器材检查要充分，绳索、空气呼吸器、备用气瓶不得破损；

（2）操作过程中，可充分利用地形、地物加以保护；

（3）口令下达要及时；

（4）操作中注意安全，要按照背负救出要领与井外队员相互配合。

成绩评定：

（1）计时从“开始”至队员举手示意喊“好”为止。

（2）操作时限为5分钟。

（3）操作完全正确，程序熟悉为优秀操作；操作正确，程序较熟悉为良好；操作基本正确，程序基本熟悉为及格；不符合操作要求或超出操作时限为不及格。

思考题

1. 徒手救人的方法有哪些？

2. 搜索救助操训练的注意事项是什么？

3. 绳索应用支点设置常用的绳结有哪些？

4. 讨论如何更加快速有效地组织操法救援？

5. 想定作业，设置假人位置，选择预设好的器材，以班级为单位班长组织班级成员，将被困人员救出。

第八章 破拆训练

破拆训练是指消防队伍在灭火战斗中为控制火势蔓延、进行人员救助或方便喷射灭火剂面对建（构）筑物或构建进行局部破拆或全部拆除的灭火作战行动。对于实施火情侦察、开辟救人和疏散通道、阻截与控制火势蔓延等具有十分重要的作用。本章对破拆器材装备的技术参数及破拆训练操作规程等相关知识作介绍。

第一节　破拆器材简介

【学习目标】

1. 掌握破拆器材的用途；
2. 了解破拆器材的组成。

通过本节的学习，能够正确掌握破拆器材的用途和组成部分，促进人与器材装备的最佳结合，为今后抢险救援工作的开展打下坚实的基础。

一、切割器材类

腰斧、板斧：用于火场小型局部的破拆，由钢材制成，手柄处有橡胶绝缘套，比较轻便，可挂于腰间。

铁铤：用于火场撬门破窗翘起被压物品，还可以用于凿、撬、抬、起钉子等多用。

手动破拆工具组：用于事故现场快速有效打通砖和混凝土阻隔墙。

无齿锯：用于切割金属和混凝土的材料，由机体和砂轮切割片等部件组成。

机动链锯：用于破拆各种木质结构障碍物，由发动机、锯链、手柄、燃油箱等组成。

机动双轮异向切割锯：用于高速列车等现代交通工具的超硬金属车身和现代玻璃幕墙建筑的破拆，由汽油机、传动带、锯片、外壳、防护罩、背带、前把手、开关、护板等组成。

电动双轮异向切割锯：用于高速列车等现代交通工具的超硬金属车身和现代玻璃幕墙建筑的破拆，由电动机、传动带、锯片、外壳、防护罩、背带、前把手、开关、护板等组成。

等离子切割机：用于切割金属薄片，由电源主机、切割枪、焊枪、电源电缆、连接线、扳手等组成。

气动切割刀：用于切割薄板、汽车金属和玻璃等，由气瓶、刀片、压力表、减压阀、气管、切割器等组成。

气动破门器：用于凿门、交通事故救援、飞机破拆、防火门破拆、船舱甲板破拆、混凝土开凿等，由气瓶、减压器、刀头、气动器组成。

电钻电锤：用于火场破拆，由电动机、钻头、侧手柄、深度停止杆、电源、充电器等组成。

氧气切割器：用于在极短时间内对生铁、不锈钢、混凝土、花岗石、铝等障碍物的刺穿、切割或开凿工作。由氧气瓶、气体通道、切割杆、燃点头、气压表等组成。

玻璃破碎器：用于对玻璃隔断物进行破拆，由玻璃切割机、玻璃切割片、钻头等组成。

手持钢筋速断器：用于切断钢筋、钢索、电线、圆管等金属，由电动机、C型头、激活按钮、电池、充电器等组成。

液压扩张（剪切、剪扩）：用于破拆金属或非金属结构，以剪切板材和圆钢为主，兼具扩张、牵引和剪切功能的专用抢险救援工具，由高压软管、手控换向阀及手轮、多功能剪刀、扩张头等组成。

便携式电动两用钳：用于灾难现场（地震、倒塌、车祸、自然灾害等）剪切、扩张。

便携式万向切割器：用于狭小的工作环境内多种剪切，同时也起到扩张作用。如：汽车踏板、方向盘、挡把等。由剪切钳头、手柄、操作开关、软管、操纵杆等组成，与机动或手动液压泵配合使用。

二、支撑、顶杆器材类

液压顶杆：用于交通和建筑物倒塌等事故中，顶开或撑起金属和非金属构件。由伸缩臂、液压柱、控制阀、软管、接头、加长杆等组成。

开门器：用于灭火救援现场对各类门窗的破拆，由油缸、底脚缸、活塞杆防尘帽、顶杆、快速接口组成。

手动液压泵：用于液压破拆工具的动力源，由底板、油箱、手柄、锁钩、安全阀、手控开关阀、高低压转换阀、快速接口组成。

机动液压泵：用于液压破拆工具的动力源，由支架、手控油门、发动机曲轴箱及加油口、启动手柄、汽油箱、液压油箱、手控开关、高压出油口、低压出油口、空气滤清器等组成。

第二节　切割器材训练

【学习目标】

1. 了解切割器材的训练规程；
2. 掌握切割器材操作中的注意事项。

切割器材训练是指受训人员为熟练掌握各种切割类破拆工具的用途及其操作要领和方法而开展的专项技术训练。

一、腰斧、板斧破拆操

训练目的：使战斗员学会利用腰斧、板斧破拆的正确方法。

场地器材：在训练场上标出起点线，距起点线1m处标出器材线，器材线上放置腰斧（板斧）1把，操作线后放置门、窗、地板、天花板的其中一类（图8.1）。

操作程序：战斗员在起点线一侧站成一列横队。

听到“第一名出列”口令后，战斗员到起点线后，立正站好。

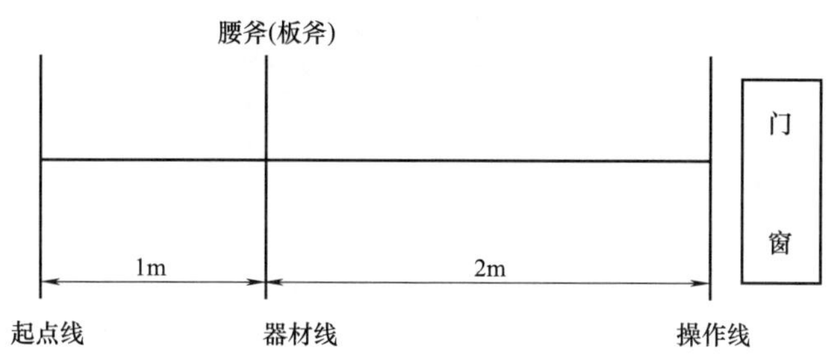

图 8.1 腰斧、板斧破拆操场地设置

听到“准备”口令后，战斗员检查器材，做好准备。

听到“开始”口令后，战斗员在器材线处单手或双手持腰斧（双手持板斧），上身保持平衡，进行砸、撬、砍、劈等操作各两次。操作完毕后举手示意喊“好”。

听到“收操”口令后，战斗员将器材复位，立正站好。

听到“入列”口令后，战斗员跑步入列。

操作要求：

（1）战斗员着抢险救援服；

（2）操作前检查腰斧（板斧）是否完好；

（3）握住斧柄部分进行操作；

（4）操作时尽量刃口垂直于被砍物平面，以防刃口崩裂或卷曲。

成绩评定：

操作方法正确，动作迅速、连贯评为合格；反之为不合格。

二、铁铤破拆操

训练目的：使战斗员学会掌握利用铁铤破拆门窗、地板、天花板或其他建筑构件的正确方法。

场地器材：在训练场上标出起点线，距起点线 1m、3m 处标出器材线、操作线，器材线上放置铁铤 1 个，操作线后放置门、窗、地板、天花板的其中一类（图 8.2）。

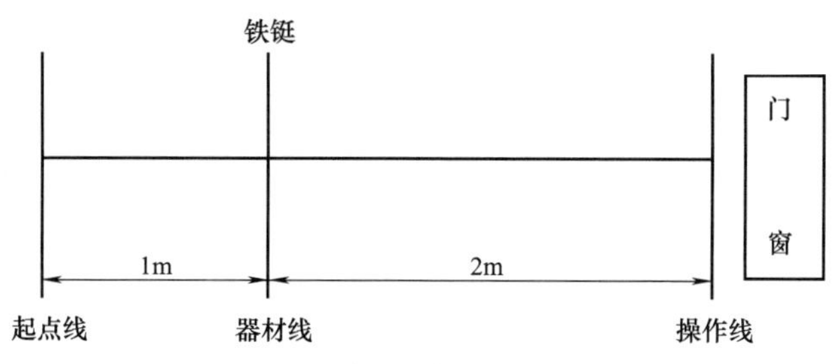

图 8.2 铁铤破拆操场地设置

操作程序：战斗员在起点线一侧站成一列横队。

听到“第一名出列”口令后，战斗员到起点线后，立正站好。

听到“准备”口令后，战斗员检查器材，做好准备。

听到“开始”口令后，战斗员携铁铤至操作线处，用铁铤一端将门（或窗、地板）破拆开。操作完毕后举手示意，立正喊“好”。

听到“收操”口令后，战斗员将器材复位，立正站好。

听到“入列”口令后，战斗员跑步入列。

操作要求：

(1) 战斗员着抢险救援服；

(2) 操作前检查铁链的完好情况；

(3) 门窗破拆后应能打开，地板破拆长度不小于80cm。

成绩评定：

操作方法正确，动作迅速、连贯评为合格；反之为不合格。

三、手动破拆工具组破拆操

训练目的：使战斗员学会手动破拆工具组的使用方法。

场地器材：在训练场上标出起点线，距起点线1m处标出器材线，器材线上放置手动破拆器材工具组1套（图8.3）。

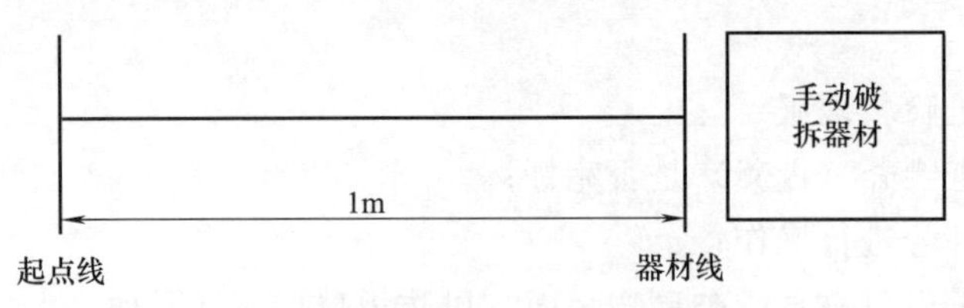

图8.3　手动破拆工具组操场地设置

操作程序：战斗员在起点线一侧站成一列横队。

听到“第一名出列”口令后，战斗员到起点线后，立正站好。

听到“准备”口令后，战斗员检查器材，做好准备。

听到“开始”口令后，战斗员打开手动破拆工具组破拆器开口旋钮，选择任意刀头进行安装，拧紧开口旋钮，挂上保险，举手示意喊“好”。

听到“收操”口令后，战斗员将器材复位，立正站好。

听到“入列”口令后，战斗员跑步入列。

操作要求：

(1) 战斗员着抢险救援服，做好个人防护；

(2) 手动破拆组刀头必须安装牢固。

成绩评定：

操作方法正确，动作迅速、连贯评为合格；反之为不合格。

四、无齿锯破拆操

训练目的：使战斗员掌握对无齿锯的操作方法和要求。

场地器材：在训练场上标出起点线，距起点线1m、6m处分别标出器材线、操作线，器材线上放置无齿锯1台（切割片朝前）、消防手套1副、防护眼镜1副（图8.4）。

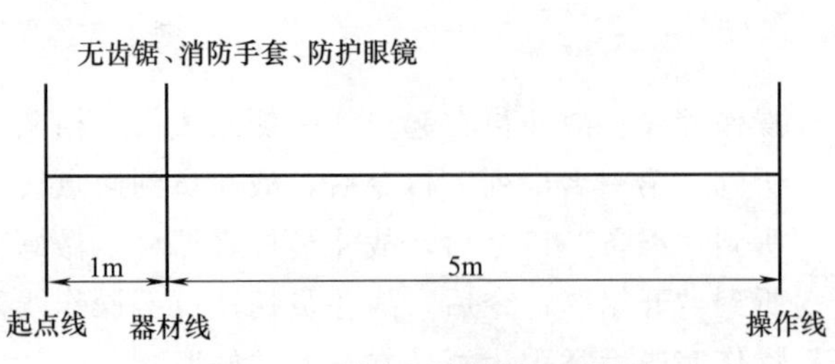

图8.4　无齿锯破拆操场地设置

操作程序：战斗员着抢险救援服在起点线一侧3m处站成一列横队。

听到“第一名出列”的口令，战斗员跑至起点线立正站好。

听到“准备器材”口令后，战斗员答“是”，并迅速向前踢出一步，在器材线处，戴上防护眼镜（将眼镜推到脑门处，戴消防头盔不考虑防护眼镜）和手套，打开点火器开关，右脚踩住无齿锯的后端手柄孔，左手握住前手柄，右手抓住启动绳，拉启动绳3～5次，使无齿锯预热，然后返回起点线立正喊“好”。

听到“预备”的口令，战斗员做好操作准备。

听到“开始”的口令，战斗员提起无齿锯，跑至操作线，打开启动开关，脚踩启动手柄后端，左手握住手柄前端，右手按下减压阀，调整风门，拉拽启动绳，将无齿锯发动。戴好防护眼镜或盔罩，两脚前后站立，双手持锯，控制油门使锯片加速旋转后，操作完毕后喊“好”。

听到“收操”的口令，战斗员将器材复位，返回起点线立正站好。

听到“入列”的口令，战斗员跑步入列。

操作要求：

（1）启动时，拉绳要平稳、迅速，防止启动绳拉断；

（2）启动后锯片不得触地、不得朝向人员。

成绩评定：

操作方法正确，动作迅速、连贯评为合格；反之为不合格。

五、机动链锯破拆操

训练目的：使战斗员掌握对机动链锯的操作方法。

场地器材：在训练场上标出起点线，距起点线1m、6m处分别标出器材线和操作线，器材线上放置机动链锯1台（链条朝前）、消防手套1副、防护眼镜1副（图8.5）。

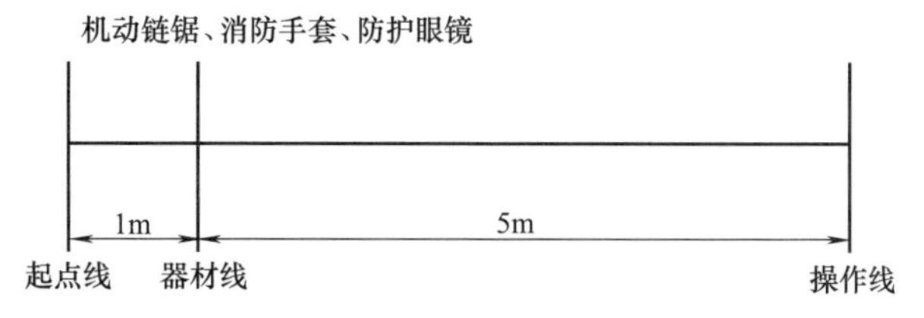

图8.5 机动链锯破拆操场地设置

操作程序：战斗员着抢险救援服在起点线一侧3m处站成一列横队。

听到“第一名出列”的口令，一名战斗员答“是”，跑至起点线立正站好。

听到“准备器材”口令后，战斗员答“是”，并迅速向前踢出一步，在器材线处，戴上防护眼镜（将眼镜推到脑门处，戴消防头盔不考虑防护眼镜）和手套，打开点火器开关，右脚踩住机动链锯的后端手柄孔，左手握住前手柄，右手抓住启动绳，拉启动绳3～5次，使机动链锯预热，然后返回起点线立正喊“好”。

听到“预备”的口令，战斗员做好操作准备。

听到“开始”的口令，战斗员提起机动链锯，跑至操作线，卸下机动链锯保险盒，打开开关，调整风门，启动机动链锯，打开保险，双手持锯，控制油门使链锯加速转动，操作完毕后喊“好”。

听到“收操”的口令，战斗员将器材复位，返回起点线立正站好。

听到“入列”的口令，战斗员跑步入列。

操作要求：

（1）启动前，应晃动机动链锯，使混合油充分混合；

（2）启动时，拉绳要平稳、迅速，防止启动绳拉断；

（3）启动后链条不得触地，发动机不得长时间空转，前方不得站人；

（4）切割前，应检查被切割物内是否有铁钉等不宜用机动链锯切割的物体；

（5）切割时应缓慢靠近被切割物，垂直于被切割物体的表面，并适当用力下压，保持稳定切割。

成绩评定：

操作方法正确，动作迅速、连贯评为合格；反之为不合格。

六、机动双轮异向切割锯破拆操

训练目的：使战斗员掌握对机动双轮异向切割锯的操作方法。

场地器材：在训练场上标出起点线，距起点线1m、6m处分别标出器材线、操作线，器材线上放置机动双轮异向切割锯1台、消防手套1副、护目眼镜1副（图8.6）。

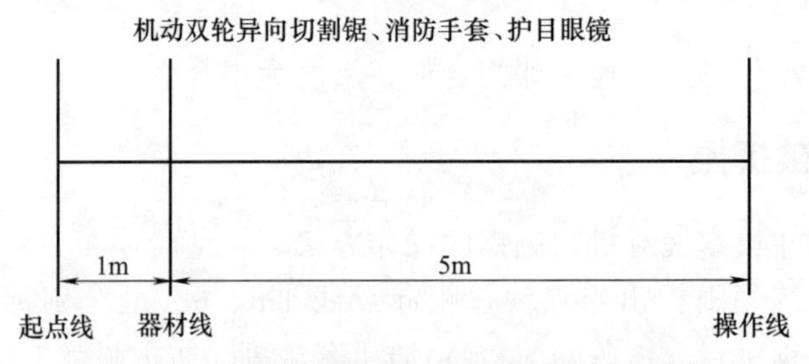

图8.6　机动双轮异向切割锯破拆操场地设置

操作程序：战斗员着抢险救援服在起点线一侧3m处站成一列横队。

听到“第一名出列”的口令，一名战斗员跑至起点线立正站好。

听到“准备器材”口令后，战斗员答“是”，并迅速向前踢出一步，在器材线处，戴好手套和护目眼镜。对机动双轮异向切割机的锯片、防护罩是否牢固及发动机燃油等进行检查；经检查，达到要求并整理好器材装备后，返回起点线立正喊“好”。

听到“预备”的口令，战斗员做好操作准备。

听到“开始”的口令，战斗员提起机动双轮异向切割锯，跑至操作线，打开启动开关，脚踩启动手柄后端，左手握住手柄前端，右手按下减压阀，调整风门，拉拽启动绳，将双轮异向切割锯发动。两脚前后站立成弓步，双手持锯，控制油门使锯片加速旋转，操作完毕后喊“好”。

听到“收操”的口令，战斗员将器材复位，返回起点线立正站好。

听到“入列”的口令，战斗员跑步入列。

操作要求：

（1）对机动双轮异向切割机的锯片、防护罩是否牢固，要进行认真仔细检查；

（2）要爱护器材装备，使用时轻拿轻放，防止损坏；

（3）操作时，必须戴消防手套和护目眼镜；

（4）使用时，刀片要以较小的旋转速度接近破拆对象，待确定切割方向后再加速。切割物体时，必须沿着刀片旋转的方向切入，不能歪斜；

（5）启动发动机时，拉绳要平稳、迅速，不宜用力过猛；

（6）启动后锯片不得触地、不得朝向人员。

成绩评定：

操作方法正确，动作迅速、连贯评为合格；反之为不合格。

七、电动双轮异向切割锯破拆操

训练目的：使战斗员掌握对电动双轮异向切割锯的操作方法。

场地器材：在训练场上标出起点线，在距起点线1m、6m处分别标出器材线、操作线，器材线上放置电动双轮异向切割锯1台、抢险救援手套1副、护目眼镜1副（图8.7）。

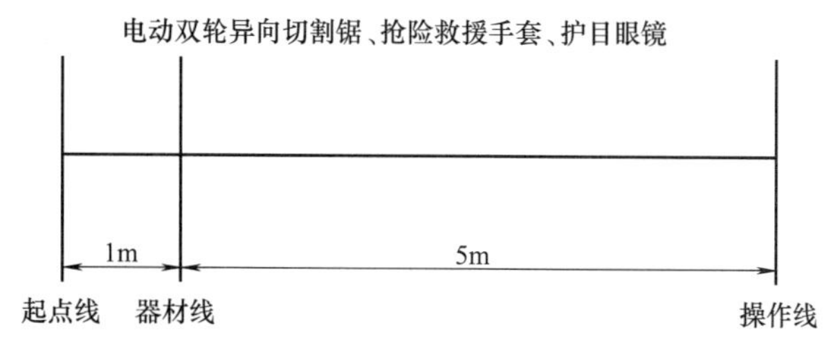

图8.7　电动双轮异向切割锯破拆操场地设置

操作程序：战斗员着抢险救援服在起点线一侧3m处站成一列横队。

听到“第一名出列”的口令，一名战斗员跑至起点线立正站好。

听到“准备器材”口令后，战斗员答“是”，并迅速向前踢出一步，在器材线处，戴好手套和护目眼镜。对电动双轮异向切割机的锯片、防护罩是否牢固和线盘是否完好等进行检查；经检查，达到要求并整理好器材装备后，返回起点线立正喊“好”。

听到“预备”的口令，战斗员做好操作准备。

听到“开始”的口令，战斗员提起电动双轮异向切割锯，跑至操作线，将电动双轮异向切割机与操作线预设的电源相连接；两脚前后站立，上体直立，左手握住前端手柄，右手握住后端手柄；打开电源，将电动双轮异向切割机的刀片先以较小的速度旋转30s后，再加大刀片的旋转速度（切割物体时，将切割刀片与被切物体保持垂直，先以较小的速度接近被切物体，待确定切割方向后再加速；切割过程中，必须沿着刀片旋转的方向切入，不能歪斜）；然后减速，并喊“好”。

听到“收操”的口令，战斗员将器材复位，返回起点线立正站好。

听到“入列”的口令，战斗员跑步入列。

操作要求：

（1）对电动双轮异向切割机的锯片、防护罩是否牢固和线盘是否完好等要进行认真仔细检查；

（2）爱护器材装备，使用时轻拿轻放，防止损坏；

（3）操作时，必须戴消防手套和护目眼镜；

（4）使用时，刀片要以较小的旋转速度接近破拆对象，待确定切割方向后再加速。切割物体时，必须沿着刀片旋转的方向切入，不能歪斜。

（5）按照操作规程进行操作。

成绩评定：

操作方法正确，动作迅速、连贯评为合格；反之为不合格。

八、等离子切割机破拆操

训练目的： 通过训练，使战斗员掌握使用等离子切割机的方法和要领及操作规程。

场地器材： 在训练场上标出起点线，在距起点线 1m、6m 处分别标出器材线、操作线，在器材线上放置等离子切割机 1 套、防护手套 1 副、防护镜 1 副；在操作区内放置 1 块铁板及需用电源（图 8.8）。

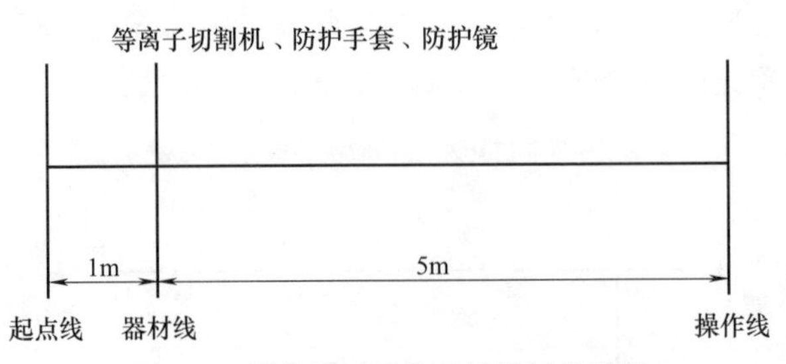

图 8.8 等离子切割机破拆操场地设置

操作程序： 战斗员穿着抢险救援服（戴头盔）在起点线一侧 3m 处站成一列横队。

听到“第一名出列”的口令，一名战斗员跑至起点线立正站好。

听到“准备器材”的口令，战斗员答“是”，并迅速向前踢出一步，在器材线处，戴好手套和防护镜（并将防护镜镜片移至脑门处），对等离子切割机进行检查，经检查，达到要求并整理好器材装备后，返回起点线，成立正姿势，举手示意喊“好”。

听到“预备”的口令，战斗员做好操作准备。

听到“开始”的口令，战斗员迅速向前踢出一步，在器材线处提起等离子切割机跑至操作线。将“喷枪电缆”插头插入电源主机的喷枪电缆插座，旋紧固定螺母，接通主机电源线，将随机附件中的“连接线”连接电源主机上的“工件接线端子”和被加工工件［用转移弧焊（割）模式时］；向喷枪内注射 60～70mL 工作液（切割时工作液用蒸馏水，焊接时用 40％的酒精溶液；注射工作液直至喷嘴出现致密水滴）后，拧紧“水帽”；安装上合适的喷嘴（切割工艺应使用孔径为 1.1～1.3mm 的自由移动间隙）；将电源主机面板“第一电流调整旋钮”置于“5”挡位置。“第二电流调整旋钮”置于关闭状态。按电源主机面板上的“ON”按钮，“电压显示窗”的显示数在 280～360V 范围内，按一下喷枪上的“启动按钮”，经过 1min 左右进入稳定状态，这时从喷嘴里出现稳定的等离子束，戴好防护镜，将喷枪垂直靠近母材（喷嘴距离母材 2～3mm），对切割或焊接目标实施切割或焊接，切割或焊接操作完毕后，成立正姿势，举手示意，喊“好”。

听到“收操”的口令，战斗员按下电源主机上的“OFF”按钮，待喷枪冷却后，收起器材放回原位，然后返回起点线，成立正姿势，举手示意，喊“好”。

听到“入列”的口令，战斗员答“是”，并跑步入列。

操作要求：

（1）检查器材要认真仔细；

（2）连接线要正确；

（3）操作时，必须戴消防手套，并将盔罩拉下；

（4）从喷嘴里出现稳定的等离子束后，方可进行切割和焊接；

（5）切割时，采用孔径1.1～1.3mm的切割喷嘴；焊接时，采用孔径1.8～2.3mm的焊接喷嘴。

成绩评定：

操作方法正确，动作迅速、连贯评为合格；反之为不合格。

九、气动切割刀破拆操

训练目的：使战斗员掌握气动切割刀的操作程序和方法。

场地器材：在训练场上标出起点线，在距起点线1m、6m处分别标出器材线、操作线，在器材线上放置1套气动切割刀（气瓶、减压阀、高压管、切割刀）、防护手套1副、防护镜1副（图8.9）。

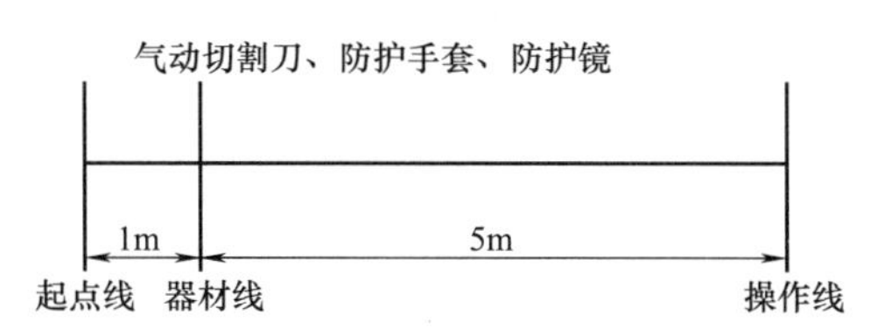

图8.9 气动切割刀破拆操场地设置

操作程序：战斗员穿着抢险救援服（戴头盔），在起点线一侧3m处站成一列横队。

听到“第一名出列”的口令，一名战斗员跑至起点线立正站好。

听到“准备器材”的口令，战斗员答“是”，并迅速向前踢一步，在器材线处，戴好手套和防护镜，对气动切割刀（气瓶、减压阀、高压管、切割刀）进行检查。经检查，达到要求，并整理好器材装备后，返回起点线，成立正姿势，举手示意喊“好”。

听到“预备”的口令，战斗员做好操作准备。

听到“开始”的口令，战斗员迅速向前踢出一步，在器材线处，将气瓶、减压阀、高压管、切割刀连接好，选择切割玻璃或金属的刀片，装入切割器内，打开气瓶，调整减压阀压力为8～10bar（巴）；手持切割器（如果切割玻璃时，应先将玻璃击出一个小孔）；按住切割器手柄开关，开始工作。操作完毕后，战斗员在操作区成立正姿势，举手示意，喊“好”。

操作要求：

（1）检查器材要认真仔细；

（2）连接气瓶、减压阀、压力表、气管、切割器要牢固；

（3）操作时，必须戴消防手套和护目眼镜；

（4）选择切割玻璃或金属的刀片要与被切割件相符；

（5）操作时，必须用切割刀另一端将物体打个洞，且切割刀与切割物必须保持45°角；

（6）刀片螺钉要拧紧。

成绩评定：

操作方法正确，动作迅速、连贯评为合格；反之为不合格。

十、气动破门器操

训练目的：使战斗员掌握使用气动破门器的基本性能和操作方法。

场地器材：在训练场上标出起点线，在距起点线1m、6m处分别标出器材线、操作线，器材线放置气动破门器 1 套和手套 2 副；在操作区放置金属卷帘门 1 扇（图 8.10）。

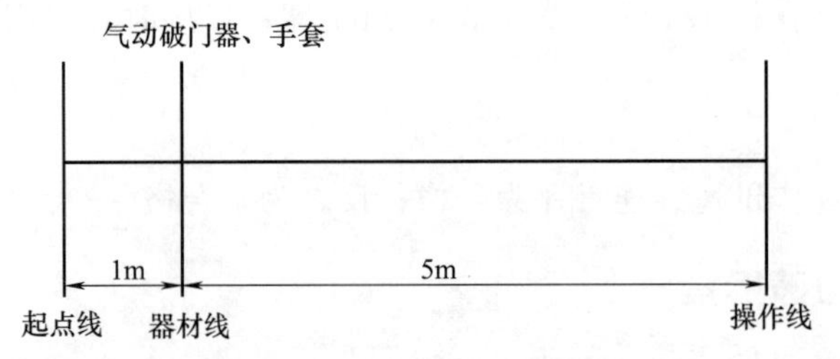

图 8.10　气动破门器破拆操场地设置

操作程序： 两名战斗员行进至起点线做好操作准备。

听到“预备——开始”的口令，各自戴好防护装备，1 号员携带破拆枪及枪头若干。2 号员携带减压装置及气瓶，跑步至操作区，1 号员协助 2 号员连接好气瓶、减压器及破拆枪，然后开始操作，完毕后举手喊“好”。

操作要求：

（1）操作前必须做好个人防护；

（2）根据情况合理选择枪头；

（3）操作时，必须穿好防护服，戴好防护眼镜和手套。

成绩评定：

操作方法正确，动作迅速、连贯评为合格；反之为不合格。

十一、电钻电锤破拆操

训练目的： 使战斗员掌握电钻电锤的操作使用方法。

场地器材： 在训练场上标出起点线，在起点线前 1m、6m 处分别标出器材线和操作线。在器材线上放置电钻电锤各 1 把、钻头 2 个及移动发电机 1 台、电缆线（220V）1 架、多用插座 1 个、防护面罩 2 个、真皮手套 2 副（图 8.11）。

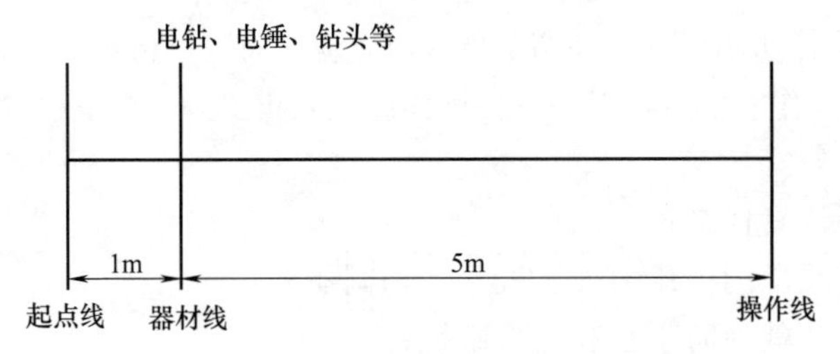

图 8.11　电钻电锤破拆操场地设置

操作程序： 三名战斗员行进至起点线做好操作准备。

听到“开始”的口令，3 名战斗员迅速向前，1 号员拿电钻和多用插座，2 号员拿电锤跑至操作线放下，并将电钻电锤插头与多用插座相接，同时 3 号员将电缆线一头拉至操作线插入多用插座，关上保险，然后跑回发电机处，将电缆线另一头插入发电机电源插座，拉启动绳，启动发电机，随后 1、2 号员手持电钻和电锤，按启动开关，开始工作，操作完毕后举手喊“好”。

操作要求：

（1）各接头要牢固，注意用电安全；

(2) 操作时，思想集中，使身体保持平衡，两手紧握手柄，避免在卡钻瞬间电钻电锤摇摆；

(3) 操作现场禁止无关人员进入；

(4) 在湿热、雨雾以及爆炸性或腐蚀性气体等特殊环境场所禁止使用。

成绩评定：

操作方法正确，动作迅速、连贯评为合格；反之为不合格。

十二、氧气切割器操

训练目的：使战斗员熟练掌握氧气切割器的操作规程和使用方法。

场地器材：在训练场上标出起点线，在起点线前1m、6m处分别标出器材线和操作线。在器材线上放置氧气切割器1个（气瓶压力不得小于12MPa），氧气切割器气瓶朝下背拖朝上，气阀火枪朝后，胶靴1双、手套1副、防护眼镜1副。操作区内放置铁板1块（铁板应侧靠或平放在防火的物体上）（图8.12）。

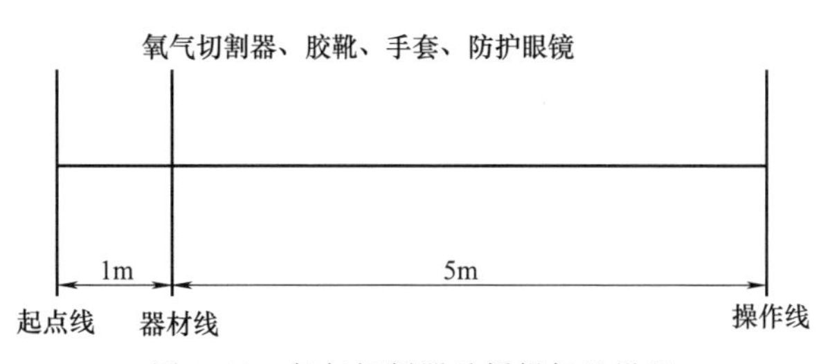

图8.12 氧气切割器破拆操场地设置

操作程序：战斗员着抢险救援服在起点线一侧3m处站成一列横队。

听到“第一名出列”的口令，一名战斗员跑至起点线立正站好。

听到“准备器材”口令后，战斗员答“是”，并迅速向前踢出一步，在器材线处，戴好手套和护目眼镜。对氧气切割器进行检查；经检查，达到要求并整理好器材装备后，返回起点线立正喊“好”。

听到“预备——开始”的口令，战斗员左脚向前一步，右膝跪地，背好气瓶，扣牢腰带，连接氧气切割器，戴好手套、防护眼镜，按下火枪的气体释放按钮，使氧气开始送出，并把切割杆成45°角接触点火器表面，慢慢前后推动切割杆，切割杆会在1～2s内发出火花，继续按下火枪的气体释放按钮，使切割杆完全点燃起来，再把火枪和点火器分开，右手按气体释放按钮，使氧气充分送出，然后对准铁板按照切割线进行切割。等切割完毕后，关闭各处开关，举手喊“好”。

操作要求：

(1) 在切割杆只剩下5cm时，应停止使用；

(2) 操作前，必须带上强光防护墨镜，切割时，要避免引燃周围可燃物；

(3) 气瓶阀门必须慢慢开启，不要将火花接触到氧气瓶及喉管。

成绩评定：

操作方法正确，动作迅速、连贯评为合格；反之为不合格。

十三、玻璃破碎器

训练目的：通过训练，使战斗员熟练掌握玻璃破碎器的操作规程和使用方法。

场地器材： 在训练场上标出起点线，距起点 1m、6m 处分别标出器材线、操作区，在器材线上放置 1 套电动双轮异向切割机、1 套玻璃破碎器；在操作区放置 1 块玻璃（图 8.13）。

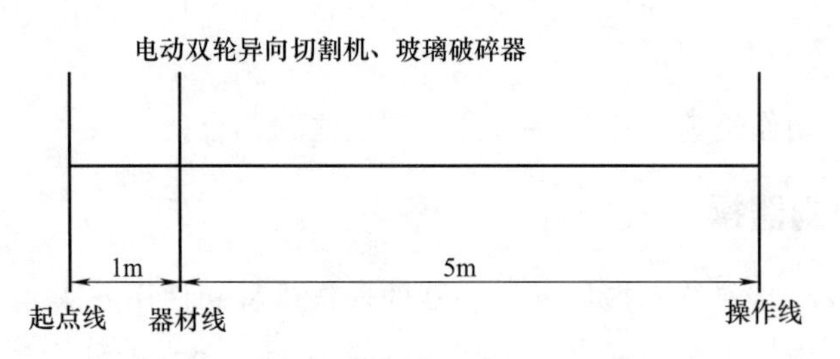

图 8.13　玻璃破碎器破拆操场地设置

操作程序： 战斗员着抢险救援服在起点线一侧 3m 处站成一列横队。

听到“前两名出列”的口令，两名战斗员跑至起点线处，成立正姿势站好。

听到“准备器材”的口令，两名战斗员答“是”，并迅速向前踢出一步，在器材线处，戴好手套和护目眼镜。1 号员对玻璃破碎器和电线卷盘进行检查；2 号员对电动双轮异向切割机进行检查。经检查，达到要求，并整理好器材装备后，1、2 号员一起返回起点线，成立正姿势，举手示意，喊“好”。

听到“预备——开始”的口令，1、2 号员迅速到达器材线处，1 号员携带玻璃破碎器和电线卷盘、2 号员携带电动双轮异向切割机一起跑向操作区；到达操作区后，1 号员将电线卷盘与电源连接，2 号员先将电动双轮异向切割机与电线卷盘连接，然后操作电动双轮异向切割机在汽车的两个 A 柱上各切两个间距大约为 10cm 的切口（确保仪器板和挡风玻璃之间留有足够的空间放置玻璃破碎器的底缸）；1 号员在 2 号员对汽车玻璃完成切口后，拿起玻璃破碎器，将玻璃破碎器架设到汽车玻璃上，推动夹钳并来回摇动手柄切割玻璃；操作完毕后，1、2 号员在操作区成立正姿势，并举手示意，喊“好”。

操作要求：

（1）对器材装备要认真检查；

（2）要爱护器材装备，使用时要轻拿轻放，防止损坏；

（3）操作时，必须戴好护目眼镜和防割手套；

（4）操作过程中，两名战斗员要相互配合。

成绩评定：

操作方法正确，动作迅速、连贯评为合格；反之为不合格。

第三节　剪扩器材训练

【学习目标】

1. 了解剪扩器材的训练规程；

2. 掌握剪扩器材操作中的注意事项。

剪扩器材训练是指受训人员为熟练掌握各种剪扩类破拆工具的用途及其操作要领和方法而开展的专项技术训练。

一、手持钢筋速断器破拆操

训练目的： 使战斗员掌握手持钢筋速断器的基本性能和操作方法。

场地器材： 在训练场上标出起点线，距起点线前1m、5m处分别标出器材线和操作线。器材线放置手持钢筋速断器1台及钢筋一截（图8.14）。

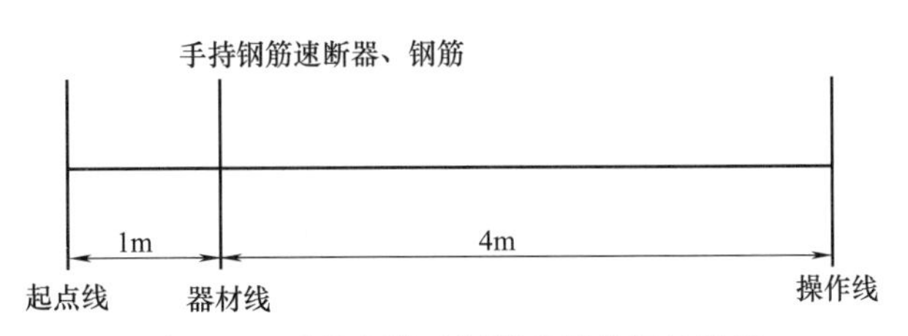

图8.14 手持钢筋速断器破拆操场地设置

操作程序： 战斗员穿着灭火防护服或抢险救援服（含头盔），在起点线一侧3m处站成一列横队。

听到"第一名出列"的口令，一名战斗员跑至起点线立正站好。

听到"准备器材"的口令，战斗员答"是"，并迅速向前踢出一步，在器材线处，对充电式手持钢筋速断器的电池电量是否充足和切割刀安装是否牢固进行检查，器材达到要求后，返回起点线，成立正姿势，举手示意，喊"好"。

听到"预备"的口令，战斗员做好操作准备。

听到"开始"的口令，战斗员迅速向前踢出一步，在器材线处，手提钢筋速断器把柄，将钢筋放入速断器两个叶片之间的C形框内，使钢筋与叶片成90°，然后根据钢筋的直径调紧螺钉（把钢筋嵌入两个叶片底部），打开开关，切割刀开始剪切钢筋，钢筋被切断后，战斗员成立正姿势，举手示意喊"好"。

操作要求：

（1）操作规程要正确；

（2）器械使用要轻拿轻放；

（3）钢筋要嵌入两个叶片底部；

（4）使用前应先检查电压是否充足，开关等地方是否好用。

成绩评定：

操作方法正确，动作迅速、连贯评为合格；反之为不合格。

二、液压扩张（剪切、剪扩）破拆操

训练目的： 使战斗员掌握液压扩张（剪切、剪扩）器的操作规程和使用方法。

场地器材： 在训练场上标出起点线，距起点线前1m、5m处分别标出器材线和操作线。器材线上放置机动液压泵1台，扩张（剪切、剪扩）器1个，液压管（5m）1套、护目镜1副（图8.15）。

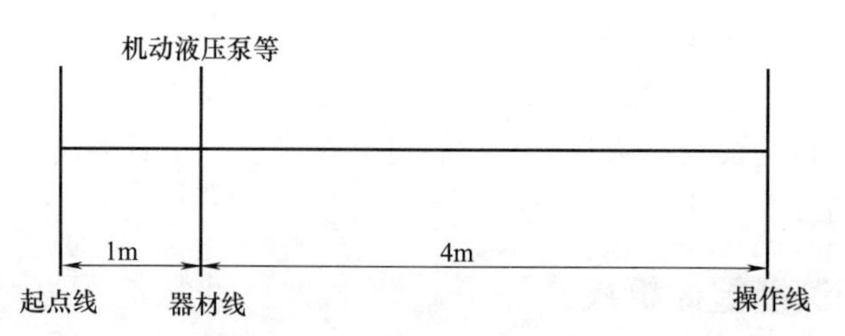

图 8.15　液压扩张（剪切、剪扩）破拆操场地设置

操作程序：

战斗员在起点线一侧站成一列横队。

听到“前两名出列”口令后，两名战斗员答“是”，跑至起点线检查器材装备，做好操作准备。

听到“开始”口令后，1号员携带扩张（剪切、剪扩）器和液压管，跑至操作线，连接扩张（剪切、剪扩）器与液压管接头，戴好护目镜，持扩张（剪切、剪扩）器做好操作准备；2号员携带液压泵至操作线前4m处，连接第一名留下的液压管接头与液压泵，启动液压泵供油；1号员操作扩张（剪切、剪扩）器，使钳头扩张至最大角度后合拢，举手示意喊“好”。

听到“收操”口令后，战斗员将器材复位，立正站好。

听到“入列”口令后，战斗员跑步入列。

操作要求：

（1）战斗员穿戴救援头盔、抢险救援服、救援靴、救援手套；

（2）操作时要防止接头盒防尘帽污损；

（3）液压管连接要同色相连、轻插慢拔；

（4）合拢时扩张（剪切、剪扩）器不得完全闭合。

成绩评定：

操作方法正确，动作迅速、连贯评为合格；反之为不合格。

三、便携式电动两用钳破拆操

训练目的：使战斗员掌握便携式电动两用钳的基本性能和操作方法。

场地器材：在训练场上标出起点线，距起点线前1m、5m处分别标出器材线和操作线。在器材线上放置1台便携式电动两用钳、手套1副、护目眼镜1副，在终点线上放置一个障碍物（图8.16）。

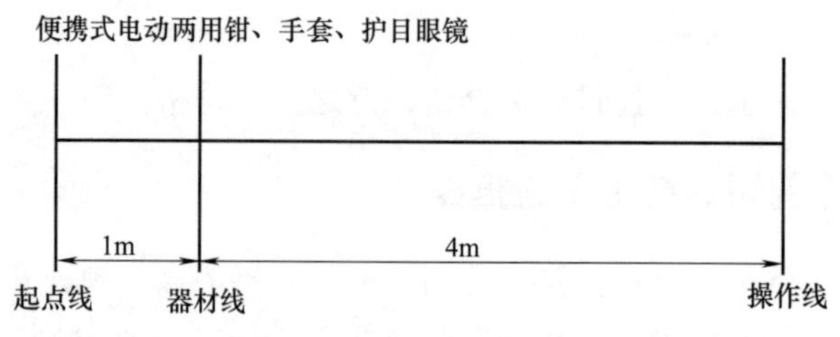

图 8.16　便携式电动两用钳破拆操场地设置

操作程序：战斗员在起点线右侧3m处成一列横队跨立站好。

听到“第一名出列”的口令，第一名答“是”并跑到起点线上，面对器材立正喊“好”。

听到“准备器材”的口令，答“是”，并正步向前踢一步，然后单膝跪地检查准备器材，戴好手套和护目眼镜，立正口头报告器材的完好情况，而后往回正步向前踢一步到原位立正喊“好”。

听到“开始”的口令后，战斗员迅速向前，拿起电动两用钳，背在肩上，迅速跑向操作线，将手柄调节好，按下开关，对物品进行剪切，完毕后举手喊“好”。

听到“收操”的口令时，战斗员迅速将器材收回，站回起点线上喊“好”。

听到“入列”的口令，战斗员答“是”，并跑步入列。

操作要求：

（1）操作时要戴好手套和护目眼镜，防止操作时人员手部和眼部受伤；

（2）操作时尽可能用钳口根部进行剪切；

（3）器材操作必须轻拿轻放，防止损坏。

成绩评定：

操作方法正确，动作迅速、连贯评为合格；反之为不合格。

四、便携式万向切割器破拆操

训练目的：通过训练，使战斗员掌握便携式万向切割器的基本性能和操作方法。

场地器材：在长 5m 的场地上，标出起点线和终点线，在起点线前 1m 处标出器材线，在器材线上放置 1 把万向切割器、1 条液压管、1 个手动液压泵、手套 2 副、护目眼镜 1 副（图 8.17）。

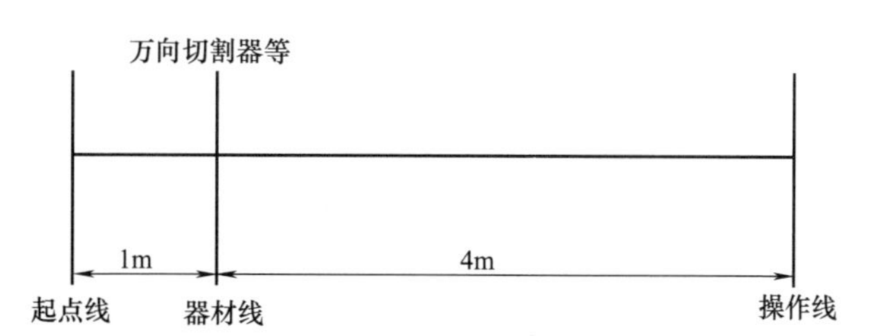

图 8.17　便携式万向切割器破拆操场地设置

操作程序：战斗员在起点线右侧 3m 处成一列横队跨立站好。

听到“前两名出列”的口令，前两名答“是”，并跑到起点线上，面对器材自行立正，由第一名喊“好”；

听到“准备器材”的口令，两名一齐答“是”，并正步向前踢一步，然后单膝跪地检查准备器材，戴好手套和护目眼镜，立正口头报告器材的完好情况，而后各自往回正步向前踢一步到原位立正，由第一名喊“好”。

听到“开始”的口令，两名号员迅速向前踢一步，1 号员迅速把便携式万向切割器和液压管拿到障碍物前方适当位置，迅速放开液压管将接口交给 2 号员连接，然后迅速跑回连接好便携式万向切割器做好破拆准备，2 号员拿手动液压泵到指定操作线处，连接好液压管，当见到 1 号员“开始”手势时打开液压泵开关开始破拆，破拆完毕后，当见到 1 号员“停止”手势时关闭液压开关，完毕后 1 号员举手喊“好”。

听到“收操”的口令，战斗员迅速将器材收回，站回起点线上排成一列，由第一名喊“好”。

听到“入列”的口令，战斗员齐答“是”，并跑步入列。

操作要求：

（1）操作时要戴好手套和护目眼镜，防止人员手部和眼部受伤；

（2）操作时液压管接口必须要接牢，防止漏油和灰尘进入；

（3）尽量使剪切刀头与被剪切物成90°；

（4）实际应用中，不要用切割器剪切强化处理过的钢材，否则会导致剪切刀头的损坏；

（5）在工作空间允许的条件下，尽量将剪切钳开至最大，并用剪切钳刀头的根部开始剪切工作。

成绩评定：

操作方法正确，动作迅速、连贯评为合格；反之为不合格。

第四节　支撑、顶杆器材训练

【学习目标】

1. 了解支撑、顶杆器材的训练规程；
2. 掌握支撑、顶杆器材操作中的注意事项。

支撑、顶杆器材训练是指受训人员为熟练掌握各种支撑、顶杆类破拆工具的用途及其操作要领和方法而开展的专项技术训练。

一、液压顶杆

训练目的：使战斗员熟练掌握液压顶杆的操作程序和使用方法。

场地器材：在训练场上标出起点线，距起点线1m、6m处标出器材线、操作线。器材线上放置液压顶杆1套、液压泵1台、手套2副，操作区内设重物1个（图8.18）。

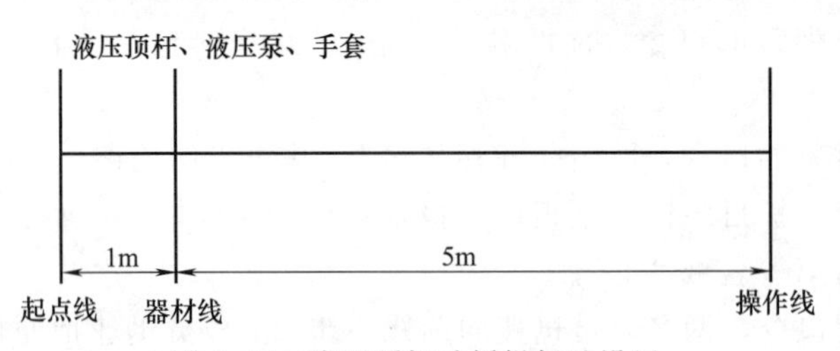

图8.18　液压顶杆破拆操场地设置

操作程序：两名战斗员行进至起点线做好操作准备。

听到“预备——开始”的口令，1号员携带液压顶杆到操作区，待2号员施放液压管过来后，一起把液压接头接好并打开保险，然后在2号员的协助下负责将支撑物撑起。

2号员把液压管施放至操作区，协助1号员把接头接好，返回器材线负责启动液压泵，并根据前方需要控制泵上两个液压油开关。

1、2 号员可以根据所撑高度的需要，在转向另一根顶杆直到所顶高度满足后，喊“好”。

操作要求：

(1) 操作中后方操作手要随时与前方操作手保持联系，第一名要找准支撑点，第一、二名要配合默契；

(2) 液压顶杆的固定支撑和活动支撑上带有防滑齿，在工作中应使它们与被扩张对象接触牢固；

(3) 由于顶杆活塞行程较长，在使用中应注意保护防止被硬物划伤，造成漏油。严禁对软管进行强烈的弯曲，以免损坏软管。

成绩评定：

操作方法正确、动作迅速、连贯评为合格；反之为不合格。

二、开门器破拆操

训练目的：使战斗员掌握用开门器破拆卷帘门的方法和要领。

场地器材：在训练场上标出起点线，在距起点线 1m、6m 处分别标出器材线、操作线，在器材线上放置开门器 1 个、小锤子 1 把、撬棒 1 根、手套 2 副，操作区内设置 1 个铁箱（假设卷帘门）（图 8.19）。

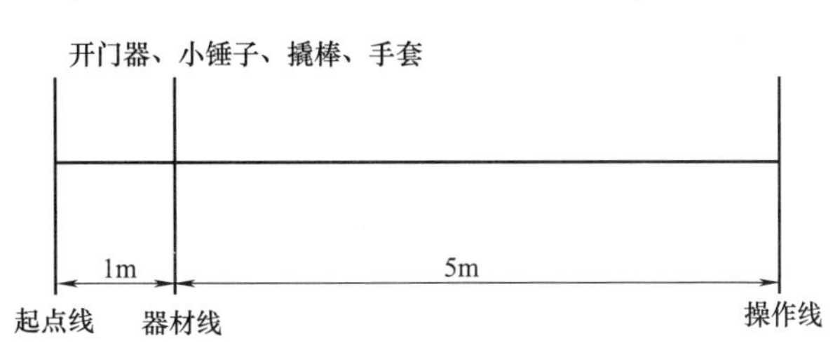

图 8.19 开门器破拆操场地设置

操作程序：两名战斗员行进至起点线做好操作准备。

听到“预备——开始”的口令，战斗员按照操作要求戴好手套，拿起各自分工的器材（1 号员拿锤子、撬棒，2 号员拿开门器），跑到操作区内破拆卷帘门的前方。

1 号员先判断卷帘门的立脚点位置（两端，还是中间），然后用撬棒撬开一个裂缝并用小锤击打开门器根部，使其紧顶卷帘门的立脚点，举手喊加压，当卷帘门顶起后，再喊泄压。动作完成喊“好”。

操作要求：

加压时液压线管严禁打结，操作时严格按照操作程序进行，选定撬门部位要准确，液压接头连接要紧密。

成绩评定：

操作方法正确、动作迅速、连贯评为合格；反之为不合格。

三、手动液压泵

训练目的：使战斗员熟练掌握手动液压泵的操作程序和使用方法。

场地器材：在平地上标出起点线，距起点线 1m、6m 处分别标出器材线、操作区，在器材线上放置 1 台手动液压泵、1 套液压剪断器和 2 副手套及 1 条毛巾（图 8.20）。

操作程序：战斗员穿着灭火防护服或抢险救援服（含头盔），在起点线一侧 3m 处站成

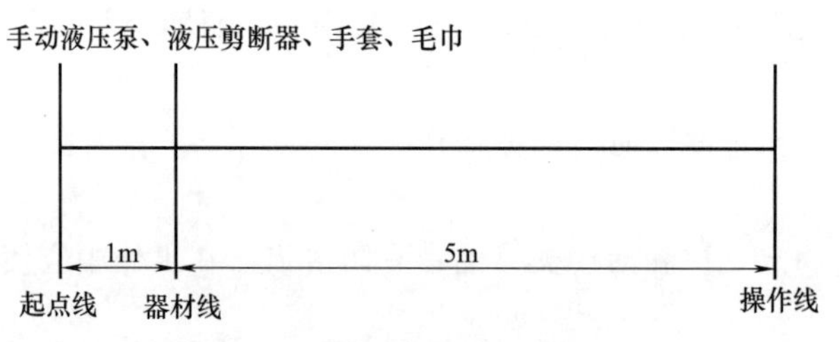

图 8.20 手动液压泵场地设置

一列横队。

听到“前两名出列”的口令，两名战斗员答“是”，并跑至起点线处，成立正姿势站好。

听到“准备器材”的口令，两名战斗员答“是”，并迅速向前踢出一步，在器材线处戴好手套。1号员对液压剪断器进行检查；2号员检查手动液压泵机组各部分是否有松动、损坏现象，拧下油箱盖，检查油尺上油面所到位置（应在油尺两刻度之间）；经检查达到要求，并整理好器材装备后，1、2号员一起返回起点线，成立正姿势，举手示意喊“好”。

听到“预备”的口令，两名战斗员做好操作准备。

听到“开始”的口令，两名战斗员迅速向前踢出一步，在器材线处1号员携带液压剪断器和毛巾跑至操作区；2号员卸下液压管，拔下防尘帽，连接到手动液压泵的快速接口上，并扣好防尘帽，然后施放液压管至操作区内，交给1号员后，返回手动液压泵处。1号员接过2号员交给的液压管头，拔下防尘帽，连接到破拆工具快速接口上，并扣好防尘帽，将接口放在毛巾上，然后拉下盔罩，手持破拆工具，准备操作；2号员返回手动液压泵处后，先顺时针方向关闭手控开关阀，再将油箱盖扭松1～1.5圈（拧松过多会使油箱盖滑脱；过少时，油箱通气不好，会降低油泵功能），然后打开锁钩，压动手动液压泵手柄，这时手动液压泵将压力（动力）传输给破拆工具；1号员转动破拆工具转向阀手轮，使其两臂张开到最大后，举手示意；2号员看到1号员举手示意后，面向指挥员，成立正姿势，举手示意喊“好”。

操作要求：

（1）检查器材要认真仔细；

（2）插接好快速接口后，才允许操作手动液压泵；

（3）快速接口连接后，接口的防尘帽要对接好；

（4）操作时，必须戴消防手套，并将盔罩拉下；

（5）破拆工具在供油状态工作时，不可推动换向阀杆按钮，当破拆工具手控阀置于中位时，才可推动换向阀，使另一台工具工作。

成绩评定：

操作方法正确，动作迅速、连贯评为合格；反之为不合格。

四、机动液压泵

训练目的：使战斗员熟练掌握机动液压泵的操作程序和使用方法。

场地器材：在平地上标出起点线，距起点线1m、6m处分别标出器材线、操作线，在器材线上放置1台机动液压泵、1套液压剪断器、1套液压多功能钳和3副手套及2条毛巾（图8.21）。

操作程序：战斗员穿着灭火防护服或抢险救援服（含头盔），在起点线一侧3m处站成

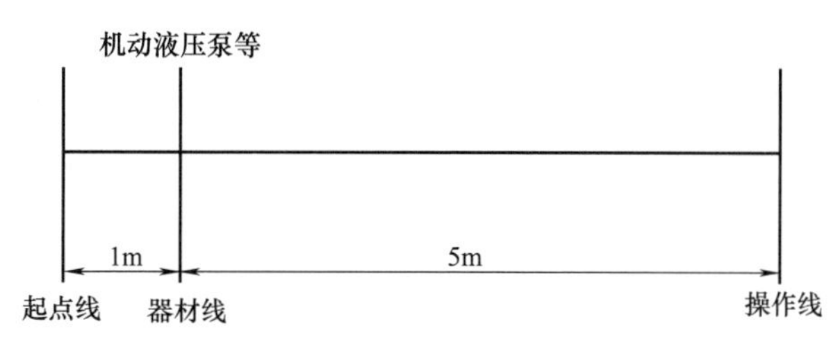

图 8.21 机动液压泵场地设置

一列横队。

听到“前三名”的口令，三名战斗员答“到”。

听到“出列”的口令，三名战斗员答“是”，并跑至起点线处，成立正姿势。

听到“准备器材”的口令，三名战斗员答“是”，并迅速向前踢出一步，在器材线处，戴好手套。3 号员对机动液压泵机组各部分是否有松动、损坏现象进行检查，通过液压油面指示窗，检查机动泵液压油箱内油位（液压油面应在油窗的中上部位置），抽出润滑油油面标尺检查汽油机曲轴箱润滑油位（油面应在油尺的上下刻度之间），检查汽油箱油量（打开汽油注油口，检查汽油量，油箱应留有一定的空间）；1 号员检查液压剪断器；2 号员检查液压多功能钳；经检查，达到要求，并整理好器材装备后，三名战斗员一起返回起点线，成立正姿势，举手示意，喊“好”。

听到“预备”的口令，三名战斗员做好操作准备。

听到“开始”的口令，三名战斗员迅速向前踢出一步，在器材线处，1 号员携带液压剪断器和毛巾，2 号员携带液压多功能钳和毛巾，一起跑至操作区。3 号员卸下两组液压管，拔下防尘帽，分别连接到液压泵的两组快速接口上，并扣好防尘帽，然后施放液压管至操作区内，分别交给 1、2 号员后，返回液压泵处。1、2 号员接过 3 号员交给的液压管头，拔下防尘帽，连接到破拆工具快速接口上，并扣好防尘帽，拉下盔罩，手持破拆工具，准备操作；3 号员返回液压泵处后，打开汽油开关，关闭阻风门，将汽油机油门向上推至全程的 1/3～2/3 处；再将点火电路开关顺时针方向由 OFF 转到 ON 位置，使电路接通，使液压油泵手控开关处于卸压位置（逆时针旋转）；此时轻拉启动手柄至感到有阻力时，用力快速一拉；汽油机启动后，慢慢将阻风门顺时针打开，待发动机热机后，将油门杆抬起，使之处于工作位置，此时即可向配套工具提供压力油（破拆工具在供油状态工作时，不可推动换向阀杆按钮，当破拆工具手控阀置于中位时，才可推动换向阀，使另一台工具工作）。1、2 号员分别转动各自操作的破拆工具换向阀手轮，使其两臂张开到最大后，举手示意。3 号员看到 1、2 号员举手示意后，成立正姿势，举手示意喊“好”。

听到“收操”的口令，1、2 号员顺时针转动换向阀手轮，使各自操作的破拆工具两臂合拢到最小角度，然后将换向阀手轮转回到中位，向 3 号员举手示意，3 号员看到 1、2 号员举手示意后，将液压油泵汽油机油门置于怠速位置，将液压油泵手控开关逆时针转到卸压位置，将点火电路开关逆时针方向由 ON 转到 OFF 位置，使发动机停止运转，最后将汽油开关顺时针拧到关闭位置。1、2 号员从各自操作的破拆工具拔下液压管插头，扣好防尘帽，一起将器材收起，放回器材线。3 号员收起液压管，拔下液压管插头（快速接口），扣好防尘帽，盘好软管，放回原位。然后三名战斗员一起返回起点线，成立正姿势，举手示意，喊“好”。

听到“入列”的口令，三名战斗员答“是”，并跑步入列。

操作要求：

（1）检查器材要认真仔细；

（2）插接好快速接口后，才允许启动机动液压泵发动机；

（3）快速接口连接后，接口的防尘帽要对接好；

（4）操作时，必须戴消防手套，并将盔罩拉下；

（5）破拆工具在供油状态工作时，不可推动换向阀杆按钮，当破拆工具手控阀置于中位时，才可推动换向阀，使另一台工具工作；

（6）启动机动液压泵发动机时，拉绳要平稳、迅速，不宜用力过猛。

成绩评定：

操作方法正确、动作迅速、连贯评为合格；反之为不合格。

第五节　破拆作业

【学习目标】

1. 根据火场情况，能够正确选择破拆器材；
2. 破拆各种材料的方法正确，操作人员任务明确，协同密切。

破拆作业训练是指受训人员为熟练掌握各种破拆工具的用途及其操作要领和方法而开展的合成专项技术训练。

一、上下卷帘门破拆操

训练目的：使战斗员学会运用各种随车器材对卷帘门的破拆方法。

场地器材：在训练场地上标出起点线，距起点线1m处为器材线，在器材线上放置金属切割机1台、多器材用途手动扩张器1套、手套2副。操作区内设上下卷帘门1扇。

操作程序：两名战斗员行进至起点线做好操作准备。

听到“预备——开始”的口令，战斗员戴上手套，1、2号员分别携带手动扩张器和金属切割机到操作区。1号员于卷帘门中部，将手动多器材用途扩张器的尖头部插进门帘和地面的缝隙中，打开供压开关，右手上下按动液压杠杆进行加压，使中部门帘在扩张器的扩张下，锁头脱离；2号员携带金属切割机至门帘两侧，按照金属切割机的操作要求，发动机器，然后拉下面罩，分别割掉门帘最下部两侧的长式插销头。战斗员关闭各自器材，把卷帘门往上开启后，喊“好”。

操作要求：

（1）切割时要对准关键的部位破拆；

（2）金属切割时，要做好个人防护措施，防止机械损伤；

（3）如遇到电动制动式卷帘门，可用金属切割机在门帘中间破拆一个大的长方形进出口，实战中，尽可能使破拆工具一步到位。

成绩评定：

操作方法正确、动作迅速、连贯评为合格；反之为不合格。

二、水平卷帘门破拆操

训练目的： 使战斗员掌握破拆卷帘门的方法。

场地器材： 在场地上标出起点线，距起点线 1m 处为器材线，在器材线上放置氧气切割器 1 台、手套 1 副，操作区内设上下卷帘门 1 个，并在门帘上标有破拆点。

操作程序： 两名战斗员行进至起点线做好操作准备。

听到“预备——开始”的口令，战斗员戴好手套，携带氧气切割器到操作区，按操作要求戴好防护镜，点着氧气切割器，用高温熔点将卷帘门破拆处切割成“口”字型，关掉气割器，喊“好”。

操作要求：

（1）严格按照气割器的操作要求实施；

（2）做好自身防护。

成绩评定：

操作方法正确、动作迅速、连贯评为合格；反之为不合格。

三、防盗门破拆操

训练目的： 使战斗员熟练掌握防盗门的破拆方法。

场地器材： 在场地上标出起点线，距起点线 1m 处为器材线，在器材线上放置手动式液压撬门顶杆 1 把、带橡胶套的小铁锤 1 把、手套 1 副，操作区内设防盗门 1 扇。

操作程序： 两名战斗员行进至起点线做好操作准备。

听到“预备——开始”的口令，2 号员待 1 号员戴上手套后，一起携带手动式液压撬门顶杆至操作区，2 号员操作液压泵加压，1 号员拿好液压顶杆和带橡胶套的小铁锤，找准防盗门的锁部，将顶杆的尖口插于门缝处，再用小铁锤进行敲打加固（使尖口深陷于缝中），然后喊“加压”。2 号员立刻打开液压开关，右脚踩住液压泵底部，右手按动液压杆，使前部液压顶杆伸长，防盗门锁部脱离，开启防盗门，喊“好”。

操作要求：

（1）扩张破拆的位置一定要位于门的固定部位；

（2）实战中，也可以用撬杆（铁锤）进行固定处破拆；

（3）在破拆密闭型防盗门时，可采用气割器对门的铰链进行气割或用冲击钻对锁眼孔冲击破拆。

成绩评定：

操作方法正确，动作迅速、连贯评为合格；反之为不合格。

四、电梯门破拆操

训练目的： 使战斗员熟练掌握电梯门的破拆方法。

场地器材： 在训练场上标出起点线，距起点线 1m 处标出器材线和操作区，操作区长 5m。器材线上放置液压破拆工具组 1 套、撬棒 1 根。操作区设模拟电梯门 1 扇。

操作程序： 战斗员在起点线一侧 3m 处站成一列横队。

听到“前两名出列”的口令，战斗员答“是”，并跑至起点线立正站好。

听到“准备”的口令，战斗员按照各自分工检查器材，做好操作准备。

听到“开始”的口令，1、2号员携带撬棒和液压破拆工具组至操作区，并连接好液压破拆工具。1号员将撬棒深入电梯门中间部位，撬开一条缝隙，待2号员将扩张器深入缝隙后返回液压泵处，听到2号员“供压”的指令后实施供压。2号员携带扩张器至电梯门前，待1号员将电梯门撬开缝隙后，将扩张器顶端深入缝隙内实施扩张。待电梯门扩开后，举手示意喊“好”。

听到“收操”的口令，战斗员将器材复位。

听到“入列”的口令，战斗员跑步入列。

操作要求：

(1) 战斗员按实战要求着装，做好个人防护；

(2) 破拆电梯门应优先考虑电梯钥匙开启；

(3) 电梯错层故障时，应从错层位置的上层实施破拆。

成绩评定：

操作方法正确，动作迅速、连贯评为合格；反之为不合格。

五、砖木结构组成屋面破拆操

训练目的：使战斗员学会利用破拆工具对砖木结构组成屋面实施破拆的方法。

场地器材：在平地上标出起点线，起点线前15m处标出终点线。起点线上放置两节拉梯1架、平斧1把、撬棒1根，终点线上设置单层的尖顶屋面1座。

操作程序：三名战斗员行进至起点线做好操作准备。

听到“开始”的口令，1、2号员分别携平斧、撬棒，3号员扛拉梯跑至建筑物处，架好拉梯并作保护，然后1、2号员沿拉梯攀登至屋面，找准破拆口，将瓦片掀开直至露出板条，然后手持平斧或撬棒将板条劈（撬）开至人能顺利进入喊“好”。

操作要求：

(1) 破拆时战斗员应站立上风方向，防止滑倒，必要时可用安全绳保护；

(2) 挥动斧头时，防止有人接近，切忌将工具的尖刃对着有人的方向；

(3) 破拆时不能损坏支撑屋顶的承重构件

成绩评定：

操作方法正确，动作迅速、连贯评为合格；反之为不合格。

六、板条抹灰空心结构组成破拆操

训练目的：使战斗员学会利用破拆工具对空心结构组成实施破拆的方法。

场地器材：在平地上标出起点线，起点线前15m处标出终点线。起点线上放置尖斧1把、终点线上设置板条抹灰墙1座。

操作程序：战斗员行进至起点线做好操作准备。听到“开始”的口令，战斗员携尖斧跑至破拆点处，手持尖斧，先剥去外层灰泥，然后用尖斧劈开板条，直至破拆口达到所需大小为止喊“好”。

操作要求：

(1) 破拆时，战斗员须拉下盔帽面罩，防止灰泥等飞溅而影响破拆；

（2）破拆口应不小于50cm×50cm。

成绩评定：

操作方法正确，动作迅速、连贯评为合格；反之为不合格。

七、地板破拆操

训练目的：使战斗员学会利用破拆工具对地板实施破拆的方法。

场地器材：在平地上标出起点线，起点线前15m处标出终点线，起点线上放置尖斧1把、终点线上设置木地板1块。

操作程序：战斗员行进至起点线做好操作准备。

听到“开始”的口令，战斗员携尖斧跑至破拆点处，手持尖斧敲击地板，根据敲击的声音确定地板木托梁之间的空档位置，用斜劈法将面层硬木条的一侧劈断，并用同样的方法将面层的另一侧劈断；然后将劈断的硬木条用尖斧撬起（如地层有粗木板可用同样的方法将两侧劈断撬起）直至破拆所需大小为止喊“好”。

操作要求：

（1）破拆木地板时，须待两侧劈断后再撬起，以防止撬去少数几块后，地板下有烟和热冒出来影响破拆作业；

（2）挥动尖斧时，防止有人接近，切忌将工具的尖刃朝着有人的方向；

（3）破拆地板时，要注意各种隐蔽设施（如：电线、电话线、水、煤气管道等），防止造成意外；

（4）破拆口应不小于50cm×50cm。

成绩评定：

操作方法正确，动作迅速、连贯评为合格；反之为不合格。

八、铁皮屋面破拆操

训练目的：通过训练，使战斗员学会利用破拆工具对铁皮屋面实施破拆的方法。

场地器材：在平地上标出起点线，起点线前15m处标出终点线。起点线上放置两节拉梯1架、36寸断线剪1把、尖斧1把、撬棒1根；终点线上设置单层的平顶铁皮屋面1座。

操作程序：三名战斗员行进至起点线做好操作准备。

听到“开始”的口令，1号员携尖斧，2号员携断线剪和撬棒，3号员扛拉梯跑至建筑物处，将拉梯架设好并作保护，1、2号员沿拉梯攀登至铁皮屋面，1号员手持尖斧，在屋面上劈出一条缝，然后用撬棒将缝隙撬开（能使断线剪顺利进入）；1号员持断线剪与2号员的撬棒配合，沿缝隙逐步将铁皮剪（撬）开，直至达到破拆至所需大小为止喊“好”。

操作要求：

（1）破拆时战斗员应站立上风方向，在屋面操作须防止滑倒，必要时可用安全绳保护；

（2）挥动尖斧时，防止有人接近，切忌将工具的尖刃朝着有人的方向，破拆时不能损伤支撑屋面的承重构件，防止意外；

（3）破拆口应不小于50cm×50cm。

成绩评定：

操作方法正确，动作迅速、连贯评为合格；反之为不合格。

九、玻璃幕墙破拆操

训练目的：使战斗员掌握使用双轮异向切割机破拆玻璃幕墙的方法。

场地器材：在训练场上标出起点线，距起点线1m处标出器材线和操作区，操作区长5m。器材线上放置双轮异向切割机1台、宽胶带1卷、电线盘1盘，操作区架设玻璃1块。

操作程序：战斗员在起点线一侧3m处站成一列横队。

听到“前两名出列”的口令，战斗员答“是”，并跑至起点线立正站好。

听到“准备”的口令，战斗员按照各自分工检查器材，做好操作准备。

听到“开始”的口令，1号员携带宽胶带至操作区，用胶带贴于玻璃幕墙表面，对玻璃幕墙进行防护后，协助2号员实施破拆。2号员携带双轮异向切割机、电线盘至操作区，铺设电线盘至破拆点与双轮异向切割机连接，待1号员用胶带贴好玻璃后，对玻璃实施切割后，举手示意喊“好”。

听到“收操”的口令，战斗员将器材复位。

听到“入列”的口令，战斗员跑步入列。

操作要求：

（1）战斗员按实战要求着装，做好个人防护；

（2）切割时应按由上至下原则进行；

（3）粘贴胶带时必须平行重叠，不得留有死角。

成绩评定：

操作方法正确，动作迅速、连贯评为合格；反之为不合格。

十、混凝土墙和砖墙破拆操

训练目的：使战斗员学会混凝土墙和砖墙破拆的方法和技巧。

场地器材：在平地上标出起点线。起点线前15m处标出终点线，起点线上放置混凝土切割机1台、水罐消防车1辆、专用水带1盘、手动破拆工具1套，终点线上设置混凝土墙和砖墙。

操作程序：两名战斗员行进至起点线做好操作准备。听到“开始”的口令，2号员连接水带，手持手动破拆工具至混凝土墙处；驾驶员启动水罐消防车，供水至5.5bar；1号员持混凝土切割机至混凝土墙处，待供水正常后，启动混凝土切割机，将油门压到底，保持最大链速，用混凝土切割机在需要破拆处切出2cm深的矩形导切槽。用穿刺的方法，沿导切槽进行切割，先切矩形的下边，然后左右两边，最后切上边。切割完成后，2号员用手动工具将切割下的混凝土撬下。

操作要求：

（1）破拆前应认真选择破拆点，防止引起倒塌或造成结构组成不稳定；

（2）切割时必须保证供水不间断，水压符合要求，切下的混凝土块重量大，应防止砸伤人员。

成绩评定：

操作方法正确，动作迅速、连贯评为合格；反之为不合格。

思考题

1. 对于火场中不同的障碍物如何选用破拆器材？
2. 在火场中怎样促进人与器材装备的最佳结合？
3. 切割器材的操作对操作人员的防护要求有哪些？
4. 剪扩器材的操作对操作人员的防护要求有哪些？

第九章

侦检、堵漏训练

消防队伍在处理核、生、化等抢险救援事故中，快捷、安全地检测出危险源，对整个处置过程起着至关重要的作用。侦检器材主要通过自动或人工的检测方式，测定灾害现场的某些特定参数，例如：可燃气体、有毒气体、放射物质的射线强度等，从而快速检测出危险源，正确评估事故的危害程度，协助救援人员采取及时有效的处置措施，减少甚至避免事故所带来的严重危害。

第一节　侦检器材

【学习目标】

1. 了解掌握侦检器材的种类；
2. 了解掌握侦检器材的功能用途、性能参数。

消防队伍通常配备的侦检器材有：核放射探测仪、有毒气体探测仪、红外热像仪、可燃气体检测仪、视频生命探测仪、雷达生命探测仪、音频生命探测仪、漏电探测仪等器材。

在灾害事故现场，使用正确的侦检器材，采取行之有效的技术手段查明灾害事故现场的状况，可为控制和及时处置事故提供决策依据。

一、核放射探测仪

功能用途：X5C型核放射探测仪由主机、伸缩探测器、电池盒、充电器等组成，主要用于探测灾害事故现场核辐射强度，寻找并确定放射性污染源的位置，检测人体体表的残余放射性物质等。

性能参数：该探测仪使用光子等量剂量测定技术，光能额定使用范围45keV～2MeV；检测射线种类为β和γ射线，最大测量误差≤±30%；内置探头直径ϕ5mm，探头位于机壳内前端位置；仪器防尘、防水，工作湿度范围0%～95%，工作温度－30～60℃，储存温度－40～70℃，电源9V。其各级报警值设定见表9.1。

表9.1　各级报警设定值

剂量强度报警(DLW)		剂量报警(DW)	
级别	报警值	级别	报警值
DLW 1	7.5μS v/h	DW 1	200μS v
DLW 2	25μS v/h	DW 2	500μS v
DLW 3	40μS v/h	DW 3	1000μS v
DLW 4	300μS v/h	DW 4	2 mS v

注：μS v/h（微希沃特/小时）为剂量率单位，表示每小时受到的辐射量；μS v（微希沃特）、mS v（毫希沃特）为剂量单位，表示累计受到的辐射量。

二、有毒气体探测仪

功能用途：有毒气体探测仪用于探测有毒、有害气体及氧含量，具备自动识别、防水、防爆性能。四合一有毒气体探测仪是个人使用的便携式微处理器控制的气体检测仪，最多能同时监测四种危险气体：氧气、可燃气、一氧化碳、硫化氢。

性能参数：有毒气体探测仪性能参数见表9.2。

表9.2 常用有毒气体探测仪性能参数

产地/型号		加拿大/BW
尺寸/cm		10.75×6.00×2.73
质量/g		160
操作温度/℃		−20～58
储存温度/℃		−40～50
操作湿度		0%～95%
探测范围	$H_2S/10^{-6}$	0～100
	$CO/10^{-6}$	0～500
	O_2(体积比)/%	0～30.0
	可燃气体(LEL)	0～100
声音报警(30cm内)/dB		95
使用时间/h		10～12
充电时间/h		2～3

三、红外热像仪

功能用途：热像仪由镜头组件、机芯组件、显示设备和电源组成，主要用于消防救援中的火情侦察、人员搜救、辅助灭火和火场清理等，特别适用于协助消防员在浓烟、黑暗、高温等环境条件下进行灭火和救援作业。

性能参数：热像仪的性能参数见表9.3。

表9.3 常用热像仪的性能参数

品牌/型号	Bullard/T3XT
产地	美国
质量/kg	2.9(含电池)
尺寸/cm	10×18×12
分辨率	160×120
光谱/μm	7.5～14
刷新频率/Hz	30
温度灵敏度/℃	0.05
镜头尺寸/mm	5.8
焦距范围/m	1～无穷大
供电	NiH 充电电池

续表

品牌/型号	Bullard/T3XT
输出电压/V	10
电池容量/(mA/h)	1600
充电电源	220V(AC)或12V(DC)
开关寿命/万次	100
电池寿命/次	1000
电池质量/kg	0.3
显示屏尺寸/mm	52.4×71.7
观察角度/(°)	左/右60,上35,下60

四、可燃气体检测仪

功能用途：可燃气体检测仪由主机、吸气连杆、充电器等组成，是一种对单一种或多种可燃气体浓度响应的探测仪器，利用难熔金属铂丝加热后的电阻变化来测定可燃气体浓度。

性能参数：可燃气体检测器性能参数见表9.4。

表9.4 常用可燃气体检测器性能参数

型号	P-112
检测气体类型	空气中的可燃气体
检测方式	泵吸式
检测范围	0～100%LEL(爆炸下限)
检测误差	5%LEL
报警方式	蜂鸣器断续声音和红色报警指示灯闪亮,通过频率高低区分一、二级报警,一级报警频率约2Hz;二级报警频率约5Hz
电源	Ni-MH 1.2V×5
连续工作时间	>6h(非报警状态)
传感器寿命	>3年

五、视频生命探测仪

功能用途：视频生命探测仪一般由探测镜头、探测杆、插拔式微型液晶显示器、耳机、话筒和连接电缆等组成，是一种在倒塌的建筑物下和狭窄的空间中搜寻遇难者的特殊工具，它可通过高清晰视频和音频信号，向搜救人员提供废墟下受害者的信息。

性能参数：视频生命探测仪性能参数见表9.5。

表9.5 常用视频生命探测仪性能参数

产地	美国		
型号	ZT+V1000(手持)	ZT-V1000(腕式)	EARCHAM
视角	62°		180°
充电时间/h	2	4	
使用时间/h	3.5		3
监视器	2.5英寸彩色LCD		5英寸

六、雷达生命探测仪

功能用途：雷达生命探测仪是一种微波生命探测设备，适用于在自由空间和穿透非金属介质进行生命探测，主要用来对被掩埋在倒塌建筑物、废墟、土壤里的幸存者进行探测搜寻。

性能参数：雷达生命探测仪性能参数见表 9.6。

表 9.6　常用雷达生命探测仪性能参数

<table>
<tr><td colspan="2">型号</td><td>J-3000</td></tr>
<tr><td colspan="2">雷达发射类型</td><td>超宽谱脉冲雷达</td></tr>
<tr><td colspan="2">最大探测距离/m</td><td>15</td></tr>
<tr><td colspan="2">探测张角</td><td>60°的圆锥体区域</td></tr>
<tr><td colspan="2">最大读数深度/m</td><td>15</td></tr>
<tr><td colspan="2">探测体积/m³</td><td>1177</td></tr>
<tr><td colspan="2">15m 处对应的探测平面面积/m²</td><td>235</td></tr>
<tr><td colspan="2">15m 处对应的探测平面直径/m</td><td>17</td></tr>
<tr><td colspan="2" rowspan="2">穿透能力(可穿透非金属障碍物进行探测)/m</td><td>2.0(砖混结构实体墙)</td></tr>
<tr><td>0.8(钢筋混凝土实体墙)</td></tr>
<tr><td rowspan="2">雷达探测器与显示控制器之间的无线通信距离</td><td>通过显示控制器的内置蓝牙模块进行通信距离/m</td><td>10</td></tr>
<tr><td>通过显示控制器的外接无线数传模块进行通信距离/m</td><td>100</td></tr>
<tr><td colspan="2">测距分辨率</td><td>雷达探测器可测定被测生命体的纵向距离,测距读数可达到厘米级</td></tr>
</table>

七、音频生命探测仪

功能用途：音频生命探测仪主要由主机、传感器、电源、连接电缆、万向麦克风等组成，是一种声波探测仪，它采用特殊的微电子处理器，能够识别在空气或固体中传播的微小震动，适合搜寻被困在混凝土、瓦砾或其他固体下的幸存者，能准确识别来自幸存者的声音如呼喊、拍打、划刻或敲击等。

音频生命探测仪可以连接多个音频传感器，是一种具有全方位音频传感器的生命探测仪，可同时接收 2、4 或 6 个传感器信息，可同时以波谱的形式显示任意两个传感器信息，并配备有小型对讲机，能同幸存者对话。

性能参数：音频生命探测仪的主要技术性能见表 9.7。

表 9.7　常用音频生命探测仪性能参数

型号	Audio ReQ
探测频率/Hz	15～5000
工作时间/h	8
储存温度/℃	−40～70
工作温度/℃	−20～60
质量/kg	2.8

八、漏电探测仪

功能用途：漏电探测仪由高灵敏的交流放大器、传感器、蜂鸣器、指示灯、开关、电池等组成，BM500-02漏电探测仪主要用于市政、车辆交通、消防救援、灾害事故的救援处置时确定泄漏电源的具体位置，为现场人员提供安全保证。

性能参数：

（1）漏电探测仪有三个档次：高感应度、低感应度、聚焦感应度。

（2）探测频率范围：20～100Hz。

（3）电池：4节5#碱性电池。

（4）工作时间：持续使用300h。

（5）适用温度范围：－30～50℃。

（6）探测范围参数见表9.8。

表9.8 常用漏电探测仪探测范围参数

电压	频率	测试对象	灵敏度设置及探测距离		
			高/m	低/m	目标前置/mm
220V交流电	50Hz	单一导体(距地面1.5m)	4.6	0.9	150
220V交流电	50Hz	湿土中的导体	0.9	15	25
16kV	50Hz	高空配给线(带单层绝缘体)	65	21	6
46kV	60Hz	高空配给线(带多层绝缘体)	>150	>60	>20

九、化学事故应急检测器材

（一）化学应急检测的任务

及时查明造成化学事故的有毒有害物质的种类，即定性检测。测定有毒有害物质的扩散和浓度分布情况，有条件时可查明导致化学事故的客观条件，根据有毒有害物质的浓度分布情况，确定不同程度污染区的边界，并进行标示。

（二）检测方法

1. 非器材的检判法

即用鼻、眼、口、皮肤等人体器官感触被检物质的存在。如氰化物具有杏仁味，二氧化硫具有特殊的刺鼻味，含硫基的有机磷农药具有恶臭味，硝基化合物在燃烧时冒黄烟，一些化学物质如HCl能刺激眼睛流泪，酸性物质有酸味，碱性物质有苦涩味，酸碱还能刺激皮肤等。但这种方法会直接伤害监测人员，这只能是一种权宜之计。

2. 试纸法

把滤纸浸泡在化学试剂后晾干，裁成长条、方块等形状，装在密封的塑料袋或容器中。使用时，使被测空气通过用试剂浸泡过的滤纸，有害物质与试剂在纸上发生化学反应，产生颜色变化；或者先将被测空气通过未浸泡试剂的滤纸，使有害物质吸附或阻留在滤纸上，然后向试纸上滴加试剂，产生颜色变化。根据产生的颜色深度与标准比色板比较。

3. 检测管法

检测管是一种内部填化学试剂显示指示粉的小玻璃管，一般选用内径为2～6mm、长度为 120～180mm 的细玻璃管。指示粉为吸附有化学试剂的多孔固体细颗粒，每种化学试剂通常只对一种化合物或一组化合物有特效。当被测空气通过检测管时，空气中含有的待测有毒气体便和管内的指示粉迅速发生化学反应，并显示颜色。管壁上标有刻度（通常是 mg/m^3），根据变色环（柱）部位所示的刻度位置就可以定量地读出污染物的浓度值。

4. 仪器检测法

有毒有害气体检测仪是借助于气体本身的物理或化学性质，通过光电技术转化为电信号，从而测出气体浓度的仪器，多采用相对比较的方法进行测定。有毒有害气体检测仪的枢纽部件是气体传感器，常用的现场检测气体传感器类型有电化学传感器、红外传感器、催化燃烧传感器、光离子化检测器、半导体传感器等。

十、生命体征信号检测仪

1. 声波生命探测仪

利用低频超声波波长反射原理，通过全方位声音探头，探测来自幸存者的声音，例如呼喊、呼吸、心脏和敲击物体的声音，从而发现幸存者被困方位的设备。

2. 光学生命探测仪

利用光学成像原理，由摄像探测器观察和寻找幸存者和遇难者。

3. 超低频电磁波生命探测仪

通过感应人体心脏发出的 30Hz 以下超低频电波所产生的电场，来搜寻被救者的位置。

4. 热像仪

通过将不同温度的物体发出的不可见红外线转变成可视影像，利用人体红外影像来寻找幸存者和遇难者。

5. 雷达生命探测仪

雷达生命探测仪是融合雷达技术、生物医学工程技术于一体的生命探测设备。它主要利用电磁波的反射原理制成，通过检测人体生命活动所引起的各种微动，从这些微动中得到呼吸、心跳的有关信息，从而辨识有无生命。

第二节　侦检器材训练科目

【学习目标】

1. 根据现场情况，能正确选择侦检器材；
2. 能正确使用侦检器材；
3. 全体人员任务明确，协同密切；
4. 安全防护符合要求。

熟练掌握侦检器材的使用方法、操作程序及操作要求，是提高救援人员处置灾害事故能力的必要手段，通过规范训练场地、操作程序，统一操作要求，使训练达到系统化、规范化。

一、核放射探测仪侦检操

训练目的： 使战斗员熟练掌握核放射探测仪的使用方法。

场地器材： 在平地上标出起点线，距起点线 1m 处为器材线，在器材线上放置核放射探测仪一台，防核防化服 2 套，警示牌若干，在距起点线 11m 处标出操作区（图 9.1）。

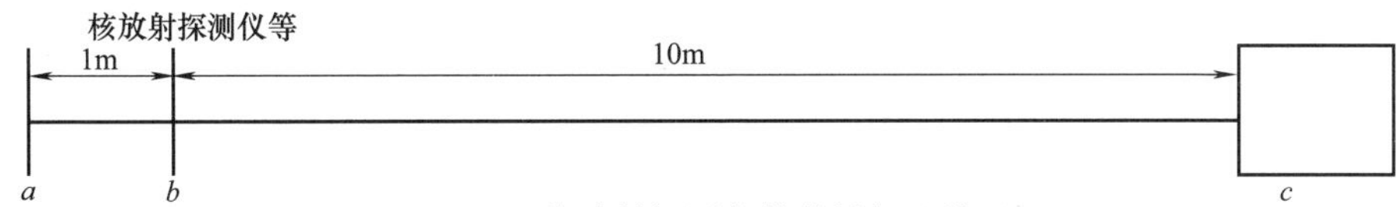

图 9.1　核放射探测仪侦检操场地设置

a—起点线；b—器材线；c—操作区

操作程序： 战斗班在起点线一侧 3m 处站成一列横队。

听到“前两名——出列”口令后，战斗员跑步至起点线，立正站好。

听到“准备器材”的口令，战斗员检查器材，完毕后返回原位，立正站好。

听到“预备——开始”的口令，1 号员穿好个人防护装备，携带核放射探测仪进入操作区，按开/关键启动仪器，读取数值后；2 号员负责摆放警戒牌，完成后举手示意喊“好”。

听到“收操”的口令，战斗员按照相反顺序收整器材，立正站好。

听到“入列”的口令，战斗员答“是”，然后按出列的相反顺序入列。

操作要求：

(1) 熟练掌握器材的使用方法，操作规范；

(2) 进行操作前，操作人员应做好个人防护，穿好防核化服；

(3) 使用完器材后，应及时进行洗消。

训练评估方法：

(1) 学员使用核放射探测仪，考核其操作程序是否正确；

(2) 学员按四会教练员要求进行讲解示范，考核其表达能力、示教能力和训练组织能力；

(3) 教员提出有关核放射探测仪的问题，每人回答其中 3 题。

① X5C 型核放射探测仪检测射线种类为哪几种？(β 和 γ 射线)

② X5C 型核放射探测仪 1 级剂量强度报警值为多少？(7.5μS v/h)

③ X5C 型核放射探测仪 2 级剂量强度报警值为多少？(25μS v/h)

④ X5C 型核放射探测仪 2 级剂量报警值为多少？(500μS v)

⑤ 每人每年只能累计接受多少辐射剂量？(20mS v)

成绩评定：

(1) 计时从发出“开始”的口令至战斗员举手示意喊“好”止。

(2) 动作熟练，符合操作程序和要求，表达能力强，会组织训练，回答问题全部正确或只答错一题为合格，反之为不合格。

二、有毒气体探测仪侦检操

训练目的： 使战斗员熟练掌握有毒气体探测仪的操作方法及性能。

场地器材： 在平地上标出起点线，距起点线 1m 处为器材线，在器材线上放置正压式空气呼吸器 2 具，有毒气体探测仪 1 台，防化服 2 套，笔记本和笔 1 套。距起点线 31m 处设置操作区，内有一假设毒气泄漏源（图 9.2）。

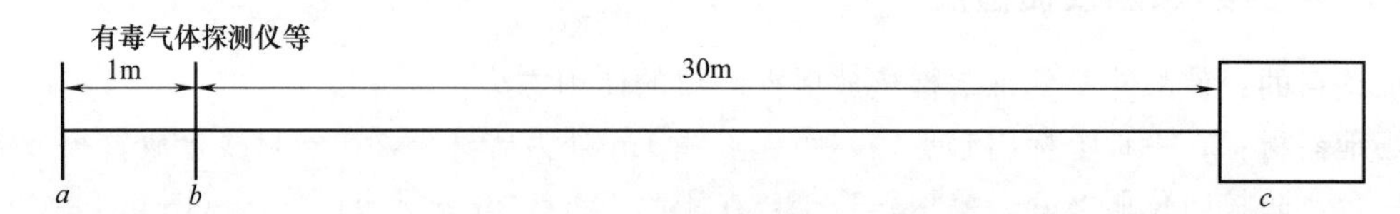

图 9.2　有毒气体探测仪侦检操场地设置

a—起点线；b—器材线；c—操作区

操作程序：战斗班在起点线一侧 3m 处站成一列横队。

听到“前两名——出列”口令后，战斗员跑步至起点线，立正站好。

听到“准备器材”的口令，战斗员检查器材，完毕后返回原位，立正站好。

听到“预备——开始”的口令，战斗员跑步至器材线穿防化服，佩戴空气呼吸器，1 号员用肩带携带有毒气体探测仪，启动仪器，使其进入工作状态。1 号员和 2 号员由上风方向向下风方向对指定区域进行连续测试，以便确定危险区的边界，当发生报警时，2 号员做好标记，检测完毕，举手示意喊“好”。

听到“收操”的口令，战斗员收回器材，放于原处，立正站好。

听到“入列”的口令，战斗员答“是”，然后按出列的相反顺序入列。

操作要求：

（1）防止仪器与水接触，操作中要防止摔、碰；

（2）不得使用非防爆的通信器材；

（3）完全做好个人防护后，才能进入泄漏场所进行检测；

（4）如警戒区域大，应增设警戒标志点；

（5）检测人员要熟悉泄漏气体的毒性；

（6）检测人员要不断掌握气象变化情况。

训练评估方法：

（1）学员使用有毒气体探测仪，考核其操作程序是否正确；

（2）学员按四会教练员要求进行讲解示范，考核其表达能力、示教能力和训练组织能力；

（3）教员提出有关有毒气体探测仪的问题，每人回答其中 3 题。

① 可燃气体传感器的寿命一般为多少年？（3 年）

② 氧气体传感器的寿命一般为多少年？（1 年）

③ 用 BW 型有毒气体探测仪检测硫化氢气体时的量程范围？（$0\sim100\times10^{-6}$）

④ 可用 BW 型有毒气体探测仪检测哪些气体？（硫化氢、氧气、一氧化碳和可燃气体）

⑤ 用 BW 型有毒气体探测仪检测一氧化碳气体时的量程范围？（$0\sim500\times10^{-6}$）

成绩评定：

（1）计时从发出“开始”的口令至战斗员举手示意喊“好”止。

（2）动作熟练，符合操作程序和要求，表达能力强，会组织训练，回答问题全部正确或只答错一题为合格，反之为不合格。

三、红外热像仪侦检操

训练目的：使战斗员熟练掌握热像仪的使用方法。

场地器材：在平地上标出起点线，距起点线 1m 处为器材线，在器材线上放置热像仪 1 台，在距起点线 11m 处标出操作区，操作区内设置 1 名被救者（图 9.3）。

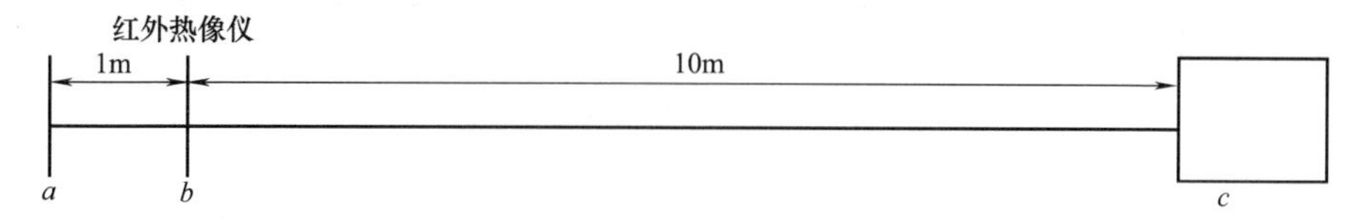

图 9.3 红外热像仪侦检操场地设置

a—起点线；b—器材线；c—操作区

操作程序：战斗班在起点线一侧 3m 处站成一列横队。

听到“第一名——出列”口令后，战斗员跑步至起点线，立正站好。

听到“准备器材”的口令，战斗员检查器材，完毕后返回原位，立正站好。

听到“预备——开始”的口令，战斗员携热像仪进入操作区，打开电源开关进行检测，发现被救者后喊“好”。

听到“收操”的口令，战斗员按照相反顺序收整器材，立正站好。

听到“入列”的口令，战斗员答“是”然后按出列的相反顺序入列。

操作要求：

(1) 电池需定期进行充电，防止损坏；

(2) 轻拿轻放，爱护器材装备；

(3) 防止器材受潮；

(4) 器材使用完后，应及时充电。

训练评估方法：

(1) 学员使用热像仪，考核其操作程序是否正确；

(2) 学员按四会教练员要求进行讲解示范，考核其表达能力、示教能力和训练组织能力；

(3) 教员提出有关热像仪的问题，每人回答其中 3 题。

① Bullard T3XT 型热像仪焦距范围为多少？(1m～无穷大)

② Bullard T3XT 型热像仪温度灵敏度为多少？(0.05℃)

③ 开机时，镜头能否对着高温物体？(不能)

④ 能否使用有机溶剂擦洗热像仪的镜头？(不能)

⑤ 用热像仪进行观测时，是否温度越高，图像清晰度也就越高？(不是)

成绩评定：

(1) 计时从发出“开始”的口令至战斗员举手示意喊“好”为止。

(2) 动作熟练，符合操作程序和要求，表达能力强，会组织训练，回答问题全部正确或只答错一题为合格，反之为不合格。

四、可燃气体检测仪侦检操

训练目的：使战斗员熟练掌握可燃气体检测器的使用方法。

场地器材：在平地上标出起点线，距起点线 1m 处为器材线，在器材线上放置可燃气体检测器 1 台，防化服 2 套，警示牌若干，在距起点线 11m 处标出操作区（图 9.4）。

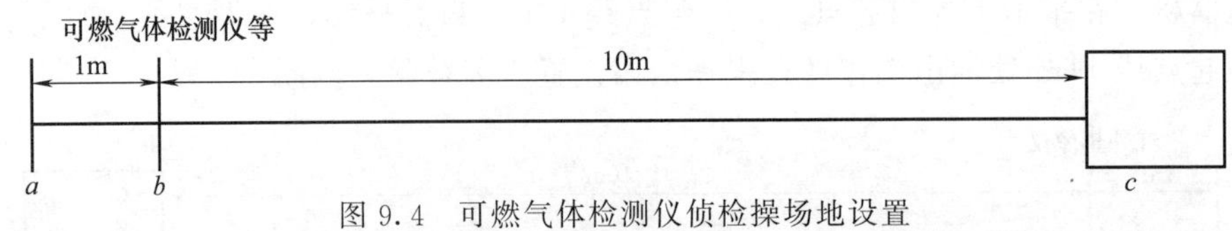

图 9.4　可燃气体检测仪侦检操场地设置

a—起点线；b—器材线；c—操作区

操作程序： 战斗班在起点线一侧 3m 处站成一列横队。

听到“前两名——出列”口令后，战斗员跑步至起点线，立正站好。

听到“准备器材”的口令，战斗员检查器材，完毕后返回原位，立正站好。

听到“预备——开始”的口令，战斗员穿好防化服，1 号员携可燃气体检测器进入操作区，打开电源开关进行检测；2 号员携警示牌，根据读数摆放警示标志，完成后举手示意喊“好”。

听到“收操”的口令，战斗员按照相反顺序收整器材，立正站好。

听到“入列”的口令，战斗员答“是”，然后按出列的相反顺序入列。

操作要求：

(1) 防止仪器与水接触，操作中要防止摔、碰；

(2) 不得使用非防爆的通信器材；

(3) 在完全做好个人防护后，才能进入泄漏场所进行检测；

(4) 如警戒区域大，应增设警戒标志点；

(5) 检测人员应注意气象变化情况。

训练评估方法：

(1) 学员使用可燃气体检测器，考核其操作程序是否正确；

(2) 学员按四会教练员要求进行讲解示范，考核其表达能力、示教能力和训练组织能力；

(3) 教员提出有关可燃气体检测器的问题，每人回答其中 3 题。

① SP-112 可燃气体检测器的检测范围？(0～100%LEL)

② SP-112 可燃气体检测器的检测误差为多少？(5% LEL)

③ 能否采用高浓度气体对 SP-112 可燃气体检测器进行测试？(不能)

④ SP-112 可燃气体检测器的连续工作时间为多少？(非报警状态大于 6h)

⑤ SP-112 可燃气体检测器传感器寿命为多少？(大于 3 年)

成绩评定：

(1) 计时从发出“开始”的口令至战斗员举手示意喊“好”为止。

(2) 动作熟练，符合操作程序和要求，表达能力强，会组织训练，回答问题全部正确或只答错一题为合格，反之为不合格。

五、视频生命探测仪侦检操

训练目的： 使战斗员掌握视频生命探测仪的基本性能和操作方法，并能在相对特殊的环境中作业。

场地器材： 在平地上标出起点线，距起点线 1m 处为器材线，在器材线上放置视频生命探测仪 1 部。距起点线 31m 处设置操作区，操作区内设有一幢倒塌房屋，1 名被困者（图 9.5）。

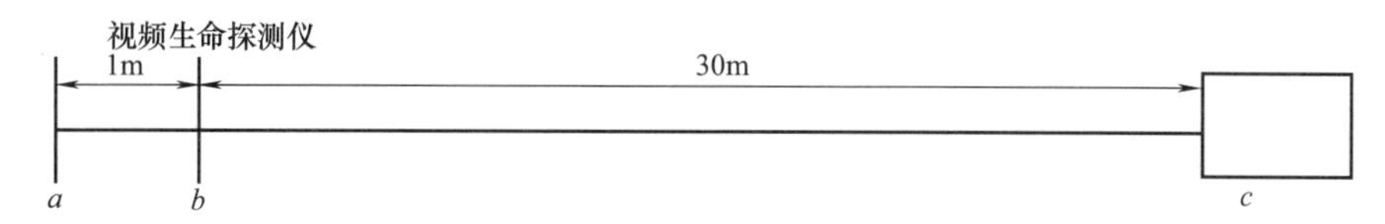

图 9.5　视频生命探测仪侦检操场地设置

a—起点线；b—器材线；c—操作区

操作程序：战斗班在起点线一侧 3m 处站成一列横队。

听到"第一名——出列"口令后，战斗员跑步至起点线，立正站好。

听到"准备器材"口令，战斗员检查所用器材，完毕后返回原位立正站好。

听到"预备——开始"的口令，战斗员连接好显示器、耳麦、电池，安好系索，挂好探测仪进行操作，启动系统前确认显示器和电池已安装连接完毕。按下操作面板上的系统启动键，直到系统启动。摄像头可向左或向右旋转 90°。如果确认有人遇险，迅速在孔洞周围标明 12 点，3 点，6 点和 9 点四个方位。根据探测的图像，估算遇险人员和孔洞间的相对距离。完成后，举手示意喊"好"。

听到"收操"的口令，战斗员将器材收回原处，立正站好。

听到"入列"的口令，战斗员答"是"，然后按出列的相反顺序入列。

操作要求：

(1) 如果碰到障碍物，应收回探头，用工具疏通后再继续操作，切勿直接用探头疏通；

(2) 电池应定期进行充电；

(3) 轻拿轻放，爱护器材装备。

训练评估方法：

(1) 学员使用视频生命探测仪，考核其操作程序是否正确；

(2) 学员按四会教练员要求进行讲解示范，考核其表达能力、示教能力和训练组织能力；

(3) 教员提出有关视频生命探测仪的问题，每人回答其中 2 题。

① 视频生命探测仪的摄像头可否旋转？(可以)

② 视频生命探测仪的摄像头能否直射日光？(不能)

③ 视频生命探测仪受潮后能否继续使用？(不能)

成绩评定：

(1) 计时从发出"开始"的口令至战斗员举手示意喊"好"为止。

(2) 动作熟练，符合操作程序和要求，表达能力强，会组织训练，回答问题全部正确或只答错一题为合格，反之为不合格。

六、雷达生命探测仪侦检操

训练目的：使战斗员熟练掌握雷达生命探测仪的操作程序和要求。

场地器材：在平地上标出起点线，距起点线 1m 处为器材线，7m 处为操作线，操作线后为墙壁，墙壁后安排 1 人，在器材线上放置雷达生命探测仪 1 台（图 9.6）。

操作程序：战斗班在起点线一侧 3m 处站成一列横队。

听到"前两名——出列"口令后，战斗员跑步至起点线，立正站好。

听到"准备器材"的口令，战斗员检查器材，完毕后返回原位，立正站好。

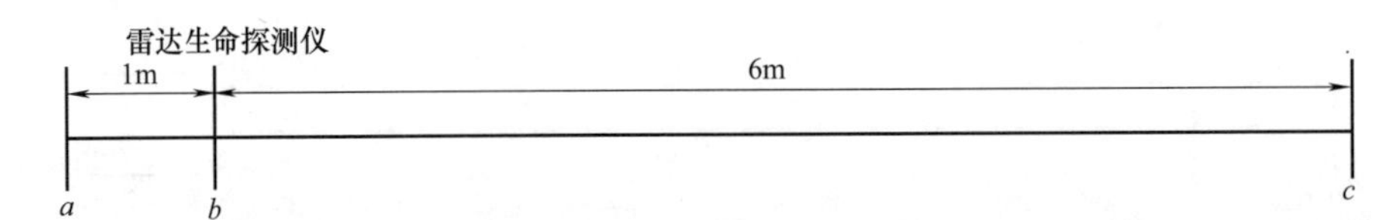

图 9.6 雷达生命探测仪侦检操场地设置

a—起点线；b—操作线；c—墙壁

听到“预备——开始”的口令，1 号员将雷达生命探测仪主机拿出，放置到器材操作线处，面向墙壁放好，撤到起点线处；2 号员操作掌上电脑观察探测情况。操作完毕后，举手示意喊“好”。

听到“收操”的口令，战斗员按相反顺序收回器材，放于原处，立正站好。

听到“入列”的口令，战斗员答“是”，然后按出列的相反顺序入列。

操作要求：

（1）轻拿轻放，爱护器材装备；

（2）主机 6m 范围内不得有其他人员，以免影响观察结果；

（3）雷达波具有一定辐射，不得长时间对人照射。

训练评估方法：

（1）学员使用雷达生命探测仪，考核其操作程序是否正确；

（2）学员按四会教练员要求进行讲解示范，考核其表达能力、示教能力和训练组织能力；

（3）教员提出有关雷达生命探测仪的问题，每人回答其中 3 题。

① SJ-3000 雷达生命探测仪的最大探测距离为多少？（15m）

② SJ-3000 雷达生命探测仪的探测张角为多少？（60°）

③ SJ-3000 雷达生命探测仪的最大读数深度为多少？（15m）

④ SJ-3000 雷达生命探测仪的探测体积为多少？（1177m^3）

⑤ SJ-3000 雷达生命探测仪能否在大面积金属障碍物区域进行探测？（不能）

成绩评定：

（1）计时从发出“开始”的口令至战斗员举手示意喊“好”止。

（2）动作熟练，符合操作程序和要求，表达能力强，会组织训练，回答问题全部正确或只答错一题为合格，反之为不合格。

七、音频生命探测仪操

训练目的：使战斗员掌握音频生命探测仪的基本性能和操作方法，并能在相对特殊的环境中作业。

场地器材：在平地上标出起点线，距起点线 1m 处为器材线，在器材线上放置音频生命探测仪 1 部。距起点线 31m 处设置操作区，操作区内设置一幢倒塌房屋，1～2 名被困者（图 9.7）。

操作程序：战斗班在起点线一侧 3m 处站成一列横队。

听到“前两名——出列”口令后，战斗员跑步至起点线，立正站好。

听到“准备器材”的口令，战斗员检查器材，完毕后返回原位，立正站好。

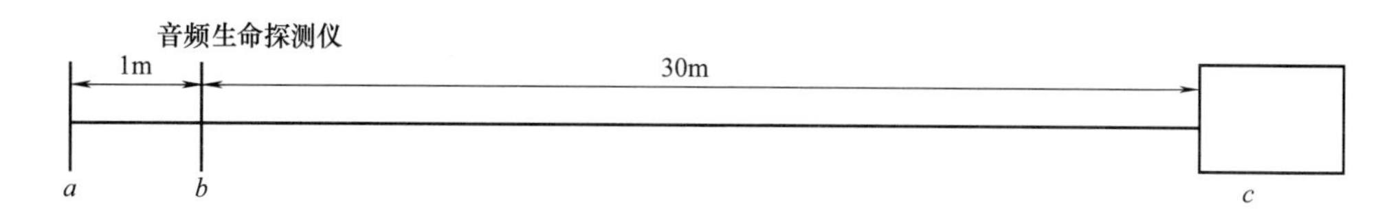

图 9.7　音频生命探测仪操场地设置

a—起点线；*b*—器材线；*c*—操作区

听到“预备——开始”的口令，1号员将音频生命探测仪探测器拿出，放置在器材线处，连接电缆线，清除探测区内的干扰声源；2号员利用耳机进行监听。操作完毕后，举手示意喊“好”。

听到“收操”的口令，战斗员按相反顺序收回器材，放于原处，立正站好。

听到“入列”的口令，战斗员答“是”，然后按出列的相反顺序入列。

操作要求：

(1) 防止仪器与水接触，避免器材受潮；

(2) 清除探测区内的干扰声源，以免影响监听结果；

(3) 轻拿轻放，爱护器材装备。

训练评估方法：

(1) 学员使用音频生命探测仪，考核其操作程序是否正确；

(2) 学员按四会教练员要求进行讲解示范，考核其表达能力、示教能力和训练组织能力；

(3) 教员提出有关音频生命探测仪的问题，每人回答其中2题。

① 音频生命探测仪的探测频率为多少？(15～5000Hz)

② 音频生命探测仪的持续工作时间为多少？(8h)

③ 音频生命探测仪的组成？(由主机、传感器、电源、连接电缆、万向麦克风等组成)

成绩评定：

(1) 计时从发出“开始”的口令至战斗员举手示意喊“好”为止。

(2) 动作熟练，符合操作程序和要求，表达能力强，会组织训练，回答问题全部正确或只答错一题为合格，反之为不合格。

八、漏电探测仪操

训练目的：使战斗员熟练掌握漏电探测仪的使用方法。

场地器材：在平地上标出起点线，距起点线1m处为器材线，在器材线上放置漏电探测仪1根、电绝缘手套1副、安全靴1双。操作区内15m处设一处电源（图9.8）。

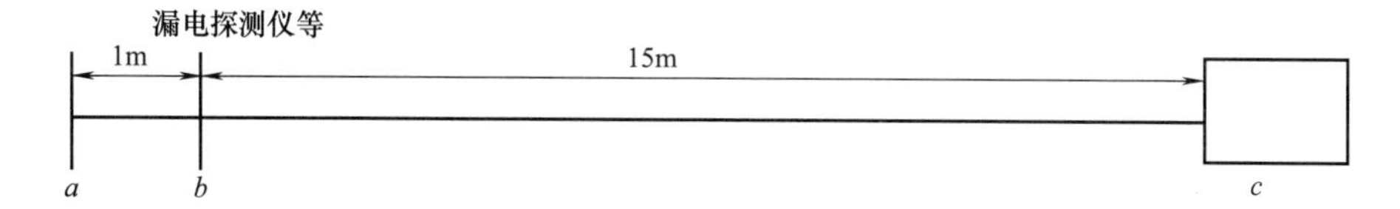

图 9.8　漏电探测仪操场地设置

a—起点线；*b*—器材线；*c*—操作区

操作程序：战斗班在起点线一侧3m处站成一列横队。

听到“第一名——出列”口令后，战斗员跑步至起点线，立正站好。

听到“准备器材”的口令，战斗员到器材线处穿好安全靴，戴好手套，完毕后返回原位，立正站好。

听到“预备——开始”的口令，战斗员拿起漏电探测仪至操作区，先打开高灵敏度挡进行测量，在确认电源的方位后，并听到高频报警时，应把高灵敏挡切换到低灵敏挡，在确认电源的具体位置后，举手示意喊“好”。

听到“收操”的口令，战斗员收回器材，放于原处，立正站好。

听到“入列”的口令，战斗员答“是”，然后按出列的相反顺序入列。

操作要求：

(1) 轻拿轻放，爱护器材装备；

(2) 检测时探测仪要左右摆动；

(3) 操作人员应做好个人防护，防止触电。

训练评估方法：

(1) 学员使用漏电探测仪，考核其操作程序是否正确；

(2) 学员按四会教练员要求进行讲解示范，考核其表达能力、示教能力和训练组织能力；

(3) 教员提出有关漏电探测仪的问题，每人回答其中3题。

① 漏电探测仪的探测频率范围为多少？(20～100Hz)

② 漏电探测仪的探测方法？(左右摆动探测)

③ 漏电探测仪能否直接接触电源或泄漏点？(不能)

④ 漏电探测仪能否检测直流电？(不能)

⑤ BM500-02漏电探测仪有哪三挡调节开关？(高灵敏度、低灵敏度、目标前置)

成绩评定：

(1) 计时从发出“开始”的口令至战斗员举手示意喊“好”止。

(2) 动作熟练，符合操作程序和要求，表达能力强，会组织训练，回答问题全部正确或只答错一题为合格，反之为不合格。

九、化学事故应急检测操

训练目的：使战斗员学会化学事故应急检测的方法。

场地器材：在平地上标出起点线，起点线前1m处标出器材线。器材线上放置化学事故应急检测器材若干，防护装备若干。

情况设定：

(1) 氯气泄漏事故应急检测；

(2) 液化气泄漏事故应急检测；

(3) 氨气泄漏事故应急检测；

(4) 硫化氢泄漏事故应急检测。

操作程序：战斗班在起点线一侧3m处站成一列横队。

听到“前两名——出列”口令后，两名战斗员跑步至起点线，立正站好。

听到“准备器材”口令后，战斗员根据想定的情况，合理选择防护装备，侦检器材，准备完毕后回原位站好。

听到"模拟检测——预备"口令后，两名战斗员做好准备。

听到"开始"口令后，战斗员迅速向前，两名战斗员按要求穿着防护装备，由上风方向进入模拟事故现场进行检测，完毕后举手示意喊"好"。

听到"收操"口令后，战斗员按相反顺序卸下装具摆放整齐。

听到"入列"口令后，战斗员跑步入列。

操作要求：

(1) 熟练掌握侦检器材的使用方法；

(2) 轻拿轻放，爱护器材装备；

(3) 做好个人防护，选择适当的方向进入事故现场。

成绩评定：

(1) 计时从发出"开始"的口令至战斗员举手示"好"为止。

(2) 动作熟练，符合操作程序和要求，会组织训练为合格，反之为不合格。

十、生命体征信号侦检操

训练目的：使战斗员学会生命特征信号应急检测的方法。

场地器材：在平地上标出起点线，起点线前1m处标出器材线。器材线上放置音频生命探测仪、视频生命探测仪、雷达生命探测仪、热像仪和防护装备。

情况设定：

(1) 黑暗条件下搜寻被困人员；

(2) 利用雷达生命探测仪在建筑倒塌废墟中搜寻生命特征信号；

(3) 利用音频生命探测仪在建筑倒塌废墟中搜寻生命特征信号；

(4) 利用视频生命探测仪在建筑倒塌废墟中搜寻生命特征信号。

操作程序：战斗班在起点线一侧3m处站成一列横队。

听到"前两名——出列"口令后，两名战斗员跑步至起点线，立正站好。

听到"准备器材"口令后，战斗员根据想定的情况，合理选择防护装备，侦检器材，准备完毕后回原位站好。

听到"模拟搜寻——预备"口令后，两名战斗员做好操作准备。

听到"开始"口令后，战斗员迅速向前，两名战斗员按要求穿着防护装备，由上风方向进入模拟事故现场进行检测，完毕后举手示意喊"好"。

听到"收操"口令后，战斗员按相反顺序卸下装具摆放整齐。

听到"入列"口令后，战斗员跑步入列。

操作要求：

(1) 熟练掌握生命探测仪的使用方法；

(2) 轻拿轻放，爱护器材装备；

(3) 做好个人防护，选择适当的路径进入事故现场。

成绩评定：

(1) 计时从发出"开始"的口令至战斗员举手示"好"为止。

(2) 动作熟练，符合操作程序和要求，会组织训练为合格，反之为不合格。

第三节 堵漏器材

【学习目标】

1. 了解掌握堵漏器材的种类；
2. 了解掌握堵漏器材的功能用途。

堵漏和修补是采取适当的堵漏物和补片减少或者暂时阻止危险品从容器的小孔、裂缝和破裂处流出的过程。

堵漏器材是消防队伍在处理各类泄漏事故中最重要的装备器材，它通常包括有：粘贴式堵漏工具、注入式堵漏工具、磁压式堵漏工具等。

通过学习各类堵漏工具的使用方法，了解其使用性能与适用范围，是消防指战员快捷有效地处理各类泄漏事故，降低事故损失的必要条件。

一、粘贴式堵漏工具

粘贴堵漏是用黏结剂对一些缺陷、泄漏点进行粘堵，达到堵漏、密封、坚固的目的。粘接可代替焊接、铆接、螺栓连接，将各种构件牢固地连接在一起，并且不变形、简单易操作。但粘接也存在不少自身缺陷，如抗拉强度不够、耐老化性能差、耐高温程度差等。

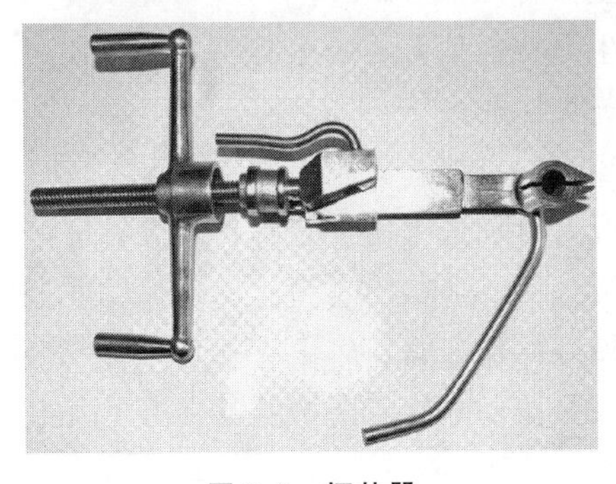

图 9.9 捆扎器

(一) 带式加压堵漏器

功能用途：主要用于管道、罐体的径向及轴向裂缝的堵漏和法兰垫泄漏的堵漏等。

结构认知：捆扎器（图 9.9)、钢带、钢带扣、仿形钢板、扳手。

使用方法：

(1) 将器材箱放置于泄漏处一侧，打开器材箱，取出带式加压堵漏工具；

(2) 根据泄漏点的大小，选择或制作合适的仿形钢板；

(3) 根据泄漏介质，选择合适的堵漏胶，将堵漏胶调好后，附着在仿形钢板上。

(4) 将钢带绕过管道插入钢带扣，用捆扎器将钢带收紧至一定程度后，将附着有堵漏胶的仿形钢板压于泄漏点，再使用钢带将仿形钢板压紧固定，封住泄漏点（图 9.10)；

(5) 待胶固化后，即可拆除工具。

(二) 阀体堵漏器

功能用途：主要用于管线、阀门、阀体各部位的泄漏修复，也用于规则表面泄漏点的修复。

结构认知：主要由仿形钢板、阀体压板、螺纹顶杆、钢丝绳、方孔扳手、支撑螺杆等组

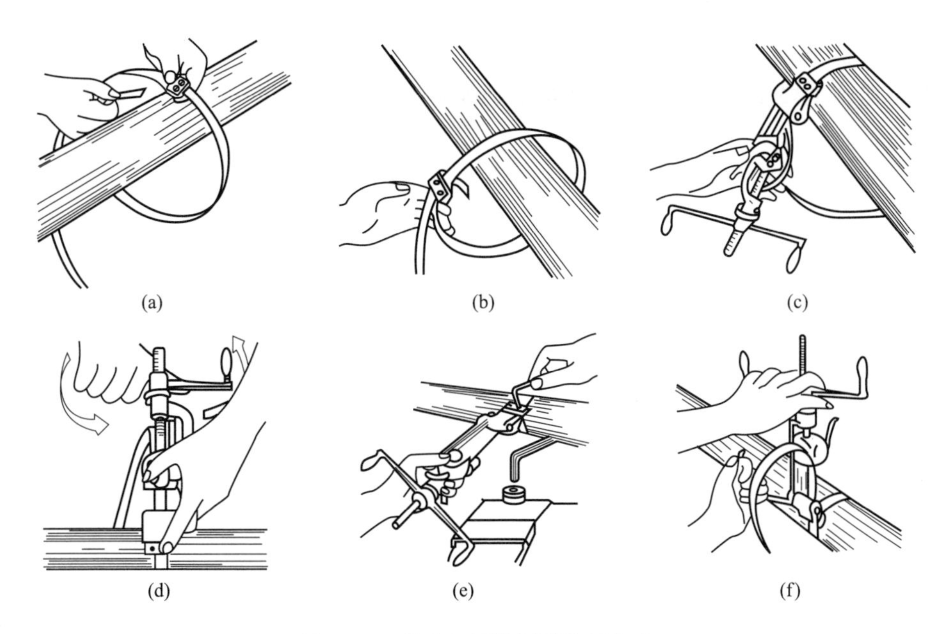

图 9.10 带式加压堵漏器使用方法

成（图 9.11）。

（三）移动法兰顶压器和活动法兰顶压器

功能用途：主要用于法兰堵漏。

结构认知：主要由仿形钢板、夹具体、支架、顶杆螺栓等组成（图 9.12）。

图 9.11 阀体堵漏器

图 9.12 移动法兰顶压器和活动法兰顶压器

（四）弧形压板堵漏器

功能用途：主要用于罐体裂纹、管线与罐体连接处泄漏的修复，需与带式加压堵漏器配合使用。

结构认知：主要由仿形钢板、弧形压板、凹形压板、T 形螺栓等组成。

（五）盘根堵漏器

功能用途：主要用于盘根的泄漏修理，需与带式加压堵漏器或哈夫环配合使用。

结构认知：主要由仿形钢板、45°压板、T 形螺纹顶杆等组成（图 9.13）。

（六）罐体堵漏器

功能用途：主要用于卧式罐体的点状、蜂窝状和裂纹的堵漏等，需与带式加压堵漏器配合使用。

结构认知：主要由仿形钢板、横撑杆、螺纹顶杆、方孔扳手等组成（图 9.14）。

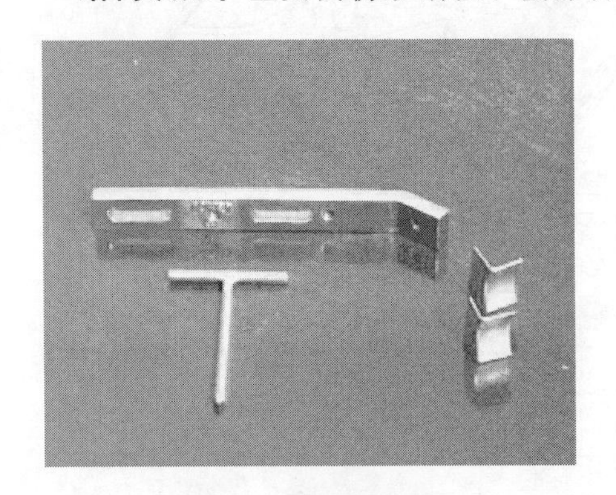

图 9.13 盘根堵漏器

图 9.14 罐体堵漏器

二、粘贴式堵漏胶

应用范围：粘贴式堵漏胶是一种两液混合硬化胶，由 A、B 两种胶组成。一液是本胶，另一液是硬化剂，两液相混，才能硬化。通常使用的是指丙烯酸改性环氧胶或环氧胶。A 组分是丙烯酸改性环氧或环氧树脂，或含有催化剂及其他助剂；B 组分是改性氨或其他硬化剂，或含有催化剂及其他助剂。A、B 混合后，25℃时 5min 即干透，温度越高干透时间越短。可以粘结塑料与塑料、塑料与金属、金属与金属。

图 9.15 调胶

使用方法：

将 A 胶和 B 胶以目测 1∶1 比例在仿形钢板上混合，压紧于待粘合的表面，固定 5～10min 即可基本定位。为加强堵漏强度，可在混合的胶体中加入脱脂棉（图 9.15）。

固化点的判断：

（1）混合的胶体明显发热，有冒烟现象；

（2）由半透明变为不透明；

（3）黏性下降；

（4）超过固化点后，胶体有弹性，反之则无。

三、注入式堵漏工具

功能用途：注入式堵漏工具适用于各类装置管道上的静密封点堵漏，如法兰、阀门、接头、弯头、三通管等。

基本构成：一是堵漏要有泄漏点，二是针对泄漏点制作的卡具，三是加压泵，四是堵漏胶，这四部分组成了注入堵漏的基本条件。

工作原理：通过加压泵和注胶头将堵漏胶注入到泄漏处（图 9.16）。

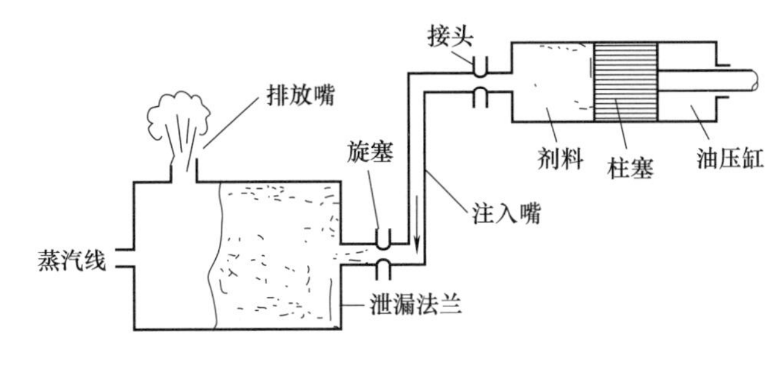

图 9.16 注入式堵漏示意

结构认知：注入式堵漏工具采用无火花材料制作，由手动高压泵（图 9.17）、高压软管、注胶枪（图 9.18）及一组注胶接头、法兰卡带（图 9.19）构成。

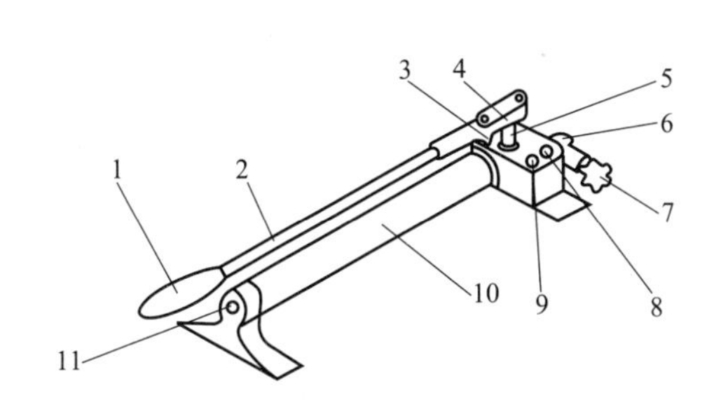

图 9.17 手动高压泵

1—手柄；2—压杆；3—低压止回阀；4—高压止回阀；5—低压泵；6—高压油出口；7—卸载阀；8—高压安全阀；9—低压安全阀；10—贮油筒；11—回油口

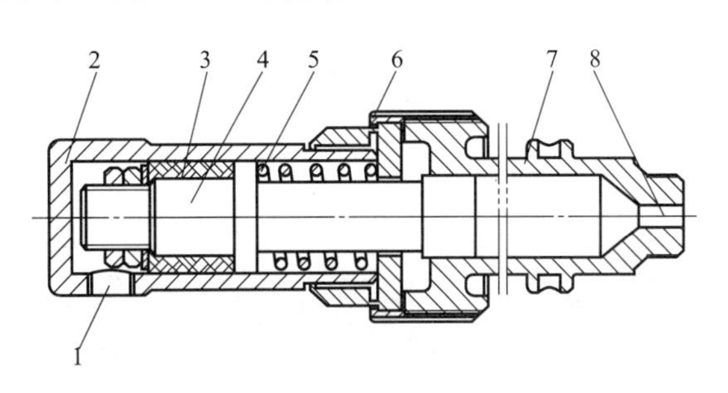

图 9.18 注胶枪

1—进油口；2—油缸；3—V 形密封圈；4—活塞杆；5—复位弹簧；6—连接螺母；7—注剂腔；8—出料口

四、堵漏胶

（一）带压堵漏胶

带压堵漏胶适用于金属、PE、PVC、复合管、玻璃钢等管道的堵漏。

应用范围：适用于油、水、气、15%酸碱和30%苯等各类化学品，温度小于 380℃，压力小于 2.8MPa 的泄漏。

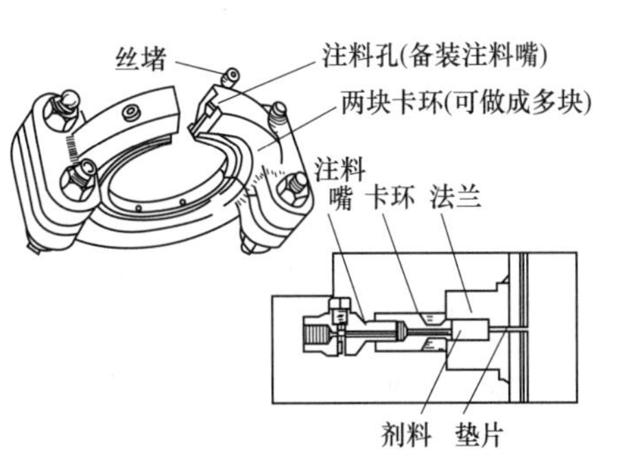

图 9.19 法兰堵漏卡具

使用方法：

（1）先将泄漏点四周污垢清理干净；

（2）如果泄漏点较大，可在泄漏点上覆盖一块堵漏胶带衬垫，泄漏点较小时可用堵漏胶带直接捆扎；

（3）用堵漏胶带沿泄漏点一侧开始用力捆扎拉紧，捆扎到头后，再向回捆扎，捆扎期间一直拉紧，不要松手，如此反复直至堵住泄漏，捆绑不得少于 3 层。

注意事项：

（1）堵漏作业时，应穿戴好个人防护装备。

（2）堵漏人员应在上风方向。

（3）操作时，堵漏人员应避开喷出的泄漏介质。

（二）注入式堵漏胶

应用范围：注入式堵漏胶是注入式堵漏法的必备材料，与注入式堵漏工具配合使用，主要用于油、水、气、酸、醇、酮、醚、酯、蒸汽和苯等各类化学品堵漏。

使用方法：

（1）将泄漏处管道压力泄压，使压力下降至3MPa以下，即可开始堵漏；

（2）安装卡具，注入胶体，完成后关闭注胶阀即可；

（3）注剂完成后应注意观察，如果发现有微渗现象需要随时补胶。

注意事项：

（1）使用前存放不要超过两年，存放在阴凉通风处；

（2）根据注剂后的密封注剂胶是否外溢，决定是否使用含铜丝或含钢珠类注剂。

五、金属堵漏套管

功能用途：金属堵漏套管主要用于各种金属管道的孔、洞、裂缝的密封堵漏。它外部由金属铸件制成，内嵌具有化学耐抗性强的橡胶密封套，可承受1.6MPa的反压。

图9.20　金属堵漏套管

结构认知：金属堵漏套管主要由金属套管（图9.20）、防化防油胶垫、内六角扳手等组成。

注意事项：

（1）金属堵漏套管使用时应防止破损，避免高温；

（2）泄漏点应置于橡胶套的中央处；

（3）堵漏人员应穿戴好个人防护装备；

（4）金属套管在泄漏一侧时，螺丝不能拧紧，应推至泄漏点后，方可拧紧。

六、木制堵漏楔

木制堵漏楔采用红松经蒸馏、防腐、干燥等处理，用于容器压力小于0.8MPa的点、线、裂纹临时堵漏（图9.21）。选择合适的木塞，用木锤将木塞敲入泄漏点内，直至泄漏处密封。

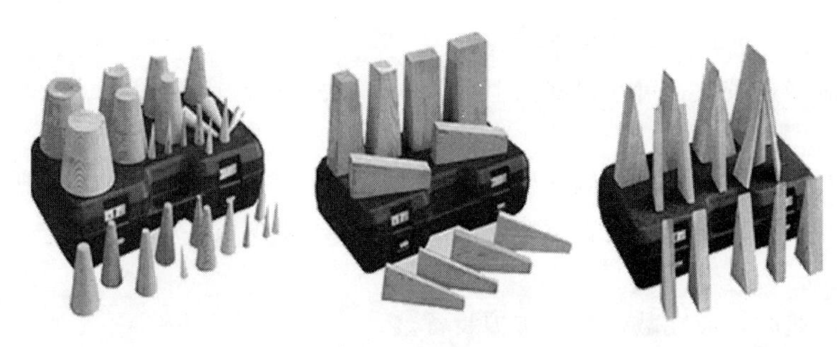

图9.21　木质堵漏楔

七、管道径向、轴向堵漏器

功能用途：主要用于各类管道径向、轴向泄漏的堵漏作业。

结构认知：主要由仿形钢板、哈夫环、T形螺栓等组成（图9.22）。

八、下水道阻流袋

功能用途：专用于堵塞下水道口，防止大量的污染液体流入下水道，造成环境污染。

结构认知：采用异丁橡胶材料制成（图9.23）。

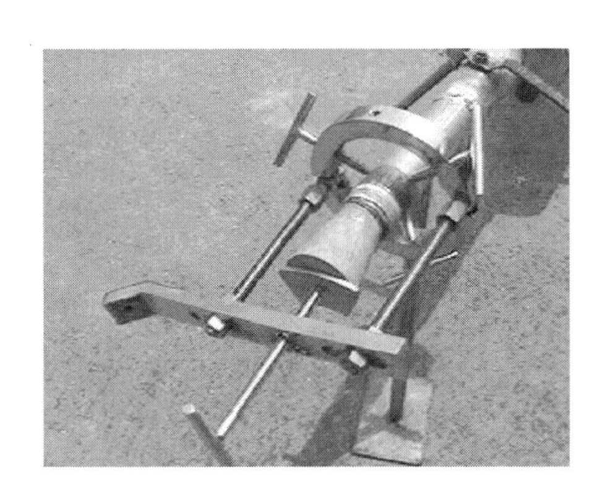

图9.22 管道径向、轴向堵漏器

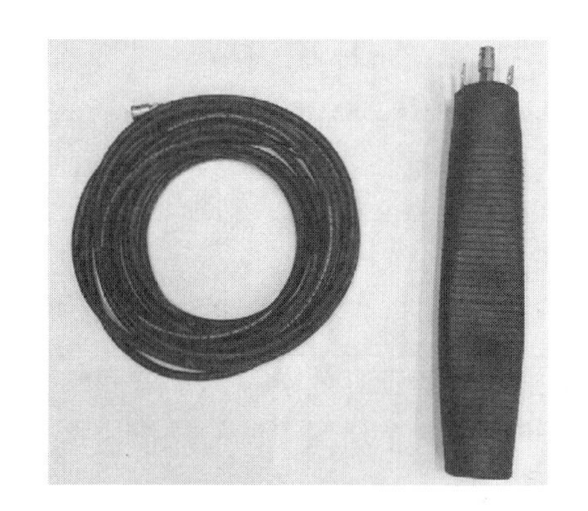

图9.23 下水道阻流袋

注意事项：

(1) 放入气袋前应认真清理下水道口周围杂物，防止尖锐物损坏气袋；

(2) 充气时应缓慢，防止反作用力使气袋滑出；

(3) 完成充气后，应注意气袋的膨胀度，防止渗漏；

(4) 阻截易燃液体时，应保持周围无明火威胁。

九、槽车堵漏工具

槽车又名罐车，是压力容器的一种，运输的介质为液体或液化的气体，如液氧、液氮、液化天然气等，分为汽车槽车和铁路槽车两大类。

槽车泄漏多发生在安全阀、液相阀、管道等处，因局部压力过高、垫片老化或外力等造成泄漏。常用的堵漏方法有调整消漏法、打包法、粘补堵漏法、磁压法（图9.24）、焊补堵漏法、塞孔堵漏法、上罩法（图9.25）、液压工具夹持法等。

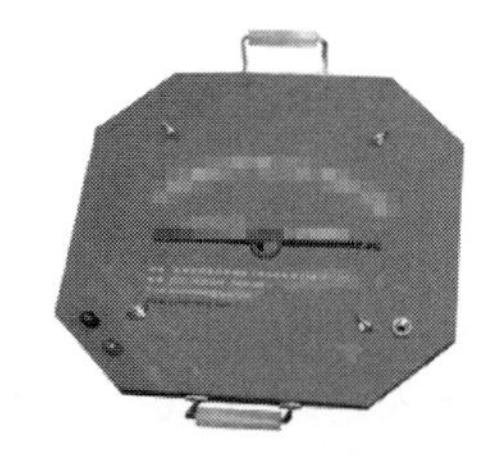

图9.24 磁压堵漏工具

图9.25 上罩法

第四节 堵漏器材训练科目

【学习目标】

1. 根据现场情况，能正确选择堵漏器材；
2. 能正确使用堵漏器材；
3. 堵漏方法正确，能快速实施堵漏；
4. 全体人员任务明确，协同密切；
5. 安全防护符合要求；
6. 在规定时间内完成全部动作。

通过对堵漏工具的学习，了解和掌握了堵漏工具的结构和功能用途，这只是理论上的学习，为进一步规范堵漏工具的操作，本节主要讲解训练科目的操作。

一、内封式堵漏袋操

训练目的： 使战斗员熟练掌握内封式堵漏袋的操作要领和方法。

场地器材： 在化工训练装置前 10m 处标出起点线，距起点线 1m 处为器材线，在器材线上放置充气钢瓶、减压器、操纵仪、充气软管、内封式堵漏袋一套、内置式重型防化服三套、空气呼吸器三部（图 9.26）。

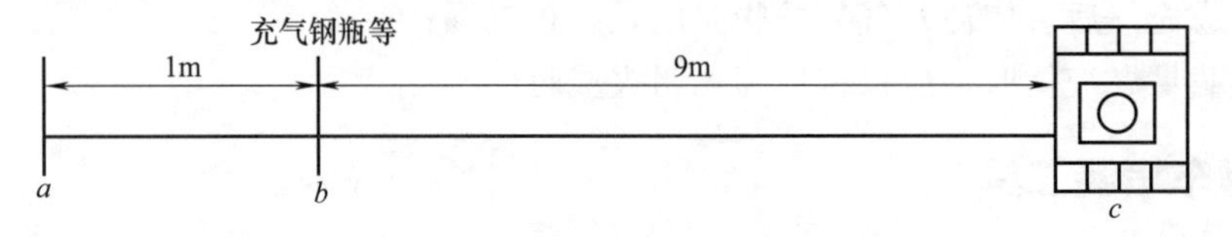

图 9.26 内封式堵漏袋操场地设置

a—起点线；b—器材线；c—化工装置

操作程序： 战斗班在起点线一侧 3m 处站成一列横队。

听到“前四名”的口令后，战斗员跑步至起点线，立正站好。

听到“准备器材”的口令，第 1、2、3 名在第 4 名的配合下，按要求佩戴空气呼吸器，穿好内置式重型防化服，完毕后返回原位，立正站好。第 4 名按出列的相反顺序入列。

听到“预备——开始”的口令，三名战斗员奔向化工装置泄漏点。第 1 名将钢瓶与减压器连接，第 2 名将减压器上的充气软管与操纵仪进气口连接，再拿一根充气软管与操纵仪出气口连接；第 3 名根据泄漏点尺寸大小选合适的堵漏袋与操纵仪充气软管连接，在堵漏袋的铁环上安装固定杆，执固定杆并将堵漏袋塞入泄漏处（深度至少是袋身的 75%），塞入后示意第 1 名开启钢瓶，第 2 名控制操纵仪充气，直至泄漏处密封。第 3 名示意停止供气，第 2 名停止供气，第 1 名关闭钢瓶，举手示“好”。

听到“收操”的口令，战斗员收回器材，放于原处，立正站好。

听到“入列”的口令，战斗员答“是”，然后按出列的相反顺序入列。

操作要求：

堵漏袋塞入泄漏处不少于75%，防止锋利的物体破损袋体或充气软管。

成绩评定：

(1) 计时从发出“开始”的口令至战斗员举手示“好”为止；

(2) 动作熟练，符合操作程序和要求的为合格，反之为不合格。

二、外封式堵漏袋操

训练目的：使战斗员熟练掌握外封闭式堵漏袋的操作要领和方法。

场地器材：在化工训练装置前10m处标出起点线，距起点线1m处为器材线，在器材线上放置充气钢瓶、减压器、操纵仪、充气软管、外封式堵漏袋一套、内置式重型防化服三套、空气呼吸器三部（图9.27）。

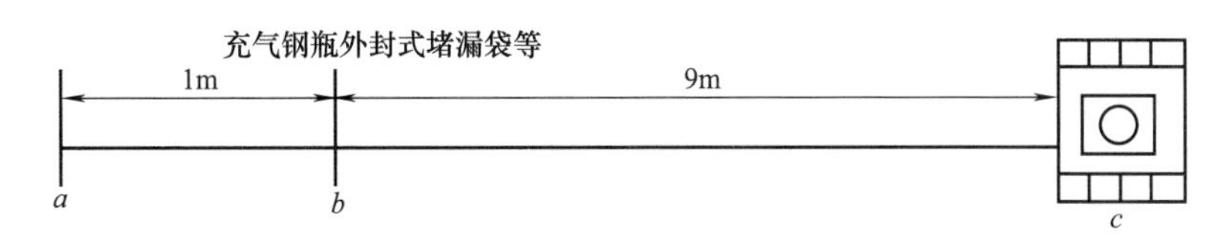

图9.27 外封式堵漏袋操场地设置

a—起点线；b—器材线；c—化工装置

操作程序：战斗班在起点线一侧3m处站成一列横队。

听到“前四名——出列”口令后，战斗员跑步至起点线，立正站好。

听到“准备器材”的口令，第1、2、3名在第4名的配合下，按照要求佩戴空气呼吸器，穿好内置式重型防化服，完毕后返回原位，立正站好。第4名按出列的相反顺序入列。

听到“预备——开始”的口令，三名战斗员奔向化工装置泄漏点。第1名连接充气钢瓶、减压器、操纵仪和充气软管；第2名将密封板盖在裂缝处，两手压住；第3名拿4根带有钩子的带子，钩在堵漏袋的铁环（旋转扣）上，将堵漏袋压在第2名扶住的密封板上，并压住堵漏袋，第2名松开两手，把对称的两根带子绕桶体用收紧器连接好，第1名将另两根对称的带子用收紧器连接好，第1、2名同时用收紧器把4根带子收紧并对称。然后，第3名将充气软管与堵漏袋连接好，第1名打开钢瓶阀阀门，第2名控制操纵仪充气，直至密封，举手示“好”。

听到“收操”的口令，战斗员收回器材，放于原处，立正站好。

听到“入列”的口令，战斗员答“是”，然后按出列的相反顺序入列。

操作要求：

(1) 不可用于塑料罐；

(2) 带子捆绑要对称收紧；

(3) 密封板和堵漏袋必须重叠压在裂缝处。

成绩评定：

(1) 计时从发出“开始”的口令至战斗员举手示“好”为止；

(2) 动作熟练，符合操作程序和要求的为合格，反之为不合格。

三、捆绑式堵漏带操

训练目的：使战斗员熟悉捆绑式堵漏带的操作要领和使用方法。

场地器材：在化工训练装置前10m处标出起点线，距起点线1m处为器材线，器材线处放置充气钢瓶、减压器型防化服三套、操纵仪、充气空气呼吸器三部（图9.28）。

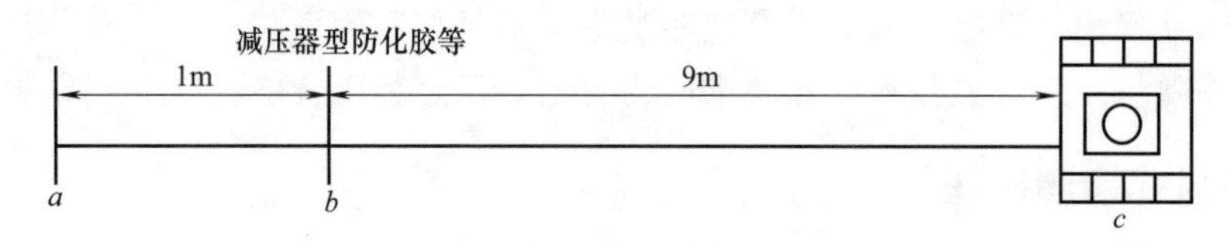

图9.28　捆绑式堵漏带操设置

a—起点线；b—器材线；c—化工装置

操作程序：战斗班在起点线一侧3m处站成一列横队。

听到“前四名——出列”口令后，战斗员跑步至起点线，立正站好。

听到“准备器材”的口令，第1、2、3名在第4名的配合下，按要求佩戴空气呼吸器，穿好内置式重型防化服，完毕后返回原位，立正站好。第4名按出列的相反顺序入列。

听到“预备——开始”的口令，三名战斗员奔向化工装置泄漏点。第1名连接钢瓶、减压器、操纵仪和充气软管，做好充气准备。第2名协助第3名把堵漏带设有带子的一面朝外，把不带充气快速接头的一端捆绕在管道裂缝处。第3名两手扶住堵漏带，第2名用堵漏袋上的带子绕堵漏袋一圈，与导向扣接好，然后再把另一根带子对称绕堵漏袋与导向扣接好，再用导向扣把两根带子均匀用力收紧，第3名松开手，拿操纵仪充气软管与堵漏袋接好，并示意供气。第1名打开钢瓶阀门，第2名控制操纵仪充气直至裂缝处密封，第3名示意停止供气，第2名停止供气，第1名关闭钢瓶，举手示“好”。

听到“收操”的口令，战斗员收回器材，放于原处，立正站好。

听到“入列”的口令，战斗员答“是”，然后按出列的相反顺序入列。

操作要求：捆绑堵漏面不要捆反，带子捆在堵漏带上要对称、收紧。

成绩评定：

（1）计时从发出“开始”的口令至战斗员举手示“好”为止；

（2）动作熟练，符合操作程序和要求的为合格，反之为不合格。

四、堵漏枪操

训练目的：使战斗员熟练掌握堵漏枪的操作要领和方法。

场地器材：在化工训练装置前10m处标出起点线，距起点线1m处为器材线，在器材线上放置堵漏枪一套、内置式重型防化服一套、空气呼吸器一部（图9.29）。

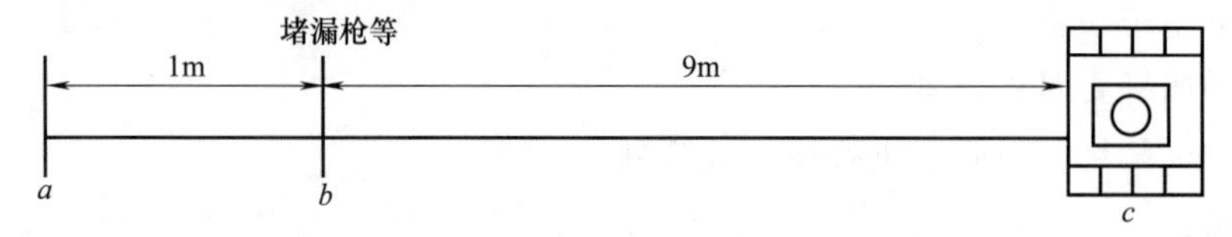

图9.29　堵漏枪操场地设置

a—起点线；b—器材线；c—化工装置

操作程序：战斗班在起点线一侧3m处站成一列横队。

听到“前两名——出列”口令后，战斗员跑步至起点线，立正站好。

听到“准备器材”的口令，第1名在第2名的配合下，按要求佩戴空气呼吸器，穿好内置式重型防化服，完毕后返回原位，立正站好。第2名按出列的相反顺序入列。听到“预备——开始”的口令，第1名手提装有堵漏枪的箱子奔向化工装置到泄漏点一侧，打开箱子，取出脚踏泵，拿出连接杆并接好，套上截流器，选择合适的堵漏袋连接好，再与操纵仪连接好，最后将脚踏泵充气软管与操纵仪连接好。战斗员打开操纵仪，两手握住连接杆，将枪头堵漏袋的75%插入泄漏处，脚踏充气，直至泄漏处密封，举手示“好”。

听到“收操”的口令，战斗员收回器材，放于原处，立正站好。

听到“入列”的口令，战斗员答“是”，然后按出列的相反顺序入列。

操作要求：

(1) 堵漏袋必须插入泄漏处内75%；

(2) 向里插堵漏袋充气密封时，连接杆不可打弯；

(3) 泄漏处如有铁质毛刺、锋口，不可使用，以免破损。

成绩评定：

(1) 计时从发出“开始”的口令至战斗员举手示“好”为止；

(2) 动作熟练，符合操作程序和要求的为合格，反之为不合格。

五、下水道阻流操

训练目的：使战斗员学会下水道阻流袋的使用方法。

场地器材：在下水道前16m处标出起点线，距起点线1m处为器材线，在器材线上放置下水道阻流袋1套、供气管路1套、气瓶1个、减压器1个、防化服2套、空气呼吸器2具（图9.30）。

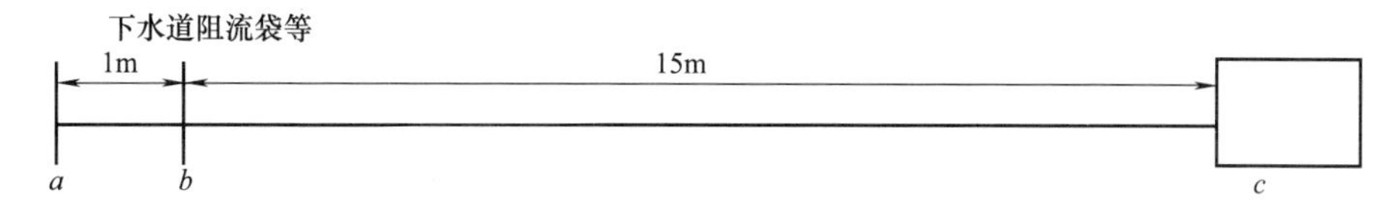

图9.30 下水道阻流操场地设置

a—起点线；b—器材线；c—操作区

操作程序：战斗班在起点线一侧3m处站成一列横队。

听到“前两名——出列”口令后，战斗员跑步至起点线，立正站好。

听到“准备器材”的口令，战斗员整理好所需器具及材料，战斗员穿戴好防化服，佩戴好空气呼吸器，完毕后返回原位，立正站好。

听到“预备——开始”的口令，1号战斗员将下水道阻流袋放进需阻流的下水道中；2号战斗员接上供气接头，打开充气开关充气，将气体充满气袋且完全堵住泄漏物质或水流后，关闭充气开关，卸下供气接头，认真检查确认无泄漏后，举手示意喊“好”。

听到“收操”的口令，战斗员收回器材，放于原处，立正站好。

听到“入列”的口令，战斗员答“是”，然后按出列的相反顺序入列。

操作要求：

(1) 堵漏人员应穿戴好个人防护装备；

（2）认真检查所需的器具及材料。

成绩评定：

（1）计时从发出“开始”的口令至战斗员举手示意喊“好”为止；

（2）动作熟练，符合操作程序和要求的为合格，反之为不合格。

六、金属堵漏套管操

训练目的：通过训练使战斗员熟练掌握金属堵漏套管的操作要领。

场地器材：在化工装置前16m，标出起点线，距起点线1m处为器材线，在器材线上放置金属堵漏套管1套、内置式重型防化服2套、空气呼吸器2具（图9.31）。

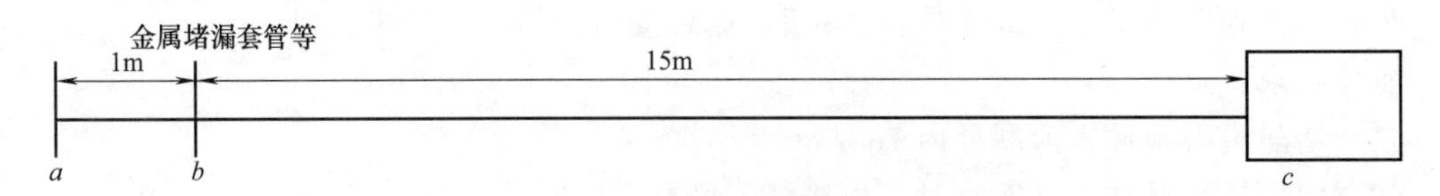

图9.31 金属堵漏套管操场地设置

a—起点线；*b*—器材线；*c*—操作区

操作程序：战斗班在起点线一侧3m处站成一列横队。

听到“前三名——出列”口令后，战斗员跑步至起点线，立正站好。

听到“准备器材”的口令，1、2号员在3号员的配合下，佩戴好空气呼吸器，穿好内置式重型防化服，完毕后返回原位，立正站好。

听到“预备——开始”的口令，1号员携带工具同2号员一起把堵漏套管箱抬至化工装置泄漏部位，放下器材，打开箱子，拿出相应规格的堵漏套管，拧下套管四周所有螺丝；2号员协同1号员拧下螺丝。待拧下所有螺丝后，1号员将胶套包在泄漏点的一侧，盖上堵漏套管，然后将堵漏套管推至泄漏点，用扳手将螺丝对角拧紧，举手示意喊“好”。

听到“收操”的口令，战斗员收回器材，放于原处，立正站好。

听到“入列”的口令，战斗员答“是”，然后按出列的相反顺序入列。

操作要求：

（1）堵漏人员应穿戴好个人防护装备；

（2）泄漏点要置于橡胶套的中央处；

（3）堵漏套管在泄漏点一侧时，螺丝不能拧紧，推至泄漏点后方可拧紧。

成绩评定：

（1）计时从发出“开始”的口令至战斗员举手示意喊“好”为止；

（2）动作熟练，符合操作程序和要求的为合格，反之为不合格。

七、木塞堵漏操

训练目的：使战斗员熟练掌握木塞堵漏的操作要领。

场地器材：在化工装置前16m标出起点线，距起点线1m处为器材线，在器材线上放置木塞箱1只（大小木塞若干）、木锤等堵漏工具、内置式重型防化服1套、空气呼吸器1具（图9.32）。

操作程序：战斗班在起点线一侧3m处站成一列横队。

听到“前两名出列”的口令后，战斗员跑步至起点线，立正站好。

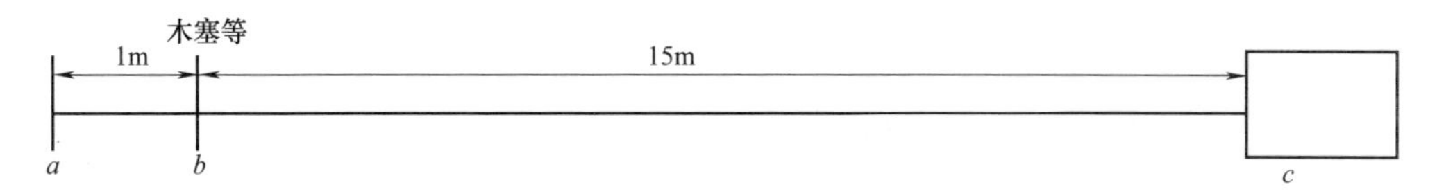

图 9.32 木楔堵漏操场地设置

a—起点线；b—器材线；c—操作区

听到“准备器材”的口令，1 号员在 2 号员的配合下，按要求佩戴好空气呼吸器，穿好内置式重型防化服，完毕后返回原位，立正站好。

听到“预备——开始”的口令，战斗员一手提木箱，一手拿木锤跑至泄漏点，选择合适的木塞，用木锤将木塞敲入泄漏点内，直至泄漏处密封，举手示意喊“好”。

听到“收操”的口令，战斗员收回器材，放于原处，立正站好。

听到“入列”的口令，战斗员答“是”，然后按出列的相反顺序入列。

操作要求：

(1) 堵漏人员应穿戴好个人防护装备；

(2) 根据泄漏点大小选择合适的木塞。

成绩评定：

(1) 计时从发出“开始”的口令至战斗员举手示意喊“好”为止；

(2) 动作熟练，符合操作程序和要求的为合格，反之为不合格。

八、注入式堵漏操

训练目的：使战斗员学会注入式堵漏工具的使用方法。

场地器材：在平地上标出起点线，距起点线 1m 处为器材线，在器材线上放置手动高压泵 1 台、注胶枪 1 把、注胶接头 1 组、法兰卡具 1 套。距起点线 16m 处为操作区，操作区放置堵漏演示器 1 个（图 9.33）。

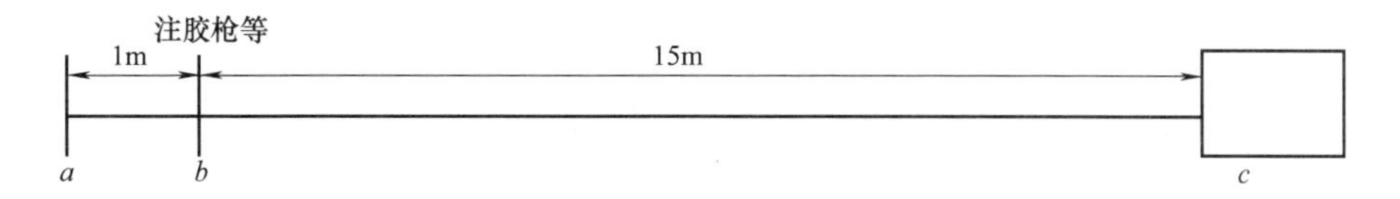

图 9.33 注入式堵漏操场地设置

a—起点线；b—器材线；c—操作区

操作程序：战斗班在起点线一侧 3m 处站成一列横队。

听到“前两名——出列”口令后，战斗员跑步至起点线，立正站好。

听到“准备器材”的口令，战斗员整理好所需器具及材料，完毕后返回原位，立正站好。

听到“预备——开始”的口令，1、2 号员携带堵漏工具至操作区，1 号员在泄漏点处安装好注胶夹具后，操作手动高压泵；2 号员用注胶枪将专用的密封剂注入夹具并将其完全填充。操作完毕后，认真检查确认无泄漏后，举手示意喊“好”。

听到“收操”的口令，战斗员收回器材，放于原处，立正站好。

听到“入列”的口令，战斗员答“是”，然后按出列的相反顺序入列。

操作要求：

（1）战斗员应穿戴防化服；

（2）要认真检查所需的器具及材料。

训练评估方法：

（1）学员使用注入式堵漏工具，考核其操作程序是否正确；

（2）学员按四会教练员要求进行讲解示范，考核其表达能力、示教能力和训练组织能力；

（3）教员提出有关注入式堵漏工具的问题，每人回答其中2题。

① 注入式堵漏工具的用途？（适用于各类装置管道上的静密封点堵漏）

② 注入式堵漏工具的结构组成？（由手动高压泵、高压软管、注胶枪、注胶接头和法兰卡带等构成）

③ 注入式堵漏工具的工作原理？（通过加压泵和注胶头将堵漏胶注入到泄漏处进行堵漏）

成绩评定：

（1）计时从发出“开始”的口令至战斗员举手示意喊“好”为止；

（2）动作熟练，符合操作程序和要求，表达能力强，会组织训练，回答问题全部正确或只答错一题为合格，反之为不合格。

九、强磁压堵漏操

训练目的：使战斗员学会磁压堵漏工具的使用方法。

场地器材：在平地上标出起点线，距起点线1m处为器材线，在器材线上放置堵漏工具1套、快速堵漏胶1组。距起点线16m处设置操作区，操作区放置堵漏演示器1个（图9.34）。

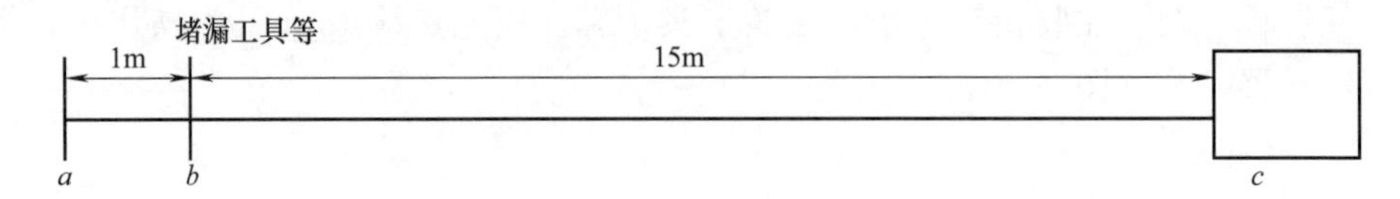

图9.34　强磁压堵漏操场地设置

a—起点线；*b*—器材线；*c*—操作区

操作程序：战斗班在起点线一侧3m处站成一列横队。

听到“第一名——出列”的口令后，战斗员跑步至起点线，立正站好。

听到“准备器材”的口令，战斗员整理好所需器具及材料，完毕后返回原位，立正站好。

听到“预备——开始”的口令，战斗员按1∶1比例进行调胶，认真观察胶的临界点，并将其平整地铺在“铁靴”上，然后打开左手通磁手柄，当胶达到固化点时，战斗员双手托起磁压器，平稳地将其中心对准泄漏点，迅速放下，并用左手压住磁压器，右手打开通磁手柄，然后双手按住磁压器约1～2min。认真检查确认无泄漏后，举手示意喊“好”。

听到“收操”的口令，战斗员收回器材，放于原处，立正站好。

听到“入列”的口令，战斗员答“是”，然后按出列的相反顺序入列。

操作要求：

（1）战斗员应穿戴好防化服；

(2) 要认真检查所需的器具及材料；

(3) 细致观察胶的变化，准确掌握胶的固化点。

训练评估方法：

(1) 学员使用磁压堵漏工具，考核其操作程序是否正确；

(2) 学员按四会教练员要求进行讲解示范，考核其表达能力、示教能力和训练组织能力；

(3) 教员提出有关磁压堵漏工具的问题，每人回答其中2题。

① 磁压堵漏工具适用的介质压力？(小于2.0MPa)

② 磁压堵漏工具温度使用范围？(小于80℃)

③ 磁压堵漏工具是否适用于任何罐体？(不是，只适用于磁性材料可吸附的罐体)

成绩评定：

(1) 计时从发出“开始”的口令至战斗员举手示意喊“好”为止；

(2) 动作熟练，符合操作程序和要求，表达能力强，会组织训练，回答问题全部正确或只答错一题为合格，反之为不合格。

十、氯气管道法兰堵漏操

训练目的：通过训练，使战斗员掌握处置危险化学品泄漏事故的堵漏方法，提高战斗员处置危险化学品泄漏事故能力。

场地器材：假设某化工装置二层操作台一氯气管道法兰发生泄漏。在化工装置前16m标出起点线，在起点线后摆放注入式堵漏器具1套，无火花工具若干、内置式重型防化服2套、空气呼吸器2具（图9.35）。

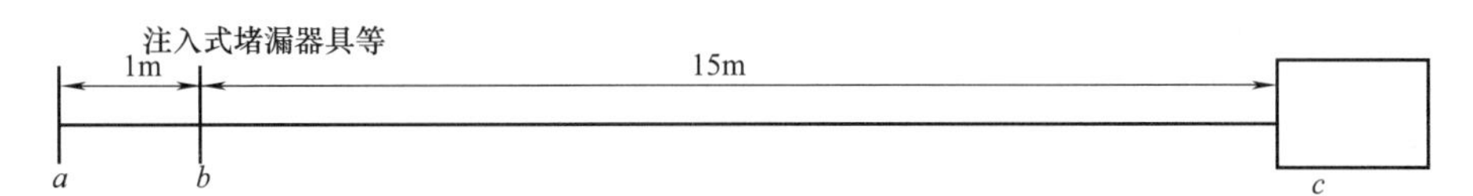

图9.35 氯气管道法兰堵漏操场地设置

a—起点线；b—器材线；c—操作区

操作程序：战斗班在起点线一侧3m处站成一列横队。

听到“前3名出列”的口令后，战斗员跑步至起点线，立正站好。

听到“准备器材”的口令，1、2号员在3号员配合下佩戴好空气呼吸器，穿好重型防化服，战斗员整理好所需器具及材料，完毕后返回原位，立正站好。

听到“预备——开始”的口令，1、2号员携带堵漏工具至化工装置二层操作台一氯气管道法兰发生泄漏处实施堵漏，检查确认无泄漏后，举手示意喊“好”。

听到“收操”的口令，战斗员收回器材，放于原处，立正站好。

听到“入列”的口令，战斗员答“是”，然后按出列的相反顺序入列。

操作要求：

(1) 堵漏人员应穿戴好个人防护装备；

(2) 正确合理使用无火花工具组和堵漏器具；

(3) 两名战斗员动作准确，配合默契。

成绩评定：

（1）计时从发出“开始”的口令至战斗员举手示意喊“好”为止；

（2）动作熟练，符合操作程序和要求，会组织训练为合格，反之为不合格。

十一、槽车堵漏操

训练目的： 通过训练，使战斗员熟练掌握危险化学品槽车交通事故处置对策和器具堵漏方法，提高战斗员处置危险化学品槽车泄漏事故能力。

场地器材： 在起点线前16m处设置危险化学品槽车交通事故现场。起点线前1m为器材线，器材线上设置磁压堵漏工具1套、防护服装2套、空气呼吸器2具（图9.36）。

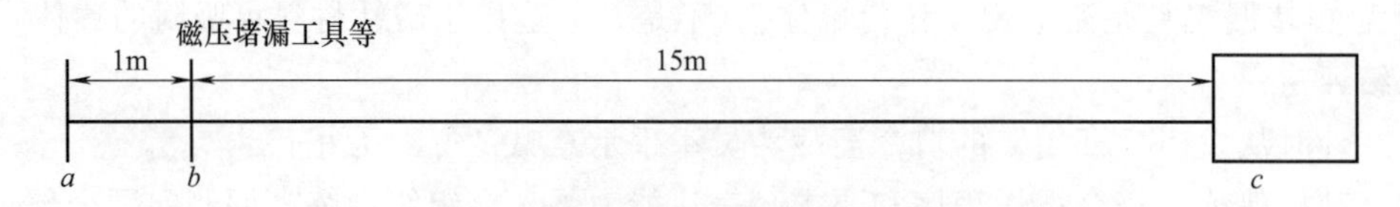

图9.36　槽车堵漏操场地设置

a—起点线；*b*—器材线；*c*—操作区

操作程序： 战斗班在起点线一侧3m处站成一列横队。

听到“前两名——出列”的口令后，战斗员跑步至起点线，立正站好。

听到“准备器材”的口令，战斗员穿戴好防化服，佩戴好空气呼吸器，整理好所需器具及材料，完毕后返回原位，立正站好。

听到“预备——开始”的口令，1、2号员携带磁压堵漏工具至槽车泄漏点处实施堵漏，检查确认无泄漏后，举手示意喊“好”。

听到“收操”的口令，战斗员收回器材，放于原处，立正站好。

听到“入列”的口令，战斗员答“是”，然后按出列的相反顺序入列。

操作要求：

（1）堵漏人员应穿戴好个人防护装备；

（2）正确使用堵漏器具；

（3）两名战斗员动作准确，配合默契。

成绩评定：

（1）计时从发出“开始”的口令至战斗员举手示意喊“好”为止；

（2）动作熟练，符合操作程序和要求，会组织训练为合格，反之为不合格。

思考题

1. 消防队伍通常配备的堵漏器材种类有哪些？

2. 堵漏器材的性能参数及使用场所的选用有什么要求？

3. 侦检器材的性能参数及使用场所的选用有什么要求？

4. 在堵漏器材训练中对个人防护有哪些要求？

第十章 警戒、洗消、输转训练

第一节 警戒类器材训练

【学习目标】

1. 了解掌握警戒器材的技术性能；
2. 警戒程序规范、方法正确，能合理设立警戒范围；
3. 全体人员任务明确，协同密切；
4. 安全防护符合要求；
5. 在规定时间内完成全部动作。

警戒，是维持灾害事故现场秩序，防止灾害范围或损失进一步扩大，保障救援行动顺利进行而采取的战斗行动。目的在于控制人员、车辆进入灾害事故现场，减少现场突变可能对人员造成的伤害，以及灾害事故现场给灭火救援工作带来的不利影响。

警戒的类型有维持秩序类警戒、防爆炸类警戒、防中毒类警戒、防毒防爆类警戒。不同性质的灾害事故，其现场警戒的范围和管制的内容也各不相同。

警戒的范围，是根据事故特点和消防队伍开展灭火救援所需要的行动空间和安全要求来确定的。

一、警戒类器材训练标志杆

(一) 技术性能

主要用途：主要用于灾害事故现场及危险区域的警戒。

组成：由警戒标志杆、底座等组成。

技术性能参数：标志杆材质外贴有红白相间的反光标志，每根长不小于0.8m。

注意事项：不能承重，谨防挤压；不能与有腐蚀性物品或氧化物接触。

维护保养：保持表面清洁，防止磨损。

使用方法：警戒标志杆使用时，插入警戒底座即可。

(二) 操作规程

训练目的：使战斗员熟练掌握警戒标志杆的用途、操作程序和使用方法。

场地器材：在平地上标出起点线，距起点线1m、6m处分别标出器材线、操作区，在器材线上放置五根警戒标志杆、五块底座（图10.1）。

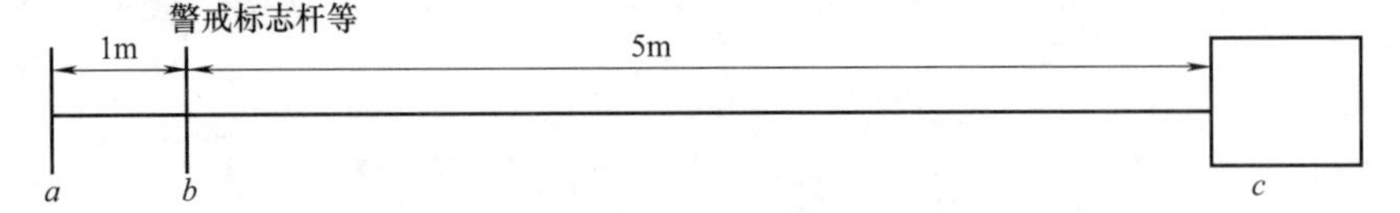

图10.1 架设警戒标志杆场地设置

a—起点线；b—器材线；c—操作区

操作程序：战斗员穿着抢险救援服，在起点线一侧 3m 处站成一列横队。

听到“准备器材”的口令，两名战斗员答“是”并迅速向前踢出一步，在器材线处，相互配合，对警戒标志杆、底座进行检查；器材检查完毕达到要求，并整理好器材后，两名战斗员一起返回起点线成立正姿势。

听到“预备”的口令，两名战斗员做好操作准备。

听到“开始”的口令，两名战斗员迅速跑步到器材线处，第一名战斗携带警戒标志杆，第二名战斗员携带底座，一起迅速跑向操作区；到达操作区后，第二名战斗员每间隔 3m 放一块底座；第一名战斗员跟在第二名战斗员身后，迅速将警戒标志杆插入第二名战斗员放下的底座中心孔内；操作完毕后，两名战斗员一起面向指挥员成立正姿势，举手示意喊“好”。

听到“收操”的口令，两名战斗员收回器材，放回原位，然后一起返回起点线成立正姿势，举手示意喊“好”。

听到“入列”的口令，两名战斗员跑步入列。

操作要求：

(1) 操作前仔细检查器材是否性能良好、各部件完整好用；

(2) 操作中要严肃认真，操作方法正确；

(3) 操作时，必须做好个人防护；

(4) 两名战斗员要相互配合，并按操作规程进行操作。

成绩评定：

操作方法正确，动作迅速、连贯评为合格；反之为不合格。

二、锥形事故标志柱

(一) 技术性能

主要用途：主要用于灾害事故现场道路警戒。

组成：由底座、锥形事故标志柱组成。

技术性能参数：由塑料板制成，其材质外敷有红白相间的反光标志，具有夜视反光功能，标志柱的顶端中心有一插孔，直径为 40mm，底座大小适当，便于立放。

注意事项：

(1) 独立使用，可与闪光警示灯配合使用；

(2) 操作时，警戒底座要放于地面平整的地方；

(3) 防止被重物挤压，轻拿轻放。

维护保养：

(1) 使用完毕及时清洗干净，保存于干燥的环境内；

(2) 保持警戒桶外表清洁，严禁油、腐蚀性物质等滞留其表面。

使用方法：依据现场需要放在合适位置，也可与警戒灯配合使用。

(二) 操作规程

训练目的：使战斗员熟练掌握锥形事故标志柱的用途、操作程序和使用方法。

场地器材：在平地上标出起点线，距起点线 1m、6m 处分别标出器材线、操作区，在器材线上放置五套锥形事故标志柱（图 10.2）。

操作程序：战斗员穿着抢险救援服，在起点线一侧 3m 处站成一列横队。

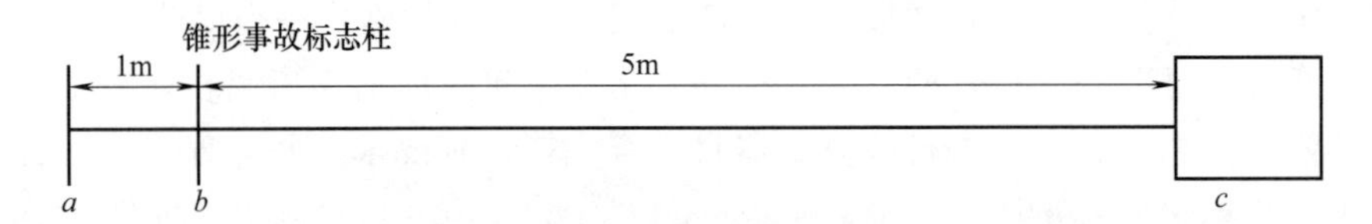

图 10.2 架设锥形事故标志柱场地设置

a—起点线；b—器材线；c—操作区

听到“准备器材”的口令，战斗员答“是”，并迅速跑至器材线处，对锥形事故标志柱进行检查；器材检查完毕，达到要求，并整理好器材后，返回起点线，成立正姿势。

听到“预备”的口令，战斗员做好操作准备。

听到“开始”的口令，战斗员迅速跑向器材线处，携带锥形事故标志柱迅速跑向操作区；到达操作区后，战斗员每隔 2m 放置一个锥形事故标志柱；操作完毕后，面向指挥员，成立正姿势，举手示意喊“好”。

听到“收操”的口令，战斗员收回器材，放回原位，然后返回起点线，成立正姿势，举手示意喊“好”。

听到“入列”的口令，战斗员跑步入列。

操作要求：

(1) 操作前仔细检查器材是否性能良好、各部件完整好用；

(2) 操作中要严肃认真，操作方法正确；

(3) 放置锥形事故标志柱要平稳；

(4) 操作中要轻拿轻放。

成绩评定：

操作方法正确，动作迅速、连贯评为合格；反之为不合格。

三、出入口标志牌

(一) 技术性能

主要用途：主要用于灾害事故现场标示。

组成：由出口和入口两类标志牌组成。

技术性能参数：标志牌上有图案、文字，边框均为反光材料，直径一般为 600mm。

注意事项：不能承重，谨防挤压；不能与腐蚀性物品或氧化物接触。

维护保养：

(1) 注意防止表面磨损，保持清洁；

(2) 使用完毕及时清洗干净，保存于干燥的环境内；

(3) 保持外表清洁，严禁油、腐蚀性物品等滞留其表面。

使用方法：将其设置在警戒区域的出入口，与标志杆配合使用。

(二) 操作规程

训练目的：使战斗员熟练掌握出入口标志牌的用途、操作程序和使用方法。

场地器材：在平地上标出起点线，距起点线 1m、6m 处分别标出器材线、操作区，在器材线上放置一套出入口标志牌。在操作区预先设置出口和入口，在出口和入口的两侧各放置一根警戒标志杆（警戒标志杆插入底座中心孔内）（图 10.3）。

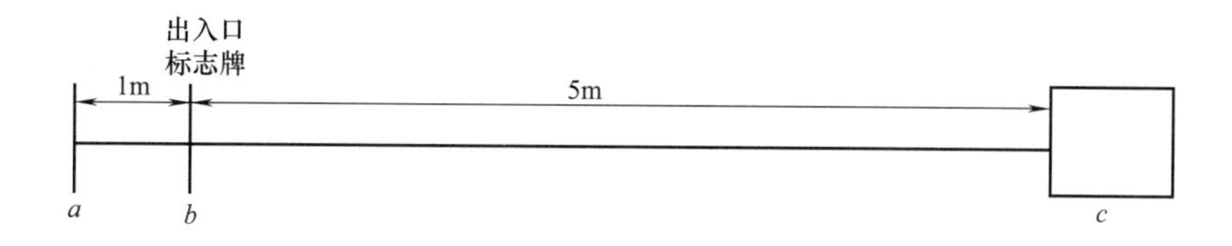

图 10.3 架设出入口标志牌场地设置

a—起点线；b—器材线；c—操作区

操作程序： 战斗员穿着抢险救援服，在起点线一侧 3m 处站成一列横队。

听到“准备器材”的口令，战斗员迅速跑向器材线处，对出入口标志牌进行检查；器材检查完毕，达到要求，并整理好器材后，返回起点线，成立正姿势。

听到“预备”的口令，战斗员做好操作准备。

听到“开始”的口令，战斗员迅速跑向器材线处，拿起出入口标志牌，跑向操作区；到达操作区后，将出入口标志牌分别悬挂到出口和入口旁的警戒标志杆上；操作完毕后，面向指挥员，成立正姿势，举手示意喊“好”。

听到“收操”的口令，战斗员收起器材，放回原位，返回起点线，成立正姿势，举手示意喊“好”。

听到“入列”的口令，战斗员跑步入列。

操作要求：

（1）操作前仔细检查器材是否性能良好、各部件完整好用；

（2）操作中要严肃认真，操作方法正确；

（3）在警戒标志杆上悬挂出入口标志牌时，要固定牢靠。

成绩评定：

操作方法正确，动作迅速、连贯评为合格；反之为不合格。

四、隔离警示带

（一）技术性能

主要用途：主要用于灾难事故现场及危险区域的警戒，与警戒标志杆配合使用。

组成：由卷盘、隔离警示带等组成。

技术性能参数：由 PVC 材质制成，双面反光，每盘约 500m 长。

注意事项：要定期检查警示带是否破损、打结，使用完毕后要及时卷紧，严禁松动。

维护保养：保持表面清洁，防止磨损。不能与腐蚀性的物品接触；操作时，按其旋转方向拖放。

使用方法：

使用时将隔离警示带从卷盘中抽出，固定在警戒标志杆或其他固定物上即可。

（二）操作规程

训练目的： 使战斗员熟练掌握隔离警示带的用途、操作程序和使用方法。

场地器材： 在平地上标出起点线，距起点线 1m、6m 处分别标出器材线、操作区，在器材线上放置一盘隔离警示带；在操作区预先设置好若干警戒标志杆（图 10.4）。

操作程序： 战斗员穿着抢险救援服在起点线一侧 3m 处站成一列横队。

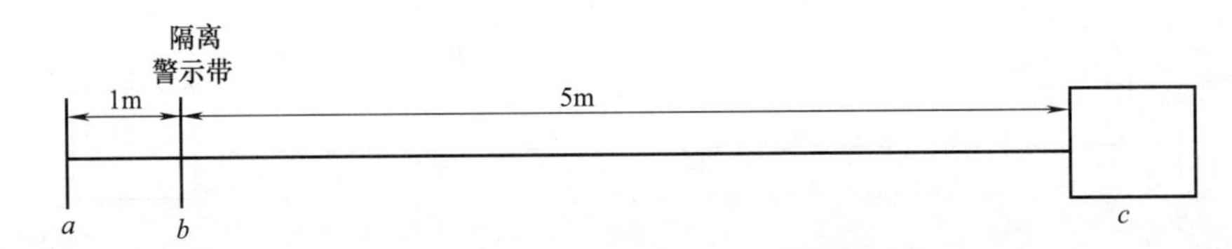

图 10.4　架设隔离警示带场地设置

a—起点线；b—器材线；c—操作区

听到“准备器材”的口令，战斗员跑向器材线处，对隔离警示带进行检查；器材检查完毕，达到使用要求，并整理好器材后，返回起点线，成立正姿势。

听到“预备”的口令，战斗员做好操作准备。

听到“开始”的口令，战斗员迅速跑向器材线处，拿起隔离警示带，跑向操作区；到达操作区后，战斗员将隔离警示带带头固定在第一根警戒标志杆上，然后沿警戒标志杆施放隔离警示带，每到一根警戒标志杆都将隔离警示带固定在其上，逐次进行到最后一根警戒标志杆处，固定好隔离警示带；操作完毕后，战斗员面向指挥员成立正姿势，举手示意喊“好”。

听到“收操”的口令，战斗员收回器材，放回原位，然后返回起点线，成立正姿势，举手示意喊“好”。

听到“入列”的口令，战斗员跑步入列。

操作要求：

(1) 操作前仔细检查器材是否性能良好、各部件完整好用；

(2) 操作中要严肃认真，操作方法正确；

(3) 在警戒标志杆上固定隔离警示带时，要固定牢靠。

成绩评定：

操作方法正确，动作迅速、连贯评为合格；反之为不合格。

五、危险警示牌

(一) 技术性能

主要用途：主要用于灾害事故现场警戒警示。

组成：由有毒、易燃、泄漏、爆炸、危险等五种警示牌组成。

技术性能参数：各种警示牌用图形、文字、标识、颜色代表不同物质，用于表示有毒、易燃、泄漏、爆炸、危险、核放射等五种标志，图案为反光材料。警示牌规格有三角形、长方形。

三角形状：金属制成，边长一般为40cm，反面中间部位有一个供插杆的铆孔，表面喷涂红、黄、黑反光漆。

长方形状：金属制成，四角有孔洞，供绳子穿带，表面喷涂红白反光漆（图案为反光材料），与标志杆配套使用。

注意事项：

(1) 轻拿轻放，谨防挤压；

(2) 用后保持表面清洁、干燥；

(3) 不能与腐蚀性物品或氧化物接触。

维护保养：

(1) 注意防止表面磨损，保持清洁；

(2) 使用完毕及时清洗干净，保存于干燥的环境内；

(3) 维护中不能用油、腐蚀性物品等擦拭。

使用方法：与标志杆配套使用，正面朝安全区域。

(二) 操作规程

训练目的：使战斗员熟练掌握危险警示牌的用途、操作程序和使用方法，提高战斗员对事故现场准确、快速实施警戒的能力。

场地器材：在平地上标出起点线，距起点线1m、6m处分别标出器材线、操作区，在器材线上放置有毒、易燃、泄漏、爆炸、危险等五种警示牌各五块；在操作区预先设置好若干警戒标志杆（图10.5）。

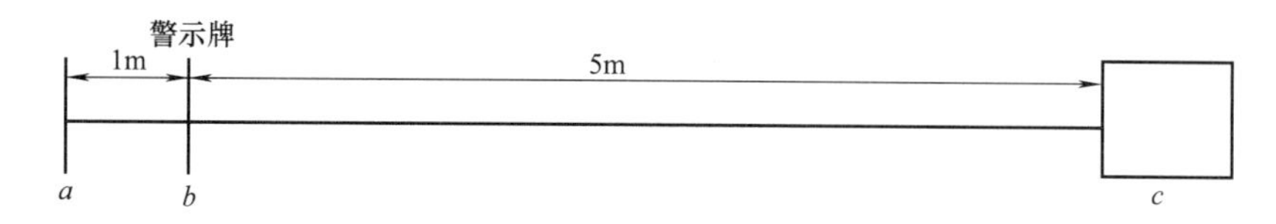

图10.5 架设危险警示牌场地设置

a—起点线；b—器材线；c—操作区

操作程序：战斗员穿着防化服，在起点线一侧3m处站成一列横队。

听到“准备器材”的口令，战斗员迅速跑向器材线处，对危险警示牌进行检查；器材检查完毕，达到使用要求，并整理好器材后，返回起点线，成立正姿势。

听到“预备”的口令，战斗员做好操作准备。

听到“开始”的口令，战斗员迅速跑向操作区，对操作区内的危险情况进行侦查，确定危险情况属于有毒、易燃、泄漏、爆炸、危险等五种情况中的哪一种或几种后，迅速跑到器材线处，拿起相应的危险警示牌，跑向操作区；到达操作区后，战斗员将危险警示牌分别悬挂到每根警戒标志杆上（正面朝安全区域）；操作完毕后，面向指挥员，成立正姿势，举手示意喊“好”。

听到“收操”的口令，战斗员收起器材，放回原位，然后返回起点线，成立正姿势，举手示意喊“好”。

听到“入列”的口令，战斗员跑步入列。

操作要求：

(1) 操作前仔细检查器材是否性能良好、各部件完整好用。

(2) 操作中要严肃认真，操作方法正确。

(3) 在警戒标志杆上悬挂危险警示牌时，要固定牢靠，正面朝向安全区域。

成绩评定：

操作方法正确，动作迅速、连贯评为合格；反之为不合格。

六、闪光警示灯

(一) 技术性能

主要用途：主要用于灾害事故现场夜间警戒警示。

组成：由主体、灯泡、电池等组成。

技术性能参数：

（1）警示灯使用时频频闪烁，光线暗时自动闪亮，使用充电电池或干电池。

（2）频闪型透烟雾性强，有三个调节挡位，光线暗时可自动闪光。

注意事项：

（1）轻拿轻放，谨防挤压；

（2）用后保持表面清洁、干燥；

（3）不能与腐蚀性物品或氧化物接触。

维护保养：

（1）注意防止表面磨损，保持清洁；

（2）用完后及时清洗干净，保存于干燥的环境内；

（3）维护中不能用油、腐蚀性物品等擦拭；

（4）定期检查，充电或更换电池。

使用方法：打开电源开关，手持或水平放置地面，也可与锥形事故标志柱或标志杆配合使用，正面朝向安全区域。

（二）操作规程

训练目的：使战斗员熟练掌握闪光警示灯的用途、操作程序和使用方法，提高战斗员对事故现场准确、快速地实施警戒的能力。

场地器材：在平地上标出起点线，距起点线1m、6m处分别标出器材线、操作区。在器材线上放置若干个闪光警示灯，在操作区预先设置好若干警戒标志杆或锥形事故标志柱（图10.6）。

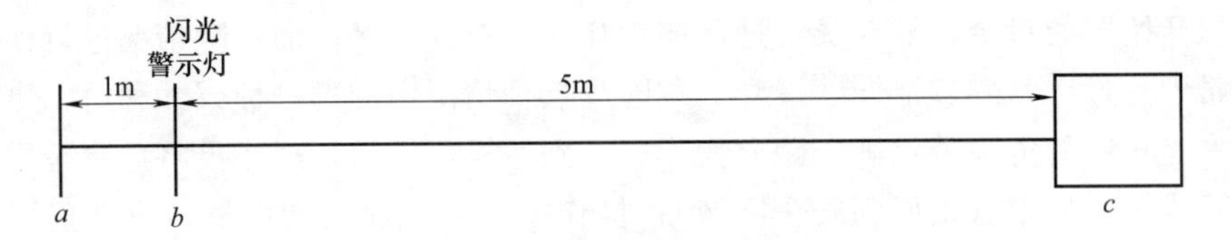

图10.6 架设闪光警示灯场地设置

a—起点线；*b*—器材线；*c*—操作区

操作程序：战斗员穿着抢险救援服，在起点线一侧3m处站成一列横队。听到“准备器材”的口令，战斗员迅速跑向器材线处，对闪光警示灯进行检查；器材检查完毕，达到使用要求，并整理好器材后，返回起点线，成立正姿势。

听到“预备”的口令，战斗员做好操作准备。

听到“开始"的口令，战斗员迅速跑向器材线处，拿起闪光警示灯，跑向操作区，到达操作区后，将闪光警示灯分别悬挂到警戒标志杆上或插入锥形事故标志柱顶端的孔内（正向朝向安全区域），并打开闪光警示灯开关；操作完毕后，面向指挥员成立正姿势，举手示意喊“好”。

听到“收操”的口令，战斗员收起器材，放回原位。然后返回起点线，成立正姿势，举手示意喊“好”。

听到“入列”的口令，战斗员跑步入列。

操作要求：

（1）操作前仔细检查器材是否性能良好、各部件完整好用；

（2）操作中要严肃认真，操作方法正确；

（3）将闪光警示灯悬挂到警戒标志杆上或插入锥形事故标志柱顶端的孔内时，要固定牢靠，正面朝安全区域。

成绩评定：

操作方法正确，动作迅速、连贯评为合格；反之为不合格。

第二节 洗消类器材训练

【学习目标】

1. 根据现场情况，能正确选择洗消器材和药剂；
2. 能正确使用洗消器材、正确调配洗消药剂；
3. 洗消程序规范、方法正确；
4. 安全防护符合要求。

洗消是运用物理或化学的处理方法，减少和防止由涉及危险品事件的人员和装备携带的污染物蔓延扩散的过程。紧急处置人员应执行全面的、专业的洗消程序，直至被判断或确认不再必要为止。

一、单人洗消帐篷操

训练目的：使战斗员熟练掌握单人洗消帐篷的操作程序和使用方法。

场地器材：在平地上标出起点线，距起点线 1m、6m 处分别标出器材线、操作区，在器材线处停放一辆水罐消防车、放置一顶单人洗消帐篷（含洗消喷淋器）、一台脚踏充气泵（或高压气瓶）、一台洗消供水泵、一台排水泵、两盘 45m 电线盘、一只 15L 均混罐、一根充气软管、一只 3000L 回收水袋、两根供水管、一根污水排水管等器材装备，五双手套（图 10.7）。

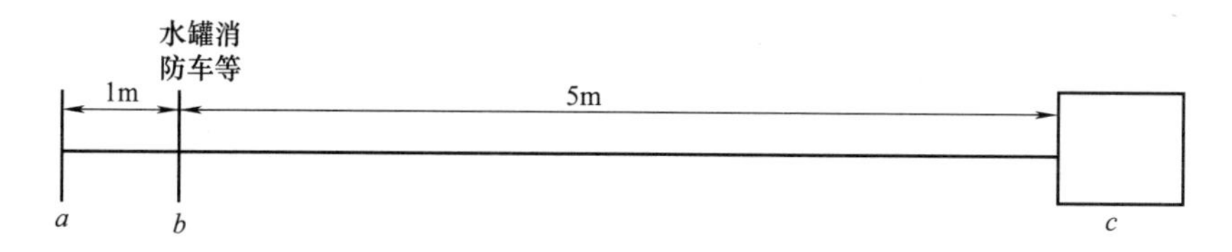

图 10.7 架设单人洗消帐篷场地设置

a—起点线；b—器材线；c—操作区

操作程序：五名战斗员穿着抢险救援服在起点线一侧 3m 处站成一列横队。

听到“准备器材”的口令，五名战斗员在器材线处，戴好抢险救援手套；1、2 号员检查洗消帐篷，3 号员检查脚踏充气泵（或高压气瓶）和充气管，4、5 员检查洗消供水泵、排水泵、电线盘、均混罐、供水管、污水排水管、回收水袋等器材装备。检查完毕，整理好器材后，五名战斗员返回起点线，成立正姿势。

听到“开始”的口令，五名战斗员迅速跑向器材线处，1、2号员抬起洗消帐篷运输袋，3号员携带充气泵（或高压气瓶）和充气管，4、5号员抬洗消供水泵、排水泵、电线盘、均混罐、供水管、污水排水管、回收水袋等器材装备，一起跑向操作区；到达操作区后，1、2号员打开洗消帐篷运输袋，取出洗消帐篷，并展开；3号员将充气泵（或高压气瓶）和充气管放在洗消帐篷充气阀门一侧，并将充气管与充气泵（或高压气瓶）和洗消帐篷充气阀门连接好，打开洗消帐篷充气阀门，开始充气；1、2号员在充气的同时应拉直帐篷四角（在有风的情况下，要用铁钎和绳索固定帐篷）；4、5号员将洗消供水泵、排水泵、电线盘、均混罐、供水管、污水排水管、回收水袋等器材装备分别放在帐篷供水口和排水口一侧适当位置，然后把供水管一端与洗消供水泵连接，另一端与均混罐的进水口相接，水罐消防车铺设过来的水带接口与供水泵连接，均混罐与帐篷供水阀门连接；待帐篷充气到安全阀开启后，3号员停止供气，关闭帐篷充气阀门；1、2号员固定好帐篷后，进入帐篷内安装喷淋系统；1、2、3号员将排水泵进水口与帐篷的排水口相接，把排水泵出水口与回收水袋相接；启动供水泵和排水泵（水泵是电动泵的要连接电源；水泵是机动泵的启动发动机），操作完成后，五名战斗员一起面向指挥员，成立正姿势，举手示意喊“好”。

操作要求：

(1) 操作前仔细检查器材是否性能良好、各部件完整好用；

(2) 操作中要严肃认真，操作方法正确；

(3) 给帐篷充气到安全阀扣门开启；

(4) 各个接头要连接牢靠，不得脱落，各个软管不得扭圈，回收水袋阀门一定要开足；

(5) 五名战斗员要相互配合，并按操作规程进行操作。

成绩评定：

计时从发令“开始”至战斗班完成全部操作任务指挥员举手示意喊“好”为止。

操作方法正确、动作迅速、连贯评为合格；反之为不合格。

二、公众洗消帐篷操

训练目的：使战斗员熟练掌握公众洗消帐篷的操作程序和使用方法。

场地器材：在平地上标出起点线，距起点线1m、10m处分别标出器材线、操作区，在器材线上停放一辆洗消车、放置一顶公众洗消帐篷、一台充（排）气泵、一台洗消供水泵、一台洗消排污泵、一台洗消水加热器、一台暖风发生器、一台温控仪、一套洗消喷淋器、一个15L洗消液均混罐、一个洗消废水回收袋、三盘45m电线盘（含多用插座）、充气软管箱、三根供水管、一根污水排水管、空气送风机、送风软管、25mm水带、八双抢险救援手套、警戒标志及有关操作附件（图10.8）。

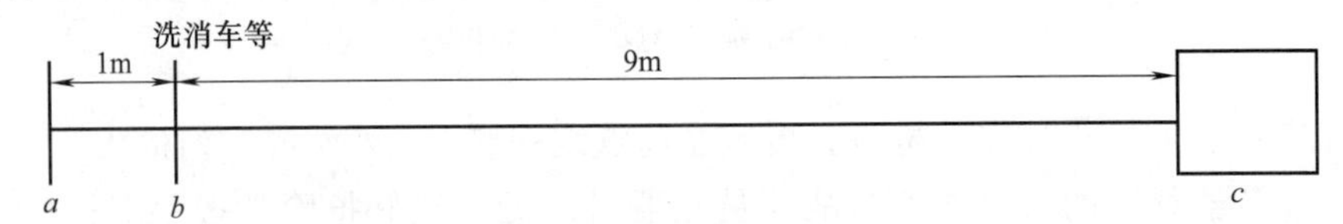

图10.8 架设公众洗消帐篷场地设置

a—起点线；b—器材线；c—操作区

操作程序：班长、驾驶员和6名战斗员穿着抢险救援服，在起点线一侧3m处站成一列横队。

听到“准备器材”的口令，全班人员一起迅速向前踢出一步，在器材线处，戴好抢险救援手套；班长和第二名战斗员检查洗消帐篷和洗消喷淋器，第二、三名战斗员检查充（排）气泵、电线盘和充气管，第四、五名战斗员检查洗消供水泵、排水泵、电线盘、均混罐、供水管、污水排水管、洗消废水回收袋、洗消水加热器、25mm水带，第六名战斗员和驾驶员检查暖风发生器、空气送风机、送风软管、温控仪、电线盘等有关附件。检查完毕，达到要求并整理好器材后，班长带领全班人员一起返回起点线，成立正姿势。

听到“开始”的口令，全班人员迅速向而前踢出一步，在器材线处，第一至四名战斗员抬起洗消帐篷运输袋，将洗消帐篷抬至操作区后，打开洗消帐篷运输袋，取出洗清帐篷并展开。班长和第五、六名战斗员及驾驶员将供气器材（电动充气泵、充气软管箱、空气送风机、送风软管、恒温器、45m卷线筒两盘）抬至帐篷充气阀一侧打开帐篷充气阀，将电动充气泵通过充气软管与洗消帐篷充气阀相连接；将空气送风机通过送风软管与洗消帐篷的空气进风口相连接；将电动充气泵和空气送风机通过卷线盘与电源连接。驾驶员打开电动充气泵电源开关，开始充气。班长指挥全班操作。第一名战斗员在帐篷进口处拉住绳索协助驾驶员对气柱依次进行充气，气柱充足气后依次关闭气柱充气阀，并停止充气，然后驾驶员打开空气送风机电源开关，开始向帐篷内送风。第二、三名战斗员展开帐篷后迅速返回器材线处，取金属撑杆进行连接，待第一根气柱充足气后，迅速进入帐篷内，用撑杆依次对气柱进行固定。第四名战斗员展开帐篷后迅速返回器材线处，取警戒标志牌在帐篷周边设立警戒标志。第五、六名战斗员连接完供气器材后，迅速返回器材线处，将帐篷内洗消用具（6人喷淋头、更衣间、喷淋槽、洗消篷、暖风发生器、温控仪）搬至帐篷旁，再返回器材处搬运供水器材（洗消供水泵、4000L水袋、水加热器、排水泵、25mm水带、15L均混罐及相应的连接用软管）至帐篷外供水口一侧；待帐篷架起后、迅速进入帐篷内安装洗消用具。第一、二名战斗员迅速将帐篷四周尼龙搭扣粘好。第三、四名战斗员迅速返回器材线处，将固定钢锥、绳索搬运至帐篷处，与班长、驾驶员一起利用固定钢锥、绳索加固帐篷。第一、二名战斗员将尼龙搭扣粘好后，迅速把供水管一头与洗消供水泵连接，另一头与均混罐的进水口相接，用第二根供水管把均混罐的出水口与洗消水加热器进水口相接，把第三根供水管的一头与洗消水加热器出水口相接，另一头塞入帐篷内，交给第五、六名战斗员；第五、六名战斗员将其与帐篷内洗消用具进水管接口相接，然后跑出帐篷，打开25mm水带，将其与洗消供水泵进水口和洗消车出水口连接。第三、四名战斗员和班长、驾驶员加固完帐篷后，将排水泵进水口与帐篷的排水口相接，把排水泵出水口与回收水袋相接，然后将排水泵通过卷线盘与电源连接。第一、二名战斗员分别携带恒温器和洗消标志牌进入帐篷内挂好。操作完成后，班长带领六名战斗员和驾驶员一起面向指挥员，成立正姿势，班长举手示意喊“好”。

操作要求：

（1）操作前仔细检查器材是否性能良好、各部件完整好用；

（2）操作中要严肃认真，操作方法正确；

（3）在操作过程中要做到互相配合，快而不乱；

（4）给帐篷充气到安全阀开启；

（5）各个接头要连接牢靠，不得脱落，各个软管不得扭圈，回收水袋阀门一定要开足；

（6）操作中爱护器材装备。

成绩评定：

计时从发令“开始”至战斗班完成全部操作任务指挥员举手示意喊“好”为止。

操作方法正确、动作迅速、连贯评为合格；反之为不合格。

三、强酸、碱洗消器

训练目的：使战斗员熟练掌握强酸、碱洗消器的用途、操作程序和使用方法。

场地器材：在平地上标出起点线，距起点线1m、6m处分别标出器材线、操作区，在器材线上放置一只强酸、碱洗消器，一双医用手套（图10.9）。

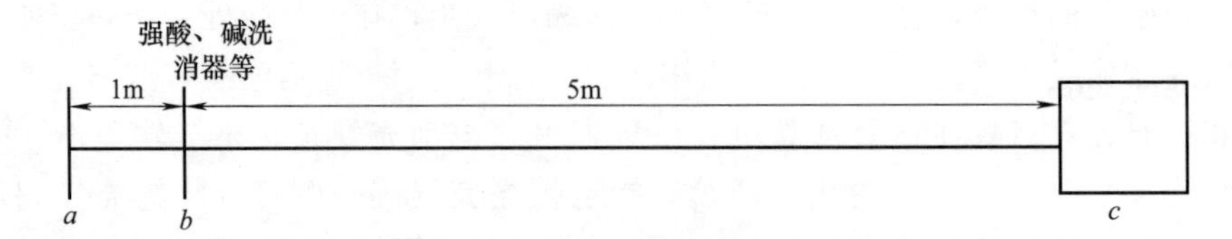

图10.9 强酸、碱洗消器场地设置

a—起点线；*b*—器材线；*c*—操作区

操作程序：战斗员穿着抢险救援服在起点线一侧3m处站成一列横队。

听到“准备器材”的口令，两名战斗员答“是”，并迅速向前踢出一步，在器材线处，第一名战斗员迅速戴好医用手套，对强酸、碱洗消器进行检查；第二名战斗员迅速跑到操作区蹲下，充当化学物质灼伤者（假设化学灼伤部位在手背处）；器材检查完毕，达到要求，并整理好器材后，第一名战斗员返回起点线，成立正姿势。

听到“开始”的口令，第一名战斗员迅速向前踢出一步，在器材线处，提起强酸、碱洗消器迅速跑向操作区；到达操作区后，迅速拔下洗消器保险销，按下把手，距第二名战斗员的灼伤部位300～500mm处喷射；喷射后，两名战斗员一起面向指挥员，成立正姿势，举手示意喊“好”。

操作要求：

（1）操作前仔细检查器材是否性能良好、各部件完整好用；

（2）操作中要严肃认真，操作方法正确；

（3）操作时，必须戴医用手套；

（4）两名战斗员要相互配合，并按操作规程进行操作。

成绩评定：

计时从发令“开始”至战斗班完成全部操作任务举手示意喊“好”为止。

操作方法正确、动作迅速、连贯评为合格；反之为不合格。

四、移动式高压洗消泵

训练目的：使战斗员熟练掌握移动式高压洗消泵的操作程序和使用方法。

场地器材：在平地上标出起点线，距起点线1m、6m处分别标出器材线、操作区，在器材线上放置2套移动式高压洗消泵、2具空气呼吸器、2套重型防化服、1袋洗消粉（剂）、2只量筒、停放1辆水罐消防车；在操作区放置1个水槽（图10.10）。

操作程序：战斗员穿着作训服或运动服，在起点线一侧3m处站成一列横队。

听到“准备器材”的口令，三名战斗员答“是”，并迅速向前踢出一步，在器材线处，

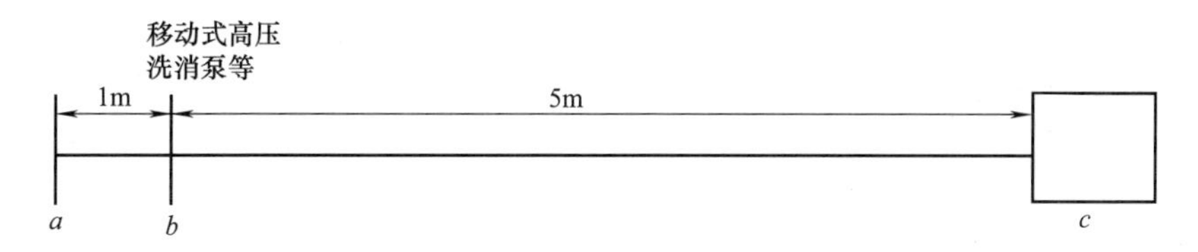

图 10.10 移动式高压洗消泵场地设置

a—起点线；b—器材线；c—操作区

第二名战斗员检查移动式高压洗消泵、喷枪、高压液管、量筒等；第三名战斗员检查空气呼吸器、重型防化服；检查完毕，达到要求，并整理好器材后，三名战斗员一起返回起点线，成立正姿势。

听到“开始”的口令，三名战斗员迅速向前踢出一步，在器材线处，第三名战斗员协助第一、二名战斗员佩戴好空气呼吸器、穿好重型防化服；第一、二名战斗员穿着好个人防护装备后，第二名战斗员携带洗消粉（剂）和量筒与第一名战斗员一起拖拉洗消泵至操作区；第三名战斗员从器材线处的水罐消防车上取出水带铺设到操作区内的水槽处，水带的一头与水罐消防车出水口连接，另一头放入水槽内，并打开水罐消防车出水口开关，然后在出水口开关处待命；第一、二名战斗员到达操作区后，第一名战斗员将洗消泵的吸液管一头与洗消泵的进水口连接，另一头放入水槽内，根据现场情况选择枪头，将选择好的枪头连接到喷枪上，然后连接电源；第二名战斗员将洗消粉（剂）与水按比例进行混合（混合溶液呈清澈无色或略带浅黄色状，其 pH 值应在 7.2～7.7 之间），然后将混合溶液倒入贮液罐中（或倒入水槽内，但水槽内混合溶液用完之前不得向其内加净水）；第一名战斗员手持喷枪对准被污染车辆和器材装备，做好洗消准备；第二名战斗员按下启动按钮，然后和第三名战斗员一起协助第一名战斗员，将喷枪的枪头距离被污染车辆和器材装备约 30cm 进行洗消；操作完毕后，三名战斗员在各自操作处，一起面向指挥员，成立正姿势，举手示意喊“好”。

操作要求：

（1）操作前仔细检查器材是否性能良好、各部件完整好用；

（2）操作中要严肃认真，操作方法正确；

（3）在操作过程中要做到互相配合，快而不乱；

（4）洗消泵不得使用未稀释的酸性和油性溶液；

（5）电缆不得重压和用力拉扯；

（6）洗消泵禁止浸在水中或用洗消枪喷射；

（7）在操作中，对器材要轻拿轻放。

成绩评定：

计时从发令“开始”至战斗班完成全部操作任务，指挥员举手示意喊“好”为止。

操作方法正确、动作迅速、连贯评为合格；反之为不合格。

五、生化洗消装置

训练目的：使战斗员熟练掌握生化洗消装置的操作程序和使用方法。

场地器材：在平地上标出起点线，距起点线 1m、6m 处分别标出器材线、操作区，在器材线上放置 1 套生化洗消装置、1 支泡沫枪、2 具空气呼吸器、1 套重型防化服、各种添加剂、1 只分量瓶、1 只塑料桶、停放 1 辆水罐消防车；在操作区放置 1 个水槽（图

10.11）。

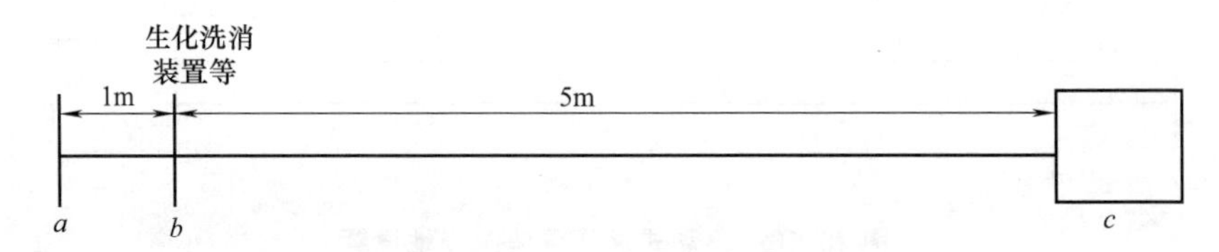

图 10.11　生化洗消装置场地设置

a—起点线；b—器材线；c—操作区

操作程序： 战斗员穿着作训服或运动服在起点线一侧 3m 处站成一列横队。

听到“准备器材”的口令，三名战斗员答“是”，并迅速向前一步；在器材线处，第一、二名战斗员检查生化洗消装置、泡沫枪、输液软管、吸液软管、分量瓶、塑料桶；第三名战斗员检查空气呼吸器、重型防化服；检查完毕，达到要求，并整理好器材后，三名战斗员一起返回起点线，成立正姿势。

听到“开始”的口令，三名战斗员迅速向前一步；在器材线处，第三名战斗员协助第一、二名战斗员佩戴好空气呼吸器、穿好重型防化服；第一、二名战斗员穿着好个人防护装备后，第一名战斗员携带生化洗消装置、泡沫枪、输液软管、吸液软管；第二名战斗员携带添加剂、分量瓶、塑料桶，一起跑向操作区；第三名战斗员从器材线处的水罐消防车上取出水带铺设到操作区内的水槽处，水带的一头与水罐消防车出水口连接，另一头放入水槽内，并打开水罐消防车出水口开关，然后在出水口开关处待命；第一、二名战斗员到达操作区后，第一名战斗员打开生化洗消装置主机上气瓶保护套和保险装置，将 6L/300bar（巴）气瓶与主机连接，锁定保险，检查主机各接口、阀门是否插入并好用；第二名战斗员根据现场情况选用添加剂，按比例将一种或几种添加剂加入贮液桶（空）内，再按比例加入净水，然后将生化洗消装置的吸液软管插入贮液桶内；这时第一名战斗员在第二名战斗员的配合下打开气瓶调节压力，打开每个环球阀门检查软管接口是否漏气，工作压力是否正常，在达到要求后，将泡沫枪与主机输液软管连接，打开泡沫枪开关，喷洒泡沫。喷出泡沫后，三名战斗员在各自岗位一起面向指挥员，成立正姿势，举手示意喊“好”。

操作要求：

（1）操作前仔细检查器材是否性能良好、各部件完整好用；

（2）操作中要严肃认真，操作方法正确；

（3）在操作过程中要做到互相配合，快而不乱；

（4）各接口、阀门要接好，不得漏气；

（5）添加剂的配制要符合现场情况；

（6）贮液桶空罐时不得开机；

（7）在操作中，爱护器材装备。

成绩评定：

计时从发令“开始”至战斗班完成全部操作任务指挥员举手示意喊“好”为止。

操作方法正确、动作迅速、连贯评为合格；反之为不合格。

六、强酸、碱清洗剂

主要用途：主要用于对手部或身体小面积部位的洗消。

性能技术参数：一般化学物品接触后10s内使用效果最佳。容量有100mL和200mL两种，时效5年。

使用方法：打开盖子，距受害处300～500mm处喷射即可。

注意事项：

（1）用洗消罐清洗前，必须除去衣物，否则衣物内残存的化学物品会继续腐蚀人体，造成严重后果。

（2）使用“敌腐特灵”之前不要用水洗，直接喷射受污染处即可。用水清洗只能清洗表面，而不能捕获进入皮肤的化学物质，耽误时间，影响“敌腐特灵”冲洗效果。

维护：存放于阴凉、通风、干燥处，避免烈日暴晒，适时更换药剂，密封储存。

七、LI型敌腐特灵洗眼剂

主要用途：主要用于洗消被化学物品污染的眼睛、皮肤或器材。

性能技术参数：一般化学物品接触后10s内使用效果最佳。时效5年，容量106mL。

使用方法：打开盖子，将瓶口套于眼睛上，仰起头即可。

注意事项：洗消前，必须清理眼睛周围异物，否则残存的化学物品会继续腐蚀眼睛，造成严重后果。

维护：存放于阴凉、通风、干燥处，避免烈日暴晒。

八、分钟IDAP型敌腐特灵洗消剂

主要用途：主要用于洗消被化学品污染的皮肤或器材。

性能技术参数：一般化学物品接触后10s内使用效果最佳。时效2年，容量60mL。

使用方法：打开盖子，对准伤口喷射即可。

注意事项：洗消前，必须脱掉全身衣物，否则衣物内残存的化学物品会继续腐蚀人体，造成严重后果。

维护：存放于阴凉、通风、干燥处，避免烈日暴晒。

九、洗消粉

主要用途：适用于各种化学物品对人体、装备等侵害时的降毒洗消，是一种多用途洗消粉。

性能及组成：呈白色和微灰色颗粒状固体，溶解于水。具有极强的吸收性能，与侵入人体的化学物质结合并排出。该产品具有高效、快速的特点。是一种“酸碱两性的赘合剂”，用于处置强酸碱和化学品灼伤的伤口创面。洗消粉能够迅速止痛，对皮肤及眼睛无刺激性，且喷后无压力感。

性能技术参数：干粉呈白色颗粒状，有时略呈浅黄色。军事上的饮用水浓度为0.7×10^{-6}，洗消机清洗时用浓度为1500×10^{-6}的液体喷洒或擦拭。包装：0.5kg/袋，时效5年。

使用方法：对人体进行洗消时，先打开包装袋，取出粉末，并按比例溶解于净水中。溶液呈清澈无色或略带浅黄色状，然后进行洗消。其pH值应在7.2～7.7之间。对装备物资进行洗消时，运用洗消泵进行洗消。

注意事项：存放于阴凉、通风、干燥处，防潮保护，标记明显。

第三节　输转类器材训练

【学习目标】

1. 能正确使用输转器材；
2. 输转程序规范、方法正确；
3. 全体人员任务明确，协同密切；
4. 安全防护符合要求。

输转也叫转移，是通过人工、泵或加压的方法，从泄漏或者损坏的容器中移出危险液体、气体或者某些固体的过程。输转过程所用的泵、管线、接头以及盛装容器应与危险品相匹配。

一、手动隔膜抽吸泵

训练目的：使战斗员熟练掌握手动隔膜抽吸泵的用途、操作程序和使用方法。

场地器材：在平地上标出起点线，距起点线1m、6m处分别标出器材线、操作区，在器材线上放置1台手动隔膜抽吸泵（含吸液管和吸附器及出液管等）、3具空气呼吸器、3套重型防化服、1只密封桶；在操作区放置1个水槽（内存少量水）（图10.12）。

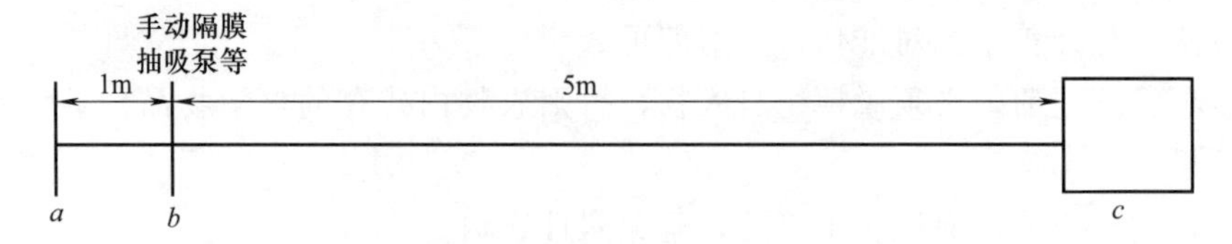

图10.12　手动隔膜抽吸泵场地设置

a—起点线；b—器材线；c—操作区

操作程序：战斗员穿着作训服，在起点线一侧3m处站成一列横队。

听到“准备器材”的口令，四名战斗员迅速向前踏出一步。第一、二名战斗员对手动隔膜抽吸泵（含吸液管、吸附器和出液管等）和密封桶进行检查；第三、四名战斗员对空气呼吸器、重型防化服进行检查；器材检查完毕，达到要求，并整理好器材后，四名战斗员一起返回起点线，成立正姿势。

听到“开始”的口令，四名战斗员迅速向前踏出一步，在器材线处，第四名战斗员协助第一、二、三名战斗员佩戴好空气呼吸器、穿好重型防化服后，在器材线处待命；第一、二、三名战斗员穿着好个人防护装备后，第一、二名战斗员抬手动隔膜抽吸泵（含吸液管、吸附器和出液管等），第三名战斗员携带密封桶，一起迅速跑向操作区；到达操作区后，第一、二名战斗员将吸液管、吸附器和出液管与手动隔膜抽吸泵连接好；第三名战斗员将密封桶放在手动隔膜抽吸泵一侧；第一名战斗员手持吸附器仔细对水槽内的污染液体进行吸附；第三名战斗员将出液管的出液口一头置于有毒物质密封桶内，并注意密封桶内液面高度；第二名战斗员不间断地扳动操纵杆；当出液管的出液口流出液体后，第一、二、三名战斗员一起面向指挥员，成立正姿势，举手示意喊“好”。

操作要求：

（1）操作前仔细检查器材是否性能良好、各部件完整好用；

（2）操作中要严肃认真，操作方法正确；

（3）操作时，必须穿戴个人防护装备；

（4）战斗员要相互配合，并按操作规程进行操作。

成绩评定：

计时从发令“开始”至战斗班完成全部操作任务，指挥员举手示意，喊“好”为止。

操作方法正确、动作迅速、连贯评为合格；反之为不合格。

二、电动防爆输转泵

训练目的：使战斗员熟练掌握防爆转输泵的用途、操作程序和使用方法。

场地器材：在平地上标出起点线，距起点线1m、6m处分别标出器材线、操作区，在器材线上放置1台防爆输转泵（含软排水管、硬进水管、滤水器等）、1套无火花工具、1只有毒物质密封桶、1个电源刀闸、1套工具、4具空气呼吸器、4套重型防化服；在操作区放置1个水槽（内存一定量水）（图10.13）。

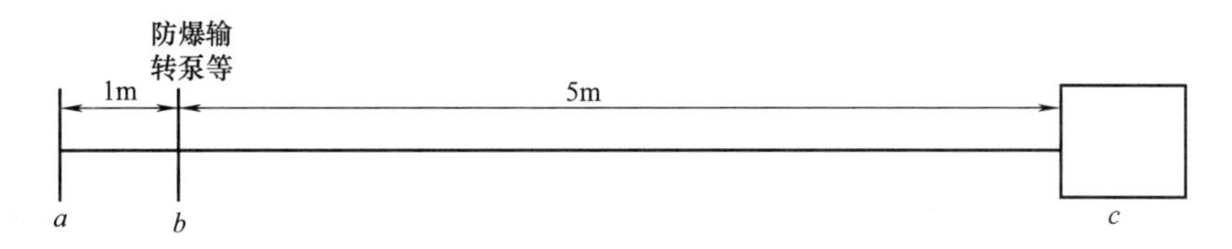

图10.13　架设电动防爆输转泵场地设置

a—起点线；b—器材线；c—操作区

操作程序：战斗员穿着作训服，在起点线一侧3m处站成一列横队。

听到“准备器材”的口令，四名战斗员答“是”，并迅速向前踢出一步，第一、二名战斗员对防爆输转泵（含软排水管、硬进水管、滤水器等）、无火花工具、有毒物质密封桶进行检查；第三、四名战斗员对空气呼吸器、重型防化服进行检查；器材检查完毕达到要求，并整理好器材后，四名战斗员一起返回起点线，成立正姿势。

听到“开始”的口令，四名战斗员在器材线处，相互配合佩戴好空气呼吸器、穿好重型防化服，做好个人防护；第一、二名战斗员携带防爆输转泵（含软排水管、硬进水管、滤水器等），第三四名战斗员携带无火花工具、有毒物质密封桶等，跑向操作区；到达操作区后，第一、二名战斗员将防爆输转泵放在水槽附近，第三、四名战斗员将无火花工具放在防爆输转泵旁，有毒物质密封桶放在防爆输转泵旁（上风方向）；第一、二名战斗员将软排水管一端连接防爆输转泵出口，另一端接入有毒物质密封桶内，将硬进水管一端连接防爆输转泵进口、另一端接滤水器上；第三、四名战斗员将无火花工具钎钉入地下30cm以下，将防爆输转泵的接地线接到无火花工具钎（连接牢固）；第一战斗员连接电源，然后到有毒物质密封桶处，负责观察密封桶内液面；第二名战斗员负责防爆输转泵的开启和关闭；第三、四名战斗员将滤水器放入水槽（泄漏源）内，在第一名战斗员连接好电源后，示意第二名战斗员开启输转泵；第一名战斗员观察密封桶内液面，示意第二名战斗员关闭防爆输转泵；防爆输转泵关闭后，战斗员面向指挥员，成立正姿势，举手示意喊“好”。

操作要求：

（1）操作前仔细检查器材是否性能良好、各部件完整好用；

（2）操作中要严肃认真，操作方法正确；

（3）操作时，必须穿戴个人防护装备；

（4）防爆转输泵的接地线与无火花工具钎连接要牢固；

（5）有毒物质密封桶必须放在下风处；

（6）战斗员要相互配合，并按操作规程进行操作。

成绩评定：

计时从发令“开始”至战斗班完成全部操作任务，指挥员举手示意喊“好”为止。

操作方法正确、动作迅速、连贯评为合格；反之为不合格。

三、黏稠液体抽吸泵

训练目的：使战斗员熟练掌握黏稠液体抽吸泵的用途、操作程序和使用方法。

场地器材：在平地上标出起点线，距起点线 1m、6m 处分别标出器材线、操作区，在器材线上放置 1 台黏稠液体抽吸泵（含吸液管、吸头等）、1 个线盘、1 个电源刀闸、2 台空气呼吸器、2 套重型防化服；在操作区放置 1 个水槽（内存一定量水）（图 10.14）。

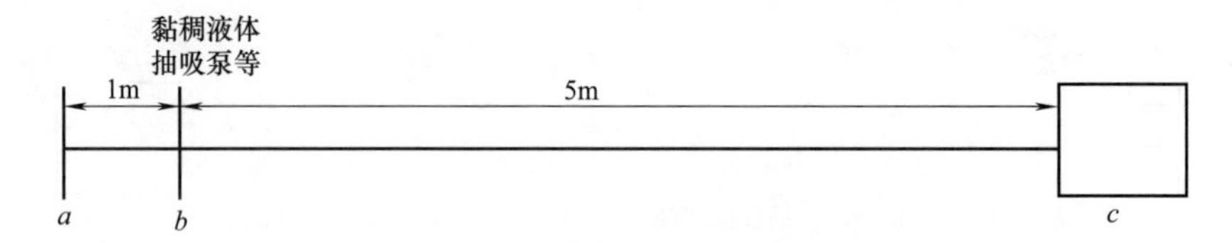

图 10.14　黏稠液体抽吸泵场地设置

a—起点线；b—器材线；c—操作区

操作程序：战斗员穿着作训服，在起点线一侧 3m 处站成一列横队。

听到“准备器材”的口令，三名战斗员在器材线处，第一、二名战斗员对黏稠液体抽吸泵（含吸液管、吸头等）和线盘等进行检查；第三名战斗员对空气呼吸器、重型防化服进行检查；器材检查完毕，达到要求，并整理好器材装备后，三名战斗员一起返回起点线，成立正姿势。

听到“开始”的口令，三名战斗员在器材线处，第一、二名战斗员在第三名战斗员的配合下，迅速佩戴好空气呼吸器、穿好重型防化服，做好个人防护后，第三名战斗员在器材线处待命；第一、二名战斗员携带黏稠液体抽吸泵（含吸液管、吸头等）和线盘等跑向操作区；到达操作区后，第一、二名战斗员将黏稠液体抽吸泵（含吸液管、吸头等）和线盘等放在水槽旁；第一名战斗员将吸液管、吸头与黏稠液体抽吸泵连接；第二名战斗员将黏稠液体抽吸泵通过线盘与电源刀闸连接（并合上刀闸），然后跑到黏稠液体抽吸泵；第一名战斗员把吸液管、吸头与黏稠液体抽吸泵连接好后，示意第二名战斗员打开抽吸泵开关，然后将吸头放入水槽内，开始抽吸液体；第二名战斗员打开抽吸泵开关后，两手抓住黏稠液体抽吸泵把柄，随第一名战斗员抽吸液体移动而移动黏稠液体抽吸泵；然后第一名战斗员示意第二名战斗员关闭抽吸泵开关；第二名战斗员关闭抽吸泵开关后；三名战斗员操作完毕，面向指挥员，成立正姿势，举手示意喊“好”。

操作要求：

（1）操作前仔细检查器材是否性能良好、各部件完整好用；

（2）操作中要严肃认真，操作方法正确；

（3）操作时，必须穿戴个人防护装备；

（4）加压阀门关闭的情况下严禁启动泵；

（5）不使用时，分别断开电源及传送装置，关上抽吸及传送管的截止阀；

（6）战斗员要相互配合，并按操作规程进行操作。

成绩评定：

计时从发令“开始”至战斗班完成全部操作任务，指挥员举手示意喊“好”为止。

操作方法正确、动作迅速、连贯评为合格；反之为不合格。

四、排污泵

训练目的：使战斗员熟练掌握排污泵的用途、操作程序和使用方法。

场地器材：在平地上标出起点线，距起点线 1m、6m 处分别标出器材线、操作区，在器材线上放置 1 台排污泵（含吸水管、出水管、滤水器等）、1 个线盘、1 个电源刀闸；在操作区放置 2 个水槽（1 号水槽内存一定量水，2 号水槽内无水）（图 10.15）。

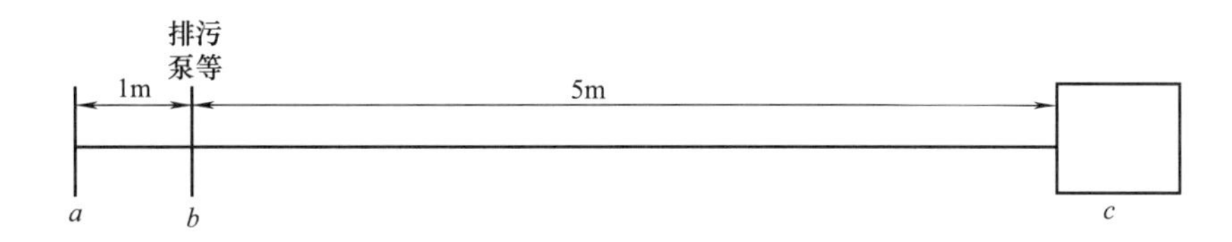

图 10.15 排污泵场地设置

a—起点线；*b*—器材线；*c*—操作区

操作程序：战斗员穿着抢险救援服或灭火防护服，在起点线一侧 3m 处站成一列横队。

听到“准备器材”的口令，三名战斗员在器材线处，第一、二名战斗员对排污泵进行检查；第三名战斗员对吸水管、出水管、滤水器和线盘等进行检查；器材检查完毕，达到要求，并整理好器材装备后，三名战斗员一起返回起点线，成立正姿势。

听到“开始”的口令，三名战斗员在器材线处，第一、二名战斗员抬起排污泵和滤水器，第三名战斗员携带吸水管、出水管，迅速跑向操作区；到达操作区后，第一、二名战斗员将排污泵和滤水器放在 1 号水槽边（进水口朝向 1 号水槽），第三名战斗员将吸水管、出水管放在排污泵旁边；第一、二名战斗员将吸水管的一头连接在排污泵的进水口，另一头连接滤水器，然后将滤水器放入 1 号水槽内；第三名战斗员将出水管的一端连接在排污泵的出水口，另一端放入 2 号水槽（也可设为污水袋），然后跑到器材线，用线盘把电源刀闸与排污泵电源线连接上，并合上电源刀闸（如果排污泵的动力装置是发动机，连接好出水管后，做好启动发动机的准备工作）；第一名战斗员把持吸水管和滤水器；第二名战斗员跑到 2 号水槽处，把持出水管；第一名战斗员向第三名战斗员发出启动泵的信号；第三名战斗员收到第一名战斗员启动泵的信号后，启动排污泵；第二名战斗员看到水流到 2 号水槽内时，向第三名战斗员发出停泵的信号；第三名战斗员切断电源或关闭发动机；操作完毕，战斗员面向指挥员，成立正姿势，举手示意喊“好”。

操作要求：

（1）操作前仔细检查器材是否性能良好、各部件完整好用；

（2）操作中要严肃认真，操作方法正确；

（3）要将滤水器沉没于水中；

（4）战斗员要相互配合，并按操作规程进行操作。

成绩评定：

计时从发令“开始”至战斗班完成全部操作任务，指挥员举手示意喊“好”为止。

操作方法正确、动作迅速、连贯评为合格；反之为不合格。

五、集污袋

主要用途：主要用于存储洗消后的污水等有害液体。

性能组成：由聚乙烯材料生成，可防酸、碱。也可用于收集并转运有毒液体、油类等有害液体。

技术参数：容量分别有1000L、3000L、4000L三种，配55mm接口。

注意事项：所收集的污水必须由专业回收单位处理。

维护：防止破损，使用后进行清洗，做好安全防护工作。

使用方法：操作时，需将红色软垫环朝上展开污水袋，将污水泵软管连接污水袋进口即可使用。

六、有毒物质密封桶

主要用途：主要用于收集并转运有毒有害物质。

性能组成：由特种塑料制成。密封桶由两部分组成，在上端预留了转运物体观察和取样窗。防酸碱，耐高温。

技术参数：

（1）SH有毒物质密封桶：高分子材料制成，防酸碱，耐高温。收集并转运有毒物体和污染严重土壤。容量300L；质量26kg。

（2）2523型有毒物质密封桶：高密度聚乙烯材质制成，有较强的抗化学性能，能收集并转运有毒物质和污染严重的土壤，包括酸性和腐蚀性等物质。容量30g/136.5L，顶部直径55cm，底部直径43cm，高度71.7cm，质量8kg。

（3）2516型有毒物质密封桶：高密度聚乙烯材质制成，有较强的抗化学性能，能收集并转运有毒物质和污染严重的土壤，包括酸性和腐蚀性等物质。容量55g/250.25L，顶部直径63cm，底部直径50.8cm，高度95cm，质量11kg。

注意事项：回收有毒物质后，一定要清洗干净。

维护：防止磨损，保持清洁，防止暴晒。

使用方法：打开上盖，将需回收的物质装入桶内，盖好盖子。也可配合各类排污泵使用。

七、围油栏

主要用途：主要用于在紧急情况下临时围堵污染液体，防止污染面进一步扩散，可用于地面或水面。

性能组成：特殊材料制成，长 100m；高 60cm。

注意事项：在管中不能产生压力，使用时当心与坚硬物质摩擦，以防破损。

维护：使用后保持清洁。

使用方法：在围栏两端，剪开约 1m 长，用于固定接口，在较粗管道中注入气体，较小管道中注入水，以便围油栏浮于水面。

八、吸附垫

主要用途：主要用于对腐蚀性液体泄漏的场所进行小范围的吸附回收。

性能组成：吸附垫可快速、有效地吸附酸、碱和其他腐蚀性液体。

技术参数：可快速、有效地吸附酸、碱和其他腐蚀性液体。吸附能力为自重的 25 倍，吸附后不外渗。吸附能力 75L。全套包括 100 张 P100 吸附纸，12 个 P300 吸附垫，8 个 P200 吸附长垫，5 个带系绳的垃圾袋。

注意事项：使用后的吸附垫严禁乱丢，应送至有能力的相关单位进行回收处理。

维护：一次性使用。存放时应置于阴凉干燥处，防潮。

使用方法：

（1）可围成不同形状的密封圈进行吸附。

（2）吸附时严禁将吸附垫直接置于泄漏液体表面，应将吸附垫围于泄漏液体周围。

九、污水袋

主要用途：主要用于装载有害液体。

性能组成：由防化材料、进水阀和放水阀等组成。

技术参数：

（1）WJ-FS-1 污水袋：防化材料制成，容积 500L，带有进水阀和放水阀，可折叠。

（2）充气式污水袋：用于装载有害液体，配有充气阀门。材料为防化材质。直接用气瓶充气（气瓶选配）。容量 1000L/只、3000L/只。

注意事项：使用中应注意所需收集的污水需由专业部门回收处置。

维护：使用后，应及时对污水袋进行洗消，并擦拭干净。

使用方法：操作时，需将红色软垫环朝上展开污水袋，将污水泵软管连接污水袋进口即可使用。

思考题

1. 消防队伍通常配备的输转训练对操作要求是如何规定的？
2. 在输转器材训练中对个人防护有哪些要求？
3. 消防队伍通常配备的洗消训练对操作要求是如何规定的？
4. 在侦检器材训练中对个人防护有哪些要求？

参考文献

[1] 公安部消防局. 中国消防手册. 上海：上海科学技术出版社，2006.

[2] 公安部消防局. 执勤战斗条令（试行版）. 2017，1.

[3] 灭火救援业务训练与考核大纲（试行版）. 公安部消防局. 2017，1.

[4] 公安部消防局. 公安消防部队灭火救援业务训练与考核大纲统编教材. 昆明：云南人民出版社，2011.

[5] 山西省公安消防总队. 消防特勤器材装备业务训练. 太原：山西科学技术出版社，2010.

[6] 北京市公安消防总队. 消防救助基础教程. 北京：中国人民公安大学出版社，2003.